通用航空企业筹建与运营

何景武 田 云 编著

北京航空航天大学出版社

内 容 简 介

本书共有六章。第一章重点介绍了通用航空及其相关术语的基本概念和特点、通用航空机型、通用航空业务以及通用航空企业的基本范畴。第二章介绍了我国通用航空政策的发展历史和现状，同时也介绍了我国通用航空法律法规体系的基本情况，以及与通用航空企业申报、筹办和运营相关的规章制度。第三章主要介绍了国内外通用航空市场，包括国内外开展通用航空生产制造、运营、维护、保障业务的企业的基本情况，以及通用航空各项业务的市场现状和预测。第四章着重介绍了通用航空企业筹建过程中的主要环节，包括机场设施、机场规范和某机场建设投资模型等方面的具体工作。第五章则从飞机的购买、租赁、飞行服务、地面服务、MRO、飞机代销和航材分销、飞行执照培训等方面详细介绍了通用航空企业业务的具体内容。第六章在通用航空基本法规、政策、市场的基础上，对通用航空企业筹建和运营的基本内容进行了梳理和总结，对未来通用航空产业及通用航空企业的发展进行了展望。

本书可作为通用航空投资者、从业者和研究人员的参考资料，为推动我国通用航空事业的发展做出贡献。

图书在版编目(CIP)数据

通用航空企业筹建与运营 / 何景武，田云编著. --
北京：北京航空航天大学出版社，2022.6
ISBN 978-7-5124-3812-5

Ⅰ. ①通… Ⅱ. ①何… ②田… Ⅲ. ①航空公司－企业管理－运营管理 Ⅳ. ①F560.6

中国版本图书馆 CIP 数据核字(2022)第 093130 号

版权所有，侵权必究。

通用航空企业筹建与运营
何景武　田　云　编著
策划编辑　董　瑞　　责任编辑　张　凌　雷　妍
*
北京航空航天大学出版社出版发行
北京市海淀区学院路 37 号(邮编 100191)　　http://www.buaapress.com.cn
发行部电话：(010)82317024　　传真：(010)82328026
读者信箱：goodtextbook@126.com　　邮购电话：(010)82316936
北京富资园科技发展有限公司印装　　各地书店经销
*
开本：787×1 092　1/16　印张：23.75　字数：623 千字
2022 年 8 月第 1 版　　2022 年 8 月第 1 次印刷
ISBN 978-7-5124-3812-5　　定价：89.00 元

若本书有倒页、脱页、缺页等印装质量问题，请与本社发行部联系调换　联系电话：(010)82317024

前言

通用航空作为民用航空的重要组成部分,为工农业生产、交通运输、抢险救灾、科学研究等各项活动提供了多样化的工具和平台,在人们的生产和生活中扮演着重要的角色。同时,通用航空是一个综合性的行业,涉及众多的产业和行业,其产业链的上下游有着广泛的延伸,可有效、持续地带动基础设施建设、基础工业、航空制造、运行保障、交通旅游等产业和行业的发展,给国民经济带来新的活力和增长点。

在欧美发达国家,通用航空随着第一架飞机的诞生就蓬勃发展起来。以美国通用航空为例,在经历了近百年的发展之后,目前,美国拥有各类通用飞机 220 000 多架,机场 19 000 多个,通用航空飞行员 610 000 多名,飞行作业时长达 2 400 万小时。如此庞大的通用航空产业,每年为美国带来超过 1 500 亿美元的收入,约占其 GDP 的 1.5%。相比之下,我国的通用航空产业还有较大的差距。

差距也就意味着潜力。改革开放 40 多年以来,我国通用航空产业一直保持着持续的增长。尤其是近些年来,随着低空空域改革等政策的逐步落实,我国通用航空产业正进入持续发展的黄金时期。社会各界对于我国通用航空的发展都十分关注。从政府到个人,从大型国企、研究机构到民营企业,纷纷开始涉足和关注这个产业。神州大地上,通用航空公司、通用航空机场、通用航空产业园和产业基地方兴未艾、遍地开花、一片火热。

有数据显示,截至 2020 年 8 月,我国有实际运营中的通用航空企业 443 家,受到新冠肺炎疫情的影响,相比 2019 年年底仅增加了 17 家。2018 年为历年中增速最快的一年,相比上一年增加了 100 多家,增幅达 37%。截至 2020 年 8 月,我国内地在运营的通用航空器数量达 2 930 架,相比于 2019 年年底增加了 154 架,与 2014 年的 1 505 架相比几乎翻了一番。机队规模的增速在 2017 年达到了顶峰,并在之后的年份逐步回落。

然而,随着时间的推移,我国的通用航空产业并没有呈现预期中的一片大好的形势。通用航空的外部环境和内部环境的不成熟,给通用航空从业者、研究人员和管理者带来了一些问题和损失。因此,我们必须清醒地认识到,通用航空的发展是一个系统的过程,涉及整个产业链的方方面面,需要一定的时间去研究和积累。为此,作者希望借此机会对通用航空产业的相关环节进行系统的介绍,对其基本范畴、政策法规、市场现状进行分析和论述,同时针对通用航空企业的申办、筹建和运营管理进行梳理,为通用航空产业投资者、从业者和研究人员提供参考,为推动中国通用航空事业的发展做出贡献。

本书共有六章。第一章重点介绍了通用航空及其相关术语的基本概念和特点、通用航空机型、通用航空业务以及通用航空企业的基本范畴。第二章介绍了我国通用航空政策的发展历史和现状，同时也介绍了我国通用航空法律法规体系的基本情况，以及与通用航空企业申报、筹办和运营相关的规章制度。第三章主要介绍了国内外通用航空市场，包括国内外开展通用航空生产制造、运营、维护、保障业务的企业的基本情况，以及通用航空各项业务的市场现状和预测。第四章着重介绍了通用航空企业筹建过程中的主要环节，包括机场设施、机场规范和某机场建设投资模型等方面的具体工作。第五章则从飞机的购买、租赁、飞行服务、地面服务、MRO、飞机代销和航材分销、飞行执照培训等方面详细介绍了通用航空企业业务的具体内容。第六章在通用航空基本法规、政策、市场的基础上，对通用航空企业筹建和运营的基本内容进行了梳理和总结，对未来通用航空产业及通用航空企业的发展进行了展望。

本书由何景武教授和田云博士统筹编撰。参与本书资料收集、整理和编写工作的有：严贤怀、胡聪聪、马骏、金楷杰、焦守荣、王帅、张伟、祝逸玲、张伊然等，在此一并表示感谢！由于时间仓促，加上作者水平有限，书中的错误和不足之处在所难免，恳请广大读者批评指正。

作　者

2021 年 12 月

目录 Catalog

第一章　绪　　论 ………………………………………………………………………… 1
  1.1　通用航空的基本概念 ………………………………………………………… 3
  1.2　通用航空的特点 ……………………………………………………………… 4
  1.3　通用航空的业务范围与使用的典型机型 …………………………………… 5
    1.3.1　通用航空的业务范围 …………………………………………………… 5
    1.3.2　通用航空飞机的典型机型 ……………………………………………… 6

第二章　通用航空政策和法规 …………………………………………………………… 9
  2.1　通用航空企业筹建审批手续概述 …………………………………………… 11
  2.2　我国通用航空政策背景 ……………………………………………………… 12
    2.2.1　我国通用航空政策的发展历程 ………………………………………… 12
    2.2.2　通用航空发展规划 ……………………………………………………… 14
  2.3　通用航空企业筹办相关规定 ………………………………………………… 17
    2.3.1　筹办政策与筹办流程 …………………………………………………… 17
    2.3.2　通用航空企业经营许可的取得 ………………………………………… 19
    2.3.3　通用航空经营许可申请过程中的常见问题 …………………………… 22
    2.3.4　通用航空经营企业获批后的工作 ……………………………………… 23
    2.3.5　通用航空企业运行合格审定 …………………………………………… 23
  2.4　商业非运输运营人的运行合格审定 ………………………………………… 30
    2.4.1　商业非运输运营人取证条件 …………………………………………… 30
    2.4.2　运行合格证的申请和颁发 ……………………………………………… 33
    2.4.3　运行合格证与运行规范的内容 ………………………………………… 33
    2.4.4　运行合格证和运行规范的有效期限 …………………………………… 34
    2.4.5　运行合格证与运行规范的保存和使用 ………………………………… 34
    2.4.6　运行合格证与运行规范的修改 ………………………………………… 34
    2.4.7　检查和监察的实施 ……………………………………………………… 36
  2.5　私用大型航空器运营人的运行合格审定 …………………………………… 36
    2.5.1　私用大型航空器运营人运行取证条件 ………………………………… 37
    2.5.2　运行合格证的申请和颁发 ……………………………………………… 39
    2.5.3　运行规范的内容 ………………………………………………………… 39
    2.5.4　运行规范的管理 ………………………………………………………… 40

2.6 航空器代管人的运行合格审定 …… 42
2.6.1 代管人运行合格审定取证条件 …… 43
2.6.2 运行规范的申请和颁发 …… 46
2.6.3 运行规范的内容 …… 46
2.6.4 运行规范的管理 …… 47
2.7 通用航空驾驶学校的筹办政策 …… 48
2.7.1 飞行员驾驶执照培训学校筹办资格 …… 49
2.7.2 飞行员驾驶执照培训学校的筹办程序 …… 50
2.7.3 合格证的管理 …… 51
2.7.4 对飞行员驾驶执照培训学校的限制规定 …… 53
2.8 通用航空维修企业的筹办政策 …… 53
2.8.1 通用航空维修企业筹办资格要求 …… 54
2.8.2 通用航空维修企业筹办审批流程 …… 56
2.8.3 维修许可证的管理 …… 57

第三章 国内外通用航空市场 …… 61
3.1 我国通用航空的发展历史 …… 64
3.1.1 我国通用航空的开创发展期 …… 64
3.1.2 我国通用航空的恢复发展期 …… 65
3.1.3 我国通用航空的持续发展期 …… 65
3.1.4 我国公务航空的萌芽阶段 …… 66
3.1.5 我国公务航空的起步阶段 …… 67
3.1.6 我国公务航空的爆发阶段 …… 67
3.2 我国通用航空的发展现状 …… 68
3.2.1 我国通用航空的发展现状 …… 68
3.2.2 我国公务航空的发展现状 …… 76
3.2.3 通用航空发展的经济效应 …… 77
3.3 我国通用航空企业概况 …… 78
3.3.1 获得经营许可的通用航空企业的现状 …… 78
3.3.2 我国通用航空企业的分类 …… 79
3.3.3 经营通用航空各项业务的企业 …… 79
3.3.4 以公务飞行、包租飞行和出租飞行业务为主的公务机企业 …… 86
3.3.5 以私用或商用飞行执照培训业务为主的通用航空企业 …… 92
3.3.6 国内飞机维修企业概况 …… 94
3.4 我国通用航空企业发展状况分析 …… 100
3.4.1 以公务飞行、包租飞行和出租飞行业务为主的公务航空企业 …… 101
3.4.2 以私用或商用飞行执照培训业务为主的通用航空企业 …… 103
3.4.3 我国通用航空企业存在的问题 …… 104
3.5 国内通用航空企业市场前景分析与预测 …… 107
3.5.1 我国通用航空企业市场前景分析 …… 107

3.5.2 我国通用航空企业市场前景预测 …………………………………………… 109
3.6 国外通用航空发展历史 ………………………………………………………………… 110
　　3.6.1 国外通用航空发展的几个阶段 …………………………………………… 110
　　3.6.2 国外公务机的发展历史 …………………………………………………… 112
　　3.6.3 国外通用航空发展的影响因素 …………………………………………… 114
3.7 国外通用航空的现状 …………………………………………………………………… 116
　　3.7.1 国外通用航空的主要构成 ………………………………………………… 116
　　3.7.2 国外通用航空的现状 ……………………………………………………… 118
3.8 国外典型通用航空企业 ………………………………………………………………… 124
　　3.8.1 经营通用航空各项业务的通用航空企业 ………………………………… 124
　　3.8.2 公务航空企业 ……………………………………………………………… 125
　　3.8.3 出租和通勤航空企业 ……………………………………………………… 126
　　3.8.4 飞行培训企业 ……………………………………………………………… 127
　　3.8.5 飞机固定运营基地(FBO)运营企业 ……………………………………… 128
　　3.8.6 机场运营情况 ……………………………………………………………… 128
3.9 国外通用航空和公务航空的发展趋势 ………………………………………………… 130
　　3.9.1 国外通用航空的发展趋势 ………………………………………………… 130
　　3.9.2 国外公务航空的发展趋势 ………………………………………………… 132

第四章　通用航空机场的筹建 ………………………………………………………………… 133

4.1 机场选址及建设政策背景 ……………………………………………………………… 135
　　4.1.1 通用航空机场概述 ………………………………………………………… 135
　　4.1.2 通用航空机场选址建设法规文件 ………………………………………… 136
　　4.1.3 通用航空机场筹建与审批流程 …………………………………………… 136
　　4.1.4 通用航空机场使用许可申请与审批流程 ………………………………… 141
4.2 通用航空机场选址原则与流程 ………………………………………………………… 147
　　4.2.1 选址原则 …………………………………………………………………… 147
　　4.2.2 选址流程 …………………………………………………………………… 148
4.3 通用航空机场设施与设备 ……………………………………………………………… 152
　　4.3.1 机场等级 …………………………………………………………………… 152
　　4.3.2 跑　道 ……………………………………………………………………… 153
　　4.3.3 滑行道 ……………………………………………………………………… 156
　　4.3.4 停机坪 ……………………………………………………………………… 158
　　4.3.5 导航设施 …………………………………………………………………… 158
　　4.3.6 地面灯光系统 ……………………………………………………………… 161
　　4.3.7 其他设施 …………………………………………………………………… 163
　　4.3.8 航站设施 …………………………………………………………………… 163
4.4 通用航空机场规范 ……………………………………………………………………… 164
　　4.4.1 飞行场地要求 ……………………………………………………………… 164
　　4.4.2 空中交通管制与导航设施要求 …………………………………………… 164

4.4.3　服务与保障设施要求 ………………………………………… 165
　　4.4.4　抗震设施与环境保护要求 …………………………………… 165
4.5　某企业机场建设投资模型 ………………………………………… 165
　　4.5.1　建设成本估算 ………………………………………………… 165
　　4.5.2　经营成本估算 ………………………………………………… 166
　　4.5.3　机场营业额估算 ……………………………………………… 166
　　4.5.4　项目盈利能力分析计算 ……………………………………… 166

第五章　通用航空企业的筹建、运营与管理 ………………………… 167

5.1　飞机的购买和租赁业务 …………………………………………… 170
　　5.1.1　飞机购买 ……………………………………………………… 172
　　5.1.2　飞机经营租赁 ………………………………………………… 181
　　5.1.3　飞机融资租赁 ………………………………………………… 187
　　5.1.4　二手飞机的租赁 ……………………………………………… 189
　　5.1.5　飞机的退租 …………………………………………………… 194
　　5.1.6　租赁实例 ……………………………………………………… 197
5.2　飞行服务 …………………………………………………………… 201
　　5.2.1　飞机的托管 …………………………………………………… 201
　　5.2.2　飞机的产权共享 ……………………………………………… 207
　　5.2.3　包　机 ………………………………………………………… 211
　　5.2.4　空中游览 ……………………………………………………… 215
5.3　地面服务业务 ……………………………………………………… 217
　　5.3.1　地面服务与维护 ……………………………………………… 217
　　5.3.2　旅客服务 ……………………………………………………… 220
　　5.3.3　停机坪服务 …………………………………………………… 222
　　5.3.4　机场技术服务 ………………………………………………… 226
5.4　飞机维护、维修、运行（MRO） …………………………………… 249
　　5.4.1　MRO 的基本情况 …………………………………………… 249
　　5.4.2　MRO 业务的内容 …………………………………………… 251
　　5.4.3　技术服务处的职能工作 ……………………………………… 252
　　5.4.4　飞机维修处的职能工作 ……………………………………… 266
　　5.4.5　车间维修处的职能工作 ……………………………………… 280
　　5.4.6　航材供应处的职能工作 ……………………………………… 285
　　5.4.7　维修大纲评估处的职能工作 ………………………………… 290
　　5.4.8　MRO 的设施要求 …………………………………………… 296
　　5.4.9　局方对 MRO 人员资质的要求 ……………………………… 298
5.5　飞机的代销和航材的分销 ………………………………………… 301
　　5.5.1　飞机的代销 …………………………………………………… 301
　　5.5.2　航材的分销 …………………………………………………… 308
5.6　飞行执照培训业务 ………………………………………………… 315

5.6.1 飞行驾驶学校的硬件要求 ………………………………………… 315
   5.6.2 飞行驾驶学校的人员配置要求 …………………………………… 317
   5.6.3 飞行培训业务简述 ………………………………………………… 321
   5.6.4 飞行执照培训的课程和科目 ……………………………………… 322
   5.6.5 飞行培训学校的教务工作 ………………………………………… 337
   5.6.6 飞行培训业务的流程 ……………………………………………… 341
 5.7 通用航空企业管理 ………………………………………………………… 349
   5.7.1 机构管理 …………………………………………………………… 349
   5.7.2 项目管理 …………………………………………………………… 349

第六章 总结与展望 …………………………………………………………… 351
 6.1 通用航空企业筹建与管理流程总结 ……………………………………… 353
   6.1.1 发展方向的选择 …………………………………………………… 353
   6.1.2 投资运行模式 ……………………………………………………… 354
   6.1.3 运营与盈利模式 …………………………………………………… 355
   6.1.4 筹建过程设计 ……………………………………………………… 356
   6.1.5 建设流程设计 ……………………………………………………… 356
   6.1.6 运营流程设计 ……………………………………………………… 357
 6.2 我国通用航空现存的问题及发展方向 …………………………………… 358
   6.2.1 我国通用航空现存的问题 ………………………………………… 358
   6.2.2 我国通用航空的发展方向 ………………………………………… 359
   6.2.3 通用航空产业消费需求旺盛 ……………………………………… 360

附 表 ……………………………………………………………………………… 361

参考文献 ………………………………………………………………………… 367

第一章
绪 论

通用航空产业是一个涉及面广、涉及专业领域多、技术性强、跨产业、跨行业大规模的产业链系统,因此,也就相应地产生了很多相关的理念和概念。本章主要介绍通用航空及其相关术语的基本概念和特点、通用航空机型、通用航空业务以及通用航空企业的基本范畴。

1.1 通用航空的基本概念

航空业是一个综合性很强的行业,其上下游有着广泛的延伸。通常认为,航空业的核心是军用航空和民用航空。其中,民用航空有两大组成部分:公共运输航空(主要包括旅客运输和货物运输)和通用航空,具体如图 1.1 所示。

通用航空是航空业的重要分支,是民用航空的重要组成部分。在民用航空中,除了公共运输航空外,其他内容的航空业务均属于通用航空的范畴。但是,世界各国目前尚未对通用航空形成统一的定义,在表述上也存在一些差异。

国际民用航空组织(ICAO)公约中对通用航空的定义为:通用航空是指除商业空中运输或农业、建筑、摄影、调查、观测和巡逻、搜索与救援、空中广告等空中作业飞行之外的飞行活动。

美国联邦航空局(FAA)认为,除持有美国联邦航空局颁发的"方便和必须"合格证的航空公司及使用大型民用飞机的民航公司所经营的空运以外的一切民用航空活动都属于通用航空范畴。

俄罗斯联邦《航空法典》第 3 章 21 款第 3 条规定:通用航空是指非商业航空运输和航空活动的民用航空活动。

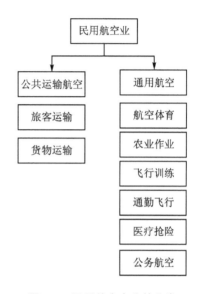

图 1.1 民用航空产业的分类

在 John J. Sheehan 所著的《公务航空营运与管理》里"按需安排的空中旅行"中,对通用航空的定义又有了新的提法,它将所有的航空运营划分为三类:商业航空、航空作业和通用航空,其定义如下。

1) 商业航空:是指收取报酬或租金的定时运送乘客、货物或邮件的航空业运营。

2) 航空作业:又称空中作业(Air Work,AW),是指使用飞机提供的专业服务,如农业、建筑、摄影、观察、巡逻、搜寻、救助或者空中广告等各类作业。

3) 通用航空:又称航空飞行(General Aviation,GA),是指除去上述两类运营以外的航空运营。按照上述说法,除去商业航空和航空作业的通用航空,还应该包括私人飞行、公务飞行、训练飞行等。

《飞行的组织与实施》一书对通用航空飞行是这样定义的:"通用航空飞行主要是指为工业、农业、林业、牧业、渔业生产服务的作业飞行和医药救护、抢险救灾等飞行。"

我国在 2003 年 1 月 18 日颁布、2003 年 5 月 1 日开始实施的《中华人民共和国通用航空飞行管制条例》第 3 条中,对通用航空进行了定义,指出:"所谓通用航空,是指除军事、警务、海关缉私飞行和公共航空运输飞行以外的航空活动,包括从事工业、农业、林业、渔业、矿业、建筑业的作业飞行和医疗卫生、抢险救灾、气象探测、海洋检测、科学实验、遥感测绘、教育训练、文化体育、旅游观光等方面的飞行活动。"

从以上对通用航空的各种表述来看,虽然国际民航组织及世界各国对通用航空的定义和表述有所不同,但通用航空的范畴在以下几个方面是明确的:

1) 通用航空的作业内容指的是:民用(即:非军事、警务、海关用途)航空中除了公共运输航空以外的航空活动。通用航空飞行和公共运输飞行最大的不同在于:公共运输飞行完成对运输对象的时空变化,并收取一定的报酬;而通用航空飞行,不但要完成对运输对象的时空变化,还要在飞行过程中完成空中作业。

2) 开展通用航空活动的主体必须具备相应的资质。按照《中华人民共和国通用航空飞行管理条例》第一章第四条的规定,"从事通用航空飞行活动的单位、个人,必须按照《中华人民共和国民用航空法》的规定取得从事通用航空活动的资格"。因此,在中华人民共和国境内从事通用航空活动的单位或者个人,必须通过相应程序取得中国民用航空局的关于从事通用航空相关活动的授权,接受中国民用航空局的检查和监督,并对相关活动造成的影响负有责任。个人未经允许,擅自开展通用航空活动,将会受到相关法律的制裁。

在未声明的前提下,本书均采用中国民用航空局2003年5月1日颁布的《中华人民共和国通用航空飞行管制条例》中对通用航空的定义。

1.2 通用航空的特点

从通用航空的概念和运营范围可以看到,通用航空除了具有民用航空的基本特征之外,和公共运输航空相比,还具备许多独特的方面。除公务航空外,其特点可概括如下:

1) 环境特点。通用航空在野外进行作业,生活与工作极不方便,点多、线长、面广,流转性大,高度分散;易受到气候条件和地理条件的制约和影响,表现出很强的季节性和突击性;作业人员的工作条件和生活条件相当艰苦。

2) 工作特点。通用航空专业技术性强,不同的作业项目有不同的技术要求和质量标准。没有熟练的飞行技术、丰富的专业知识和对各种特殊情况的处置能力,飞机的飞行安全和作业的质量是很难保证的。

3) 工具特点。通用航空一般使用的是小型飞机,大多进行低空或超低空飞行,加上在各种专业飞行过程中使用的仪器设备各不相同,需要通用航空人员对其实施的作业和使用的工具进行深入的了解和掌握。

4) 经济特点。通用航空的发展既受到经济发展的制约,也受到国家政策、措施的影响。通用航空不同于公共运输航空,它不仅是生产的前提、价值实现的手段和桥梁,而且直接参与了各项生产活动。对通用航空的需求,取决于工农业的生产和社会发展的需求程度。

除此之外,通用航空还具有直达性、行业依附性、经营活动不稳定性和地区差异性等特点。

所谓直达性，是指通用航空飞行不受任何地理条件的束缚，可以飞行到任何区域进行通用航空作业。而行业依附性，是指通用航空是和工业、农业及其他活动紧密联系并依附在一起的，这也是通用航空的特色所在。没有工业、农业及其他活动相应支撑，通用航空也就失去了存在的价值。

所谓经营活动不稳定性，是指通用航空活动受气候、自然灾害等不稳定因素的影响大。例如，天气干旱，需要人工降水；蝗虫泛滥，需要飞机灭蝗；出现险情，需要抢险救灾，等等。这些专业飞行活动都不是固定的和定期的，带有不稳定性。

所谓地区差异性，包括两个方面的意思：第一，我国疆域辽阔，地形复杂，资源分布不均，这使得通用航空作业有很大的差异性。例如，在东北、西北地区主要支持林业航空；在西北、西南地区可重点发展航空遥感；在华东、华南地区主要面向发展海上石油等。第二，由于各地的经济发展不均匀，经济基础存在很大差异，因此，应该因地制宜地采取各种不同的经济政策来适应当地的经济状况，支持通用航空事业的发展。

1.3 通用航空的业务范围与使用的典型机型

1.3.1 通用航空的业务范围

通用航空运营是借助通用航空飞机来完成的。一般来讲，通用航空运营所使用的飞机与公共航空运输所使用的飞机相比，有许多不同。正因为如此，使得通用航空运营具有了应用范围广、适应性强等特点，这是其他任何运输方式都无法比拟的。通用航空运营的范围广，具体体现在以下几个方面。

1) 通用航空按照飞行服务对象的不同，可以分为工业飞行、农林业飞行和其他飞行。

① 工业飞行。工业飞行是指通用航空部门使用通用航空器专门为工业生产部门提供的各种经营性作业和服务的飞行，主要包括陆上和海上石油服务、航空吊挂、航空调查、航空摄影、航空遥感、航空物理探矿、航空巡线和航空拍照等飞行活动。

② 农林业飞行。农林业飞行是指通用航空部门使用通用航空器专门为农、林、牧、副、渔业生产，气象，资源保护等提供的各种经营性作业和服务的飞行。它具体包括航空护林、航空播种、航空灭虫和人工降水等飞行活动。

③ 其他飞行。其他飞行是指通用航空飞行部门使用民用航空器进行的为工业和农、林、牧、副、渔业服务以外的飞行，具体包括私人飞行，教学训练飞行、公务航空飞行、空中旅游飞行、体育文化飞行、医疗服务和抢险急救等飞行活动。

2) 通用航空按照飞行的经济效益与社会效益的不同，可以分为商业性飞行和公益性飞行。

① 商业性飞行。商业性飞行是以获得经济效益为主要目的的通用航空飞行，是通用航空飞行的主体，如海上石油运输、航空播种等。通用航空飞行要在保证飞行安全的基础上，最大限度地获得经济效益，这是通用航空部门的生存之本。

② 公益性飞行。公益性飞行是以获得社会效益为主要目的的通用航空飞行，它也是通用航空飞行的重要内容，如紧急救援、抗洪救灾等。公益性飞行也可以获得一定的经济补偿。

3) 通用航空按照飞行所属的部门不同,可以分为民用通用航空与非民用通用航空。

① 民用通用航空。通用航空按照定义的范围不同可以分为广义与狭义两个方面。这里所说的民用通用航空,是从狭义的角度来定义的,是从民用航空部门的角度提出来的,因此,其业务范围必定限制在民用航空的范畴。

② 非民用通用航空。非民用通用航空是从广义的角度提出来的。从广义的角度讲,除军事飞行、公共航空以外的航空活动都属于通用航空活动的范围。所谓非民用通用航空,是指除了上述活动(军事飞行、公共航空)之外的非民航部门的飞行活动,具体包括海关部门利用航空器进行的稽查活动、公安部门利用航空器进行的警务活动、体育部门利用航空器进行的强身健体及竞技比赛活动,以及科学研究部门利用航空器进行的科学研究活动等。

1.3.2 通用航空飞机的典型机型

1) 西锐(Cirrus)SR22飞机(见图1.2)。西锐 SR22 - GTS 是美国西锐公司生产的一款高性能单发4座复合型飞机,该机型一直是全球最为畅销的单发4座飞机。西锐 SR22 的最大特点是使用了西锐整机降落伞系统(Cirrus Airframe Parachute System),可以在发生紧急情况时实现安全降落。与西锐 SR20 相比,西锐 SR22 的机翼和燃油容量更大,马

图 1.2 西锐 SR22 飞机

力也更为强劲,达到310马力。西锐 SR22 的性能参数如表1.1所列。但是与其他高性能飞机不同的是,SR22 的起落架无法伸缩。为了能给驾驶者设计出更令人振奋的飞行体验,西锐公司创造了更好的控制性能和舒适度,从而更大地提高了驾驶者的操控能力。

表 1.1 西锐 SR22 的性能参数

起飞重量/千克	巡航速度/(千米·小时$^{-1}$)	商载/座	参考售价/万元人民币
1542	343	4	342

2) 塞斯纳(Cessna)大篷车208B(见图1.3)。赛斯纳208"大篷车"系列(CARAVAN,现中文名凯旋)是赛斯纳飞机公司研制生产的10~15座单发涡轮螺旋桨式多用途轻型通用飞机。

图 1.3 大篷车 208B

20世纪80年代赛斯纳飞机公司开始研制10座级的单发涡桨飞机,用于取代当时在各地运营的数千架德·哈维兰公司生产的活塞式"海狸""水獭"飞机以及较小型的赛斯纳飞机,并打入这一座级的通用飞机领域。

1982年12月9日,赛斯纳208原型机首飞,1984年10月23日获得美国联邦航空局型号合格证,1985年开始批量生产并投入使用。

该系列型号飞机装有带撑杆的机翼(上单翼)和不可收放的前三点式起落架,可选装轮式、浮筒式或滑橇式起落装置。起落架使用正常轮胎,可在草地、土地、砂石地面起降;换装浮筒,即可在水面起降;换装冰橇,即可在雪面或冰面起降。该系列型号飞机可靠性、经济性和灵活性较好,可使用简易跑道,具备一定的商载能力,加装专业设备后可实现具有多种用途的优势。大篷车208B的性能参数如表1.2所列。

表1.2　大篷车208B的性能参数

起飞重量/千克	巡航速度/(千米·小时$^{-1}$)	商载/座	参考售价/万元人民币
3 969	341	14	1 760

3)钻石DA40D飞机(见图1.4)。钻石DA40是奥地利钻石飞机制造公司研发的轻型飞机,该飞机以其出色的性能在国际上享有盛名,销量高达3 000多架。2008年3月6日山东滨奥飞机制造有限公司正式成立,总投资4 200万美元,这是中国第一家最大规模的中外合资通用飞机制造商。自2008年取得生产许可证以来,该公司已经向国内外销售百架,实现销售额2亿元,其客户包括中国民航大学、海南航空控股股份有限公司、鄂尔多斯通用航空有限公司、北大荒通用航空公司、金胜通用航空公司、青岛九天国际飞行学院、山东通用航空公司等,主要用来进行飞行训练,DA40也由此占据了国内单发教练机90%以上的市场。

图1.4　钻石DA40D飞机

钻石DA40D飞机是一架理想的四座单发飞机。作为山东滨奥飞机制造有限公司的主导产品,安全、高效和时尚已经融入DA40D飞机设计的每一个方面,力求给广大乘客提供顶级的飞行体验。DA40D飞机拥有世界先进的全复合材料结构外形设计、人性化的座舱结构、卓越的飞行和经济性能,其安全性能尤为突出。钻石DA40D飞机机型参数如表1.3所列。

表1.3 钻石DA40D飞机机型参数

项 目	参 数	项 目	参 数
机长	8.0米	翼展	11.94米
机高	1.97米	行李舱载重	30.0千克
发动机型号	TAE125-02	发动机数量	1个
最大起飞重量	1 150千克	空重	795千克
最大着陆重量	1 092千克	最大速度	239千米/小时
正常巡航速度	232千米/小时	高速巡航速度	244千米/小时
远程巡航速度	211千米/小时	最大爬升率	2.82米/秒
起飞距离	335米	着陆距离	288米
15米越障总距离	630米	着陆15米越障总距离	750米

第二章
通用航空政策和法规

通用航空的运营和管理都是围绕航空器展开的。航空器的运行环境是在天空中，任何事故都有可能造成大量的生命安全威胁、财产损失，危害空中、地面人员的安全。正是由于航空器安全运行的重要意义，因此对于航空器的运行配套设施、从业人员有着更加严格的要求，政府对于航空器的运行监管、企业准入资格也有着更加严格的规定和更加复杂的审批程序。在民用航空领域，前述的监管、准入是由民航总局、民航地区管理局来进行的，这些单位执法的重要依据就是我国的适航条例。

适航条例是民航当局为了保证航空器的安全运行，对于航空器制造商、航空器运营商、航空器从业人员的强制要求。这些强制性要求包括对飞机性能的要求，对飞机操作程序的要求，对航空公司从业人员资格、水平的要求，对航空配套设施如机场、维修器材等的要求，涵盖范围非常广，涉及领域非常多。

对于准备从事通用航空相关业务的投资者来说，获得从业资格是需要解决的第一要务，这就要求投资者对于相关适航条款所规定的从业资格要求、申办流程手续、相关负责部门等，进行深入的了解，提高认识。

2.1　通用航空企业筹建审批手续概述

总体来说，筹办通用航空企业需要进行两个层面的行政审批手续。第一个层面在于获得通用航空运营企业的运营资格。第二个层面在于通过运行适航审批，开始正常经营。

第一个层面的审批是宏观性的审批，主要从资金、从业人员、基本硬件设施方面进行审批；第二个层面的审批则是根据企业准备经营的项目，按照项目不同分别进行人员、硬件、手册、运行流程的检查与审批。在通过了第一个层面的审批后，企业可以根据所要经营的项目来选择通过不同的运行审批，开始运行。企业可以选择一次性通过多个项目的运行审定，也可以选择先完成一个项目的运行审批，在经营若干年后，再选择通过不同的项目运行审定，开始新的经营项目。

例如，某公务机运行商获得了运营资格后准备开展飞机托管业务，于是向民航当局申请了托管业务的运行审定，民航当局在适航审定后颁布了运行许可证，准予运行。在运行了若干年后，该公司准备增加飞行员培训项目，于是在进行准备后又向当局申请了飞行学校的运行审定，并通过了审定。此时，该公司就同时具备了运行公务托管飞行和飞行员培训业务的资格。

本章的主要内容就是围绕上述两个层面的审批进行的。此外，由于通用航空在我国的发展还不成熟，国家的相关政策、法规还不完善，了解发展历史，把握当今政策变化对相关企业有着重要意义，因此本章对这方面的内容也做了详细介绍。

本章的第二节是通用航空政策背景。在这一节，我们梳理了中华人民共和国成立以来我国的通用航空政策文件，目的在于解读国家通用航空领域政策的变化、发展，帮助企业准确把握大的政策环境，判断公务机市场潜力。

本章的第三节是通用航空企业筹办相关规定。在这部分，我们主要介绍了第一个层面的审定，也就是通用航空运营企业运营资格的筹办手续。与此同时，我们还对运行审定的整体思路和方法进行了介绍。

本章的第四节是商业非运输运营人的运行合格审定。这一节主要围绕的是运行合格审定，属于第二个层面的审定。这里主要的审定项目是商业非运输运营人所从事的商业飞行、训练飞行、游览飞行等。

本章的第五节是私用大型航空器运营人的运行合格审定。这一节主要围绕的是运行合格审定,属于第二个层面的审定。这里主要的审定项目是私用大型航空器运营人所从事的商业飞行、训练飞行、游览飞行等。

本章的第六节是航空器代管人的运行合格审定。这一节主要围绕的是运行合格审定,属于第二个层面的审定。这里主要的审定项目是航空器代管业务。

本章的第七节是通用航空驾驶学校的筹办政策。这一节主要围绕的是运行合格审定,属于第二个层面的审定。这里主要的审定项目是飞行员培训业务。

本章的第八节是通用航空维修企业的筹办政策。这一节主要围绕的是运行合格审定,属于第二个层面的审定。这里主要的审定项目是航空维修业务。

图2.1是本章的内容简图。

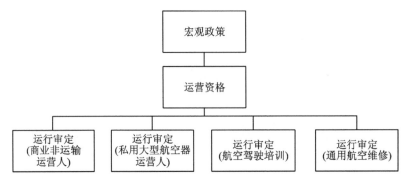

图2.1 本章内容简图

2.2 我国通用航空政策背景

2.2.1 我国通用航空政策的发展历程

随着我国通用航空事业的创立、发展,政府和相关部门的政策也一直与时俱进,不断适应着新形势下的发展需要。

1956年,民航局制定《农业中应用安二飞机进行航空化学工作细则》;1962年1月10日,民航总局颁布了《民航省(区)局专业飞行工作暂行规定(草案)》;1962年民航局制定了《航测领航事故差错标准》;1963年8月7日,民航总局颁发了《航空摄影飞行规定》;1965年,我国颁布了《中国民用航空农业飞行工作细则》;1972年我国颁布了《航空物探测量飞行工作细则》;1974年2月,民航总局颁发了《航空摄影规范(试行)》。

20世纪80年代,为了进一步发展处在恢复发展时期的通用航空业,我国颁布了一系列重要文件。1981年4月颁布了《双水獭飞机探矿飞行暂行规定》;1982年4月1日,民航总局以政干科字第3号下发了《航空摄影技术干部考核标准(试行)》,解决了航空摄影员的技术职称长期不明确的问题;1983年2月,民航局颁发了《民航农业航空作业质量技术标准与要求》;1984年12月24日,国务院和中央军委重新颁布了《关于使用飞机执行各项专业任务的规定》;1989年1月18日,民航局下发了《关于经营空中游览业务的暂行规定》。

20世纪90年代开始,我国通用航空进入了持续发展时期,政府相关部门在政策层面给予了极大的支持与鼓励。

1995年10月30日全国人大颁布了《中华人民共和国民用航空法》,该法设"通用航空"一章6条15款,在国家的基本法律中确立通用航空的管理地位和范围。该法作为制定民航法规和规章的母法,也成为制定通用航空管理规章、标准体系的法律基础。

2003年1月10日国务院和中央军委颁布了《通用航空飞行管制条例》,2003年5月1日开始实施。1996年8月1日,民航总局发布实施了《通用航空企业审批管理规定》,后经修订,于2004年12月发布了《通用航空经营许可管理规定》。

2004年民航总局颁布了《非经营性通用航空登记管理规定》。

2007年9月民航总局颁布了《一般运行和飞行规则》。

2010年民航总局和国家发改委颁布了《关于印发通用航空民用机场收费标准的通知》。2010年11月,国务院和中央军委发布了《关于深化我国低空空域管理改革的意见》。2012年民航总局发布了民航行业标准《通用机场建设规范》(MH/T5026—2012),并出台了《通用航空发展专项资金管理暂行办法》和《引进通用航空器管理暂行办法》。

2016年国务院下发了《关于促进通用航空业发展的指导意见》,又兴起了新一轮通用航空发展热潮。

2017年民航总局印发了《2017年度通用航空重点工作任务单》,明确了66项具体工作。同时,民航总局先后印发了《通用航空发展"十三五"规划》《水上机场技术要求(试行)》《关于自制航空器特许飞行证和限用类特殊适航证颁发和管理程序征求意见的通知》《小型航空器实施135运行的简化程序(征求意见)》《关于简化通用航空产品和零部件适航审定政策的通知(征求意见)》《关于改进通用航空适航审定政策的通知》《空中游览(征求意见)》《通用航空市场监管手册》《通用机场分类管理办法》《关于取消通用航空器引进审批(备案)程序的通知》《提升通用航空服务能力工作方案》《关于进一步明确通航企业和小型运输企业运行审定工作相关问题的通知》《关于进一步简化通用机场飞行程序管理工作的通知(征求意见)》《民用航空低空空域监视技术应用指导意见》等一系列与通用航空发展相关的文件。

2018年民航局适航司发布了《关于改进通用航空适航审定政策的通知》和《民航局适航司关于改进通用航空适航审定政策的通知》,简化和调整了部分通用航空适航审定政策,并且自2018年第一季度起,通用航空器适航证件和国籍登记证可于网上申请办理。发展改革委和民航局发布了《关于促进通用机场有序发展的意见》。民航局3月信息通告《我国通用航空产业发展情况》,发布了关于运输机场、通用航空机场、航空产业园、航空小镇、空中游览项目的数据,发布了《关于实施〈通用机场分类管理办法〉有关事项的通知》对机场进行分类和定义并完善了民用机场和通用机场的法规法定,发布了《关于大力支持通航人员参加维修人员执照考试的通知》《关于对部分通航维修监管问题的说明》,放宽了通用航空运行监管工作,降低了对使用航空医用氧气产品和水上飞行配持有电子类执照的机务人员的要求,合理务实地降低了通用航空考试难度。

2019年3月,李克强总理所作的《2019年政府工作报告》中指出,要加大民用航空和通用航空等基础设施投资力度。这是通用航空第一次出现在政府工作报告中。《提升通用航空服务能力工作方案(2019—2020版)》《轻小型航空器生产许可及适航批准审定程序》《轻小型民用无人机飞行动态数据管理规定》《无管制机场飞行运行规则》《通用航空包机运营安全规范》

等一批政策新规出台。同时,《一般运行和飞行规则(修订)》《特殊运营人运行合格审定规则》《民用航空器驾驶员学校合格审定规则(修订)》《商业运输运营人运行合格审定规则》(CCAR-135-R2修订)《B类通用机场备案办法》《大型货运无人机适航标准》《通用航空飞行计划与空管运行管理规定(试行)》《无人驾驶航空器飞行管理暂行条例》等一大批新的通用航空政策法规开始公开征求意见。交通运输部又发布了"关于修改《通用航空经营许可管理规定》的决定",对这部重要规章进行了又一次与时俱进的修订。

2.2.2 通用航空发展规划

1. "十二五"发展回顾

"十二五"时期,全行业深入贯彻落实科学发展观,以改善通用航空发展环境为重点,着力推进基础设施建设、扩大通用航空规模、完善规章标准,较好地完成了"十二五"规划中的主要目标和任务。经过五年发展,我国通用航空保障能力逐步夯实、管理能力较快提升、发展质量明显改善、服务能力快速增强,行业发展迈上新台阶。

① 取得的成绩:

a) 发展规模较快增长。"十二五"以来,我国通用航空作业总量、在册航空器、通用航空企业年均增长率分别为14.8%、17.2%、17.9%,2015年分别达到77.9万小时、2235架和281家,通用航空从业人员达到12 970人。其中,工农林作业保持稳步增长,航空培训维持主要地位,公务航空企业数量、机队规模、飞行总量均年均增幅20%以上;医疗救护快速发展,全国多个重点旅游城市和著名旅游景区开展了航空旅游业务;内蒙古自治区呼伦贝尔市根河短途运输拓展至内蒙古全境,新疆开展了"阿勒泰—博乐—伊宁"通用航空短途运输运营,东中部部分地区开始发展通用航空短途运输,为通用航空公共服务均等化提供了较好的示范效应。

b) 保障能力逐步提升。截至2015年,我国共有210个运输机场,300余个通用机场,"十二五"时期通用航空机场数量年均增长4%左右,通用航空保障机场1.5小时车程覆盖了全国94%的GDP、79%的人口、75%的国土面积,机场保障能力稳步提升;开展了沈阳法库、深圳南头、珠海三灶、海南东方4个飞行服务站建设试点,重庆、青岛、烟台、成都等地区飞行服务站加快建设,北京、上海、深圳、珠海等地建成10个飞机固定运营基地(Fixed Base Operator, FBO),通用航空综合保障能力不断增强。

c) 管理能力稳步增强。"十二五"时期,民航系统大力推进通用航空组织机构建设和政策规章建设,极大提升了通用航空管理能力。各地区管理局基本建立了通用航空专业管理机构,企业委任代表制度不断完善,出台了《通用航空发展专项资金管理暂行办法》,累计下发补贴资金8.6亿元,颁布了《关于加强公务航空管理和保障工作的若干意见》《引进通用航空器管理暂行办法》《通用机场建设规范》《轻型运动航空器适航管理政策指南》《私用驾驶员执照申请人和持有人体检鉴定及体检合格证管理》《航空器驾驶员、飞行教员和地面教员执照理论考试》《驾驶员和飞行教员实践考试标准》等系列政策规章及行业标准,进一步简政放权、降低准入门槛,促进了行业规范化发展。

d) 发展环境不断优化。"十二五"时期是我国通用航空政策出台密集期。《中共中央关于制定国民经济和社会发展第十三个五年规划的建议》中提出完善通用航空基础设施网络;《关于促进民航业发展的若干意见》提出促进通用航空规模化发展、培育经济增长点的目标;"十二五"国家战略性新兴产业发展规划》明确了通用航空战略性与新兴产业定位;民航总局与总参谋部联合下发《通用航空飞行任务审批与管理规定》,修订了《低空空域分类标准》,进一步理顺了军民航职责,开展了低空空域管理改革试点地区低空目视航图技术规范编制工作,有序推进了低空空域改革进程。民航总局与各省(区、市)签订了系列会谈纪要,20多个省区制定了通用航空发展规划或通用航空机场布局建设规划,通用航空发展环境加快改善。

② 存在的问题:

a) 发展基础依然薄弱。通用航空发展总体规模小,运营规模仅为巴西的1/3,机队规模为南非的1/6、墨西哥的1/3;通用航空机场数量少,难以满足东部地区消费型通用航空和中西部地区作业转场需要。低空空域依然是制约通用航空发展的重要瓶颈,飞行服务站建设缓慢,航空情报、气象服务、告警服务等功能缺失。航空汽油储运配送体系仍未建立,FBO和飞机维护、维修、运行(Maintenance, Repair, Overhaul; MRO)等保障能力发展滞后,高层次管理人员、通用航空驾驶员维修人员等仍然紧缺,通用航空基础保障能力亟待提升。

b) 发展结构有待优化。目前,我国通用航空交通功能和消费属性远没有得到发挥,未能满足多样化、个性化的社会服务需求。航空培训类业务占60%以上,生产性服务占20%左右,适应于消费导向的应急救援、医疗救助、短途运输、私人飞行等新兴服务比例小。运营企业和通用航空器增长速度远高于通用航空生产规模,要素快速增量没有转化为实际运营增量,区域通用航空发展差距较大,发展中的不平衡、不匹配、不协调情况仍然突出。

c) 发展动力亟待增强。"十二五"时期,我国通用航空运营总体处于盈亏平衡,在持续性的行业补贴条件下,仍然有60%左右的企业处于亏损,少量盈利性较好的企业主要来自门槛较高,具有垄断效应、较大市场占有率、较好盈利模式的小众行业。企业小而全、规模效应缺失,没有形成高效集约的发展模式,外来扰动影响明显,整体抗风险能力弱、自我发展能力较差,行业发展内生动力不强。现阶段通用航空发展中存在问题的主要原因包括:

> 制度成本较高。多头管理、空域资源使用不便捷、行业内部管理能力不强、规章标准不健全等,导致行业发展具有较高的制度成本、时间成本和经济成本。
> 市场化发展滞后。要素市场不健全、缺乏航材/油料/维修等供需交易平台、信息化建设滞后、要素社会化流动体制机制不健全等,间接提高了企业发展成本。其中,体制机制不适应成为制约发展的根本性问题,保障能力不足和要素市场不健全是通用航空发展滞后的基础性问题。

2. 我国《通用航空"十三五"发展规划》政策解读

民航总局印发了《通用航空"十三五"发展规划》(以下简称《规划》),这是我国行业管理部门第一次出台通用航空五年专项规划,是民航"十三五"规划体系的重要组成部分,是对国务院办公厅《关于促进通用航空业发展的指导意见》的具体落实,对建成民航强国关键阶段通用航空改革和发展具有重要的意义。

① 深化体制机制改革:

深化体制机制改革,要着力推动"放管服",全面提升监管能力。《规划》的核心是推动供给侧结构性改革,解决通用航空现有的结构性过剩和结构性短缺并存局面,在制度上建立与通用航空发展特点和规律相适应、区别于公共运输航空的监管体系,促进实现通用航空发展从部门行为向政府行为转变、从行业行为向社会行为转变。

a) 加快推进分类管理。通用航空具有交通服务、生产服务、消费服务等多重功能属性,作业类型多、服务范围广,载人和作业对社会公众影响程度差别较大。《规划》提出加强通用航空法制建设,加快建立通用航空标准体系,对载人飞行、作业飞行、个人或企业自用飞行等实施差异化管理,强化载人安全监管,放宽对个人和企业自用等非经营性飞行活动的限制,改变以往我国通用航空诸多规章标准参照运输航空的做法,实现精准监管、精明监管,降低通用航空企业运营和个人(企业)自用飞行成本。

b) 优化市场监管方式。为更好发挥市场机制作用,《规划》提出重点提升"事中、事后"监管能力,改进通用航空监管模式,建立更为广泛的支持性通用航空安全监管和市场监管体系。依托通用航空管理系统提升管理效能,加快委任代表制度建设,树立企业主体地位,推进第三方监管,激发市场活力,加强行业自律。

c) 促进扩大低空开放。科学的低空空域分类划设与管理是通用航空规模化发展的关键要素。《规划》指出加强军民航部门沟通协调,推动真高3 000米以下低空空域开放进程,契合通用航空用户需求来优化划设空域,简化飞行任务审批流程;充分依托民航空管系统,加快推进FSS等低空空域航行保障体系建设,利用第三方公共平台提高通用航空飞行申请的效率,务实破除"上天难"困局。

d) 倡导真情服务。进一步降低经营许可门槛、通用航空器引进门槛,推动经营许可和运行许可的统一,简化办事流程。重视提升行业服务品质,建立通用航空企业诚信记录档案和运营评价体系,采用多种手段加强服务质量监管,加快提升消费者服务质量。

② 提升基础保障能力:

提升基础保障能力,要着力强基础补短板,加快夯实发展根基。通用航空机场是通用航空发展的根基,网络化的通用航空机场体系有利于降低用户运行成本,是解决"落地难"的关键举措。《规划》提出用好存量、合理增量、有序发展我国通用航空机场。鼓励枢纽运输机场所在城市建设综合性通用航空机场,缓解枢纽运输机场非核心业务。加快建设具有区域辐射功能、公益性服务功能的通用航空机场,支持建设具有产业培育和集聚功能的通用航空机场,优先支持支线机场增设通用航空设施,拓展业务范围,兼顾区域通用航空运营服务综合保障。优先利用既有通用航空机场,鼓励相邻地区打破行政区划,共建共用通用航空机场,逐步形成布局合理、功能协调、兼容互补的通用航空机场系统。

同时,《规划》结合我国区域发展战略、发展特点,提出不同区域新增机场发展导向,注重发挥通用航空机场的区域功能,融入国家综合机场体系。针对通用航空机场"审批难、建设慢"的问题,《规划》提出加快出台《通用机场管理规定》,规范引导通用航空机场建设,积极协调军方简化通用航空机场建设审批流程;加快推进气象服务产品、目视航图、飞行服务站、维修保障体系等建设,全方位提升基础保障能力。

③ 提升通用航空产业发展水平:

提升产业发展水平,要着力优结构促升级,培育持续发展动能。《规划》充分考虑我国通用航空发展的结构性失衡,力争在公共服务和新消费领域取得突破。引导充分发挥通用航空交通功能,大力推广短途运输,满足支线航空难以到达、交通不便的偏远地区交通出行需求,逐步实现常态化运输,成为干支线航空的重要补充,完善综合运输体系;充分挖掘通用航空应急救援速度快、机动灵活、对地面设施依赖小、突破空间障碍能力强等优势,积极开展通用航空抢险救灾、医疗救助等业务,加快形成国家航空应急救援体系的社会化力量,保障和改善民生。在新消费领域,大力推动航空旅游发展,迎接大众旅游时代的来临;着力推动航空运动发展,推动竞赛表演、休闲体验、运动培训等重点领域发展,在条件成熟的城市或地区初步形成

"200公里航空运动飞行圈"。积极推进私人飞行、航空俱乐部等发展,释放新兴消费潜在需求。

《规划》注重产业联动融合,重点加快推动运营业态上下延伸,推广"树龙头、筑链条、建集群"发展模式;促进通用航空产业横向延伸,向关联产业渗透,多产业要素叠加融合,加快"通用航空＋旅游、运动等多产业""通用航空＋创意经济"等的发展,拓展"互联网＋"在通用航空领域的应用。培育一批骨干示范企业,推出一批短途运输、医疗救助、应急救援、航空旅游、航空运动等试点示范工程,形成可复制、可推广的发展经验,催生丰富多元的通用航空新产品、新空间、新业态,促进低空经济的繁荣。

④ 高效贯彻落实:

《规划》明确了加强组织协调、加大资金支持、推动科研创新、推广航空文化、加强实施保障等五方面的保障措施,突出构建纵横联合的行政管理机制,提升人力、资金等关键资源保障力度;培育通用航空文化,扩大通用航空爱好和消费群体,挖掘释放市场潜能;加强综合协调、跟踪分析和督促检查,推动多部门共管齐抓,高效落实规划重点任务。

3. 通用航空发展"十四五"规划展望

通用航空发展"十四五"规划的很多问题仍在研究当中,国家发展改革委初步考虑有以下四点:

a) 继续加快推进机场基础设施建设。一方面要加大世界级机场群、国际枢纽和区域枢纽的建设力度,另一方面也需要有序推进支线机场建设力度,期望能够构建一个覆盖广泛、结构优化、功能完善、集约环保的现代化机场体系。

b) 下决心补齐这次疫情当中发现的短板,包括怎样建设航空货运枢纽。每个机场都有客运能力和货运能力,但我国机场货运能力利用率只有50%,所以,首先要研究怎么样把现有能力挖掘出来并加以充分利用;其次,要加大航空货运基础设施建设力度。

c) 如何应对突发事件。在运输航空和通用航空两个板块,能够实现优势互补、共同发展,补齐通用航空发展的短板。因为通用航空在短途运输、城市应急、医疗救援等方面具有独到的优势,所以应促进通用航空和运输航空协同发展,进而补齐短板。

d) 各种运输方式应该协同发展。例如,航空货运把货物运到机场后,要考虑如何实现货物从机场到市区再到老百姓手中。在机场建设时,要注重和铁路、公路、水运一体化的协同发展,使旅客到达机场后尽快回家,货物到达机场之后,尽快让老百姓收到。

2.3 通用航空企业筹办相关规定

2.3.1 筹办政策与筹办流程

本节主要介绍通用航空经营企业的基本筹办政策与流程,主要依据民航总局于2020年公布的《通用航空经营许可管理规定》和2018年公布的CCAR-91部。

1)《通用航空经营许可管理规定》中将经营性通用航空活动分为三类:

① 载客类,是指通用航空企业使用符合民航局规定的民用航空器,从事旅客运输的经营

性飞行服务活动。

② 载人类,是指通用航空企业使用符合民航局规定的民用航空器,搭载除机组成员以及飞行活动必需人员以外的其他乘员,从事载客类以外的经营性飞行服务活动。

③ 其他类,是指通用航空企业使用符合民航局规定的民用航空器从事载客类、载人类以外的经营性飞行服务活动。

载客类经营活动的主要类型包括通用航空短途运输和通用航空包机飞行。载人类和其他类经营活动的主要类型由民航局另行规定。

2) 根据通用航空企业的经营性质可将其分为两类:

① 经营性企业:即在中华人民共和国境内,从事经营性通用航空活动的通用航空企业,以及持有使用限制类适航证的航空器(包括超轻型飞机、甚轻型飞机、飞艇、滑翔机、动力滑翔机、载人自由气球)和轻于空气的航空器从事私用飞行驾驶执照培训、航空运动训练飞行、航空运动表演飞行、个人娱乐飞行的具有企业法人资格的经营性航空俱乐部。

② 非经营性单位:即在中华人民共和国境内,使用民用航空器开展不以盈利为目的的通用航空飞行活动的中国公民、法人和其他组织。

3) 根据企业产权关系,也可以把通用航空经营企业分为以下三类:

① 独资企业:由一个法人或自然人独立投资并经营的企业,企业的所有权和经营权归法人或个体所有。独资企业的形式可以是国有独资、外商独资、个体独资等。目前,我国的通用航空企业主要以国有独资和个体独资形式为主。

② 合资企业:由两个以上股东投资设立的通用航空企业,其所有权和经营权由投资股东掌握。这类企业的主要形式包括国内企业合资以及中外合资等。

③ 股份制企业:以股份形式组成的通用航空企业。由国内外若干法人或者自然人以股份的形式投资和分配利益,通过上市募集资金,企业的所有权和经营权归股东大会或董事会所有。

从事经营性通用航空活动的企业,应当取得通用航空经营许可。取得通用航空经营许可的企业(以下简称通用航空企业),应当遵守法律、行政法规和规章的规定,在批准的经营范围内依法开展经营活动。申请取得通用航空经营许可的,应当具备下列条件:

① 从事通用航空经营活动的主体应当为企业法人,主营业务为通用航空经营项目。企业的法定代表人为中国籍公民。

② 企业名称应当体现通用航空行业和经营特点。

③ 购买或租赁不少于两架民用航空器,航空器应当在中华人民共和国登记,符合适航标准。

④ 有与民用航空器相适应,经过专业训练,取得相应执照或训练合格证的航空人员。

⑤ 设立经营、运行及安全管理机构并配备与经营项目相适应的专业人员。

⑥ 企业高级管理人员应当完成通用航空法规标准培训,主管飞行、作业。

⑦ 质量的负责人还应当在最近六年内具有累计三年以上相关专业领域工作经验。

⑧ 有满足民用航空器运行要求的基地机场(起降场地)及相应的基础设施。

⑨ 有符合相关法律、法规和标准要求,经检测合格的作业设施、设备。

⑩ 具备充分的赔偿责任承担能力,按规定投保地面第三人责任险等保险。

⑪ 民航局认为必要的其他条件。

2.3.2 通用航空企业经营许可的取得

1. 申请受理阶段

按照《通用航空经营许可管理规定》，申请人通过"通用航空管理系统"（www.ga.caac.gov.cn）在线按规定的格式提交下列申请材料，并确保其真实、完整、有效。

① 通用航空经营许可申请书（见图2.2和图2.3）。

中国民用航空局××地区管理局　　　　　　　　通用航空经营许可申请书

附件2：示范文本

通用航空经营许可申请书

编号：_____（由管理局编制）

1. 申请事项

首次申请	√	首次申请经营许可应完全填写第二项企业信息表规定的内容。
变更企业基本信息	□	变更企业基本信息的，仅填写较上次申请时的变更内容。
换证	□	换证申请仅需填写换证项。

2. 企业信息/变更信息表

拟申请单位名称	西安×××通用航空有限公司		
自然人(身份证号)	张×(370××××××××××317)		
企业注册地址或者自然人联系地址	××市××街××路××号	邮政编码	710000
		联系电话	××××
基地机场/起降场地	西安××起降场地		
法人代表身份证号码	李×(370××××××××××317)		
联系人	王×		
联系电话	××××	传真	××××
拟从事的经营项目：			
甲类	通用航空包机飞行√　石油服务□　直升机引航√　医疗救护□ 商用驾驶员执照培训□		
乙类	空中游览□　直升机外载荷飞行√　人工降水□　航空探矿□　航空摄影□ 海洋监测□　渔业飞行□　城市消防□　空中巡查□　电力作业□　航空器代管□ 跳伞飞行服务□		
丙类	私用驾驶员执照培训□　航空护林√　航空喷洒(撒)□　空中拍照□　空中广告□ 科学实验□　气象探测□		
丁类	使用具有标准适航证的载人自由气球、飞艇开展空中游览□ 使用具有特殊适航证的航空器开展航空表演飞行□　个人娱乐飞行□ 运动驾驶员执照培训□　航空喷洒(撒)□　电力作业□		
其他			
换证原因	许可证到期换证□　许可证损毁□　其他原因□		
其他换证原因说明			

注：选择申请事项应在方框内划√

正页

图2.2　通用航空经营许可申请材料示范文本正页

中国民用航空局××地区管理局　　　　　通用航空经营许可申请书

3. 申请人声明：

　　申请人或由申请人授权的填报人向民用航空主管部门声明并保证，申请书所填内容、所提交的文件、证照及其复印件以及其他有关的书面材料是真实、合法的，对因申请及其所提供的全部文件、材料的真实性、合法性所产生的一切后果，申请人承担法律责任。

　　　　　　　　　　　　　　　申请人/填报人签字：张×　李×
　　　　　　　　　　　　　　　申请日期（盖章）：2017年4月××日

4. 申请材料清单

编号	申请资料	复印件份数	是否适用？
1	经营许可申请书	3	是√ 否□
2	企业章程	3	是√ 否□
3	企业法人营业执照	3	是√ 否□
4	合股投资筹建通用航空企业的投资合同	3	是√ 否□
5	自然人的身份证	3	是√ 否□
6	自然人的无犯罪记录声明	3	是√ 否□
7	航空器国籍登记证、适航证、电台执照	1	是√ 否□
8	航空器所有权证明文件	1	是√ 否□
9	航空器占有权证明文件	1	是√ 否□
10	航空器喷法方案批准文件	1	是√ 否□
11	航空器照片	1	是√ 否□
12	航空人员证照、劳动合同	1	是√ 否□
13	地面第三人责任险文本合同	1	是√ 否□
14	机身险文本合同	1	是√ 否□
15	座位险文本合同	1	是√ 否□
16	基地机场的使用许可证或起降场地的技术说明文件	1	是√ 否□
17	与机场管理方签订的服务保障协议	1	是√ 否□
18	法定代表人的任职文件、资历表、身份证明文件	1	是√ 否□
19	关键部门负责人（飞行、质量）的任职文件、资历表、身份证明文件	1	是√ 否□
20	高级管理人员接受通用航空法规标准培训的证明	1	是√ 否□
21	法定代表人无《通用航空经营许可管理规定》第十一条问题的声明	3	是√ 否□
22	企业经营管理手册	3	是√ 否□
23	外商投资的项目审批手续及相应批准文件	1	是√ 否□

副页

图2.3　通用航空经营许可申请材料示范文本副页

②　企业章程。

③　法定代表人以及经营负责人、主管飞行和作业技术质量负责人的任职文件、资历表、身份证明、无犯罪记录声明。公司董事、监事、经理的委派、选举或者聘用的证明文件。

④　航空器购租合同，航空器的所有权、占有权证明文件。

⑤　民用航空器国籍登记证、适航证以及按照民航规章要求装配的机载无线电台的执照。

⑥　航空器喷涂方案批准文件以及喷涂后的航空器照片。

⑦　航空人员执照以及与申请人签订的有效劳动合同。

⑧ 基地机场的使用许可证或者起降场地的技术说明文件。基地机场为非自有机场的，还应提供与机场管理方签署的服务保障协议。

⑨ 具备充分赔偿责任承担能力的证明材料，包括地面第三人责任险的投保文件等。

⑩ 企业经营管理手册。

⑪ 企业及法定代表人（负责人）的通讯地址、联系方式，企业办公场所所有权或使用权证明材料。

⑫ 有外商投资的，申请人应当按国家及民航外商投资有关规定提交外商投资项目核准或备案文件、外商投资企业批准证书。

⑬ 申请材料全部真实、有效的声明文件。

2. 审查决定阶段

民航地区管理局通过"通用航空管理系统"对申请材料进行审核，并出具受理意见。自受理之日起在 20 日内作出是否准予许可的决定。20 日内不能作出决定的，经民航地区管理局负责人批准，可以延长 10 日。

3. 结果通知阶段

民航地区管理局在作出决定之日起 10 个工作日内向申请人颁发经营许可证，并将许可决定通过"通用航空管理系统"予以公布。如不予许可，将书面通知申请人不予许可的决定，并说明理由，同时告知申请人享有依法申请行政复议或者提起行政诉讼的权利。

4 办理方式

全程网上办理或者网上受理之后政务大厅现场办理。

5. 办结时限

自受理申请之日起 20 日内作出行政许可决定，20 日内不能作出行政许可决定，经民航地区管理局负责人批准，可以延长 10 日。依法所需的听证、招标、拍卖、检验、检测、检疫、测绘、鉴定、专家评审等，不计入时限。

6. 收费依据及标准

本项目不收费。

7. 结果送达

作出准予行政许可决定，需颁发行政许可证的，应当自作出决定之日起 10 日内向行政相对人颁发加盖本行政许可实施机关专用印章的证件。按照证件颁发部门要求的方式，通过"邮寄"或"现场自取"的方式进行送达。

8. 行政许可结果

通用航空企业经营许可证。

通用航空经营许可申请流程如图 2.4 所示。

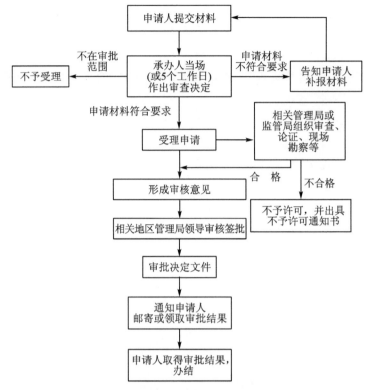

图 2.4 通用航空经营许可申请流程图

2.3.3 通用航空经营许可申请过程中的常见问题

1) 问：申请通用航空经营许可证和营业执照的先后关系？

答：先申请经营许可证，再进行工商登记办理营业执照。用航空经营许可是根据国务院确定保留的工商登记前置审批事项。

2) 问：申请通用航空经营许可是否需要批准筹建阶段？

答：现行有效的《通用航空经营许可管理规定》已取消企业筹建环节。

3) 问：申请通用航空经营许可是否需要自有航空器。

答：不需要。租赁航空器也可以申请成立通用航空运营企业。

经营许可证式样如图 2.5 所示。

在经营许可证有效期限内，如企业名称、地址、法定代表人、注册资本、基地机场和经营范围等经营许可证载明事项发生变更的，通用航空企业应当自变更事项发生之日起 15 日内向住所地民航地区管理局提出变更经营许可证载明事项的申请。

企业的股权结构、机队构成等基本信息发生变更的，应当按照民航局有关信息报送规定要求，自变更发生之日起 15 日内完成通用航空管理系统中相关信息的更新。

经营许可证不得涂改、倒卖、出租、出借或者以其他形式非法转让。发生经营许可证遗失、损毁、灭失等情况的，通用航空企业应当自发生之日起 15 日内向住所地民航地区管理局申请补发，并在相关媒体发布公告。

图 2.5　经营许可证式样

除法律、法规、规章另有规定外,经营许可证持续有效。

2.3.4　通用航空经营企业获批后的工作

取得经营许可证的申请人,应当持民航地区管理局颁发的经营许可证向所在地工商行政管理机关申请工商登记,并应当在取得企业法人营业执照之日起 20 日内,将执照复印件送民航地区管理局备案。

通用航空企业应当在每年 3 月 31 日前,通过通用航空管理系统向住所地民航地区管理局报送上一年度的年度报告。年度报告应当包括企业简介、经营情况说明、股东情况、董事、监事、高级管理人员、民用航空器、民用航空器驾驶员等专业技术人员情况和其他重要事项等内容。

取得经营许可证的申请人应按有关民航规章的规定完成运行合格审定。

2.3.5　通用航空企业运行合格审定

所有从事通用航空飞行和作业的企业,在取得经营许可证之后,必须通过运行合格审定。

取得运行合格证,获得运行规范的批准,才能从事经批准的相应的飞行活动。通过运行合格审定,获得运行合格证和运行规范,是构成在中国境内实施民用航空器的必要条件。

由于民用航空企业所进行的航空活动的复杂程度、运行范围各不相同,因此对各种航空活动所要求的标准也不尽相同。目前,有针对大型飞机公共运输航空运输承运人(按 CCAR-121 部)、小型航空器商业运输运营人(CCAR-135 部)、商业非运输运营人(CCAR-91 部)、航空器代管人(CCAR-91 部)、飞行学校(CCAR-141 部)、飞行训练中心(CCAR-142 部)、维修基地(CCAR-145 部)等不同类型的运行及管理规范。境外飞行学校和外国飞行训练中心由民航局飞行标准司统一负责,按 CCAR-141 部和 CCAR-142 部实施运行合格审定和颁证。

通用航空企业主要的经营业务可以涵盖空中游览、公务飞行、私用或商用飞行、驾驶执照培训、航空器代管业务、出租飞行、通用航空包机飞行等业务。这些业务的运行合格审定主要参照 CCAR-91 部、CCAR-135 部、CCAR-141 部、CCAR-142 部进行。其中 CCAR-91 部是基础规章,适用于所有航空器的所有运行。而 CCAR-135 部是在 CCAR-91 部的基础上为参加公共航空运输的航空器提出的更高的运行要求。CCAR-141 部和 CCAR-142 部是针对提供私人飞行执照或商业执照培训业务的通用航空运营商。此外 CCAR-145 部针对的是运营民用航空器维护业务。

本节将围绕运行合格适航取证内容、程序、管理进行详细介绍。

1. 运行合格审定的内容

按照 CCAR-91 部的体系,审定时依据的规则主要包括以下四个部分:
1) 适用于所有航空器运行的一般飞行、维修和适航规则。
2) 对非公共运输运营人和航空器代管人进行运行审定和监督的程序和标准。
3) 对某些较大型航空器和某些特殊类型运行的附加运行要求。
4) 对超轻型飞行器单独提出的要求。

一般情况下,可以把审定内容分为以下三个部分:
1) 飞行人员:民用航空器机长的职责和权限,航空器驾驶员的飞行规则。
2) 航空器:民用航空器的适航性、飞行手册、标记标牌、维修标准、设备仪表及其合格证。
3) 飞行与运行:商业非运输运营人的运行和航空器代管人的运行等。

2. 运行合格证的申请

通用航空运输企业申请运行合格审定的基本程序包括五个阶段:预先申请阶段、正式申请阶段、文件审查阶段、验证检查阶段和颁证阶段。

根据民航华东管理局的规定,自受理申请之日起 30 日内作出行政许可决定,30 日内不能作出行政许可决定,经中国民航地区管理局负责人批准,可延长 10 日。依法需要听证、招标、拍卖、检验、检测、检疫、鉴定和专家评审的,所需时间不计入上述期限。自作出决定之日起 10 日内向行政相对人颁发加盖本行政许可实施机关专用印章的证件。邮寄或者自取,具体送达方式由申请人自由选择确定。

(1) 预先申请阶段

运营人根据 CCAR-91 部的要求,向企业所在地区的民航管理局提出审定初始意向。之后,所在地区民航管理局与申请人需要开展下列工作:

① 局方向申请人介绍合格审定程序，双方进行初步讨论，确定申请人是否有资格申请合格审定。

② 局方向申请人提供审定指导材料，包括相关法律法规、咨询材料、监察员手册等。

③ 申请人按照局方给予的指示填写《预先申请意向书》，并且将完成的《预先申请意向书》递交局方办公室。

④ 局方组建合格审定小组，向民航总局申请并获得预先合格审定编号。

⑤ 召开由申请人承办的预先申请会。合格审定组组长与申请人联系安排预先申请会议。会议议程包括：

a）向申请人提供预先合格审定材料。预先合格审定材料包括适用的地区管理局指导材料、适用的合格审定工作单、活动日程表样本、适用的运行规范标准格式和合格审定小组组长认为合适的其他文件。

b）向申请人介绍情况。审定小组以合格审定工作单和活动日程表样本为指导，在预先申请会议上向申请人详细介绍合格审定程序、审定过程中局方的要求、申请人应配合的工作和正式审定工作安排等，确保申请人理解整个合格审定过程。鼓励申请人就审定过程方面没有理解清楚的地方提出问题。

c）审阅并核实预先申请意向书上的信息。在预先申请会议上，讨论的主要内容是核实预先申请意向书上的申报情况，诸如运行的种类、航空器的型号、运行区域和设施所在地等。当这些情况发生变化时，申请人必须在预先申请意向书上注明这些改变。如果这些变化会对预期的运行规范或运行种类产生显著的影响，可能会中断预先申请会议。

d）向申请人通告有关规章。申请人理解哪些规章适用于所建议的运行是十分重要的。审定小组应当要求申请人仔细研究并熟知与所建议的运行有关的中国民用航空规章和其他咨询材料，必须让申请人及其管理人员知道他们在合格审定期间负有的责任。同时让申请人明白，及时地递交局方要求的材料和在对建议的运行有任何疑问或改变时立即通告审定小组，将对他们通过申请过程十分有益。

e）声明申请人取得经营许可证的重要性。审定小组应通告申请人，获得国家和局方的经营许可是申请人自己的责任，不可能仅通过运行合格审定获得。应让申请人明白，局方可以对其进行运行合格审定，但如果申请人不能获得适当的经营许可，是不可能实施运行的。

f）针对正式申请给予指导。让申请人对正式申请所要求的形式、内容和文件有正确的理解。告知申请人，正式申请必须向指定的监管办提出，在初始审查后，局方将会以信件的形式给出接受或拒绝的通知。

(2) 正式申请阶段

在预先申请会议期间或之后，当申请人对运行合格审定的要求、形式、内容和必备文件有了正确理解，并认为本单位已满足运行合格审定要求时，即可向指定的管理局监管办提出正式申请。

① 正式申请应向局方提交的文件：

a）请求合格审定的正式申请信。

b）正式申请信附件，包括工作计划表、公司内部机组训练计划、人员资历、购买凭证、合同、租约文件、文件审查目录内所列的相关内容。

② 正式申请接单的主要工作：

a）申请单位。在提出正式申请的过程中不断与局方沟通，了解局方对本单位的认可程度,同时进一步完善本单位申请运行的软、硬件建设,主要包括飞行器的适航条件和保障、专业人员的条件、机务维修的能力和条件、公司各项手册的指定和规范等。

b) 局方。自受理申请之日起 30 日内作出行政许可决定,30 日内不能作出行政许可决定,经中国民航地区管理局负责人批准,可延长 10 日。审阅的主要内容是申请人送交的合格审定正式申请信和附件。审核的目的是核实正式申请需要递交的文件是否已提交;确定所提交材料中的建议是否可行,其质量是否达到可以召开正式申请会并推进合格审定过程的要求。当确定可行与否后,即可召开正式申请会,由合格审定小组组长将接受或拒绝决定先口头通知申请人,然后在 7 日内给予书面通知。

（3）文件审查阶段

文件审查阶段是局方对申请人为保障经营而制定的各类文件进行审定的过程。审定小组将依据中国民用航空规章,查阅局方相关手册及文件规定,并参照符合性声明,深入审查申请人提交的手册和其他文件,以确定其是否符合适用的规章和安全常规,并作出批准或拒绝的决定。

主要审核的文件有：

a) 运行手册。

b) 航空器驾驶舱检查单。

c) 航空器检查大纲。

d) 航空器最低设备清单(如适用)。

e) 重量平衡控制程序(如果飞行手册 AFM 要求)。

f) 维修合同/协议(如适用)。

g) 豁免/偏离请求(如适用)。

h) 符合性声明(CCAR-91 部 A—G 章的符合性声明可由总经理声明代替)。

文件缺陷的处理：

i) 如果合格审定小组在审查人提交文件后,发现文件存在缺陷,而缺陷不足以影响整体合格审定的进行,审定组可以针对怎样改进或者修改文件提出建议,并将该手册或文件、附带说明不足之处的信函退还申请人。申请人则根据新的要求进行认真的修改,申请人应当明确知晓:指定手册与程序以保证安全运行,并在今后的运行中遵守规章是其应负的责任。

g) 如果在文件审查期间,申请人不能按照活动日程表开展活动,或者提交的文件不具备应有的质量,则合格审定小组将安排会议,同申请人一道详细讨论存在的缺陷。组长可视具体情况通知申请人,由于提交的文件不可接受,已不能继续进行合格审定,或者需要协商确定一个新的活动日程表,以便在适当时机继续进行文件审查。

（4）验证检查阶段

该阶段的主要工作是验证申请人对手册中制定的程序和规章制度是否有效落实和安全运行,管理人员是否按照手册要求指导员工履行各自的职责和遵守手册规定的程序,以及管理的有效性。检查的重点是演示验证企业在正常飞行运行时是否遵守规章要求和安全运行常规。验证检查阶段与文件审查阶段的某些内容常同时发生,例如,监察员可能在申请人的训练设施内观察驾驶员训练(属于验证检查阶段的工作),同时其他合格审定小组成员也在审批维修手册(属于文件检查阶段的工作)。

验证检查的主要内容：

在该阶段,合格审定小组成员运用规章对事件观察和监视的具体方法,按照合格审定工作单规定的评估项目,通过现场观察、评估等形式考查和监视申请人的各类运行活动。

需评估和验证的有代表性的活动和事件主要有:

a) 人员训练的评估。

b) 训练大纲的实施(教室授课、模拟机和航空器训练)。

c) 航空器符合性检查。

d) 主营运基地检查。

e) 主维修基地检查。

f) 记录保持程序(训练文件、飞行和执勤时间以及飞行文件)。

g) 机组成员记录。

h) 维修记录。

i) 训练飞行评估。

g) 验证试飞。

验证检查发现的缺陷:

a) 在验证检查阶段,如果申请人不能按照活动日程表进行活动,或者实施的各种运行活动(如训练、记录保持程序等)存在缺陷,则监察员必须要求申请人采取适当的改正措施。合格审定小组将对每种缺陷提出建议性的改正方案。必要时,审定组长应该安排会议与申请人一起详细讨论所有的缺陷以及相应的改正措施。

b) 如果发现存在严重缺陷,各个审定小组组长将视具体情况通知申请人,停止继续进行合格审定,或者协商确定一个新的活动日程表,以便在适当时候重新进入验证检查阶段或者文件审查阶段。

(5) 颁证阶段

在运行合格审定的所有项目都达到了法规规章的要求,合格审定小组认为审定人的运行规范已经符合法规,通过检验确实可行,准予批准后,局方将为申请人颁发商业非运输运行合格证和运行规范。一旦实施这项工作,则代表合格审定过程圆满结束。

在为申请人颁发运行合格证之前,合格审定小组组长必须确认申请人完全有能力履行法律规定的职责,并且确实能够依照法规、企业自身特点和航空运行规则,制定和履行企业规章、规范并履行运行程序。在颁发证件之前,运行合格审定小组将与申请人彻底讨论需要进一步解决的非关键性遗留问题,确定相应的改正措施,并以书面形式通知申请人。

合格证的内容:运行合格证是一份批准文件,该文件含有商业非运输运营人名称、商业非运输运营人批准运行的概括性阐述和生效日期等信息。没有现行有效的合格证,商业非运输运营人不得进行运行。运行合格证包括的主要内容如下:

a) 合格证持有人的名称。必须填写合格证持有人的法定全称,合格证持有人不得使用不同于合格证的其他名称进行通用航空作业飞行运行。

b) 合格证持有人主运行基地的地址。必须填写主运营基地的实际地址,不得填写与主运营基地的实际地址不同的邮政信箱地址。

c) 批准运行的种类。CCAR-91部将运行种类分为一般商业飞行、农林喷洒作业飞行、旋翼机机外载荷作业飞行、训练飞行和空中游览飞行5种。

d) 合格证的编号。

e) 合格证的生效日期。

f) 负责监督该合格证持有人运行的局方机构名称或代号。

g) 说明经审定,该合格证持有人符合 CCAR-91 部规则 H 章的相应要求,批准其按所颁发的运行规范实施运行。合格证由民航地区管理局制作并颁发,因此,颁证单位是民航地区管理局,签字人是民航地区管理局局长或经授权代表民航地区管理局局长的人员。

合格证的颁发和监控责任:当申请人满足所有规章要求,运行规范准备完毕后,可由负责审定的主任运行监察员和申请人或其授权人员分别签字,然后将运行合格证和运行规范颁发给申请人。

运行合格证的主管部门是负有主要监管责任的办公室。在合格证中填有该办公室的名称。通常情况下,合格证主管办公室应当是负责合格审定的办公室。但是,如果在完成合格审定之后,持续监督责任移交给其他办公室,则监管责任由接受移交的办公室承担,合格证也要注明。

3. 运行合格证的管理

通用航空企业在持有运行合格证开展作业飞行的过程中,可能出现修改、放弃、暂扣、吊销和更换合格证的情况,对各种合格证变更事项的处理方法,局方有明确规定的管理程序。

(1) 合格证的修改

合格证的修改是对该文件上信息的一种改变,通常由名称改变或者行政管理改变等原因引起。当运行合格证上的信息发生变化时,必须修改合格证。一般对合格证的修改有以下几种情况。

① 对合格证的管理性修改。如果在合格证准备过程中发生了错误或者合格证上的部分信息已经过时,则需要对合格证做管理性修改。在对合格证做管理性修改时,原合格证编号和日期保持不变。对合格证做管理性修改时不中断对商业非运输运营人运行的批准。需要对运行合格证做管理性修改的情况主要有:

a) 商业非运输运营人名称改变。

b) 商业非运输运营人主运营基地地址改变。

c) 修改合格证上的文字错误。

d) 合格证主管办公室改变。

e) 民航地区管理局名称改变。

对于管理性修改的新合格证要保持原来的生效日期和合格证编号,但颁发日期改为修改后的日期。

② 商业非运输运营人提出的修改。在商业非运输运营人提出修改的情况下,主任运行监察员须确定局方对这些情况有什么相应的规定,并与商业非运输运营人讨论这些规定,防止以后产生误解。

a) CCAR-91 部规定,修改合格证的商业非运输运营人至少应在申请生效日期前 30 日向合格证主管办公室递交一份修改申请。申请由申请信和必要的支持文件组成。

b) 主任运行监察员将对申请进行一次初步审阅以确定其完整性和总体可接受性。在某些情况下,主任运行监察员可在审查完成之后直接颁发合格证;但在有些情况下,审查过程可能要求进行详细的分析。当全部审查过程不能在 10 日内完成时,主任运行监察员将告知商业非运输运营人预计需要的审查时间。

c) 当商业非运输运营人提交的文件不完整时,主任运行检查员将迅速通告商业非运输运营人改正不足之处,否则工作不能继续进行。如果商业非运输运营人的建议不可接受,主任监察员将书面通知商业非运输运营人其建议已被拒绝,该书面通知必须包括对拒绝原因的清楚说明。

d) CCAR-91 部规定,商业非运输运营人的修改申请遭到拒绝后,可以申请局方重新考虑。该申请必须在收到拒绝信 30 日内作出。

e) 当所有权改变时,需要指定一个新的合格证编号。

f) 新合格证颁发后,作废的合格证应交回局方。

③ 民航地区管理局提出的修改。民航地区管理局需要对商业非运输运营人的合格证作出修改时,主任运行监察员将与商业非运输运营人联系并说明情况。主任运行监察员将准备一张修改好的合格证,并要求商业非运输运营人用现行合格证交换。

④ 修改合格证可能需要的复查。当所有权或者其他重大事项发生改变时,要求主任运行监察员能认真作出评估,以确定商业非运输运营人是否保持良好、适当的设备并能够进行安全运行。评估过程可能导致一次比较深入的复查。当运行发生实质性变化时,主任运行监察员可能有必要加强对运行的监督或者对商业非运输运营人进行一次正式复查。这些重大的事项包括:

a) 管理人员组成的较大变化。

b) 飞行机组人员组成的较大变化。

c) 严重财政紧张。

d) 商业非运输运营人的机队增加新型别或者新厂家型号的航空器。

e) 运营基地改变。

f) 运行变化。

g) 停止运行超过 30 日。

(2) 合格证的放弃

主任运行检查员可以要求,但不能强制商业非运输运营人放弃合格证。商业非运输运营人可以在任何时候自愿放弃合格证,在这种情况下,商业非运输运营人应当将合格证连同书面请求递交给主任运行监察员,在书面请求中说明申请取消合格证以及放弃合格证的理由。该请求必须由商业非运输运营人的法人代表或者法庭指定所有权代表该商业非运输运营人的个人签署。主任运行监察员将在商业非运输运营人的档案中就自愿放弃合格证的情况做简要说明。已经放弃的合格证应当连同一份运行规范的复印件在合格证主管办公室保存三年。

自愿放弃的合格证不可恢复。如果商业非运输运营人决定恢复运行,该商业非运输运营人必须重新申请一个新的合格证。

(3) 合格证的暂扣

合格证暂扣决定由民航总局作出。发生合格证暂扣时,民航总局将书面通知商业非运输运营人,通知中含有商业非运输运营人必须遵守的指令。民航总局会在通知中要求商业非运输运营人将合格证上交给民航地区管理局的相关部门,该部门保存合格证直到暂扣期结束。在合格证暂扣期间,应对商业非运输运营人的档案作出修改以反映暂扣状态。

(4) 合格证的吊销

合格证吊销决定由民航总局作出。商业非运输运营人必须将吊销的合格证交到吊销通知中指定的部门。此外,应当修改商业非运输运营人的档案,以记录合格证被吊销的信息以及有关吊销的原因说明。

(5) 合格证的更换

丢失或者损坏的合格证可由合格证主管办公室用具有与原合格证相同信息的合格证替换。在合格证损坏的情况下,商业非运输运营人应当将合格证的残留部分连同一份书面请求送交给主任运行监察员,请求信必须由商业非运输运营人的法人代表签署,在信中说明请求更换合格证的原因。

2.4 商业非运输运营人的运行合格审定

商业非运输运营人是指经局方按照 CCAR-91 部相关规则审定合格并获得局方颁发的商业非运输运营人运行合格证和运行规范,使用民用航空器实施公共航空运输之外的以取酬或出租为目的的商业航空飞行的航空器运营人。商业非运输运营人运行合格证申请人可以向局方申请下列一个或多个种类的运行:

a) 一般商业飞行。
b) 农林喷洒作业飞行。
c) 旋翼机机外载荷作业飞行。
d) 训练飞行(运动驾驶员执照和私用驾驶员执照的训练飞行无需申请)。
e) 空中游览飞行。

其适航审定工作按照 CCAR-91 部 H 章的要求进行。其中,若申请者仅用于一般商业飞行和空中游览飞行,应当遵守 CCAR-91 部的 A、B、C、D、E、F、G、H、L、P、Q 章的要求。这些要求包括对于飞行运行的一般要求,飞机维护的要求,仪表要求和针对大型航空器的附加要求;若申请者用于训练飞行,其飞行运行除遵守上述章节的要求外还应该遵守 CCAR-61 和 CCAR-141 部的规定。本章重点讨论用于一般商业飞行和空中游览飞行的申请人的取证流程与条件,关于训练飞行的有关政策将在后续章节讨论。

2.4.1 商业非运输运营人取证条件

1. 按要求制定运行手册等文件并按适航要求运行

① 商业非运输运营人应当为其实施运行的飞行、维修和其他地面工作人员制定运行手册,并按照实际情况对手册进行及时更新。运行手册应当包括能被局方接受的政策和程序。如果局方认为由于运营人的运行规模较小,没有必要为其飞行、维修或其他地面工作人员制定运行手册或运行手册的某些部分,则可以批准运营人偏离本要求。

② 运营人应当在其主运行基地或局方可接受的其他地点保存一份运行手册。

③ 运行手册中的规定不得违反任何适用的中国民用航空规章、在国外实施运行时涉及的外国法规和运营人的运行规范。

④ 实施运行的飞行、维修和其他地面工作人员应当持有一套运行手册或运行手册中与其工作相关的部分,运营人还应当为负责管理该运营人的局方机构提供一套运行手册。每位工作人员都必须按照运营人新增的或更改的内容及时更新他们的运行手册。

⑤ 运营人的每架航空器在离开其主运行基地时应当携带运行手册中供相应的飞行、维修

和其他地面工作人员使用的相关部分。但是,如果对航空器的检查或维修是在备有运营人运行手册的指定维修站进行的,则在飞往这些指定维修站时不需要随机携带运行手册。

⑥ 必须在作过更改的每个运行手册页面上标明最近一次更改的日期。

⑦ 除经局方批准外,运营人必须按照其实际的运行情况,在运行手册中包括以下内容:

a)确保遵守航空器重量和平衡限制的程序。

b)运营人的运行规范或运行规范相关部分的摘录,包括经批准的运行区域、批准使用的航空器、机组的组成以及批准的运行种类。

c)事故报告程序。

d)确保机长了解航空器已经完成要求的适航检查、符合相关维修要求并得到重返运行批准的程序。

e)报告和记录机长在飞行前、飞行中和飞行后发现的机械不正常情况的程序。

f)机长确认上次飞行中发现的机械不正常情况或缺陷是否修复或推迟修复的程序。

g)机长在航空器需要在非计划地点进行维修、预防性维修和获取服务时需要遵守的程序。

h)仪表或设备不工作时的运行程序,以及特定类型的运行所需的设备在航路上发生故障或失效时,判断是否放行和继续飞行的程序;航空器加油、清除燃油污染、防火(包括静电防护),以及加油期间管理和保护乘客所需遵守的程序。

i)机长按要求对乘客进行安全讲解时需遵守的程序。

j)确保遵守应急撤离的程序,包括在紧急情况下每个机组成员的职责分工和应急撤离时的职责分工。

k)如适用,经批准的航空器检查大纲。

l)紧急情况下,将需要他人协助的乘客撤离至出口所需遵守的程序。

m)考虑起飞、着陆和航路等条件因素进行性能计划的程序。

n)以局方能够接受的方式建立的保存和查询维修记录的合适系统(可以使用电子系统),该系统可以提供对所进行的维修工作的描述(或当局方认可时,完成工作的日期);如果维修是由运营人单位以外的人员实施的,需包括维修人员的姓名;批准该维修工作的人员的姓名或其他有效身份证明。

o)飞行定位和排班程序。

p)由运营人发出的或局方要求的有关运行的其他程序和政策指令。

2. 建立运营人的运营记录

商业非运输运营人必须在其主运行基地或局方批准的其他地方保存以下资料,并处于随时能接受局方检查的状态:

① 运营人的运行规范。

② 一份最新的清单,列出局方按照本章审定后批准其在运行中使用的航空器、每架航空器经装备可以实施的运行(如 MNPS、RNP5/10、RVSM 等)。

③ 商业非运输运营人为运行中所使用的每位驾驶员单独建立的记录,该记录应当包括下列内容:

a)驾驶员的姓名。

b)驾驶员持有的执照(类别和编号)和等级。

c) 详尽的驾驶员航空经历，包括各种训练、考试和检查的实施时间和结果，以用于判断驾驶员在本规则运行中驾驶航空器的资格。

d) 驾驶员当前的职责和被委派执行该职责的日期。

e) 驾驶员持有的体检合格证的有效期限和级别；驾驶员飞行时间的详细记录，以用于判断其是否遵守本 CCAR-91 部第 91.731 条规定的飞行时间限制。

f) 由于健康原因或丧失资格被解除驾驶员职责的行为。

④ 商业非运输运营人必须将上述第 2 项，即："驾驶员持有的执照（类别和编号）和等级"要求的记录保存至少 6 个月；必须将上述第 3 项，即："详尽的驾驶员航空经历，包括各种训练、考试和检查的实施时间和结果，以用于判断驾驶员在本规则运行中驾驶航空器的资格"要求的记录保存至少 12 个月。如果使用的驾驶员不再参与该运营人的运行，则上述第 3 项要求的记录从该驾驶员退出运行之日起保存至少 12 个月。对于运行大型飞机和涡轮多发飞机的运营人还应当按照 CCAR-91 部规则 L 章第 91.1037 条的要求进行记录保存。

⑤ 本条要求的记录应当以书面或其他局方可接受的方式进行保存。

3．配备合格的技术人员

合格的技术人员包括合格的飞行员和地面维护、地勤人员。这些人员应该具备相应的资质，工作时间应该满足限制。

4．拥有合格的硬件设施

合格的硬件设施包括正常飞行、维护、训练所需要的设施。

5．对使用航空器代管人服务的运营人的要求

① 使用航空器代管人服务的商业非运输运营人应当对遵守 CCAR-91 部 H 章所有适用要求负全部责任。

② 参加航空器代管人完全产权项目或部分产权项目的商业非运输运营人应当遵守 CCAR-91 部 K 章中适用于该运营人的规定。这部分规定将在后续章节详细讨论。

6．使用大型或涡轮多发飞机的运营人的内部安全报告程序

① 使用大型或涡轮多发飞机的商业非运输运营人应当建立一套内部的匿名安全报告程序，在运营人内部培养一种当事人不用过分担心遭受惩罚的安全氛围。

② 商业非运输运营人必须建立一套在运行大型或涡轮多发飞机时对飞机可能发生的事故或事故征候作出反应的程序。

7．对空中游览飞行的附加要求

① 除自由气球外，实施空中游览飞行的航空器的起飞和着陆必须在同一起降点完成，该起降点必须在运营人的运行规范中得到批准，并且航空器在飞行时距起降点的直线距离不得超过 40 千米。对于使用自由气球实施的空中游览飞行，其飞行区域必须在运营人的运行规范中得到批准，每次飞行的起飞和着陆地点必须包含在该区域之内。

② 初级类飞机、滑翔机以及局方规定的某些特定型号航空器不得用于空中游览飞行。

2.4.2 运行合格证的申请和颁发

1）商业非运输运营人运行合格证的申请人应当按局方规定的格式和方法提交申请书，申请书中应当包含局方要求申请人提交的所有内容。

2）申请书应当在不迟于计划运行日期之前45日提交。

3）初次申请商业非运输运营人运行合格证的申请人，应当在提交申请书的同时，提交说明计划运行的性质和范围的文件。

4）局方在经过运行合格审定之后认为申请人符合下列所有条件，则为该申请人颁发商业非运输运营人运行合格证和相应的运行规范：

① 满足所有适用于该申请人的条款的要求。

② 能够按本规则的规定及其运行规范实施安全运行。

5）申请人具有下列情形之一的，不予颁发运行合格证：

① 申请人不符合要求。

② 原来颁发给该申请人的运行合格证被吊销后未满5年。

2.4.3 运行合格证与运行规范的内容

1）商业非运输运营人运行合格证包含下列内容：

① 合格证持有人的名称。

② 合格证持有人主运行基地的地址。

③ 合格证的编号。

④ 合格证的生效日期。

⑤ 负责监督该合格证持有人运行的局方机构名称或代号。

⑥ 被批准的运行种类。

⑦ 说明经审定，该合格证持有人符合本CCAR-91部H章的相应要求，批准其按所颁发的运行规范实施运行。

2）商业非运输运营人运行规范包含下列内容：

① 运营人的名称、住址、邮政地址、电话和传真号码。

② 运营人与航空器的运行相关的设施的地址，当设有时，包括其主运行基地和主维修基地的地址。

③ 运营人参加运行的航空器的清单，列明航空器的型号、国籍标志与登记标志以及该航空器的运行目的和运行区域。

④ 批准运营人实施的运行种类、运行区域以及限制和程序。

⑤ 运营人运行的每型航空器的维修方式和地点，提供维修的人员或机构及其资格情况。

⑥ 运营人在飞行运行中使用的每位飞行人员的姓名，持有执照的类别、编号和等级，体检合格证的有效期限和等级。可以为本项要求的内容单独列出清单，作为运行规范的附件，以便随时修改。

⑦ 如果运营人借助航空器代管人的服务，注明代管人的名称、地址、电话和传真号码，以及计划获取的服务项目（包括该运营人参加代管人的全部产权或部分产权项目的声明）。

⑧ 当运营人运行大型和涡轮多发飞机时，遵守本 CCAR-91 部 L 章相应条款所采取的措施。
⑨ 对航空器载重和平衡的控制方法的批准。
⑩ 任何经批准的对本规则特定条款的偏离和豁免。
⑪ 其他局方认为必要的信息。

2.4.4　运行合格证和运行规范的有效期限

1) 商业非运输运营人的运行合格证在出现下列情形之一时方为失效：
① 合格证持有人自愿放弃，并将其交回局方。
② 局方暂扣、吊销或以其他方式终止该合格证。
2) 商业非运输运营人的运行规范在出现下列情形之一时方为全部失效或部分失效：
① 局方暂扣、吊销或以其他方式终止其运行合格证。
② 局方暂停或终止该运行规范中全部或部分运行的批准；
③ 运营人没有实施运行规范中批准的一个或多个种类的运行超过一年，并且没有按要求恢复该一种或多种运行。
3) 如果运营人运行规范所批准的某种运行，连续间断时间超过一年，只有符合下列条件并经局方批准后，方可恢复该种运行：
① 在恢复该种运行之前，至少提前 7 日通知局方。
② 如果局方决定重新进行全面检查，以确定其能否实施安全运行，运营人应当在前述 7 日期间处于能随时接受检查的状态。
4) 当运行合格证或运行规范被暂扣、吊销或因其他原因失效时，合格证或运行规范持有人应当将运行合格证或运行规范交还局方。

2.4.5　运行合格证与运行规范的保存和使用

1) 运营人必须在其主运行基地或其他局方可接受的地点保存运行合格证和运行规范，以备局方检查。
2) 运营人应当保证每个参与运行的人员熟知运行规范中适用于该人员工作职责的有关规定并遵照执行。

2.4.6　运行合格证与运行规范的修改

1. 运行合格证的修改

① 在下列情形下，局方可以修改商业非运输运营人运行合格证：
a) 局方认为为了安全和公众利益需要修改。
b) 合格证持有人申请修改，并且局方认为安全和公众利益允许进行这种修改。
② 合格证持有人申请修改其运行合格证时，应当遵守下列程序：
a) 合格证持有人应当在不迟于其计划的修改生效日期前 30 日向局方提交修改其运行合

格证的申请书。

b) 申请书应当按局方规定的格式和方法向局方提交。

③ 当合格证持有人对其运行合格证修改的申请被拒绝或对局方发出的修改决定有不同意见,请求重新考虑时,应当在收到通知后 30 日之内向局方提出重新考虑的请求。

2. 运行规范的修改

① 在下列任一情况下,局方可以修改运行规范:

a) 局方认为为了安全和公众利益需要修改。

b) 运营人申请修改,局方认为安全和公众利益允许此种修改。

② 局方提出修改运营人的运行规范时,使用下列程序:

a) 局方以书面形式提出修改内容,通知运营人。

b) 局方确定一个不少于 7 日的合理期限,在此期限内,运营人可以对修改内容提交有关书面资料和意见。

③ 局方在考虑了所提交的全部材料后,作出下列决定之一并通知运营人:

a) 采用全部修改内容。

b) 采用部分修改内容。

c) 撤销所提出的修改内容。

④ 当局方颁发了运行规范的修改项时,修改项在运营人收到通知 30 日后生效,但下列情况除外:

a) 局方发现,存在紧急情况,为了安全需要立即行动。

b) 运营人请求对修改的决定重新考虑。

⑤ 当运营人申请修改其运行规范时,应当遵守下列程序:

a) 运营人必须按下列规定提交修改其运行规范的申请书:

b) 对于发生兼并行为,或由于破产行为暂停运行后需要恢复运行的航空器运营人,应当至少在计划的运行规范修改生效日期前 30 日提出申请。

c) 对于其他情况,应当至少在计划的运行规范修改生效日期前 15 日提交修改其运行规范的申请书。

d) 申请书应当以局方规定的格式和方法向局方提交。

e) 在考虑了提交的所有材料后,局方将作出下列决定之一并通知运营人:

- 接受所申请的全部修改。
- 接受所申请的部分修改。
- 拒绝所申请的修改。此时,运营人可按规定请求局方对其拒绝决定进行重新考虑。
- 如果局方批准了修改,在与运营人就其修改项的实施进行协调后,修改项在局方批准的日期生效。

⑥ 当运营人对局方关于运行规范修改项的决定提出重新考虑请求时,应当遵守下列程序:

a) 运营人应当在收到局方拒绝修改其运行规范的通知后,或在收到局方提出修改其运行规范的通知后 30 日之内,向民航总局提出对该决定进行重新考虑的请求。

b) 如果重新考虑的请求是在 30 日之内提出的,则局方颁发的任何修改暂停生效,除非局方发现,存在紧急情况,为了安全需要立即行动。

c) 如果重新考虑的请求不是在 30 日之内提出的,那么应当重新启动申请程序。

⑦ 如果局方发现,存在危及安全、需要立即行动的紧急情况,使得规定的程序不能实行,或按程序进行将违背公众利益,则可采取下列措施:

a) 局方将修改运行规范,并使修改项在运营人收到该修改通知的日期立即生效。

b) 在发给运营人的通知中,局方将说明原因,指出存在危及安全、需要立即行动的紧急情况,或者指出修改推迟生效将违背公众利益的情况。

2.4.7 检查和监察的实施

1) 除航路监察外,局方可以在任何时间或地点对商业非运输运营人进行检查或监察,以确定该运营人是否符合本规则和局方为其颁发的运行规范的有关要求。

2) 商业非运输运营人应当遵守下列规定:

① 在其主运行基地或局方可接受的其他地点保存运行合格证和运行规范,以备局方检查。

② 除航路监察外,应当能随时接受局方的检查或监察。如果预先得到局方进行航路监察的通知,应当在一个合理的期限内允许局方进行航路监察。

3) 负责保管运营人记录的人员应当为局方提供这些记录。

4) 局方可以根据检查或监察的结果,确定运营人是否有资格继续持有其运行合格证和运行规范。运营人如不能按照局方的要求向局方提供运行规范或任何规定的记录、文件或报告,将成为局方暂扣、吊销其运行合格证或中止其部分或全部运行规范的根据。

2.5 私用大型航空器运营人的运行合格审定

私用大型航空器运营人是指经局方按照 CCAR-91 部规则审定合格并获得局方颁发的私用大型航空器运营人运行规范实施私用飞行的航空器运营人。

大型航空器是指符合下述任一情况的航空器:

1) 起飞全重 5 700 千克以上的大型飞机,中型及以上的公务机属于此量级。

2) 涡轮多发飞机,喷气式公务机大多属于此范畴。

3) 最大起飞全重 3 180 千克以上的大型旋翼机。

对于使用大型航空器的中华人民共和国公民或在中华人民共和国境内登记的企事业法人,应当经局方进行运行合格审定合格并获得局方颁发的私用大型航空器运营人运行规范,方可在中华人民共和国境内实施私用飞行。可以申请的私用飞行种类有:

1) 一般私用飞行。

2) 农林喷洒作业飞行。

3) 旋翼机机外载荷作业飞行。

其适航审定工作按照 CCAR-91 部 J 章的要求进行。其中,若申请者仅用于一般私用飞行,应当遵守 CCAR-91 部的 A、B、C、D、E、F、G、J、L、P、Q 章的要求。这些要求包括对于飞行运行的一般要求和飞机维护的要求。

需要指出的是,经过运行审定合格的商业非运输运营人可以实施其运行规范中批准的运行种类的私用飞行;经过运行审定合格的航空器代管人,可以实施其运行规范中批准的运行种类的私用飞行;使用小型航空器进行私用飞行也不需要获得此种运行许可,但其运行、维护应该满足 CCAR-91 部的规定。

本节将针对私用大型航空器运营人的运行合格审定要求进行详述。

2.5.1 私用大型航空器运营人运行取证条件

1. 按要求制定运行手册等文件并按适航要求运行

① 私用大型航空器运营人应当为其实施运行的飞行、维修和其他地面工作人员制定运行手册,并按照实际情况对手册进行及时更新。运行手册应当包括能被局方接受的政策和程序。如果局方认为由于运营人的运行规模较小,没有必要为其飞行、维修或其他地面工作人员制定运行手册或运行手册的某些部分,则可以批准运营人偏离本条要求。

② 运营人应当在其主运行基地或局方可接受的其他地点保存一份运行手册。

③ 运行手册中的规定不得违反任何适用的中国民用航空规章、在国外实施运行时涉及的外国法规和运营人的运行规范。

④ 实施运行的飞行、维修和其他地面工作人员应当持有一套运行手册或运行手册中与其工作相关的部分,运营人还应当为负责管理该运营人的局方机构提供一套手册。每位工作人员都必须用运营人新增的或更改的内容及时更新他们的运行手册。

⑤ 运营人的每架航空器在离开其主运行基地时应当携带运行手册中供相应的飞行、维修和其他地面工作人员使用的相关部分。

⑥ 如果对航空器的检查或维修是在备有运营人运行手册的指定维修站进行的,则在飞往这些指定维修站时不需要随机携带运行手册。

⑦ 必须在作过更改的每个运行手册页面上标明最近一次更改的日期和版次。

⑧ 除经局方批准外,运营人必须按照其实际的运行情况,在运行手册中包括以下内容:

a) 确保遵守航空器载重和平衡限制的程序。

b) 营人的运行规范或运行规范相关部分的摘录,包括经批准的运行区域、批准使用的航空器、机组的组成以及批准的运行种类。

c) 事故报告程序。

d) 确保机长了解航空器已经完成要求的适航检查、符合相关维修要求并得到重返运行批准的程序。

e) 报告和记录机长在飞行前、飞行中和飞行后发现的机械不正常情况的程序。

f) 机长确认上次飞行中发现的机械不正常情况或缺陷是否修复或推迟修复的程序。

g) 机长在航空器需要的非计划地点进行维修、预防性维修和获取服务时需要遵守的程序。

h) 仪表或设备不工作时的运行程序,以及特定类型的运行所需的设备在航路上发生故障或失效时,判断是否放行和继续飞行的程序。

i) 航空器加油、清除燃油污染、防火(包括静电防护),以及加油期间管理和保护乘客所需遵守的程序。

j) 机长按要求对乘客进行安全讲解时需遵守的程序。

k) 确保遵守应急程序的程序,包括在紧急情况下每个机组必需成员的职责分工和应急撤离时的职责分工。

l) 如适用,经批准的航空器检查大纲。

m) 紧急情况下将需要他人协助的乘客撤离至出口所需遵守的程序。

n) 考虑起飞、着陆和航路等条件因素进行性能计划的程序;以局方能够接受的方式建立的保存和查询维修记录的合适系统(可以使用电子系统),该系统可以提供下列信息:

➢ 对所进行的维修工作的描述(或当局方认可时,完成工作的日期);

➢ 如果维修是由运营人单位以外的人员实施的,需包括维修人员的姓名;

➢ 批准该维修工作的人员的姓名或其他有效身份证明。

o) 飞行定位和排班程序。

p) 由运营人发出的或局方要求的有关运行的其他程序和政策指令。

2. 建立运营人的运营记录

私用大型航空器运营人必须在其主运行基地或局方批准的其他地方保存以下资料,并处于能随时接受局方检查的状态:

① 运营人的运行规范;

② 一份最新的清单,列出局方按照本章审定后批准其在运行中使用的航空器、每架航空器经装备可以实施的运行(如 MNPS、RNP5/10、RVSM 等);

③ 私用大型航空器运营人为运行中所使用的每位驾驶员单独建立的记录,该记录应当包括下列内容:

a) 驾驶员的姓名。

b) 驾驶员持有的执照(类别和编号)和等级。

c) 详尽的驾驶员航空经历,包括各种训练、考试和检查的实施时间和结果,以用于判断驾驶员在运行中驾驶航空器的资格。

d) 驾驶员当前的职责和被委派执行该职责的日期。

e) 驾驶员持有的体检合格证的有效期限和级别。

f) 驾驶员飞行时间的详细记录,以用于判断其是否遵守规定的飞行时间限制。

g) 由于健康原因或丧失资格被解除驾驶员职责的行为。

④ 商业非运输运营人必须将上述②要求的记录保存至少 6 个月,必须将③项要求的记录保存至少 12 个月。如果使用的驾驶员不再参与该运营人的运行,则③项要求的记录从该驾驶员退出运行之日起保存至少 12 个月。对于运行大型飞机和涡轮多发飞机的运营人还应当按照 CCAR-91 部规则 L 章第 91.1037 条的要求进行记录保存。

⑤ 本条要求的记录应当以书面或其他局方可接受的方式进行保存。

3. 配备合格的技术人员

合格的技术人员包括合格的飞行员和地面维护、地勤人员。这些人员应该具备相应的资质,工作时间应该满足限制。

4. 拥有合格的硬件设施

合格的硬件设施包括正常飞行、维护、训练所需要的设施。

5．对使用航空器代管人服务的私用大型航空器运营人的要求

① 使用航空器代管人服务的运营人应当对遵守 CCAR – 91 部 J 章所有适用要求负全部责任。

② 参加航空器代管人完全产权项目或部分产权项目的私用大型航空器运营人应当遵守 CCAR – 91 部 K 章中适用于该运营人的规定。这部分规定将在后续章节详细讨论。

6．私用大型航空器运营人的内部安全报告程序

① 私用大型航空器运营人应当建立一套内部匿名安全报告程序，在私用大型航空器运营人内部培养一种当事人不用过分担心遭受惩罚的安全氛围。

② 私用大型航空器运营人必须建立一套在运行大型或涡轮多发飞机时对飞机可能发生的事故或事故征候作出反应的程序。

2.5.2　运行合格证的申请和颁发

1）私用大型航空器运营人运行合格证的申请人应当按局方规定的格式和方法提交申请书，申请书中应当包含局方要求申请人提交的所有内容。

2）申请书应当在不迟于计划运行日期之前 30 日提交。

3）初次申请私用大型航空器运营人运行合格证的申请人，应当在提交申请书的同时，提交说明计划运行的性质和范围的文件，包括有关证明文件。

4）局方在经过运行合格审定之后认为申请人符合下列所有条件，则为该申请人颁发私用大型航空器运营人运行合格证和相应的运行规范：

① 满足所有适用于该申请人的条款的要求。

② 能够按本规则的规定及其运行规范实施安全运行。

5）申请人具有下列情形之一的，不予颁发运行合格证：

① 申请人不符合要求。

② 原来颁发给该申请人的运行合格证被吊销后未满 2 年。

2.5.3　运行规范的内容

私用大型航空器运营人运行规范包含下列内容：

1）运营人的名称、住址、邮政地址、电话和传真号码。

2）运营人与航空器的运行相关的有关设施的地址，当设有时，包括其主运行基地和主维修基地的地址。

3）运行规范的编号。

4）运行规范的生效日期。

5）负责监督该运营人运行的局方机构名称或代号。

6）运营人参加运行的航空器的清单，列明航空器的型号、国籍标志与登记标志以及该航空器的运行目的和运行区域。

7）批准运营人实施的运行种类、运行区域以及限制和程序。

8)运营人运行的每型航空器的维修方式和地点,提供维修的人员或机构及其资格情况。

9)运营人在飞行运行中使用的每位飞行人员的姓名,持有执照的类别、编号和等级,体检合格证的有效期限和等级。可以为本项要求的内容单独列出清单,作为运行规范的附件,以便随时修改。

10)如果运营人借助航空器代管人的服务,注明代管人的名称、地址、电话和传真号码,以及计划获取的服务项目(包括该运营人参加代管人的全部产权或部分产权项目的声明)。

11)遵守 CCAR-91 部 L 章相应条款所采取的措施。

2.5.4 运行规范的管理

1. 运行规范的有效期限

1)运营人的运行规范在出现下列情形之一时认为全部失效或部分失效:

① 运行规范持有人自愿放弃,并将其交回局方。

② 局方暂扣、吊销或以其他方式终止该运行规范。

③ 局方暂停或终止该运行规范中全部或部分运行的批准。

④ 运营人没有实施运行规范中批准的一个或多个种类的运行超过一年,并且没有按要求恢复该一种或多种运行。

2)如果运营人运行规范所批准的某种运行连续间断时间超过一年,只有符合下列条件并经局方批准后,方可恢复该种运行:

① 在恢复该种运行之前,至少提前 7 日通知局方。

② 如果局方决定重新进行全面检查,以确定其能否实施安全运行,运营人应当在前述 7 日期间处于能随时接受检查的状态。

③ 当运行规范被暂扣、吊销或因其他原因失效时,运行规范持有人应当将运行规范交还局方。

2. 运行规范的保存和使用

1)运营人必须在其主运行基地或其他局方可接受的地点保存运行规范,以备局方检查。

2)运营人应当保证每个参与运行的人员熟知运行规范中适用于该人员工作职责的有关规定并遵照执行。

3. 运行规范的修改

1)在下列任一情况下,局方可以修改运行规范:

① 局方认为为了安全和公众利益需要修改。

② 运营人申请修改,局方认为安全和公众利益允许此种修改。

2)局方提出修改运营人的运行规范时,使用下列程序:

① 局方以书面形式提出修改内容,通知运营人。

② 局方确定一个不少于 7 日的合理期限,在此期限内,运营人可以对修改内容提交有关

书面资料和意见。

3) 局方在考虑了所提交的全部材料后,作出下列决定之一并通知运营人:

① 采用全部修改内容。

② 采用部分修改内容。

③ 撤销所提出的修改内容。

4) 当局方颁发了运行规范的修改项时,修改项在运营人收到通知 30 日后生效,但下列情况除外:

① 局方发现,存在紧急情况,为了安全需要立即行动。

② 运营人请求对修改的决定重新考虑。

5) 当运营人申请修改其运行规范时,应当遵守下列程序:

① 运营人必须按下列规定提交修改其运行规范的申请书:

a) 对于发生兼并行为,或由于破产行为暂停运行后需要恢复运行的航空器运营人,应当至少在计划的运行规范修改生效日期前 30 日提出申请。

b) 对于其他情况,应当至少在计划的运行规范修改生效日期前 15 日提交修改其运行规范的申请书。

② 申请书应当以局方规定的格式和方法向局方提交。

③ 在考虑了提交的所有材料后,局方将作出下列决定之一并通知运营人:

a) 接受所申请的全部修改。

b) 接受所申请的部分修改。

c) 拒绝所申请的修改。此时,运营人可按规定请求局方对其拒绝决定进行重新考虑。

④ 如果局方批准了修改,在与运营人就其修改项的实施进行协调后,修改项在局方批准的日期生效。

6) 当运营人对局方关于运行规范修改项的决定提出重新考虑请求时,应当遵守下列程序:

① 运营人应当在收到局方拒绝修改其运行规范的通知后,或在收到局方提出修改其运行规范的通知后 30 日之内,向民航总局提出对该决定进行重新考虑的请求。

② 如果重新考虑的请求是在 30 日之内提出的,则局方颁发的任何修改暂停生效,除非局方发现,存在紧急情况,为了安全需要立即行动。

③ 如果重新考虑的请求不是在 30 日之内提出的,则应当重新启动申请程序。

7) 如果局方发现,存在危及安全、需要立即行动的紧急情况,使得规定的程序不能实行,或按程序进行将违背公众利益,则可采取下列措施:

① 局方将修改运行规范,并使修改项在运营人收到该修改通知的日期立即生效。

② 在发给运营人的通知中,局方将说明原因,指出存在危及安全、需要立即行动的紧急情况,或者指出修改推迟生效将违背公众利益的情况。

4. 检查和监察的实施

1) 除航路监察外,局方可以在任何时间或地点对私用大型航空器运营人进行检查或监察,以确定该运营人是否符合本规则和局方为其颁发的运行规范的有关要求。

2) 私用大型航空器运营人应当遵守下列规定:

① 在其主运行基地或局方可接受的其他地点保存运行规范,以备局方检查。

② 除航路监察外，应当能随时接受局方的检查或监察。如果预先得到局方进行航路监察的通知，应当在一个合理的期限内允许局方进行航路监察。

3) 负责保管运营人记录的人员必须为局方提供这些记录。

4) 局方可以根据检查或监察的结果，确定运营人是否有资格继续持有其运行规范。运营人如不能按照局方的要求向局方提供运行规范或任何规定的记录、文件或报告，将成为局方暂扣、吊销其运行规范或中止其部分运行规范批准的根据。

2.6 航空器代管人的运行合格审定

航空器代管服务是一类特殊的航空运营方式，为了更好地说明航空器代管人在运行合格审定时的工作和流程，现介绍下述基本概念：

1) 代管服务：是指航空器代管人按照CCAR-91部K章中的适用要求向所有权人提供的管理及航空专业服务，该种服务工作至少包括航空器运行安全指导材料的建立和修订工作，以及针对以下各项所提供的服务：

① 代管航空器及机组人员的排班。

② 代管航空器的维修。

③ 为所有权人或代管人所使用的机组人员提供训练。

④ 建立和保持记录。

⑤ 制定和使用运行手册和维修手册。

2) 航空器代管人：是指为航空器所有权人代管航空器，按照与所有权人之间签订的多年有效的项目协议为所有权人提供航空器的运行管理服务，经局方审定取得局方颁发的运行规范的法人单位。

3) 部分产权项目：是航空器代管人管理航空器的一种组织方式，必须满足以下所有条件：

① 代管航空器由一个或一个以上部分产权所有权人拥有，并且至少有一架航空器由不止一个所有权人拥有。

② 每个所有权人在一架或一架以上代管航空器上拥有至少一个最低部分产权份额。

③ 所有代管服务仅由一个航空器代管人提供。

④ 所有部分产权所有权人之间签有相互干租交换航空器的协议。

⑤ 签订了多年有效的部分产权项目协议，包括部分财产所有权、部分产权项目的代管服务和代管航空器干租交换协议等方面的内容。

4) 完全产权项目：是航空器代管人管理航空器的一种组织方式，必须满足以下所有条件：

① 代管航空器的所有权人对航空器拥有完全产权。

② 所有代管服务仅由一个航空器代管人提供。

③ 签订了多年有效的完全产权项目协议，包括财产所有权、完全产权项目的代管服务等方面的内容。

5) 航空器干租交换协议：是在部分产权项目中包含的一种用于解决航空器调配问题的协议。按照该协议，参加部分产权项目的每个部分产权所有权人，在需要时可以按照规定的条件使用其他所有权人的航空器。

6) 最低部分产权份额：是指按下列要求确定的产权份额：
① 对于项目所属的固定翼亚音速飞机，等于或大于飞机价值的 1/16。
② 对于项目所属的旋翼机，等于或大于旋翼机价值的 1/32。
7) 航空器所有权人：是指拥有代管航空器的完全产权或代管航空器至少一个最低部分产权份额，并签署了相应项目协议的个人或法人。
8) 代管航空器：是指参加完全产权或部分产权项目并在航空器代管人运行规范中列出的航空器。在完全产权项目中，所有权人对航空器拥有全部产权；在部分产权项目中，应当有部分产权所有权人对其拥有至少一个最低部分产权份额，并将之包括在该项目的航空器干租交换协议中。

航空器代管人必须经局方按照CCAR-91部K章审定合格并获得局方颁发的航空器代管人运行规范，方可使用由其代管的航空器在中华人民共和国境内实施私用飞行。航空器代管人运行规范申请人可以向局方申请下列一个或多个种类的运行：
① 一般私用飞行。
② 农林喷洒作业飞行。
③ 旋翼机机外载荷作业飞行。

如前所述，航空器代管人运行合格审定是遵照CCAR-91部K章进行的，申请人应当能向局方证明其具有按照CCAR-91部K章规则中适用于该申请人的规定实施运行的能力。对于一般私用飞行，应当遵守A、B、C、D、E、F、G、K、L、P、Q章中的相应条款要求，这些要求包括对于飞行运行的一般要求，飞机维护的要求。特别的，如果代管人使用最大起飞全重 5 700 千克以上的大型飞机、涡轮多发飞机、最大起飞全重 2 730 千克以上的大型旋翼机，其在运行时还需要遵守K章中的附加条款。本章将详述航空器代管人运行合格审定的要求、流程、规范。

2.6.1 代管人运行合格审定取证条件

1. 按要求制定运行手册等文件并按适航要求运行

① 航空器代管人应当为其实施运行的飞行、维修和其他地面工作人员制定运行手册，并按照实际情况对手册进行及时更新。运行手册应当包括能被局方接受的政策和程序。如果局方认为由于代管人的运行规模较小，没有必要为其飞行、维修或其他地面工作人员制定运行手册或运行手册的某些部分，则可以批准代管人偏离本条要求。

② 航空器代管人应当在其主运行基地或局方可接受的其他地点保存一份运行手册。

③ 运行手册中的规定不得违反任何适用的中国民用航空规章、在国外实施运行时涉及的外国法规和代管人的运行规范。

④ 实施运行的飞行、维修和其他地面工作人员应当持有一套运行手册或运行手册中与其工作相关的部分，代管人还应当为负责管理该代管人的局方机构提供一套手册。每位工作人员都必须用代管人新增的或更改的内容及时更新他们的运行手册。

⑤ 代管人的每架航空器在离开其主运行基地时应当携带运行手册中供相应的飞行、维修和其他地面工作人员使用的相关部分。

⑥ 如果对航空器的检查或维修是在备有代管人运行手册的指定维修站进行的，则在飞往

这些指定维修站时不需要随机携带运行手册。

⑦ 必须在作过更改的每个运行手册页面上标明最近一次更改的日期和版次。

⑧ 除经局方批准外，航空器代管人必须按照其实际的运行情况，在运行手册中包括以下内容：

a）确保遵守航空器载重和平衡限制的程序。

b）代管人的运行规范或运行规范相关部分的摘录，包括经批准的运行区域、批准使用的航空器、机组的组成以及批准的运行种类。

c）事故报告程序。

d）确保机长了解航空器已经完成要求的适航检查、符合相关维修要求并得到重返运行批准的程序。

e）报告和记录机长在飞行前、飞行中和飞行后发现的机械不正常情况的程序。

f）机长确认上次飞行中发现的机械不正常情况或缺陷是否修复或推迟修复的程序。

g）机长在航空器需要的非计划地点进行维修、预防性维修和获取服务时需要遵守的程序。

h）仪表或设备不工作时的运行程序，以及特定类型的运行所需的设备在航路上发生故障或失效时，判断是否放行或继续飞行的程序。

i）航空器加油、清除燃油污染、防火（包括静电防护），以及加油期间管理和保护乘客所需遵守的程序。

j）机长按要求对乘客进行安全讲解时需遵守的程序。

k）确保遵守应急程序的程序，包括在紧急情况下每个机组必需成员的职责分工和应急撤离时的职责分工。

l）如适用，经批准的航空器检查大纲。

m）紧急情况下将需要他人协助的乘客撤离至出口所需遵守的程序。

n）考虑起飞、着陆和航路等条件因素进行性能计划的程序。

o）如果代管人使用 CCAR-91 部规则 91.947(c)款规定的缩短的跑道使用长度，则应当包含经批准的目的地机场分析，该机场分析应当包含建立超过 CCAR-91 部规则 91.947(b)款允许范围的目的地机场跑道余度的程序。该程序必须依据航空器制造商为相应的跑道条件公布的航空器性能数据，并考虑必要因素的影响。

p）以局方能够接受的方式建立的保存和查询维修记录的合适系统（可以使用电子系统），该系统可以提供下列信息：

➢ 对所进行的维修工作的描述（或当局方认可时完成工作的日期）；

➢ 如果维修是由运营人单位以外的人员实施的，需包括维修人员的姓名；

➢ 批准该维修工作的人员的姓名或其他有效身份证明。

2. 建立运营人的运营记录

① 航空器代管人必须在其主运行基地或局方批准的其他地方保存以下资料，并处于能随时接受局方检查的状态：

a）航空器代管人的运行规范。

b）一份最新的清单，列出局方按照本章审定后批准其在运行中使用的航空器、每架航空器经装备可以实施的运行（如 MNPS、RNP5/10、RVSM 等）以及每架航空器的所有权人。

c）航空器代管人为运行中所使用的每位驾驶员单独建立的记录。

② 对于使用 CCAR-91 部 91.901(b)款所述航空器(前述的特殊类型的航空器)的代管人,还需保存下列资料:

a) 对于运行中所使用的每位驾驶员的个人记录的更多要求。

b) 对于运行中所使用的乘务员的个人记录。

③ 航空器代管人必须按要求将记录保存相应的时间。

④ 在航空器起飞前,航空器代管人应当制定装载舱单,并对其准确性负责。机长在收到并核实装载舱单后方可起飞。

⑤ 航空器的机长应当将一份完整的舱单随飞机携带至目的地。代管人应当在其主运行基地或另一局方同意的地点保留舱单至少 30 日。

⑥ 航空器代管人应当为每次飞行提供一份书面文件,在文件中声明该次飞行由哪一方进行运行控制。机长应当将上述文件随飞机携带至目的地。航空器代管人应当在其主运行基地或另一局方同意的地点保留该文件至少 30 日。

⑦ 要求的记录必须以书面或其他局方可接受的方式保存。

3. 配备合格的技术人员

合格的技术人员包括合格的飞行员和地面维护、地勤人员。这些人员应该具备相应的资质,工作时间应该满足限制。

4. 拥有合格的硬件设施

合格的硬件设施包括正常飞行、维护、训练所需要的设施。

5. 签署代管协议

航空器所有权人和航空器代管人之间应当签署一份包含以下内容的协议:

① 要求航空器代管人确保其在实施完全产权项目或部分产权项目时遵守 CCAR-91 部 K 章所有适用规定。

② 航空器所有权人或其委派的代表有权检查代管人与运行安全有关的各种记录。

③ 航空器所有权人或其委派的代表有适当的权力进行运行安全方面的审核。

④ 委托航空器代管人作为航空器所有权人的代理机构。对于局方发送给航空器所有权人的与项目有关的通告,指定代管人为接收这些通告的唯一机构,并且同意局方只将这些通告发送给作为产权所有权人代理人的航空器代管人。代管人有义务将该通告转告航空器所有权人。

6. 内部安全报告程序

① 航空器代管人应当建立一套内部安全报告程序,在代管人内部培养一种当事人不用过分担心遭受惩罚的安全氛围。

② 航空器代管人必须建立一套对航空器可能发生的事故或事故征候作出反应的程序。

7. 满足其他运行要求

代管人运行合格审定取证时还须满足其他运行要求。

2.6.2　运行规范的申请和颁发

1) 航空器代管人运行规范的申请人应当按照局方规定的格式和方法提交申请书,申请书中应当包含以下内容:

① 代管人的名称、地址、电话及传真号码。

② 代管人的设施地址,包括代管人主运行基地以及主维修基地(如设有)的地址。

③ 代管人拟在中华人民共和国境内为客户提供的代管服务的种类和项目。

④ 代管人所具备的相关航空管理经历和资格,表明其有能力在中华人民共和国境内为客户提供航空器的代管服务。

⑤ 代管人内部与所列种类的代管服务相关的主要人员的名单,以及这些人员的航空经历和资格。

2) 申请书应当不迟于计划运行日期之前30日提交。对于拟实施CCAR-91规则第91.901(b)款所述运行的申请人,应当不迟于计划运行日期之前45日提交。

3) 初次申请航空器代管人运行规范的申请人,应当在提交申请书的同时,提交说明计划运行的性质和范围的文件,包括有关证明文件。

4) 局方在经过运行合格审定之后认为申请人符合下列所有条件,则为该申请人颁发航空器代管人运行规范:

① 满足CCAR-91部K章规则所有适用于该申请人的条款的要求。

② 能够按CCAR-91部K章规则的规定及其运行规范实施安全运行。

5) 申请人具有下列情形之一的,不予颁发运行规范:

① 申请人不符合要求。

② 原来颁发给该申请人的运行规范被吊销后未满2年。

2.6.3　运行规范的内容

航空器代管人运行规范包含下列内容:

1) 代管人的名称、住址、邮政地址、电话和传真号码。

2) 代管人与航空器的运行相关的有关设施的地址,如设有的话,包括其主运行基地和主维修基地的地址。

3) 运行规范的编号。

4) 运行规范的生效日期。

5) 负责监督该代管人运行的局方机构名称或代号。

6) 列明了所有航空器所有权人、航空器型号、国籍标志和登记标志的最新清单。

7) 批准代管人实施的运行种类、运行区域以及限制和程序。

8) 代管人运行的每型航空器的维修方式和地点;对每架航空器的维修检查大纲的批准;以及机体、发动机、螺旋桨、旋翼、设备和航空器应急设备的大修、检验和检查的时限或确定时限的标准。

9) 对航空器载重和平衡的控制方法的批准。

10) 任何经批准的对本规则特定条款的偏离和豁免。
11) 其他局方认为必要的信息。

2.6.4 运行规范的管理

1. 运行规范的有效期限

航空器代管人的运行规范在出现下列情形之一时,被认为全部失效或部分失效:
1) 运行规范持有人自愿放弃,并将其交回局方。
2) 局方暂扣、吊销或以其他方式终止该运行规范。
3) 局方暂停或终止该运行规范中全部或部分运行的批准。
4) 航空器代管人没有实施运行规范中批准的一个或多个种类的运行超过一年,并且没有按要求恢复该一种或多种运行。
5) 如果航空器代管人运行规范所批准的某种运行连续间断时间超过一年,只有符合下列条件并经局方批准后,方可恢复该种运行:
① 在恢复该种运行之前,至少提前 7 日通知局方。
② 如果局方决定重新进行全面检查,以确定其能否实施安全运行,代管人应当在前述 7 日期间处于能随时接受检查的状态。
6) 当运行规范被暂扣、吊销或因其他原因失效时,运行规范持有人应当将运行规范交还局方。

2. 运行规范的保存和使用

1) 航空器代管人必须在其主运行基地或其他局方可接受的地点保存运行规范,以备局方检查。
2) 航空器代管人应当保证每个参与运行的人员熟知运行规范中适用于该人员工作职责的有关规定并遵照执行。

3. 运行规范的修改

1) 在下列任一情况下,局方可以修改按本章颁发的运行规范:
① 局方认为为了安全和公众利益需要修改。
② 代管人申请修改,局方认为安全和公众利益允许此种修改。
2) 局方提出修改代管人的运行规范时,使用下列程序:
① 局方以书面形式提出修改内容,通知代管人。
② 局方确定一个不少于 7 日的合理期限,在此期限内,代管人可以对修改内容提交有关书面资料和意见。
③ 局方在考虑了所提交的全部材料后,作出下列决定之一并通知航空器代管人:
a) 采用全部修改内容。
b) 采用部分修改内容。
c) 撤销所提出的修改内容。

④ 当局方颁发了运行规范的修改项时,修改项在代管人收到通知 30 日后生效,但下列情况除外:

a) 局方发现,存在紧急情况,为了安全需要立即行动。

b) 代管人请求对修改的决定重新考虑。

3) 当代管人申请修改其运行规范时,应当遵守下列程序:

① 代管人应当至少在计划的运行规范修改生效日期前 15 日提交修改其运行规范的申请书。

② 申请书应当以局方规定的格式和方法向局方提交。

③ 在考虑了提交的所有材料后,局方将作出下列决定之一并通知航空器代管人:

a) 接受所申请的全部修改。

b) 接受所申请的部分修改。

c) 拒绝所申请的修改。此时,代管人可按规定请求局方对其拒绝决定进行重新考虑。

④ 如果局方批准了修改,在与代管人就其修改的贯彻问题进行协调后,修改项在局方批准的日期生效。

4) 当代管人对局方关于运行规范修改项的决定提出重新考虑请求时,应当遵守下列程序:

① 代管人应当在收到局方拒绝修改其运行规范的通知后,或在收到局方提出修改其运行规范的通知后 30 日之内,向民航总局提出对该决定进行重新考虑的请求。

② 如果重新考虑的请求是在 30 日之内提出的,则局方颁发的任何修改暂停生效,除非局方发现,存在紧急情况,为了安全需要立即行动。

③ 如果重新考虑的请求不是在 30 日之内提出的,那么应当重新启动程序。

5) 如果局方发现,存在危及安全、需要立即行动的紧急情况,使得本条规定的程序不能实行,或按照程序进行将违背公众利益,则可采取下列措施:

① 局方将修改运行规范,并使修改项在代管人收到该修改通知的日期立即生效。

② 在发给代管人的通知中,局方将说明原因,指出存在危及安全、需要立即行动的紧急情况,或者指出修改推迟生效将违背公众利益的情况。

2.7 通用航空驾驶学校的筹办政策

本节主要介绍通用航空经营企业开办通用航空驾驶学校,进行航空器驾驶员培训业务所需满足的基本条件和所需遵循的申办流程;此外,对通用航空驾驶执照培训的基本背景也有所介绍。

一般来说,可以把飞行员驾驶执照分为三类:

1) 私用驾驶员执照。持有人可以驾驶私人飞机、飞行俱乐部的飞机从事非营业性的飞行。

2) 商用驾驶员执照。持有人可驾驶通用航空公司的各种飞机,从事各种营业性的专业飞行。

3) 运输驾驶员执照。飞行员驾驶执照中的最高级别,持有人可驾驶运输类航空公司的各种大型客机和运输机,从事航班的飞行。

与上述三种驾驶执照对应,飞行员驾驶执照培训学校一般开设下列课程:

1) 私用驾驶员执照课程。
2) 仪表等级课程。
3) 商用驾驶员执照课程。
4) 航线运输驾驶员执照课程。
5) 飞行教员执照课程。
6) 飞行教员仪表课程。
7) 地面教员执照课程。
8) 增加航空器类别或者级别等级课程。
9) 航空器型别等级课程。
10) 驾驶员更新课程。
11) 飞行教员更新课程。
12) 地面教员更新课程。
13) 农林喷洒作业飞行课程。
14) 旋翼机机外载荷作业飞行课程。
15) 特殊操作课程。

对于飞行员驾驶执照培训学校来说,培训执照不同,则所需的课程亦不同,所需的软硬件条件也不同,申请的难度也会有区别。

事实上,甲类通用航空经营企业在获得《通用航空经营许可》后续进行的运行合格审定中,通过相应的适航条款即可获得通用航空驾驶学校的运行资格,这一过程,申请人主要面对民航地区管理局飞行标准处。本节的内容主要是对运行合格阶段的介绍,参照的适航条款为CCAR-61部、CCAR-91部和CCAR-141部。

2.7.1 飞行员驾驶执照培训学校筹办资格

开办飞行员驾驶执照培训学校的通用航空运行企业,应取得驾驶员学校合格证。

1. 获得驾驶员学校合格证的条件

根据CCAR-91部141.7条的规定,获得驾驶员执照培训合格证的单位需满足下列条件:

1) 按照规定的格式和内容递交驾驶员学校合格证申请书。
2) 根据CCAR-141部规定申请相关培训课程,这些课程应该和学校拟培训的驾驶执照种类对应,并且学校也应具备设置这些课程的软、硬件条件。
3) 按照CCAR-141部E、F章的规则运行,其中E章是一般运行规则,包括对航空器、飞行训练、地面训练、训练质量、教员、基地等方面的规定,F章是对于训练记录规则的规定。
4) 符合中国民用航空规章《一般运行和飞行规则》(CCAR-91部)H章商业非运输运营人有关训练飞行的运行种类的要求。这些要求包括飞行、维修、仪表设备等要求。

局方对于以上要求的考核与检查是按照对于拟申请单位的文件审查、运行验证检查来实现的,其一般步骤可参考本章 2.6.1 中"运行合格审定"的有关内容,本章 2.7.2 小节将对其内容做进一步阐述。

2. 颁发驾驶员学校合格证的条件

根据《民用航空器驾驶员学校合格审定规则》,申请人具备下列条件,民航地区管理局方可为其颁发驾驶员学校合格证及与其相匹配的训练规范:

1) 按照规定的格式和内容递交驾驶员学校合格证申请书。
2) 所申请的驾驶员学校符合 CCAR-141 部规则 A 章至 C 章的要求。
3) 符合涉及民航管理的规章《一般运行和飞行规则》(CCAR-91 部)有关训练飞行运行种类的要求。

与审定临时合格证类似,局方对于以上要求的考核与检查是按照对于拟申请单位的文件审查、运行验证检查来实现的,本章 2.7.2 小节将对其内容做进一步阐述。

2.7.2 飞行员驾驶执照培训学校的筹办程序

根据 CCAR-141 部 141.15 条的规定,飞行员驾驶执照培训学校的筹办遵循的程序如下。

1. 提交申请书

申请人初次申请驾驶员学校合格证和训练规范、申请在训练规范中增加课程等级或者申请更新驾驶员学校合格证,应当按照规定的格式向所在地的民航地区管理局提交申请书。

2. 提交运行手册和相应文件

申请人应当提交至少包括下列内容的运行手册或者相应的文件:
① 驾驶员学校合法设立的证明文件。
② 驾驶员学校的组织职能结构。
③ CCAR-141 部规定的人员和职责。
④ 拟申请的训练课程一式二份,包括有关材料。
⑤ 实施飞行训练的主要训练机场的说明。
⑥ 主运行基地和辅助运行基地的说明。
⑦ 训练课程使用航空器的说明。
⑧ 飞行模拟机、飞行训练器和辅助训练装置的说明。
⑨ 驾驶员讲评区域、地面训练设施的说明。
⑩ 运行程序和管理政策,包括质量保证系统。
⑪ 训练记录。

3. 民航地区管理局受理

民航地区管理局在收到申请后检查申请材料,申请材料不齐全或者不符合规定格式的,应当在5个工作日内书面通知申请人需要补正的全部内容。申请人按照民航地区管理局的通知提交全部补正材料的,民航地区管理局应当受理。民航地区管理局受理或者不予受理申请,应当按照规定的格式书面通知申请人;对不受理的,还应当一并说明理由。

4. 成立审查组审核文件并实施现场验证和检查

民航地区管理局受理申请后,应当在5个工作日内成立审查组。审查组依据相关规章审查申请人的申请材料,并实施现场验证和检查。申请人应当及时回答审查组提出的问题,并提供必要的证明材料。

5. 发 证

① 审查组完成合格审定工作后,应当向民航地区管理局提出书面报告。民航地区管理局应当在20个工作日内作出决定,向符合CCAR-141部规则第141.7条或第141.31条要求的申请人颁发驾驶员学校合格证,批准其按照所规定的训练规范实施训练活动。

② 根据审查组的报告,民航地区管理局认为申请人不符合相关要求的,可以拒绝为其发放驾驶员学校合格证。民航地区管理局在作出前述决定的同时,应当告知申请人享有申请行政复议或者提起行政诉讼的权利。

2.7.3 合格证的管理

1. 合格证的内容

驾驶员学校临时合格证或者驾驶员学校合格证应当列明下列内容:
1) 驾驶员学校名称。
2) 驾驶员学校主运行基地及地址。
3) 合格证编号及更新序号。
4) 合格证首次颁发日期。
5) 合格证更新日期。
6) 合格证期满日期。
7) 颁发合格证的行政机关名称。

2. 合格证和考试权的有效期

合格证在颁发月份之后第24个日历月的最后一天有效期满。除驾驶员学校合格证持有人自愿放弃其合格证的情况外,驾驶员学校合格证在出现下列情形之一时失效:
1) 有效期满且未按照CCAR-141部第141.31条实施更新。
2) 颁发合格证时作为合格审定内容的主运行基地发生变更之日且未按照CCAR-141部规则第141.29条(c)款实施更新。
3) 自训练规范的内容发生变化之日起,未按照CCAR-141部规则第141.13条(a)款向所在地民航地区管理局提出变更申请超过30日时。

受委托进行考试在颁发月份之后第 24 个日历月的最后一天有效期满。除驾驶员学校合格证持有人自愿放弃不再进行考试或者民航地区管理局终止委托其进行考试的情况外,被委托进行考试的驾驶员学校合格证持有人不得继续进行考试:

1) 有效期满且未再次获得委托资格。
2) 驾驶员学校合格证失效之时。

3. 合格证的展示

驾驶员学校合格证持有人应当将合格证展示在学校内便于公众阅读的醒目位置。

在局方要求检查时,驾驶员学校合格证持有人应当将合格证提供检查。

4. 合格证检查

驾驶员学校合格证持有人应当接受局方为确定其是否持续符合 CCAR-141 部规则要求而对其人员、设施、设备和记录进行的检查。

5. 合格证的更新

驾驶员学校合格证持有人应在其所持有的合格证有效期内申请合格证的更新,只有驾驶员学校合格证持有人通过局方对其全面审查并颁发新的合格证和训练规范后,其方可继续行驶新合格证和训练规范所赋予的权利。合格证更新的申请、受理和审查程序除应当符合 CCAR-141 部规则第 141.15 条的有关规定外,还应当符合下列要求:

1) 如果符合下条对更新合格证和训练规范的要求,至少应在其合格证到期 30 日前提交合格证和训练规范的更新申请。

2) 如果民航地区管理局认定,该学校的人员、航空器、训练设施、训练使用机场、经批准的训练课程、训练记录、当前的训练能力和质量符合本规则的要求,且在合格证颁发之日起至提出更新申请之日止,已经对下列人员完成训练并经其推荐参加执照和等级实践考试的人员不少于 10 人,且其中 80% 以上人员首次考试合格,则可以为其更新合格证和训练规范:

① 驾驶员。
② 飞行教员。

6. 限制和行政措施

1) 未取得驾驶员学习合格证,擅自从事驾驶员训练活动或合格证失效后仍从事驾驶员训练活动的,由民航局或民航地区管理局责令其停止违法活动,并处三万元以下的罚款;拒不执行且规模较大、社会危害严重的,处十万元以上二十万元以下的罚款;拒不执行且存在重大安全隐患、威胁公共安全的,处二十万元以上五十万元以下的罚款。

2) 驾驶员学校合格证申请人,在申请过程中存在弄虚作假行为的,局方应当终止其合格审定过程,处一万元以上二万元以下罚款,1 年内不再受理其申请。

3) 申请人以不正当方式取得驾驶员学校合格证的,由局方调查核实后撤销其相应的合格证或者证书,处二万元以上三万元以下罚款,3 年内不再受理其申请。

2.7.4 对飞行员驾驶执照培训学校的限制规定

1. 麻醉药品、大麻以及抑制药物或者兴奋药剂的载运

1) 除经法律许可或者经国家有关机关批准外,驾驶员学校合格证持有人不得在已知航空器上载有国家法律禁止运输的麻醉药品、大麻、抑制药物或者兴奋药剂或物质的情况下,在中华人民共和国境内运行该民用航空器。

2) 如果驾驶员学校合格证持有人在明知违反上述规定情况下,允许其拥有或者租用的任何航空器从事违反上述规定运行,该种运行即构成依法吊扣或者吊销其合格证的行为。

2. 广告限制

1) 驾驶员学校合格证持有人应当明示按照本规则批准的训练课程和非按照本规则批准的训练课程,不得对这些训练课程进行有可能误导公众的合并宣传,不得对合格证或者批准的课程等级作任何不真实的、易致误解的宣传。

2) 驾驶员学校合格证持有人在校址搬迁后,应当立即撤除原址上表明本校已经民航地区管理局审定合格的所有标志;在合格证失效时,应当及时清除表明本校已经民航地区管理局审定合格的所有标志。

3. 主运行基地

1) 驾驶员学校合格证持有人应当按照所颁发的驾驶员学校合格证和训练规范的要求,建立并维持一个主运行基地,该主运行基地的通信地址即为合格证上注明的学校地址。

2) 主运行基地内应当配备充足的设施和设备,并保存开展业务所必需的文件和记录。

3) 如需更改主运行基地的地点,应按照 CCAR-141 部第 141.31 条的规定更新驾驶学校合格证。

4) 如果符合下列要求,驾驶员学校合格证持有人可以在其合格证上所列的运行基地之外的基地实施训练:
① 经驾驶员学校所在地的民航地区管理局检查,批准其使用该基地。
② 在该基地使用的训练课程及其修订项目已经得到民航地区管理局批准。
③ 如果在该基地以外基地的训练连续超过 30 日,则应按照辅助运行基地要求进行审定,并列入训练规范。

2.8 通用航空维修企业的筹办政策

我国通用航空运营企业经营通用航空器或航空器部件(指除航空器机体以外的任何装于或者准备装于航空器的部件,包括整台动力装置、螺旋桨和任何正常、应急设备等)维修业务需要通过民用航空器维修单位合格审定,获得民航局统一颁发的《民用航空器维修许可证书》。

这里的维修是指对民用航空器或者民用航空器部件所进行的任何检测、修理、排故、定期

检修、翻修和改装工作。航空器或者航空器部件的制造厂家的保修或者因设计制造原因的索赔修理不属于这里的维修概念。

对于通用航空经营企业,可能作为以下种类的维修单位经营维修业务:

1) 独立的维修单位:是指独立于航空营运人和航空器或者航空器部件制造厂家,为航空营运人提供航空器或者航空器部件维修服务的维修单位。

2) 航空营运人的维修单位:是指航空营运人建立的、主要为本营运人的航空器或者航空器部件提供维修服务的维修机构。航空营运人的维修单位在为其他航空营运人提供维修服务时视为独立的维修单位。

对于上述两类维修单位的运行合格审定应按照 CCAR-145 部参照相应的咨询通告 AC145-1 进行。申请人需要面对民航地区管理局适航维修处。

本节将根据上述文件内容,详述通用航空维修企业筹办资格、通用航空维修企业筹办审批流程以及维修许可证的管理。

2.8.1 通用航空维修企业筹办资格要求

1. 维修类别

通用航空维修企业的筹办需明确即将从事的维修业务类别,不同的业务类别对应的硬件、软件的要求是不同的。CCAR-145 部把维修类别按照维修工作类别和维修项目类别进行了分类:

(1) 维修工作类别

① 检测:指不分解航空器部件,而通过离位的试验和功能测试来确定航空器部件的可用性。

② 修理:指根据适航性资料,通过各种手段使偏离可用状态的航空器或者航空器部件恢复到可用状态。

③ 改装:指根据民航总局批准或者认可的适航性资料进行的各类一般性改装,但对于重要改装应当单独说明改装的具体内容,此处所指的改装不包括对改装方案中涉及设计更改方面内容的批准。

④ 翻修:指根据适航性资料,通过对航空器或者航空器部件进行分解、清洗、检查、必要的修理或者换件、重新组装和测试来恢复航空器或者航空器部件的使用寿命或者适航性状态。

⑤ 航线维修:指按照航空营运人提供的工作单对航空器进行的例行检查和按照相应飞机、发动机维护手册在航线进行的故障和缺陷的处理,包括按照航空营运人机型最低设备清单和外形缺损清单保留故障和缺陷。下列一般勤务工作不作为航线维修项目:

a) 航空器进出港指挥、停放、推、拖、挡轮档、拿取和堵放各种堵盖。

b) 为航空器提供电源、气源、加(放)水、加(放)油料、充气、充氧。

c) 必要的清洁和除冰、雪、霜。

d) 其他必要的勤务工作。

⑥ 定期检修:指根据适航性资料,在航空器或者航空器部件使用达到一定时限时进行的检查和修理。定期检修适用于机体和动力装置项目,不包括翻修。

⑦ 民航总局认为合理的其他维修工作类别。

(2) 维修项目类别

① 机体。

② 动力装置。

③ 螺旋桨。

④ 除整台动力装置或者螺旋桨以外的航空器部件。

⑤ 特种作业。

⑥ 民航总局认为合理的其他维修项目。

2．维修许可证的申请条件

1) 为依法设立的法人单位或者为其书面授权的单位。

2) 具备合格的维修厂房设施。维修单位应当具备符合 CCAR-145 部第四章要求的工作环境以及厂房、办公、培训和存储设施。

3) 具备合格的维修工具设备。维修单位应当根据维修许可证限定的维修范围和有关适航性资料确定其维修工作所必需的工具设备，并按规定对其进行有效的保管和控制，保证其处于良好可用状态。

4) 具备合格的维修器材。维修单位应当按规定具备其维修工作所必需的器材，对其进行有效的保管和控制，保证其合格有效。

5) 具备合格的人员。维修单位应当具备足够的符合要求的维修、管理和放行人员。

6) 具备适航性资料。

7) 具备合格的质量系统。维修单位应当建立一个由责任经理负责的质量系统，质量系统应当符合相关规定。

8) 具备合格的自我质量审核系统。维修单位应当建立一个符合规定的独立的自我质量审核系统，或者将自我质量审核功能赋予其质量部门，有计划地评估本单位维修工作对相关规定要求的符合性，验证质量管理系统的有效性，并进行自我完善。

9) 具备合格的工程技术系统。维修单位应当建立一个落实其工程管理责任的工程技术系统，包括制定与其维修工作有关的技术文件。

10) 具备合格的生产控制系统。维修单位应当建立一个由各有关生产部门及维修车间共同组成的生产控制系统，并符合相关要求。

11) 具备合格的培训系统。维修单位应当建立一个符合规定的人员培训系统。

12) 制定维修单位手册。维修单位应当制定完整的手册以阐述满足相关规定要求的方法。

13) 制定维修工作准则。

14) 形成维修记录。

15) 获得维修放行证明。维修单位完成航空器或航空器部件的维修工作后，应当由授权的放行人员按照民航总局批准或者认可的形式签发维修放行证明。

16) 形成关于缺陷和不适航状况的报告。维修单位应当将维修过程中发现或者出现的影响民用航空器安全运行和民用航空器或航空器部件适航性的重大缺陷和不适航状况以及其他重要情况在事件发生后的 72 小时之内向民航总局或者地区民航管理机构报告。

2.8.2 通用航空维修企业筹办审批流程

根据 CCAR-145 和咨询通告 AC-145-1 的相关条款,通用航空维修企业筹办审批遵照下述流程进行。

1. 许可证的申请

1) 申请人应详细阅读 CCAR-145 部和相关咨询通告的规定,这些文件可以向民航地区管理局适航处取得。

2) 填写维修许可证申请书并准备申请材料,申请书表格可使用复印件,但填写内容及签署必须是原件。图 2.6 所示为维修许可证申请书的样式。

3) 向相关职能部门(民航总局或地区管理局适航处)提交申请材料,这些材料包括:

① 维修许可证申请书。
② 维修单位手册。
③ 维修能力清单。图 2.7 所示为维修能力清单的样式。
④ 符合性说明,包括有关支持资料。
⑤ 法人单位的工商执照和法人单位对申请人的授权书。

4) 初次申请维修许可证的申请人需要与民航地区管理局职能部门的负责人会面确认申请的各项有关事宜,会面时间可通过双方协商约定。

2. 许可证申请的受理与批准

民航总局航空器维修管理职能部门和地区民航管理机构接到申请人的完整的申请文件后,在 30 个工作日内作出是否受理的答复并以书面形式通知申请人。

对于符合前述申请条件,接受民航总局安排的审查并愿意支付规定审查费用的申请人,民航总局将向申请人颁发受理通知书。

除去申请维修单位名称变更外,其他的申请均需要通过地区管理局现场审查。地区管理局将向申请人颁发受理通知书后安排审查组进行现场审查。审查组将在审查前至少 30 日通知申请人具体的审查计划。

审查组在完成现场检查后,将以审查报告的形式提出审批建议,相关职能部门将在 1 个月内完成对审查报告进行审核及批准。如果申请人获得审核批准,将会获得维修许可证,如果没有获得审核批准,相关职能部门将以函件的形式通知申请人。

此外,在某些情形下,民航总局或者地区民航管理机构可以以函件的形式对维修单位的申请项目进行特殊批准,这些情形包括:

1) 某些维修单位的一次性或者紧急情况下的维修工作。
2) 因民航总局或者地区民航管理机构的原因,无法在规定的期限内完成正常审查的。
3) 根据双边或者多边协议,认可其他国家或者地区民航当局批准的维修单位。

附件一

中国民用航空总局
GENERAL ADMINISTRATION OF CIVIL AVIATION OF CHINA

维修许可证申请书
APPLICATION FOR ISSUE OF MAINTENANCE ORGANIZATION CERTIFICATE

1. 申请单位名称/Name of applicant _____
   _____

2. 单位通讯地址/Address _____
   _____

3. 电话/Telephone _____ 传真/Fax _____

4. 申请理由/Reason for application
   □(1) 初次申请/Original application for certificate
   □(2) 改变维修类别或项目/Change in maintenance rating or items
   □(3) 改变地点或设施/Change in location or facilities
   □(4) 改变机构或名称/Change organization structure or name
   □(5) 其它/Others

5. 申请的维修项目/Maintenance functions applied for
   □机体/Airframe   □动力装置/Powerplant
   □螺旋桨/Propeller   □航空器部件/Components
   □特种作业/Specialized service   □其它/Others

6. 责任经理/Accountable Manager

   姓名/Name _____ 职务Title _____

   签名/Signature _____ 日期/Date _____

F145-1(10/2001)   1/2

图 2.6　维修许可证申请书样式

2.8.3　维修许可证的管理

1. 维修许可证

维修许可证由《维修许可证》页和《许可维修项目》页构成。《维修许可证》页载明单位名称、地址及维修项目类别；《许可维修项目》页标明限定的具体维修项目及维修工作类别。维修许可证不得转让。维修许可证应当明显展示在维修单位的主办公地点。被放弃、暂停、吊销的维修许可证应当交还民航总局或者地区民航管理机构。对于国内维修单位，除非被放弃、暂停或者吊销，维修许可证一经颁发长期有效。

附件二

××××公司维修能力清单
××××年××月××日

序号	件号	名称	ATA章节号	制造厂家	维修工作类别	依据文件	主要设备	备注

注：
1. 维修单位可根据以上格式制定本单位的维修能力清单，但其项目类别不得超出《维修许可证》批准的项目类别。
2. 维修能力清单使用的纸张应为A4或类似大小的纸张，页数较多时应使用有效页清单以控制其有效性。
3. 序号为流水号，项目排列的顺序应以ATA章节号的顺序来排列。
4. 不同尾号的件号的依据文件和使用的主要设备相同，可不必单独列出尾号。
5. 维修工作类别应填写"检测""修理""改装""翻修"中的任一类或其组合，但对于非时控件并且其依据文件中没有翻修依据的部件不能填写"翻修"。
6. 依据文件应填写航空器部件制造厂家提供的适航资料和技术文件的名称。
7. 主要设备一般应填写最终测试设备。

F145-2(10/2001)

图 2.7　维修能力清单样式

2. 维修单位的责任

维修单位的主要责任有：

1) 维修单位应当随时改正其不符合 CCAR-145 规定的缺陷和不足之处，保持本单位持续符合本规定的要求。

2) 维修单位应当向拟送修航空器或者航空器部件的航空营运人或者其他单位告知其经批准的维修工作范围。

3) 维修单位应当保证其与经批准的维修范围有关的设施、机构及人员便于民航总局或者地区民航管理机构审查、监督和调查。

4) 维修单位应当如实向民航总局或者地区民航管理机构报告以下信息：

① 《维修单位年度报告》规定的信息。

② 《缺陷和不适航状况的报告》规定的信息。

③ 民航总局或者地区民航管理机构要求的与维修质量有关的其他信息。维修单位应当对民用航空器或者航空器部件所进行的维修工作满足经批准的标准负责。在送修人提出的维修要求明显不能保证其航空器或者航空器部件达到适航状态的情况下，维修单位应当告知送修人实际情况，并不得签发维修放行证明文件。

5) 国内维修单位使用具有维修许可证的外委单位的，除对本单位进行的维修工作满足经批准的标准负责外，还应当对外委维修工作的合法性负责国内维修单位使用具有维修许可证的外委单位的，应当对外委的维修工作满足经批准的标准承担全部责任。

3. 维修单位的权利

维修单位在获得维修许可证后具有下列权利：

1）在维修许可证限定的维修范围内按照经批准的标准进行民用航空器或者航空器部件的维修工作。

2）可以在维修许可证限定的地点以外从事批准范围内的维修工作项目，但应当在其维修单位手册中说明其确保厂房设施、工具设备、器材、适航性资料、维修人员和工作程序符合本规定并获得民航总局的批准。应急情况处理和简单的售后服务工作除外。

3）维修单位可以对按照经批准的标准完成的某项完整维修工作签发维修放行证明。

4）维修单位取得维修许可证后暂时缺少从事批准的某项维修工作所必需的部分厂房设施、工具设备、器材、适航性资料和有关人员等条件，但表明有能力在短期内满足相应条件的，其维修许可证上的有关项目可以不予暂停或者取消，但维修单位在此种情况下不得进行该有关项目的维修工作。

4. 外委工作的说明

除主要维修工作、最终测试及放行工作外，维修单位可以对维修许可证限定范围内维修工作中个别专业性较强的工作环节或者子部件修理等部分维修工作选择外委维修。除按照国家有关标准取得相应批准的特种作业单位外，国内维修单位的外委单位应当具有维修许可证；国外或者地区维修单位的外委单位应当获得本国或者地区民航当局的批准。

维修单位选择外委维修的，应当建立在质量系统控制下的评估制度。

5. 维修单位的变更

维修单位在名称、地址、维修类别发生变化时，应当至少提前2个月向民航总局或者地区民航管理机构提出变更维修许可证的书面申请。申请变更维修许可证的书面材料应当包括《维修许可证申请书》、涉及变更的资料及对本规定的符合性声明和有关符合性的支持性资料。

维修单位在厂房设施、工具设备、器材、适航性资料、人员、组织机构和维修单位手册等情况发生较大变化时，应当至少提前30日通知民航总局或者地区民航管理机构。由民航总局或者地区民航管理机构确定是否变更其维修许可证的有效性，并对维修单位手册或者《维修能力清单》的修改进行批准。

6. 等效安全情况

维修规模较小或者在其他特殊情况下，维修单位在保证所维修的航空器或者航空器部件具有同等安全性的前提下，可以就 CCAR-145 中的某些条款向民航总局或者地区民航管理机构提出如下等效的符合性方法：

1）规模较小的维修单位或者仅从事特种作业或者航线维修工作的维修单位，其责任经理、质量经理和生产经理可以由一人兼任；其《维修管理手册》和《工作程序手册》可以合并为一册；其自我质量审核应当委托其他经批准的第三方机构进行，但被委托单位应当向民航总局或者地区民航管理机构提供审核报告的复印件。

2）航空营运人的航线维修可以部分或者全部外委。航空营运人维修单位维修许可证的维修范围可以包括外委的航线维修工作。航空营运人维修单位外委维修应当遵守下列规定：

① 外委的维修单位可以不持有维修许可证,由航空营运人对航线维修工作承担全部的责任。

② 航空营运人应当与外委单位签订明确的维修协议,外委单位的放行人员应当得到航空营运人的授权。维修协议应当至少包括下列内容:

a) 航空营运人提供的技术文件、资料和管理程序及控制其有效性的说明。

b) 航空营运人提供的工具、设备和器材及其管理的说明,包括对借用工具、设备和器材的说明。

c) 航空营运人提供的培训的说明。

d) 航空营运人委托工作范围及授权的说明。

e) 维修记录及报告方式。

f) 其他有关说明。

③ 制造厂家的维修单位,如其生产管理系统能够满足 CCAR-145 规定的要求,可以不再另设或者单独成立生产管理系统,但应当在其维修单位手册中明确说明。

④ 民航总局或者地区民航管理机构认为可以接受的其他等效的符合性方法。

第三章
国内外通用航空市场

在欧美发达国家，通用航空市场已经进入相对成熟的时期。以美国通用航空为例，在经历了近百年的发展之后，已经形成了一个拥有 220 000 多架通用飞机、19 000 多个机场和 610 000 多名飞行员、飞行作业时长达 2 400 万小时的产业，每年为美国带来超过 1 500 亿美元的收入，约占其 GDP 的 1.5%。相比之下，我国的通用航空还有较大的差距。截至 2020 年，我国拥有 2 930 架通用航空器、在册通用航空机场数量 313 个和近 3 000 多名通用航空飞行员，飞行作业时间约为 109 万小时（来源：《2019 年通用和小型运输运行概况》）。

在通用航空的背后是一条庞大的产业链。在众多通用航空企业中，有一些企业所涉及的业务，覆盖了通用航空产业链的部分或者全部环节，如：通用飞机的设计研发、生产制造；代销、租赁、通过包机、托管、产权分享等形式开展通用飞机运营（如公务航空公司或企业飞行部）；FBO 服务；MRO 服务业务；商用和私用驾驶执照培训等。这一系列围绕通用飞机的产品和服务，与汽车行业的 4S 店提供的产品和服务很相似。因此，这些能够提供通用航空产业链中多方面服务的通用航空企业也被称为"通用飞机 4S 店"。但是，必须指出的是，通用飞机 4S 店的经营内容相对汽车而言较为复杂，包含但不局限于汽车 4S 店"四位一体"的经营模式（即整车销售（Sale）、零配件（Sparepart）、售后服务（Service）、信息反馈（Survey）），而是力图为通用飞机提供终身服务解决方案。

本章旨在通过统计和分析国内外现有（含筹建）通用航空企业的基本情况，如发展历史、隶属关系、业务范围、机型及保有量、人员构成等，阐述国内外通用航空企业的现状，对筹建和规划通用航空企业提供参考。

本章分别描述了国内和国外通用航空企业的发展情况。第一、二节简要介绍了我国通用航空的发展历史和现状。第三节描述了国内从事通用航空相关业务的典型企业的基本情况。第四节在第三节的基础上，对第三节所描述的企业的情况进行分析，指出我国通用航空企业的特点以及存在的问题，以供借鉴。第五节简要分析了我国通用航空的发展趋势和市场前景。后半部分的第六至第八节主要介绍了国外的情况。第六节主要阐述了国外通用航空的发展历史；第七节简要介绍了国外通用航空的现状以及国外通用航空典型企业的基本情况，为开展通用航空业务提供参考。第八节在第七节的基础上，对第七节所描述的企业的情况进行分析，指出国外通用航空企业的特点以及存在的问题，以供借鉴。第九节简要分析了国外通用航空企业业务及其对我通用航空企业的借鉴作用。

需要指出的是，鉴于通用航空企业所涵盖的内容较广，本章所阐述的企业是指开展盈利性通用航空中除石油服务、外载荷飞行、引航作业等工业航空作业以外的企业，即开展民航总局《通用航空经营许可管理规定》第一章第五条中甲类经营项目中的空中游览、公务飞行、私用或商用飞行驾驶执照培训、出租飞行和包机飞行业务的企业。由于通用航空近期发展较快，且各企业和新闻媒体宣传的内容较为丰富，短时间内难以考证，本章所描述的企业概况和业务内容不能完全反映其所有信息和最新发展情况。主要的资料和数据来源于民航总局、通用航空组织、行业分析机构以及各通用航空企业的官方网站。

与上述分类类似，在描述国外公务机时，本章所描述的范围界定为从事通用航空中的公务飞行、训练飞行、通勤飞行、出租飞行、私人飞行以及其他除农林业和工业航空作业之外的飞行的企业。为了能够更加典型地说明国外公务航空的情况，本章主要对世界范围内较为典型的美国公务航空的情况进行介绍，以便大家对国外公务航空能够有较具代表性的了解。

3.1 我国通用航空的发展历史

通用航空是我国民用航空运输业重要的组成部分,最早的通用航空使用记录可以追溯到1931年6月2日,当时浙江省水利局租用的德国汉莎航空公司米塞什米特M18-D型飞机,在钱塘江支流浦阳江36公里河段进行航空摄影。我国在1952年成立了第一个通用航空飞行队,开始进行农林、畜牧业的作业工作。经过70年的发展,我国通用航空运输业从无到有,从落后到成熟。虽然在这个过程中有过很多曲折,但站在从这一过程中取得的经验和成绩的角度上来讲,我们有理由对通用航空的未来充满信心。

同样,从20世纪90年代中期开始,随着我国经济的稳定发展,国内外的商务活动的不断增加,越来越多的飞行需求转向公务航空,我国公务机行业开始逐步发展起来。经过10多年的缓慢发展,从2008年开始,中国的公务机市场开始呈现爆发式的增长。2008—2011年,我国公务机的数量以较快的速度增长。到2012年年底,我国内地公务机机队规模已经达到187架。

随着公务机数量的增长,公务机产业链也在国内不断延伸,相关企业的业务范围也从单一的销售或运营转向生产、销售、融资租赁、运营托管、维修保障、执照培训、机场设施建设以及FBO等环节,逐步形成公务机4S店的雏形。2011年至今,上海、北京、深圳等地均有公务机4S店落成或者筹建。我国公务机4S店的发展进入快速发展的时期。

改革开放以来,我国的经济建设突飞猛进,商业活动日益频繁,由此带来的远程投资和管理、企事业交流活动等需求,使单一、定期的正常航班难以适应企业和商务人士对实用灵活性和飞行效率的要求,不少企业和个人开始转向使用公务机来满足旅行需求。

3.1.1 我国通用航空的开创发展期

我国早期的通用航空得到了苏联的大力支持与帮助,取得了一定的发展。1956—1957年,为开发西北,寻找石油和矿藏,解决西北地区无地形图问题,中国民航局和地质部测绘局航空摄影队聘请苏联航测专家来华工作,在执行航摄任务的同时,帮助中国培养了一批航测技术人员。1953年,林业部与民航局合作,使用一架里-2型飞机和中华人民共和国成立前遗留下来的美国K-17B航空摄影仪,在黑龙江牡丹江大海林林区进行1∶2.5万比例尺的航空摄影试验;从1956年开始的石油普查航空物探工作对发现和确定下辽河、胜利、大港、克拉玛依、任丘、中原等陆地油田和一些海底油田起到了先导作用;1960年,通用飞行时间达到了3.47万小时,与航空运输齐头并进,在某种程度上支持了航空运输的发展;1974年年底开始对青藏铁路格尔木至拉萨段进行航摄,保证了初步设计的需要,大大节省了人力、物力;1975年8月,河南省驻马店地区发生特大洪水灾害,民航北京管理局派直升机空运空投救灾物资。"文化大革命"期间,我国通用航空事业受到很大的冲击。由于通用航空的主要用户农业、林业、地质、测绘部门仍按国家计划按期提出通用航空任务,广大的通用航空技术人员在极为困难的条件下坚持生产,开展了一些业务建设工作。这一时期,通用航空仅累计完成作业飞行280 882小时,形成新中国通用航空史上的一个低潮。这一时期通用航空作业使用爱罗-45、雅克-12、安-12、运-5、里-2、波-2、伊尔-12、伊尔-14、直-5等9种机型飞机和直升机。这些机型都是以活塞式发动机为动力,功率小、空机重量大、载重量小、油耗大,机载设备少而简陋,飞行员劳动强度大。受机型的限制,当时仅能在平原、丘陵和海拔 2 500 米以下、地形高差较小的地区开展通用航空作业。

3.1.2 我国通用航空的恢复发展期

"文化大革命"刚结束时,我国虽然补充了各类通用航空技术人员,更新了部分飞机、直升机和专用设备,但通用航空生产能力仍有限,无暇顾及加强业务建设、改善经营管理和提高队伍素质等工作。1978 年 12 月,在中共十一届三中全会召开后,我国各项建设事业重新走上了健康发展的道路,在正确方针的指引下,通用航空出现了新的转机。1980 年 3 月 15 日,民航局脱离空军建制,划归国务院直接领导。这项决定有利于航空运输和通用航空运用经济手段按照经济规律办事。1986 年 1 月 8 日,国务院颁发《关于通用航空管理的暂行规定》,进一步规范了我国通用航空事业的各项管理。

1978 年 5 月 24 日,Bo-105 型直升机为渤海石油勘探指挥部首次提供了直升机近海飞行服务。1980 年 10 月,民航北京管理局第二飞行总队首次派飞机在澳门半岛进行大比例尺航空摄影,1987 年 12 月对澳门地区进行第二次航空摄影,为澳门半岛的规划建设提供可靠依据。1985 年,中国民航工业航空公司的飞机首次为山西省长治市进行城市建设大比例尺航空摄影。1987 年,贝尔-212 型直升机在长城吊运电视转播设备。1987 年,我国通用航空开始利用沙漠钢板跑道作业。

这一时期,我国先后引进了安-12、安-30、米-8、云雀等型飞机和直升机。这些机型大都是以涡轮喷气发动机为动力,功率大、载重量大、油耗低,机载电子设备比较先进,升限范围大,飞机机动性好,一部分机型还配有自动驾驶仪,大大地降低了飞行员的劳动强度,同时也扩大了通用航空的应用范围,使我国开展复杂地区的通用航空作业有了可靠的物质保证。

3.1.3 我国通用航空的持续发展期

从 20 世纪 80 年代开始,我国的航空运输业进入持续快速的发展时期,到 1991 年,航空运输总周转量已达 32 亿吨公里,为 1978 年的 10.7 倍,平均每年递增 20%。改革开放带动航空运输的迅猛发展,民航局直属航空公司购置大量运输机,通用航空为航空运输培养、储备和输送了大批空地勤专业骨干和管理人才。在这一阶段虽然通用航空也有较大发展,但从趋势上看已发生严重下滑:作业量下降较大;相应机型没有更新,飞机数量减少,整体实力日益下降。

针对这一情况,1995 年 12 月民航总局召开了全国民航通用航空工作会议。会后,作出《中共民航总局党委关于发展通用航空若干问题的决定》。该决定下发后在全国引起了强烈反响,经过多年的贯彻、落实,已见成效。此后,我国通用航空进入了持续发展的时期。2009 年 12 月,民航局下发了《关于加快通用航空发展的措施》,围绕着"改善通用航空发展环境,增强通用航空的作业服务能力"这两个方面,提出了共 15 条具体措施,这是民航局历史上第二次在通用航空事业发展的关键时期出台重要政策。

2009 年 5 月 26 日,我国第一家专为通用航空培养综合人才的院校——中国民航大学通用航空学院在天津正式成立。新成立的通用航空学院将开展包括高职、本科、研究生的多层次人才培养,并将逐步建成我国通用航空学历教育、科学研究和技能培训的基地,为我国通用航空事业的发展储备人才。民航局时任局长李家祥为该学院成立揭牌并题词,他还强调,通用航空大有作为,办好通用航空,人才培养是根本。

2009年,为进一步加速我国通用航空的发展,西安阎良国家航空高技术产业基地——蒲城通用航空产业园被批准列为民航试点园区。同年10月17—19日,民航局、陕西省人民政府、中国国际贸易促进委员会共同举办了中国国际通用航空大会。

自2000年以来,我国通用航空作业飞行总量年增长率为12.3%。2009年,我国通用航空作业123 838小时,比2008年增加11.9%,其中工业航空作业52 916小时,比2008年增加4.6%;农业航空作业26 309小时,比2008年增加6.6%;其他通用航空作业44 613小时,比2008年增加25.9%。按照国际民航组织统计口径,全年通用航空飞行总量约为32万小时。

截至2008年年底,通用航空行业现有飞行人员、机务维修、签派等专业技术人员3 201人,其中飞行人员2 270人,通用航空机场、临时起降点共有399个,其中通用航空机场70个,通用航空临时机场(起降点)329个。截至2009年年底,持通用航空经营许可证的企业为93家,通用航空机队在册总数为907架。

2010年8月20日,中信海洋直升机公司海豚直升机将中国第四次北极考察队队员从雪龙船运送到北极点,成功登临北极点并进行了科学考察,首次实现了中国国家北极考察队依靠自己的力量到达北极点开展科学考察的愿望,该公司也成为中国首家飞临北极点作业的通用航空公司。

2018年,我国通用航空机队规模达到2 495架,完成了93.7万飞行小时,分别比2015年增加了260架和15.8万飞行小时。

截至2020年8月,我国现有实际运营中的通用航空企业443家,受到新冠肺炎疫情的影响,相比2019年年底增长仅17家。2018年为历年中增速最快的一年,相比上一年增加了100家,增幅达37%。截至2020年8月,我国内地在运营的通用航空器数量达2 930架,与2019年年底相比,增长了154架,与2014年的1 505架相比,几乎翻了一番。机队规模的增速在2017年达到顶峰,并在之后的年份逐步回落。

在我国通用航空的持续发展期,我国的公务航空业也经历了从无到有、从小到大的过程。

3.1.4 我国公务航空的萌芽阶段

1995年年底,南方航空公司和海南省航空公司几乎同时从国外引进了公务飞机,开始尝试性地开展公务包机飞行服务业务,开创了中国商用公务飞行的先河。在此之前,商业意义上的公务航空行业在中国基本处于一种空白状态。后来南方航空公司以湿租方式引进的公务飞机,属于与国外飞机公司试验性的合作项目,不久后因种种原因终止。而海南省航空公司自己购买了庞巴迪公司的里尔-55飞机,虽在初期遇到了种种困难,但却一直坚持了下来,并且其公务机业务取得了较好的发展。该公司就是成立于1995年3月、由当时的海南省航空公司成立的海南航空公务服务有限公司,即现在的金鹿公务航空有限公司。

1997年,湖南长沙的远大空调有限公司从美国购买了一架赛斯纳公司的"奖状"喷气公务飞机和一架贝尔-206直升机,成为第一家拥有公务机的国内非航空企业。远大空调有限公司的举动无疑带动了其他有志于以一流的经营理念和管理方式打入国际市场的中国企业。"财富"论坛在上海的召开,使中国企业更加领略到公务机的高效、灵活和私密性。中国的许多企业已逐渐认识到拥有公务机,是国际一流企业的标志,是企业实力的象征,是企业领导者先进的效率观和经营理念的体现。就是在这样的大环境和时代背景下,我国的公务机行业开始起步。

1995—2000年是我国公务机行业的萌芽阶段。在这个阶段,涉足公务机行业的企业很少,主要是部分国有航空公司的子公司、金融租赁公司和少数将公务机用于公司内部事务的大型企业。国内客户对公务机的认知度很低,公务机行业发展缓慢。但是,随着改革开放的逐步推进,市场经济环境的不断改善,我国的企业,特别是民营企业和个人财富的不断积累,经营和管理水平的现代化和国际化不断加强,公务机的认知度开始逐步提高。

在这个阶段,一些公共航空运输企业开始关注公务航空市场,并作出了许多积极的尝试。1998年,海南省航空公司的公务航空业务按总局的要求从运输航空主业中分离出来,成立了独立运营的金鹿公务机有限公司,这是国内首家专业性公务航空公司。作为中国公务航空领域的又一个历史性事件,它标志着中国公务航空开始进入完全商业性的专业化运营阶段,标志着中国的公务航空已经具备了大规模快速发展的初步条件。在2000年之后的很长一段时间,金鹿公务机有限公司一直以较快的增长率发展,年平均飞行时间达五六百小时,并且还计划引进大型公务机。目前,该公司占有国内商业性公务包机服务市场的大部分份额。

3.1.5 我国公务航空的起步阶段

随着市场的开拓与大环境的改变,2000年之后,公务航空呈现出活跃的态势。2001年8月,上海航空股份有限公司引进了首架公务客机,揭开了上航涉足公务航空运输市场新的一页。2002年1月,山东航空彩虹公务机有限公司经民航总局批准正式成立。该公司是由山东航空股份有限公司控股的合资子公司,也是中国第一家引进高档次远程宽体"挑战者604"公务机提供国内、国际公务包机飞行服务的公司。其他公司和企业也注意到了这个新兴产业,纷纷涉足公务航空市场。这些公司和企业主要有:首都公务机有限公司、中国国际航空公司公务机分公司、民航校飞中心/亚洲公务机公司、中飞通用航空公司、道远集团、春兰集团、海尔集团等企业。

3.1.6 我国公务航空的爆发阶段

2008年以后,随着我国公务机市场的逐渐增长,其巨大需求和投资空白成了国内外企业和投资人眼中的"蓝海"。在各方面需求的推动下,公务机行业从2008年开始进入爆发期。这一时期,不论从公务机数量还是公务机运营企业的数量上来看,我国公务机行业的发展都极其迅速,具体如表3.1所列。

表3.1 2008—2012年我国公务机数量及增长率

年 份	2008	2009	2010	2011	2012
数量/架	32	36	56	109	187
增长率/%		12.5	55.6	94.6	71.5

与此同时,有部分发展较快的公务机开始依托各自的资源和条件,从单一的托管和运营业务出发,开始向公务机产业链的上游和下游发展,如融资租赁、运营托管、维修保障、执照培训、机场设施建设及FBO等。2011年11月,国内首家公务机4S店在上海虹桥机场落成。此后,

北京、深圳等地也有诸多公务机4S店落成或者筹建,公务机4S店的发展进入快速、全面、成熟发展的时期。

2019年4月15日,亚翔航空发布的《2018年亚太地区公务机机队报告》显示:中国内地拥有亚太地区最为庞大的公务机队,截至2018年年底,机队数量达338架。大中华地区曾是2017年亚太地区机队增长的主要动力,2018年的表现却可以用惨淡来形容,该地区的增长率从2017年的8%降至2018年的-0.2%。我国内地和香港特别行政区的机队增长均放缓,我国内地的增长率从2017年的10%大幅降至2018年的-2%,而香港特别行政区的增长率从2017年的5%下降至2018年的1%。图3.1所示为2016—2018年我国不同地区公务机增长趋势。

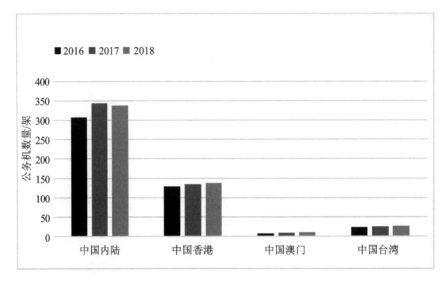

图3.1 2016—2018年中国不同地区公务机增长趋势

截至2019年年底,国内在役公务机427架,选用发动机734台,与2000年相比年化增长率超过了14%,是全球同期水平的4倍多。从分析数据来看,2009—2014年是国内公务机市场发展的一个井喷期。

预计未来10年,我国公务机市场总体上将以15%左右的增速发展,到2029年国内公务机机队规模将达到1 718架,喷气式公务机保有量1 308架,占据市场总量的八成,其中的84%都将体现为市场的新增需求。

3.2 我国通用航空的发展现状

3.2.1 我国通用航空的发展现状

1. 通用航空器生产制造

目前,我国最主要的通用航空器制造商为中国航空工业集团公司(简称"中航工业"),其生产的固定翼飞机主要有运-5、运-12、小鹰500、海鸥300、农-5系列等,旋翼机主要有直8系列、直9系列、直11系列等。作为"融入世界航空产业链"的实践,中航工业还与世界知名通用飞机制造商合作,生产L162轻型运动飞机等多种通用飞机。

除中航工业外,国内还有部分私人及中外合资企业,如北京科源轻型飞机实业有限公司,是我国首家从事轻型飞机、热气球等制造、销售和服务的私营企业,已研制并出口的机型有蓝鹰AD200B型运动飞机;山东滨奥飞机制造有限公司,是滨州大高通用航空城有限责任公司与奥地利钻石飞机公司合资的公司,已研制DA40TDI型通用飞机;席勒(中国)飞机制造有限责任公司,由张家口察哈尔通用航空公司和美国席勒直升机公司共建,主要生产席勒UH-12系列民用轻型直升机;江西九江红鹰制造有限公司,由波兰斯维德尼克公司与九江红鹰科技发展有限公司共建,已研制出PZLSW-4,PZLW-3ASOKOL等直升机;西安凤凰飞机制造有限公司,是国内首家专业民营通用航空器生产企业,其CH2000型通用飞机由加拿大ZENAIR公司设计,作为股份加入西安凤凰飞机制造有限公司。

引进国外厂商设立合资企业或直接收购相关成熟公司和技术仍然是当前国产飞机发展的主要途径。中航工业于2011年就收购了全球第二大通用飞机制造商西锐,并将生产活塞式发动机的大陆发动机公司也一并收入囊中,目前在珠海中航通用飞机有限公司生产西锐SR20系列机型。浙江万丰集团于2016年和2017年完成了对奥地利和加拿大钻石飞机公司的收购,当前DA40机型也已经投产交付。卓尔宇航集团于2017年和2018年先后收购了捷克领航者飞机、德国Xtreme运动飞机。

目前,国产大飞机"三剑客"之一的鲲龙600水陆两栖飞机在近期的海上试飞中获得成功,这标志着我国在通用航空器制造方面的进步。

可以看出,国内通用飞机主要为多用途飞机,多用于航空训练、农林作业、航空拍摄、边防巡逻、森林防火、勘察等,同时兼顾抢险救灾的作用,专业机型相对较少。随着我国通用航空市场形势向好,中外合资制造通用航空器的企业逐步加入我国通用航空器制造市场中来,通用航空器制造业迎来了前所未有的发展契机。

近年来,我国在册通用航空飞行器呈现逐年增长态势。从2005年的615架增长到2011年的1154架,在6年时间里增加了87.6%,净增了539架。2018年,我国通用航空机队规模达到2495架,完成了93.7万飞行小时,分别比2015年增加了260架和15.8万飞行小时。从我国在册通用航空器类别看,固定翼飞机比重最高,约占在册通用航空飞行器总数的77.4%,其次是旋翼航空器,约占在册通用航空飞行器总数的20.6%,飞艇和热气球仅占2%。

目前,中美两国通用飞机分别约为2930架和22.3万架,我国通用航空器数量仅为美国的1.3%,差距巨大。随着科技进步、经济发展和支付能力的提高,工、农、林、渔、矿、建筑等各行业都需要通用飞机,在医疗卫生、抢险救灾、气象探测、海洋监测、科学实验、遥感测绘等方面,通用飞机有着不可替代的作用,中国通用飞机的消费类需求强劲,未来我国通用航空市场潜力巨大,通用航空器数量必将快速增长。

近年来,我国每年新注册通用航空器数呈现增长趋势。2001—2007年期间一直在100架以下;自2008年以来,我国新注册通用航空器超过100架,且逐年增加。2011年,我国新注册通用航空器数为267架,较上年增长数量最多,比2010年新注册数增加了67架。2019年全国通用航空器在册总数为2776架,比上年增长11.08%。截至2020年8月,中国内地在运营的通用航空器数量达2930架,相比于2019年年底增长了154架,与2014年的1505架相比几乎翻了一番。机队规模的增速在2017年达到顶峰,并在之后的年份逐步回落。

图 3.2 所示为 2011—2020 年年末我国在册通用航空器总量及增长率。

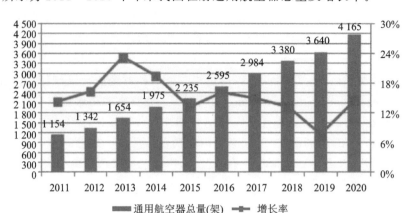

图 3.2　2011—2020 年年末中国在册通用航空器总量及增长率

截至 2011 年年底,我国在册固定翼飞机共有 78 个型号,总计 893 架,其中排名前十位的型号是赛斯纳 172R、Y5、Y5B(D)、DA40D、DA40、DA42、TB-200、Y12Ⅱ、PA-44-180、Y12Ⅳ,分别为 162 架、106 架、55 架、49 架、47 架、41 架、37 架、25 架、23 架、19 架。以上前十型号的在册固定翼飞机数量约占在册固定翼飞机总数的 63%。

涡桨和活塞固定翼机队占整个通用航空器机队的 50%,2020 年机队航空器总数达 1 472 架,从数量上来看是构成通用航空器机队的最主要力量。从涡桨和活塞飞机制造商的市场份额来看,德事隆航空稳居第一,市场份额达 30%,旗下机型种类众多,其中赛斯纳 172 和赛斯纳 208 分别为市场上占有率最高的活塞和涡桨类机型。赛斯纳 172 也是世界上最成功的轻型通用飞机之一,广泛应用于飞行培训等领域。赛斯纳飞机与中航通飞于 2013 年合资成立的石家庄中航赛斯纳负责赛斯纳 208 的总装和国内客户交付,并提供原厂维修服务。钻石公司以 23% 的市场占有率位居第二,单发活塞机型 DA40 和多发活塞机型 DA42 是其最受欢迎的机型。中航工业作为中国最大的航空工业集团,以 18% 的市场份额位居第三。其自主研发生产的单发活塞机型运 5 和双发涡桨机型运 12 同样拥有可观的市场占有率。直升机机队占整个通用航空器机队的 37%,2020 年机队总数达 1 070 架。从直升机制造商市场份额来看,罗宾逊凭借 R44 和 R22 这两款"爆款"机型而占据榜首,占比达 30%。总部位于法国的空客、美国的贝尔和意大利的莱昂纳多分别凭借 23%、16% 和 10% 的市场份额占据第二、三、四名。

中国内地的公务机机队从数量上仅占整个通用航空器机队的 11%,2020 年机队总数达 326 架。从公务机制造商市场份额来看,有着公务机中的"苹果"之称的湾流宇航公司依然霸占榜首,市场份额达 36%。总部位于加拿大的庞巴迪公司、美国的德事隆航空公司、法国的达索飞机制造公司和巴西的巴航工业公司分别凭借 28%、13%、10% 和 5% 的市场份额占据第二至五名。本田作为公务机行业的新进入者推出的 HondaJet 也凭借其超低的运营成本在中国崭露头角。

2. 通用航空作业量及分布

我国通用航空进入持续发展期后,特别是进入 21 世纪以来,一直保持较快速度的增长。2011 年,我国通用航空全行业完成生产业务飞行 50.27 万小时,比上年增长 28.5%。其中:工业航空业务完成 5.67 万小时,约占全行业的 11.3%,比上年减少 13.4%;农林业航空业务完成3.32万小时,约占全行业的6.6%,比上年增长11.9%;其他通用航空业务完成41.29万小时,约占全行业的82.1%,比上年增长39.4%。可以看出,原来以工业、农林业为主要业务的传统通用航空发展已经出现了大的改观,除工业、农林业之外的其他通用航空业务已经占到了80%以上,飞行员培训、航空运动、空中游览及公商务航空等通用航空业务的发展尤为迅速。

2019年,各通用航空飞行作业类型中,执照培训依旧占到了55%,其次依次为工业、农业、消费、交通运输和应急等(见图3.3)。在当前工业和农业领域无人机有着逐步取代传统固定翼和直升机的趋势,但在通用航空消费(空中游览、跳伞飞行和个人娱乐飞行)、交通运输(包机和短途运输)和应急领域,仍然有着巨大的市场潜力。

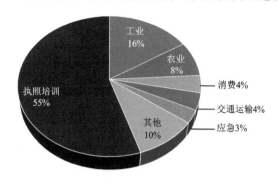

图3.3 2019年中国通用航空飞行小时作业类型占比率

近年来我国通用航空传统工业、农林业作业量变化相对较慢,所占比重一直在下降,由2005年的73%下降到2010年的65.9%,再下降至2011年的17.9%。其他通用航空作业是指除工业、农林业之外的其他通用航空作业,包括执照培训(民航飞行学院的培训飞行时间除外)、公务飞行、空中游览、短途运输等。近年来,其他通用航空作业量增长快速,从2005年的27%增长至2010年的34.1%,尤其是2011年,其他通用航空所占比例已达82.1%,其中增长最快的是执照培训,由2006年的890飞行小时增长至2011年的51 348飞行小时,年均增长125%。2019年通用航空共飞行106.5万小时,比上年增长13.6%。2020年受新冠肺炎疫情影响,上半年通用航空共飞行34.7万小时,同比下降28.7%。2019年,全国无人机作业飞行125万小时。

图3.4所示为2010—2020年我国通用航空飞行作业小时增长趋势。

近年来,我国工业、农业传统领域石油航空服务作业量最大,2011年为31 216飞行小时,较2001年增长了1.53倍。农林化飞行作业量2011年为15 730飞行小时,仅次于石油航空服务作业量,较上年增长23.5%。航空探矿、航空护林、航空遥感等项目作业量增长趋势明显,航空降水、航空摄影作业量相对稳定,航空播种作业量有所减少,近年来基本稳定在2 000飞行小时左右。除传统工业、农林业通用航空作业项目外的其他通用航空作业项目飞行作业量快速增长的趋势明显,2011年其他通用航空作业项目飞行作业量为426 720飞行小时,为2001年的48.4倍。

由于我国通用航空发展制约性因素较多,作业量仍相对较少。目前,我国通用航空的应用已由最初的测绘摄影、农林作业,增加到遍及国民经济10大类100多个领域,作业范围遍及国内所有省份。随着经济和社会的发展,不仅海上石油服务、航空护林、警务救援、城市消防、紧急医疗急救等社会公益和经济建设领域对通用航空存在巨大需求,公务航行、私人航行、通勤飞行、休闲娱乐、飞行培训等方面的新兴消费市场需求更是日益高涨。

就分布地区来看,东北地区农林业航空作业量最大,为13 804飞行小时,约占我国农林业航空飞行作业总量的52.5%;其次为西部地区,其农林业航空作业量为7 716飞行小时,约占我国农林业航空飞行作业总量的29.3%。就分布省、直辖市、自治区来看,黑龙江省作业量最大,超过1万飞行小时,为12 744飞行小时,约占我国农林业航空飞行作业总量的48.4%;其他农林业航空作业量超过1千飞行小时的有新疆维吾尔自治区、内蒙古自治区和湖南省,其农

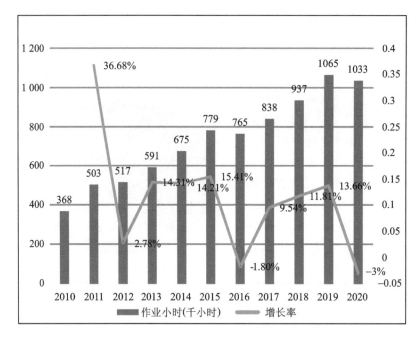

图 3.4 2010—2020 年中国通用航空飞行作业小时增长趋势(单位:千小时,%)

林业航空作业量分别为 3 581 飞行小时、1 981 飞行小时、1 582 飞行小时。

就各作业项目的地区分布来看,人工降水作业主要分布在西部地区和东部地区,两地区人工降水作业量约占我国人工降水作业总量的 66.3%;航空护林作业主要分布在东北地区和西部地区,两地区航空护林作业量约占我国航空护林作业总量的 93.2%;农林牧播种作业主要分布在西部地区,其作业量约占我国农林牧播种作业量的 85.1%;农林化飞行作业主要分布在东北地区,其作业量约占我国农林化飞行作业量的 66.3%。

2009 年,我国 31 个省、市、自治区均开展了工业航空。就分布地区来看,东部地区工业航空作业量最大,为 35 866 飞行小时,约占我国工业航空飞行作业总量的 67.8%;其次为西部地区、东北地区、中部地区,其工业航空作业量分别为 7 862 飞行小时、5 038 飞行小时、3 690 飞行小时。就分布省、市、自治区来看,工业航空作业量超过 1 万飞行小时的仅有广东省,达到 18 010 飞行小时,其他超过 2 000 飞行小时的有天津市、山东省、辽宁省、浙江省、海南省 5 个省市,其工业航空作业量分别为 7 264 飞行小时、3 177 飞行小时、2 969 飞行小时、2 271 飞行小时、2 164 飞行小时。

就各作业项目的地区分布来看,航空摄影作业主要分布地区相对较为均衡,江苏、湖北、广东相对较大,分别为 878 飞行小时、756 飞行小时、710 飞行小时;航空遥感作业开展地区仅有 5 个省市,作业量最多的省市为江苏,为 154 飞行小时,其次为辽宁,为 132 飞行小时;航空探矿开展地区为 10 个省、市、自治区,作业量最多的是内蒙古,为 751 飞行小时,其次是黑龙江,为 510 飞行小时;航空调查作业主要集中在东部地区,为 1 365 飞行小时,约占全国航空调查作业总量的 83.3%;空中照相作业量最多的是黑龙江,为 108 飞行小时,其次是广西,为 99 飞行小时;石油航空服务主要集中在东部地区,为 27 260 飞行小时,约占我国石油航空服务作业量的 91.1%;空中吊挂作业量较少,全部集中在东部地区,作业量仅为 10 飞行小时。

3. 机场及起降点

2019年全国在册通用航空机场数量达到246个,首次超过运输机场。截至2020年9月底,全国在册通用航空机场数量已达313个,较2019年新增67个。尽管近年来我国通用航空运营规模增加较快,但通用航空机场和临时起降点数量及其分布结构基本没有变化。这些机场和临时起降点主要集中在华北、东北、华东等地,占国土面积近1/2的西部地区,通用航空机场仅占总数的不到17%,地区分布不平衡。目前,从通用机场分布地区来看,排名前3的地区分别是:东北地区100个、华东地区69个、中南地区48个航空,排名前3的省份分别是黑龙江88个、江苏23个、广东20个。此外,我国运输机场由于受到空域和飞行时段等方面的限制,绝大多数未能向通用航空飞行提供必要的便利。

4. 从业人员

(1) 从业人员总数及分类

截至2010年年底,我国有通用航空从业人员10 861人,其中飞行人员1 719人,约占我国通用航空从业人员的16%;机务维修人员2 452人,约占我国通用航空从业人员的22%;管理人员2 247人,约占我国通用航空从业人员的21%;其他人员4 443人,约占我国通用航空从业人员的41%。截至2019年年底,我国通用航空经营性企业共有从业人员7 303人,除飞行人员外,机务人员3 304人,航务人员564人,管理人员447人,空管人员59,其他人员153人。

我国通用航空从业人员少,尤其是飞行员极为缺乏。截至2011年,我国共有飞行员不足3万人,不足美国飞行员总人数的5%,其中通用航空飞行员人数比例不足1%。截至2019年年底,我国从事通用及小型运输的飞行员总计3 599人,其中华北地区655人、华东地区846人、中南地区985人、西南地区358人、东北地区471人、西北地区150人、新疆地区134人。从持有驾驶员执照类型上看,我国通用及小型运输航空飞行员多数持有商用驾驶员执照。持有商用驾驶员3 159人、航线驾驶员414人、运动类驾驶员26人。目前,我国通用航空飞行员主要依靠航空俱乐部、飞行员培训学校等培训机构培养,年供给能力不足50人,退伍军人和航空院校培养的飞行员基本上流向运输航空,通用航空飞行员已经出现严重供需失衡现象,促使我国航空驾驶员执照培训行业快速发展,以适应通用航空飞行员严重缺乏的状况。

从整体上看,由于近年来通用航空业发展热情高,经营性企业增长速度快,近年来成立的大部分是注册资本2 000万的小规模企业,在企业人员配备上,一岗多能的情况常见,相当一部分企业不具备专职的空管和航务人员,部分企业无自有机务人员。截至2019年年底,我国已颁发民用无人机驾驶员合格证22 645个,相比2018年的20 166个增加了12.3%,主要分布在各民用无人机生产研发和专业运营企业、使用无人机替代部分有人机作业的通用航空运营企业、相关应用政府和事业单位以及大专院校等。

(2) 民航驾驶员分布

我国民航驾驶员主要分布在运输航空公司(包括121运输航空公司和135运输航空公司)、141部飞行学校(包括教员和学员)、91部通用航空公司、体育运动类航空器驾驶员、政府事务机构、航空爱好者和其他人员,其中政府事务机构包括交通运输部救助飞行队、中国民航校验中心等,航空爱好者主要指持有私用驾驶员执照的人员。

(3) 直升机驾驶员数量及年龄分布

直升机在通用航空中占有较为重要的地位，在我国从事直升机运营的航空公司越来越多，直升机驾驶员也越来越受到重视。截至2011年，我国拥有直升机商用驾驶执照人数为315人，年龄主要分布在20~68岁。

我国直升机驾驶员年龄分布最集中的年龄段为24~31岁，各省、市、自治区该年龄段直升机商用驾驶员人数均在10人以上，该年龄段直升机商用驾驶员人数为119人，约占我国直升机商用驾驶员总人数的37.8%。随着我国通用航空的发展，我国直升机驾驶员已经显现紧缺状态，急需培养新的直升机驾驶员来补充。

5. 运营企业

(1) 通用航空运营企业数量

近年来，我国通用航空运营企业数量增长趋势明显，截至2011年年底，获得通用航空经营许可证的通用航空企业123家，较2010年增加了12家，较2001年增加了87家，同时已批准开展正在筹建的企业达96家，通用航空企业数量增加速度前所未有。可见，随着我国通用航空发展环境转好，市场需求日益增加，投入通用航空产业发展的参与者也日益增多。截至2011年，我国通用航空运营企业地区分布为华北地区33家，中南地区23家，华东地区22家，东北地区15家，西南地区13家，西北地区11家，新疆地区6家，华北、中南、华东地区相对较为集中。近年来我国的通用航空企业数量的增长态势与机队增长基本保持一致。截至2020年8月，我国现有实际运营中的通用航空企业443家，受到新冠肺炎疫情的影响，相比2019年年底增长了仅17家。2018年为历年中增速最快的一年，相比上一年增加了100家，增幅达37%。但在随后的2019年和2020年，增速明显放缓，侧面反映出现有市场需求接近饱和，市场竞争加剧，制约通用航空业发展的关键问题仍然存在。

图3.5所示为我国通用航空企业数量变化趋势与增长率。

(2) 主要通用航空运营企业注册情况

自2008年起，颁发（换发）经营许可的企业增多了，2008—2010年期间颁发（换发）经营许可的企业占到全部注册企业的71%。截至2017年6月30日，获得民航局经营许可证的通用航空企业有345家，说明我国通用航空企业近年来对我国通用航空发展的信心和期待，也说明我国通用航空市场需求强烈。

(3) 通用航空企业作业量及分布

2011年，在《从统计看民航》所统计的94家通用航空企业中，作业时间总量前十位企业的作业时间之和约占全行业通用航空作业时间总量的81%。作业时间总量前十位的企业分别是：中国民航飞行学院、蔚蓝航校、中信海洋直升机股份有限公司、海南航空学校有限责任公司、中国飞龙通用航空有限公司、北京首都航空有限公司、北大荒通用航空公司、青岛九天、中国民用航空飞行校验中心、天津杰普逊国际飞行学院有限公司，其作业量分别为：246 311飞行小时、71 593飞行小时、21 047飞行小时、13 101飞行小时、12 626飞行小时、12 505飞行小时、8 957飞行小时、8 864飞行小时、6 905飞行小时、6 502飞行小时。其中中信海洋直升机股份有限公司和中国民用航空飞行校验中心主营工业航空作业，北大荒通用航空公司和中国

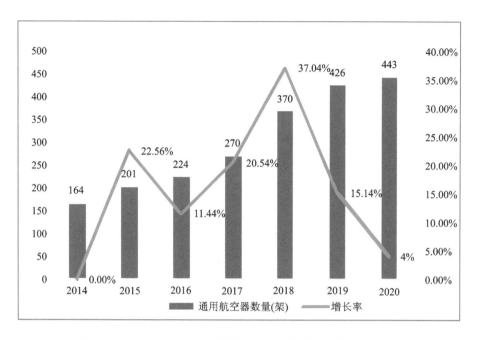

图 3.5　2014—2020 年中国通用航空企业数量变化趋势与增长率

飞龙通用航空公司农林业航空占比较大,蔚蓝航校和青岛九天执照培训比例较高,中国民航飞行学院、海南航空学校有限责任公司、北京首都航空有限公司、天津杰普逊国际飞行学院有限公司主要经营除农林业及执照培训外的其他通用航空领域的作业。

从作业领域来看,工业航空作业总量排名前十位的企业是中信海洋直升机股份有限公司、中国民用航空飞行校验中心、东方通用航空有限责任公司、荆州同诚通用航空有限公司、珠海中航通用航空有限公司、中国飞龙通用航空有限公司、常州江南通用航空有限公司、中飞通用航空有限责任公司、鄂尔多斯市通用航空有限责任公司、广州穗联直升机通用航空有限公司,其工业航空作业量分别为 6 113 飞行小时、5 188 飞行小时、4 040 飞行小时、3 117 飞行小时、1 627 飞行小时、1 620 飞行小时、1 390 飞行小时、1 275 飞行小时、1157 飞行小时、1056 飞行小时。工业航空作业总量排名前十位的企业工业航空作业量之和约占全行业工业航空作业总量的 71.6%。农林业航空作业总量排名前十位的是北大荒通用航空公司、沈阳通用航空有限公司、中国飞龙通用航空有限公司、新疆通用航空有限责任公司、东北通用航空有限公司、齐齐哈尔鹤翔通用航空有限责任公司、荆州同诚通用航空有限公司、鄂尔多斯市通用航空有限责任公司、青岛直升机公司、大庆通用航空,其农业航空作业量分别是 6 322 飞行小时、4 703 飞行小时、3 275 飞行小时、2 953 飞行小时、2 712 飞行小时、1 576 飞行小时、1 534 飞行小时、1 289 飞行小时、1 112 飞行小时、998 飞行小时。农林业航空作业总量排名前十位的企业农林业航空作业量之和约占全行业农林业航空作业总量的 79.8%。

6. 飞行学校及执照培训

这里仅对经民航局批准的按照《民用航空器驾驶员学校合格审定规则》(CCAR－141 部)提供飞行训练的机构,包括私照、商照和仪表等级课程和面向 121 部大型运输航空公司整体训练课程等。目前,我国境内的 CCAR-141 部飞行学校一共有 8 家,分别为中国民用航空飞行学院、青岛九天斯巴腾国际飞行学院有限公司、湖北蔚蓝国际航空学校有限公司、天津杰普逊国际飞行学院有限公司、海南航空学校有限责任公司、中国飞龙通用航空有限公司、新疆天翔航空学院有限公司、陕西凤凰国际飞行学院有限公司。其中,中国民用航空飞行学院有广汉、绵阳、新津和洛阳四个分院。另外,目前还有 26 家境外航校持有现行有效的 CCAR-141 部境外飞行学校认可证书,主要分布在美国、法国、加拿大和澳大利亚。

近年来,我国民航教学用飞行时间快速上升。2011 年,我国民航教学飞行达到 372 200 飞行小时,较 2010 年增长了 74.5%,是 2000 年民航教学飞行的 4.9 倍。截至 2019 年 12 月 31 日,我国共有 39 家 CCAR-141 训练学校,除飞行学院外,我国按照 CCAR-141 部训练的航校 38 家,共有飞行教员 707 人,其中华北 119 人、华东 106 人、中南 186 人、西南 90 人、东北 115 人、西北 41 人、新疆 50 人。另外,飞行学院教员 425 人。

这是我国加速培养航空专业人才的需要,也是适应我国通用航空快速发展的需要。随着通用航空发展势头强劲,对通用航空专业人才需求迫切,我国各航空院校普遍加强或增设了通用航空专业的课程学习。2009 年 5 月 26 日,我国第一家专为通用航空培养综合人才的院校中国民航大学通用航空学院在天津正式成立,开展了包括高职、本科、研究生的多层次人才培养,积极为我国通用航空事业的发展储备人才。

3.2.2　我国公务航空的发展现状

目前,我国内地在运营的公务机制造商共有 7 家,分别为:湾流、庞巴迪、达索、德事隆、巴航工业、波音、空客。

根据亚翔航空发布的《2018 年亚太地区公务机机队报告》:统计截至 2018 年中国内地和香港、澳门的公务机保有量,发现他们的制造商基本上都是来自庞巴迪、德事隆、湾流、达索、巴航工业、波音、空客。其中:湾流公务机占比为 39.79%、庞巴迪公务机占比为 30.10%、达索公务机占比为 9.48%、德事隆公务机占比为 9.07%;巴航工业公务机占比为 4.74%;波音和空客公务机占比分别为 3.92% 和 2.89%,具体如图 3.6 所示。

就飞机注册地而言,中国内地超过四分之三的公务机在中国内地注册。约 14% 的公务机在美国注册(N),约 5% 在开曼群岛注册(VP-C)。中国内地最大的公务机运营商是金鹿公务航空,其次是亚联公务机和华龙航空。2018 年,华龙航空是中国内地增长最快的航空公司,而金鹿公务航空在 2017—2018 年机队有所缩减。图 3.7 所示为 2018 年中国公务机运营商机队数量排行。

尽管新冠肺炎疫情对航空出行需求的抑制使民航运输业受到了较大的冲击,但高净值人群对公务飞行的需求却呈现了逆势上扬的态势。这一点从公务航空市场的新飞机订单中可见一斑。2020 年第一季度全球喷气式公务机的订单数较去年同期增长近 3 倍,达到了 171 架,其中湾流 G500/550/650 和庞巴迪"挑战者"系列等传统热门机型更是销售火爆。

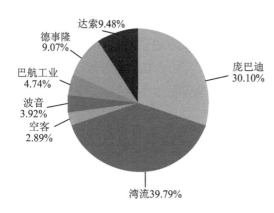
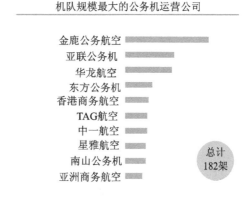

图 3.6　2018 年中国公务机行业市场格局　　图 3.7　2018 年中国公务机运营商机队数量排行

3.2.3　通用航空发展的经济效应

"十三五"时期我国通用航空处于发展战略机遇期,机遇大于挑战,动力大于阻力。必须尊重通用航空发展的规律和国情,夯实发展根基,着力在优化结构、补齐短板、增强动力上取得突破,努力开拓通用航空发展新局面。

通用航空作为民用航空的一部分,与国民经济有密切的联系。它以一种特殊的运输和生产方式,在国民经济中占有重要的地位。改革开放 40 多年来,中国经济迅猛发展,商业航空规模已达全球前列,但通用航空还处于起步阶段,我国通用航空业与美国等通用航空业发达国家的差距较大,而且我国通用航空主要应用在工业、农业等领域,私人以及公务机市场刚刚起步。

航空不仅仅是一个行业,更是一个产业,航空产业不仅仅是简单的交通运输,还是一种经济产业,甚至是一个地区的生命线和产业支柱。国外许多地区发展通用航空,通用航空成为打破地方经济发展瓶颈的新兴产业,如美国的拉斯维加斯、加拿大魁北克省等地区。而且其本身就是一个产业群体,带动着贸易、旅游、农业、工业、环境等产业的发展。

从国际看,世界经济面临的短期金融风险将逐步缓解,处于稳固复苏阶段,预计增速将回升至 $3.5\%\sim4\%$,全球贸易量增长将保持在 $5\%\sim6\%$。新兴国家通用航空将维持较快增长态势,低端通用航空制造领域的颓势短期难以突破,有利于我国活塞类、涡桨类通用航空器的国际产能收购,促进我国通用航空服务多样化发展和服务输出,加快拓展发展空间。

从国内看,国务院办公厅《关于促进通用航空业发展的指导意见》标志着通用航空业成为国家战略性新兴产业。我国提出"建成布局合理、便利快捷、制造先进、完全规范、应用广泛、军民兼顾的通用航空体系"。而"一带一路"倡议、长江经济带、京津冀协同发展等有利于加快我国通用航空充分利用两种资源和两个市场的进程,夯实我国通用航空发展的基础,拓展内外需求,催生系列新兴业态,提升通用航空的发展规模和水平。

1. 通用航空促进构筑合理的产业结构

合理的区域产业结构离不开合理的区域产业组织。一般而言,在某一个区域内,除少数大型企业外,绝大多数企业为中小型企业。中小型企业在区域经济中,就业人数一般占 70% 左右,产值占 50% 左右,是区域经济稳定发展的基础。在工业的产业组织结构问题上,通用航空制造业需要实行跨省、跨地区,甚至面向全国的企业重组、兼并,组建大型企业集团,提高集中度,提升竞争力。而通用航空服务业则需要通过加快零部件专业化协作网络的建设,围绕大企业的生产和经营活动,形成一批协作小企业。通用航空业的产业组织结构的发展也将影响其他第二产业的组织结构的演变,从而构筑现代工业体系和合理的产业组织结构。

另外,中国农业除黑龙江、新疆等少数大农场外,基本上都是以一家一户为一个生产单位。生产单位小,缺乏统一组织管理者,制约了通用航空农业作业的发展。而农业作业是通用航空的重要业务,在美国农业几乎都以农场为生产单位,农场规模一般较大,种植统一,适合飞机作业,很多农场都拥有自己的飞机。因此,通用航空业的发展必将促进农村生产单位的变化,从而对缩小城乡收入差距和提高农民收入起到一定的积极作用。

2. 通用航空推动其他行业发展

美国 Merge Global 公司在《通用航空产业对美国经济的贡献》一书中将通用航空业对经济的推动作用分为三部分:第一,直接需求:表现为新飞机的生产销售和通用航空企业的管理和维护费用。据统计,从直接贡献的角度来看,2005 年美国通用航空业总产出为 398 亿美元,占 GDP 比重为 0.18%,其中每 40 美元的产出有 17 美元为新飞机销售收入,23 美元则是管理和维护费用。第二,间接需求:表现为对制造飞机零部件的原材料、燃油的生产和运输等各种间接需求。间接创造的需求极大地推动了商务服务业和电子通信设备业的发展,分别为599 400 和 475 600 万美元,以 12% 和 9.5% 的比重在各行业中居于前两位。第三,诱发的需求:主要表现为通用航空业所支付的员工工资所引致的各种消费,包括餐饮、住房、教育和通信等。诱发的需求给商务服务业、教育和房地产业带来了极大的推动力,分别为 6 867、6 444、5 476 亿美元,以 11.3%、10.6% 和 9% 的比重在各行业中居于前三位。

虽然目前我国的通用航空与美国等通用航空发达国家相比还有一定的差距,但是可以预计,我国通用航空服务业的发展对商务服务业、房地产业、电子通信设备业的促进作用是非常强大的,而这些行业正是我国在产业结构优化升级过程中涌现的新兴主导产业,其发展必将对我国产业结构的优化升级起到积极作用。另外,通用航空产业的发展还将促进商务服务、房地产、批发零售和金融服务等第三产业的发展,而第三产业的发展正是经济发展和产业结构优化升级过程中的必要阶段,无疑能为我国产业结构优化升级带来较大的动力。

3.3 我国通用航空企业概况

2016 年颁布的《通用航空经营许可管理规定》取消了原有的筹建认可环节,降低了企业自有航空器条件,取消了购置航空器自有资金额度的要求,降低了企业设立时对基地机场的要求,放宽了通用航空业的准入门槛,促进了航空服务业的发展。我国通用航空运营规模近年来保持了较快的发展速度,尤其是飞行总量、机队规模、运营企业数量等增速明显,为"十三五""十四五"以及我国中长期通用航空进一步加快发展奠定了较好的基础。

3.3.1 获得经营许可的通用航空企业的现状

根据中国民航总局(CAAC)公布的《2020 年通用和小型运输运行概况》,截至 2020 年 12

月31日,我国有456家实际在运行的通用及小型运输航空公司。通用航空现有的运行种类包括一般商业、农林喷洒、旋翼机外载荷、训练飞行、空中游览、私用大型、航空器代管业务等。除一般商业运行外,从事空中游览的比重最大,其次是训练飞行和农林喷洒。而小型运输航空又分为小型航空器、大型飞机和运输类直升机运行,各运行种类比重相关统计如图3.8所示。

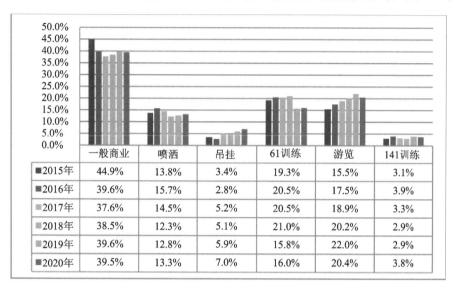

图3.8 通用航空公司各运行种类占比年度对比图

3.3.2 我国通用航空企业的分类

按照各企业发展所围绕的核心业务,我国从事通用航空服务业的企业主要可以分为以下四种类型:

1) 经营通用航空企业各项业务的企业(从事公务航空、执照培训,自有维修能力、运营机场,且具有通用航空产业规划的企业)。

2) 以公务飞行、包租飞行和出租飞行业务为主的公务航空企业。

3) 以私用或商用飞行执照培训业务为主的通用航空企业。

4) 其他通用航空企业。

3.3.3 经营通用航空各项业务的企业

本节主选介绍了从事公务航空、执照培训,自有维修能力、运营机场,且具有通用航空产业规划的通用航空企业。

1. 精功通用航空股份有限公司

精功通用航空股份有限公司(以下简称"精功通航")由精功集团有限公司与浙江精功控股有限公司共同投资组建,注册资本1亿元。

精功通航作为精工集团发展管理通用航空产业的平台,将以浙江为发展中心,辐射全国,其业务将覆盖飞行培训、公务机飞行、飞机销售、机场管理、飞机维修等五大板块。精功通航拥有多家甲类通用航空公司,并且已在全国建立了五大运行基地。其主营业务包括通用航空作业、私照培训、公务飞行、通勤飞行、公务机托管、飞机销售、飞机维修、通用航空机场管理等,拥有 30 多架飞机规模的专业机队,有多年成功安全运营经验。目前,精功通航正在浙江绍兴滨海新城投资建设国内一流的通用航空机场,致力于打造国内规范化的通用航空示范基地。

精功通航旗下拥有精功(北京)通航、陕西精功通航两家甲类通用航空公司及精功公务机、精功机场管理公司、精功飞机维修公司等航空企业,并参股上海雏鹰科技公司、上海西科斯基飞机公司、北京八达岭机场管理公司等航空制造与航空服务的优秀企业。

精功通航各企业的构架关系如图 3.9 所示。

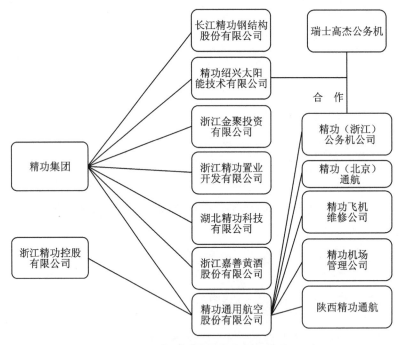

图 3.9 精功通航构架关系示意图

(1) 精功(北京)通用航空公司

精功(北京)通用航空公司是中国民航局认证的甲类通用航空公司,总部运行基地为北京八达岭机场。主要经营业务包括通用航空作业、飞行俱乐部、飞机采购咨询与代理以及机场活动。在机队规模方面,公司拥有 10 多架飞机规模的专业机队,涵盖加拿大钻石公司 DA20 教练机、美国西锐 SR-20/22、澳大利亚吉普斯兰 GA8、豪客比奇空中国王 C90GTx、美国塞斯纳 208B 大篷车、运五 B 等机型。

(2) 陕西精功通用航空公司

陕西精功通用航空公司是中国民航局认证的甲类通用航空公司,总部运行基地为陕西省渭南市蒲城机场,主要经营业务除通用航空业务外还包括私用驾驶员执照培训、空中游览、航空器销售、飞机托管、高端飞行俱乐部和通用航空 FBO 建设、管理等。此外,公司还在航空测绘、物探、FBO 设计、FBO 建设、机库建设、航空油料等方面积极开展业务。在机队规模方面,公司运营美国西锐 SR-20 飞机 2 架、SR-22 飞机 1 架、中国运-5 飞机 2 架、澳大利亚吉普斯兰 GA8 飞机 1 架。在人员配备方面,陕西精功通用航空公司拥有一支经过严格训练考核、技术过硬、经验丰富的飞行驾驶、机务维护、飞行签派、飞行管制和经营管理队伍。

(3) 精功(浙江)公务机公司

精功(浙江)公务机公司是精功通航与瑞士高杰公司合作成立的公务机公司,以杭州萧山国际机场为主运营基地,主要经营业务涵盖公务飞行、租赁包机、飞行托管、飞机销售租赁等领域的业务。其FBO正在建设中,未来将主要开拓以浙江为中心的长江三角洲市场,业务范围将涵盖公务飞行、航空器代管业务、出租飞行、飞机销售、代理签派,以及飞机设计、配备等咨询服务。

(4) 西安精功飞机维修有限公司

西安精功飞机维修有限公司是由陕西通用航空有限公司和精功通航共同投资组建的甲类通用航空飞机专业维修公司,拥有陕西蒲城内府机场、北京八达岭机场、河北黄骅机场、榆林波罗机场等运营基地。

作为专业航空维修服务企业,精功飞机维修公司提供飞机复装、飞机维修咨询、飞机维修理论培训及实际操作、飞机维修作业等全产业链服务;公司共有20名机务人员,其中持有机务管理执照的管理人员3名、持机务维修执照的人员6名;公司管理层均有10年以上通用航空飞机维修经历,持机务维修执照,机务管理执照。

另外,目前精功通航在绍兴滨海新城的通用航空机场建设项目已获得空军批复,机场首期占地约1 500亩,将建设一条800米的跑道,可供30座以下的小型飞机起降。

2. 南山公务机有限公司/南山国际飞行学院/青岛航空(筹)

南山集团各企业构架关系如图3.10所示。

南山公务机有限公司、山东南山国际飞行有限公司隶属于南山集团,青岛航空由南山集团持有55%的股份。中国企业500强前列的南山集团,斥资36亿元,打造集航空制造、机场建设、公务机运营、航空器维护保养、航空人才培养于一体的航空产业板块。

(1) 南山公务机有限公司

南山公务机有限公司于2010年11月开始筹建,2011年8月取得了经营许可证。南山公务机有限公司是南山集团的全资子公司,以北京、上海、深圳为运营基地,以烟台莱山国际机场为主运营基地。主要经营业务项目有公务飞行、包机、飞机托管、地面代理等。南山公务机有限公司在开展公务机运营的基础上,还将进一步开展公务机FBO、MRO等拓展业务。在机队规模上,目前该公司总共运营9架飞机:2架钻石公司的DA40D、2架湾流公司的G550、2架湾流公司的G450、1架达索公司的Falcon 7X、1架庞巴迪公司的CL605和1架庞巴迪公司的Global XRS。

在运营资质方面,南山公务机已取得CCAR-135部、CCAR-91部和CCAR-145部运行合格证书,并成为NBAA(国际公务机协会)会员。2012年6月南山公务机有限公司获得了公务机运行国际标准审核(IS-BAO)以及ARGUS铂金级认证,成为国内第二家获得此认证的公务机运营商。

(2) 南山国际飞行学院

山东南山国际飞行学院有限公司是南山公务机有限公司与烟台南山学院共同出资设立的股份制有限公司,是整合南山集团航空资源和教育基础的强强联合,公司主运营基地在山东龙

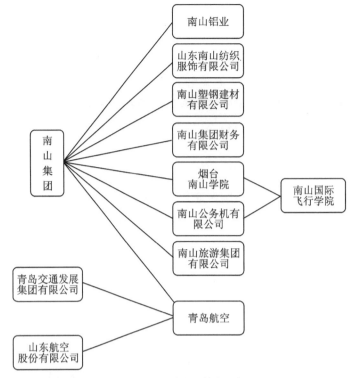

图 3.10　南山集团各企业构架关系示意图

口(其自有的龙口机场在建设中),主要经营业务就是开展私用和商用飞行执照培训。在训练设施设备方面,选用了国际最通用的飞行训练机型 Cessna172S 开展飞行训练(Cessna172S 系列飞机以其操纵系统的先进、飞行训练环境的安全舒适成为国内外各飞行训练机构的首选。此类训练机装备全新的 G1000 飞行仪表,与航空公司大型机所装备的仪表比较接近,便于学员毕业后改飞运输机)。

在借鉴国际先进的飞行训练模式和理念基础上,结合中国民航的实际要求和当前民航发展的具体现状,编写了经民航总局批准的各类训练课程。针对国内航空公司的具体需要和中国学员的实际情况,学院开设了私用驾驶员执照、飞机仪表等级、商用驾驶员执照、飞行教员执照和航线运输驾驶员执照理论等培训课程。学院的运行完全按照 CCAR-141、CCAR-91 和 CCAR-61 等各项规章要求进行。

(3) 青岛航空

青岛航空,即青岛航空股份有限公司,成立于 2013 年 6 月,是由全国 500 强企业南山集团有限公司、青岛交通发展集团有限公司、山东航空股份有限公司共同投资组建的从事航空运输相关产业经营的公司,注册资金 10 亿元。其中,南山集团有限公司现金出资人民币 5.5 亿元,占注册资本的 55%;青岛交通发展集团有限公司现金出资人民币 2.5 亿元,占注册资本的 25%;山东航空股份有限公司以飞机作价出资人民币 2 亿元,占注册资本的 20%。

青岛航空总部设在青岛,以青岛流亭机场为主运营基地,主要运营业务项目包括航空运输、飞机维修、航空培训、酒店旅游、商务旅游包机、国内外航空公司代理业务、广告业务等。目前该企业正在发展建设当中。

3. 中航通用飞机有限责任公司

中航通用飞机有限责任公司于 2009 年 7 月 2 日共同投资设立,是中国航空工业集团旗下按照国务院批复组建的大型国有企业集团,由中航工业、广东粤财投资公司、广东恒健投资公司和珠海格力航空投资公司投资设立,中航工业通飞控股中航重机、贵航股份、中航三鑫、中航电测四家国内 A 股上市公司,注册资本 100 亿元,现有资产 544 亿元。

中航通用飞机有限责任公司实施领先发展战略,在产品开发中按照"生产一代、研制一代、预研一代、搜索一代"的研制模式,重点加快研制具有市场竞争力的通用飞机,努力形成以喷气式公务飞机、水陆两栖飞机、单发涡桨飞机和各类活塞多用途飞机等产品系列发展格局。

目前,中航通用飞机有限责任公司拥有两款超轻型喷气式公务机:Starlight100 和 Starlight200(天骄 100 和天骄 200);两款超轻型涡桨公务飞机:Primus100 和 Primus150(领航 100 和领航 150);已批量投产的飞机有:西锐 SR20/SR22 系列飞机、A2C 飞机、运 5B、小鹰 500 和海鸥 300、浮空器等产品;新研发飞机:运 15 - 2000 和蛟龙 600 等。正在研制蛟龙 600 大型水陆两栖森林灭火/综合救援飞机、领航 150 单发轻型涡桨公务机、海鸥 300 轻型水陆两栖飞机、Y15 - 2000 多用途飞机。此外,与美国赛斯纳公司将合作生产奖状 XLS+公务机和赛斯纳 208B 多用途飞机。

2010 年 7 月,中航工业通飞一举收购了美国著名的实验类飞机制造商 EPIC 公司 4 个型号轻型公务机的全部知识产权,其中两款是超轻型喷气公务机,两款为超轻型涡桨公务机,并已在珠海基地投入研制。

2011 年 6 月,中航工业通飞并购美国西锐公司,拥有了国际领先的通用飞机产业链。西锐公司是仅次于美国赛斯纳飞机公司的全球第二大通用飞机制造企业,也是活塞类通用飞机全球最大的制造企业,拥有覆盖全球的产品营销网络和服务体系,产品销售到 58 个国家,已累计向用户交付了 5 000 多架飞机。并购西锐公司无疑是中航工业通飞全球化战略布局的一个重要举措。

中航工业通飞实施全产业链、全价值链发展,进行全球拓展,在国内统领珠海、贵州、石家庄、荆门、深圳五大产业基地,形成研发制造、通用航空运营、客户支持和服务保障的全产业链发展模式,包括零部件生产、总装交付、飞行员培训、航空俱乐部、通用航空作业、商业航空、FBO、维修、租赁等多种业务,塑造全新的产业形态。

中航工业通飞目前有以下下属单位:

1) 中航通用飞机公司珠海公司。
2) 中航通用飞机设计研究院。
3) 珠海中航通用航空有限公司。
4) 中航工业石家庄飞机工业制造有限责任公司。
5) 中国特种飞行器研究所。
6) 贵航汽车零部件股份有限公司。
7) 中航三鑫股份有限公司。
8) 贵州平水机械有限责任公司。
9) 中国航空工业标准件有限公司。
10) 中航工业贵州西南工具(集团)有限公司。
11) 都匀贵航东方机床有限公司。

12) 西锐飞机设计制造公司。
13) 珠海中航飞行学校。

中航通用飞机有限责任公司各企业的构架关系如图 3.11 所示。

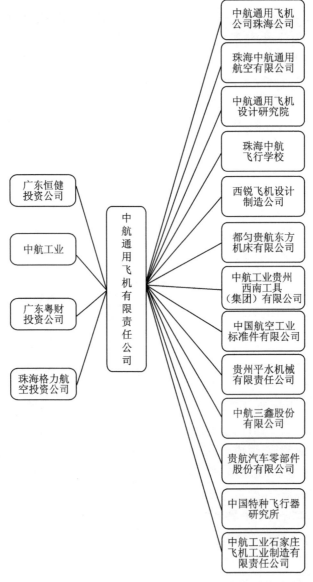

图 3.11　中航通用飞机有限责任公司各企业构架关系示意图

4. 北京华彬天星通用航空有限公司

北京华彬天星通用航空有限公司(简称:华彬天星通航)是一家致力于通用航空产业运营管理的国际化企业。华彬天星通用航空依托华彬集团和天星集团的高端服务平台和优质的服务资源,结合密云机场专业的 FBO 服务,为国内外客户提供飞行培训、代客购机、航空器托管、商务包机、空中旅游、航空拍摄、私人机库等全方位的高品质通用航空服务。同时,华彬天星通航还是美国贝尔直升机中国授权代理商,并与贝尔直升机厂家合作在旗下密云机场打造中国首家 4S 店模式的直升机业务旗舰店,集直升机娱乐、展示、销售、维修、维护于一体的综合运营,为客户提供多元化的服务。华彬天星通航不仅拥有丰富从业经验的地面服务团队,并通过倾力培养和人才引进的方式,建立起一支飞行经验丰富的飞行团队和训练有素的机务团队。

目前,华彬天星通航已顺利取得通用航空公司运营资质,旗下机队拥有数十架航空器,型号包括 Bell206B3、Bell407GX、Bell429、Robinson R44、Cessna172、Cessna182、Cessna208 水上飞机等,同时还拥有一支专业的通用航空服务管理团队。

自成立以来,华彬天星通航以会员制的私人飞机服务平台的模式,开展了私人飞行执照培训、直升机和通用飞机维修、航空器代管、商务包机、空中旅游、航空拍摄和飞机贸易等业务。并依托华彬集团雄厚的资金支持和资源平台,不断快速发展。仅 2012 年,华彬天星通航就通过与美国贝尔直升机公司合作,在密云机场打造了中国首家 4S 店模式的"直升机业务旗舰店",集直升机展示、销售、维修、维护为一体的综合运营服务。

北京华彬天星通用航空有限公司的组织机构如图 3.12 所示。

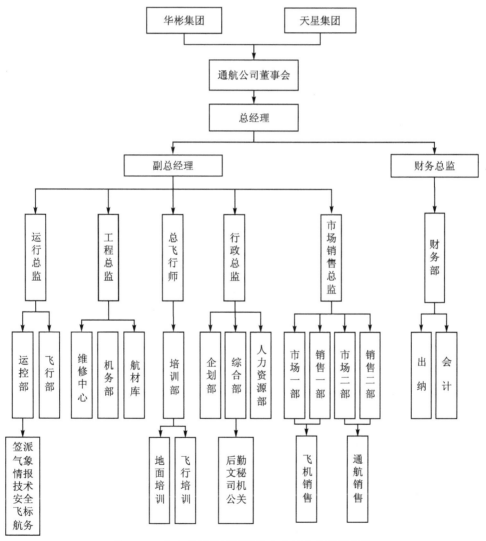

图 3.12 北京华彬天星通用航空有限公司组织机构

3.3.4 以公务飞行、包租飞行和出租飞行业务为主的公务机企业

以公务飞行、包租飞行和出租飞行业务为主的公务机企业的主要运营内容是使用公务机为企业或者个人提供商务旅行等航空服务,同时也为企业和个人提供公务机托管运等服务,企业发展速度较快,是当前我国公务航空领域最活跃的企业。

值得注意的是,当前,我国公务机行业正处于起步阶段与成熟阶段的过渡区,有少数运营时间较长的、相对成熟的企业,也有很多刚刚起步的、希望占用一席之地的企业。因此,在这个时期,对以公务飞行、包租飞行和出租飞行业务为主的公务机企业而言,资金的筹备、软硬件设施和人员的配备、筹办许可、运行许可等报批程序的审核和获取等准备工作需要较长的时间和较大的投入。同时,在运营的前期,除了要满足民航总局的诸多条件以外,在公司公务飞行理念的普及、业务的开发和拓展、广告宣传和潜在顾客群体的开发上也需要相当长的时间。此外,在运营过程中,在各机场(特别是非母港机场)进行飞行活动时,航线的申请、飞机的过夜及机库的使用、飞行员的培训、维修检修人员的配备都会给企业带来很大困难。这对从事公务机业务的非航空企业是一系列巨大的考验。

因此,作为当前从事或者即将从事公务机行业的企业,应当在面临上述若干问题时,相对于同行业的企业占有部分优势,以形成企业的核心竞争力,保障企业的核心业务顺利地实施。

就上述情况而言,按照国内现有的此类企业的具体情况,可以将其分为以下几个类型。

(1) 大型商业(公共)航空公司的公务机子公司

① 金鹿公务航空有限公司(上海金鹿公务航空/首都航空);

② 北京航空有限公司(中国国际航空公司公务机公司);

③ 东方公务航空服务有限公司;

④ 南方航空公司公务机务公司

(2) 具有航空背景的企业和融资公司合资成立的公务机公司

① 亚联公务机有限公司;

② 东海公务机有限公司;

③ 中信通用航空有限责任公司。

(3) 依托地区性大型商业集团或投资企业的公务机公司

① 中一太客商务航空有限公司;

② 汉华公务机航空有限公司;

③ 四川纵横航空有限公司。

下面将具体分析各类型公务机公司的具体情况。

1. 大型商业(公共)航空公司的公务机子公司

(1) 金鹿公务航空有限公司(上海金鹿公务航空/首都航空)

① 金鹿公务航空有限公司:

金鹿公务机航空有限公司的股东为海航旅业集团下属的首都航空公司和扬子江快运航空

公司。金鹿公务航空于1998年10月经中国国家工商局核准设立,1999年8月通过民航总局审查取得了独立的通用甲类航空企业的经营许可证,是亚太地区最大的专业公务机公司。注册资本3亿元人民币。运营基地在首都机场。主要经营范围包括公务包机、急救包机、公务机托管等,是中国首家开展公务机包机、托管、FBO业务的公务机公司,是亚太地区机队规模较大、飞机型号较全、机龄较新的公务机公司;是第一家运营大型豪华公务机(A319)和Gulfstream550的公务机公司;也是中国第一家获得公务机运营国际标准审核(IS-BAO)以及ARGUS白金级评定的公司。

金鹿公务航空是中国公务机和私人飞机服务行业的缔造者,占据中国公务机市场90%以上的市场份额;金鹿公务航空还是亚洲最具竞争实力的公务机运营商,客户范围包括国内外政要、著名的演艺界人士、国内外知名企业等。

自成立以来,金鹿公务航空累计执行飞行超过2万架次,飞行总时间超过4万小时,保持良好的安全记录,每年运送2万余名贵宾,通达全球近600个民(军)用机场。在运行时间、年飞行小时、飞行地域范围、客户数量等方面均在亚洲遥遥领先。

机队规模方面,截至2013年4月26日,机队组成:60架(3架空客A319、2架B737-700/BBJ、4架Hawker800XP、2架Hawker850XP、3架Hawker900XP、2架Hawker4000、4架Gulfstream Ⅳ、3架Gulfstream Ⅴ、7架Gulfstream 200、3架Gulfstream 450、17架Gulfstream 550、1架Falcon 7X、2架CL605、1架Global XRS、1架Global 5000、1架Falcon 2000LX),这里面包括其托管的飞机23架以及上海金鹿的11架飞机。

在运营资质方面:CCAR-91部航空器代管人运行资质,CCAR-135小型航空器商业运输运营人运行资质和CCAR-145维修许可资质。

② 上海金鹿公务航空有限公司:

上海金鹿公务是海航集团下属的成员企业,股东为海航旅业集团下属的金鹿航空公司和扬子江快运航空公司,注册资本近10亿元人民币。运营基地在上海浦东机场。

机队规模方面,上海金鹿公务机航空运营2架Hawker800XP型豪华公务机、3架Gulfstream200、2架Gulfstream450、3架Gulfstream550、1架Falcon2000LX,这其中包括其托管的4架飞机。

运营资质:CCAR-91部航空器代管人运行资质、CCAR-135小型航空器商业运输运营人运行资质和CCAR-145维修许可资质。

③ 首都航空有限公司:

北京首都航空有限公司成立于1998年11月16日,2010年4月2日更名为北京首都航空有限公司,2010年5月2日正式挂牌开航。公司简称首都航空,是经中国民用航空局及北京市工商行政管理局批准成立的,由海航集团与首旅集团共同出资组建。运营基地为北京首都国际机场。公司前身为金鹿航空有限公司。

机队规模方面首都航空现有空客系列飞机共38架,其中,A319飞机24架,A320飞机14架。所有飞机平均机龄不超过3年,可靠性能卓越,是国内最年轻的机队和最大的空客运营机群之一。

自2010年成立以来,首都航空的航线网络不断拓展延伸,先后开通了130余条航线,建立了品质化的航线网络,构建了以北京、西安、广州、海口、三亚、杭州、呼和浩特为中心辐射全国

一、二线商务及旅游城市的区域式航线网络结构,并在2012年增设头等舱服务。

(2) 北京航空有限公司(中国国际航空公司公务机公司)

北京航空有限公司即国航公务机公司,成立于2003年11月,是按照中国航空集团公司(简称"中航集团")与北京市政府达成的航空合作战略规划,由国航联合北京控股集团公司、北京市国有资产管理经营有限公司和中达银瑞投资有限公司共同出资10亿元组建的。北京航空是中国唯一的载旗航空公司——中国国际航空股份有限公司的直属分公司。运营基地在北京首都国际机场。主要运营项目包括国内国际公务专、包机飞行、航空器代管、航空公司间业务代理等。

机队规模方面,北京航空目前共运营11架飞机,4架Gulfstream450,2架Falcon7X,1架BBJ,1架A319-115CJ,1架A318-112CJ,2架Global Express XRS,1架挑战者605。

运营资质:CCAR-91部航空器代管人运行资质。

(3) 东方公务航空服务有限公司(东方航空公司的全资子公司)

东方公务航空服务有限公司成立于2009年,是东方航空公司的全资子公司,自筹资金5 000万元人民币,并整合了原上海航空的资源,从2011年3月开展公务机托管业务。总部位于上海,运营基地在上海虹桥国际机场。运营业务以托管为核心业务,包机为重要业务,地面代理为基础业务。

机队规模方面,目前,东方公务航空旗下运行有13架公务机,自有5架次,其中1架Hawker800XP,1架Cessma680,1架GulfstreamG550,1架A318-112CJ,1架Legacy650,托管8架,包括3架GulfstreamG550、1架C300、1架Global XPS、1架Gulfstream200、2架Legacy650。

运营资质:CCAR-91部航空器代管人运行资质、CCAR-135小型航空器商业运输运营人运行资质和CCAR-145部维修单位资质。

(4) 南方航空公司公务机分公司

主要以直升机业务为主,托管公务机数量较少,且主要为公务直升机,在此不赘述。

上述的几家航空公司可以依托其母公司或是股东即四大航的强大资源,凭借其经验优势,一直保持着良好的安全飞行记录,在运行时间、年飞行小时、飞行地域范围、客户数量等方面遥遥领先于其他航空企业。

2. 具有航空背景的企业和融资公司合资成立的公务机公司

(1) 亚联公务机有限公司

亚联公务机有限公司(Asia United Business Aviation Limited)于2007年4月由深圳航空有限责任公司、香港亚洲公务航空有限公司、北京国民信托投资有限公司共同投资设立,注册资本人民币1亿元整,运营基地在深圳宝安国际机场,2007年8月底首航。

亚联公务机有限公司股东之一的深圳航空有限责任公司,简称"深航",成立于1992年11月,是由广东广控(集团)公司、中国国际航空公司等五家公司共同投资的航空公司,1993年9月17日正式开航;是一家位于广东深圳的航空公司;由中国国际航空公司控股;现在是国内第五大航空集团。

亚联公务机有限公司是亚洲的主要航空公司之一,该公司专责为专业人士及企业客户提供全面的公务机服务以及为飞机拥有者提供专业的公务机管理服务。该公司在香港、深圳和北京均有办公室。

国民信托有限公司成立于1987年1月,并于2004年1月经中国银行业监督管理委员会批准迁址北京并获重新登记。2008年7月7日,经中国银行业监督管理委员会北京银监局核准,国民信托有限公司注册资本由5.5亿元增至10亿元人民币。

亚联公务机有限公司是首家内地与香港合资经营的公务机公司,其业务涉及公务飞行、航空器代管、航空器出租、公务机地面服务等。亚联公务机有限公司可按照CCAR－91部为公务机拥有者提供代管服务,亦可按照CCAR－135部规章经营公务机管理和包机销售等业务。亚联成为中国民航首家同时拥有两部运行规范的公务机公司。亚联公务机有限公司以飞机代管业务为主。

目前亚联公务机公司有21架飞机:1架Cessna525,5架GulfstreamG450,1架Falcon 7X,1架Falcon 900LX,2架GulfstreamG550,1架GulfstreamG200,1架Learjet 60XR,2架Hawker 4000,2架CRJ200ER,2架CL605,2架A318－112CJ,1架A319－133CJ。还有托管5架:2架GulfstreamG450,1架Falcon 7X,1架CRJ200ER,1架CL605。

运营资质:CCAR－91部航空器代管人运行资质和CCAR－135部小型航空器商业运输运营人运行资质。

(2) 东海公务机有限公司

东海公务机有限公司由深圳市东港投资发展有限公司、香港东海联合(集团)有限公司和香港永港企业有限公司共同投资成立。注册资本约2.5亿元人民币。公司于2009年下半年开始筹划建立,2010年6月获得民航局项目投资许可和筹建许可。主运营基地在深圳宝安国际机场。

公司的前身为"深圳捷晖货运航空有限公司"。成立于2002年11月,是经国家商务部、民航总局批准成立的国内首家民营中外合资货运航空公司。出于地方政府的支持以及当时FedEx公司计划将基地设在珠海,因此公司在珠海注册成立。后经深圳市政府及深圳国际空港物流园开发办的邀请,并考虑到深圳在华南地区与港澳台地区经济发展与物流业的中心枢纽地位,公司于2004年6月迁址至深圳宝安国际机场,名称变更为"东海航空有限公司"。东海公务机有限公司于2006年1月19日正式开始商业运营,当时拥有四架波音737－300E货机,主要经营的国际国内的定期和非定期航线有12条。

东海公务机主要经营范围为公务机飞行、公务机代管业务、公务机包机飞行及相关业务。除了向高端客户提供包机服务外,还向大企业以及高端客户提供公务机买卖咨询、公务机托管服务以及公务机维修工程服务。作为以地产起家的东海集团,考虑在销售旗下地产项目时捆绑公务机业务。例如对达到100万元人民币额度的客户,赠送1个小时的公务机体验等。主要运营和管理以挑战者605型公务机和挑战者300型公务机为主的机队。

机队规模方面:目前该公司共营运7架飞机,包括5架C300和2架CL605。

运营资质:CCAR－91部航空器代管人运行资质。

(3) 中信通用航空有限责任公司

中信通用航空有限责任公司(简称中信通航)是经民航总局批准,于2003年11月由中信海洋直升机股份有限公司与香港迅泽航空器材有限公司共同出资组建的,前者持有93.97%的股权,后者持有6.03%的股权。公司注册资本8 292.55万元人民币,运营基地在北京首都国际机场。

中信海洋直升机股份有限公司(简称"中信海直")是在原中国海洋直升机专业公司基础上改制设立的,是全国性甲类通用航空企业。公司于2000年7月发行股票并在深圳证券交易交所挂牌上市(股票简称"中信海直",代码"000099"),为我国通用航空业第一家上市公司。

中信通用航空主要经营直升机代管、海洋巡查、海上搜救、电力作业、港口引航、空中摄影、公务飞行、飞艇广告、航空护林、警务航空、临时包机以及公务机包机飞行等项业务。机队组成是Falcon7X、Falcon2000、Falcon900DX。

运营资质:CCAR-91部航空器代管人运行资质和CCAR-135小型航空器商业运输运营人运行资质。

3. 依托地区性大型商业集团或投资企业的公务机公司

(1) 中一太客商务航空有限公司

中一太客成立于2009年,总部设在沈阳,隶属于中国中一集团,是经国家民航总局正式批准成立的国内首家民营公务机航空公司。运营基地在沈阳桃仙国际机场。

机队规模方面,目前公司共有飞机10架:1架Global XPS,1架Global Express,1架Gulfstream的G200,1架CL605,3架CRJ200ER,2架CL604,一架托管飞机:本山集团的一架CRJ200ER。

运营资质:CCAR-91部航空器代管人运行资质和CCAR-135小型航空器商业运输运营人运行资质。

(2) 汉华公务机航空有限公司

汉华公务机航空有限公司(简称汉华航空)是由联合创业集团有限公司与大连良运集团有限责任公司共同发起组建的公务机航空企业,注册资本7 000万元人民币。公司于2011年3月17日成立筹备组,4月正式获准筹建(4月18日国家工商总局下发《企业名称预先标准通知书》,4月28日民航东北管理局下发了《筹建认可通知书》),5月9日汉华航空召开筹备新闻发布会,并与中国融资租赁有限公司签署了总金额10亿元人民币的《战略合作伙伴协议》,8月22日获得了大连市工商局颁发的营业执照。公司飞机标志、三字代码、飞机注册号等均已获得国家民航局批复,飞行、机务、地面管理等运营手册和内部整章建制已编写完成,基本满足了飞行适航要求。

2012年5月23日,大连市国资委下发了《关于同意向汉华公务机航空有限公司增资的批复》(大国资改革[2012]52号),同意国创投资以增资的方式认购汉华航空新增的1 200万元注册资本。增资完成后,国创投资将持有汉华航空35.9%的股权,成为汉华航空第一大股东。2012年6月汉华航空正式投入商业运营,运营基地在大连周水子国际机场。

目前,公司从加拿大引进的2架全新庞巴迪挑战者系列300型飞机分别于2012年5月4日、6月2日抵达大连。

运营资质:正在申请CCAR-135部小型航空器商业运输运营人运行资质和CCAR-145部维修许可资质。

大连作为东北经济振兴的龙头,随着地区经济的强劲增长,经济总量的增加,公务机需求必定大幅增长。汉华公务机航空有限公司的成立可以应对东北地区高端航空服务业的需求,甚至进一步完善大连作为东北亚国际航运中心的功能定位,推动大连乃至东北地区航空业的发展。

(3) 四川纵横航空有限公司

四川纵横航空有限公司(简称"纵横航空")于2011年5月在四川省成都市注册成立,是西南地区首家甲类通用航空公司。目前正按照民航法规CCAR-135部要求推进各项筹建工作。公司将以公务航空运营为主业,集公务机出租、代管、维修、销售、地面服务以及航空博览为一体。纵横航空在2012年上海亚洲公务航空会议及展览会(ABACE2012)上,与美国湾流宇航公司成功签署购机协议,订购湾流豪华公务机G450和G550各一架,两架飞机已于2013年第一季度交付使用。公司运营基地在成都双流国际机场。

运营资质:正在申请CCAR-135。

四川纵横航空有限公司是西南地区首家甲类通用航空公司。目前,西南地区批准筹建以及获得经营许可的通用航空企业共有13家。现在,西南管理局正在认真贯彻落实民航局《关于加强公务航空管理和保障工作的若干意见》,这有利于四川纵横航空公司乃至西南地区公务航空持续、安全、健康发展。

4. 其他国内较知名的公务机企业

(1) 深圳金石通用航空有限公司

深圳金石通用航空有限公司(简称"金石通航")于2010年9月15日正式成立。经过近两年时间的筹备,公司成立了自己的机队,并配备了飞机、机务、航务及行政管理人员。同时按照民航局的要求进行了手册编写、适航检查和验证飞行。该公司是经民航局批准组建的甲类通用航空企业。公司注册资本2 000万元人民币,总部位于广东省深圳市,运营基地在珠海机场。金石航空现有航空器2架,员工18人,其中飞行和机务工程等专业人员9人。公司成员主要来自国内著名通用航空企业,核心成员在通用航空领域的平均工作经验超过20年。

2012年6月13日,金石通航正式接受中国民用航空中南地区管理局颁发的运行合格证。这标志着深圳市首家民营通用航空有限公司将正式投入运营。

运营资质:CCAR-91部航空器代管人运行资质。

(2) 北京大白熊商务航空有限公司

北京大白熊商务航空有限公司于2011年开始筹建,属甲类通用航空运输企业,公司于2012年9月27号通过民航华北地区管理局运行合格审定,获得局方颁发的运营合格证,注册资本2亿元人民币。公司以北京首都国际机场作为主运营基地,同时在上海、广州、深圳建立运营基地及相关配套服务设施。在主要经营业务上,公司以托管服务为主、客包为辅,同时提供购机咨询、地面服务、飞机养护等服务,在各方的鼎力支持下发展迅猛。

在机队规模方面,公司现运营 Global 5000 和 GulfstreamG450 两架大型豪华公务机,并创造条件开展公务机托管业务。

运营资质:CCAR-135部小型航空器商业运输运营人运行资质。

3.3.5 以私用或商用飞行执照培训业务为主的通用航空企业

由于开展公务飞行业务起点较高、投入较大、筹备时间长,对于一些希望从事公务机行业的企业来说难度较大。因此,国内一些企业根据实际情况,调整自身的规划,把经营私用或商用飞行执照培训业务作为进入通用航空领域的第一步,进而逐步实施企业的公务机业务计划以及通用航空企业的远期规划。

此类企业中较为典型的有以下几家:

(1) 中国民航大学朝阳飞行学院(天津杰普逊国际飞行学院有限公司)

中国民航大学朝阳飞行学院/天津杰普逊国际飞行学院有限公司是经中国民航主管当局批准的、由中国民航大学成立的、以民航飞行驾驶技术培训为主营业务的专业培训机构,注册资本为6 000万元人民币。

学院依托中国民航大学在民航特色人才培养上的综合优势,引入美国杰普逊公司飞行人员培训大纲和课程,在全球范围内聘任优秀的飞行教员和地面理论教员,采用科学的企业化运营和管理模式,开展满足中国民航及世界其他国家标准要求的民航驾驶员执照培训。

学院的主基地设在辽宁省朝阳市,占地520亩,毗邻朝阳机场。学院建有国际一流的飞行培训中心,拥有国际先进的教练机和飞行模拟设备,可同时满足200名飞行学员的培训需求。

(2) 湖北蔚蓝国际航空学校有限公司

湖北蔚蓝国际航空学校有限公司是经中国民用航空中南地区管理局批准,成立于2007年;从事通用航空"私用或商用飞行驾驶执照培训"项目的专业机构;注册资本为6 000万元人民币。

该航校总部设在中国智力密集区、科技密集区——武汉·中国光谷。航校计划总投资5.7亿元人民币,主要用于理论基地设施建设、飞行基地建设、飞机及其设备购置、飞行专业人才引进等。

该航校除立足于商用飞行驾照培训业务外,还将积极开发国内私用飞行驾照培训业务。该航校专门设立人才引进基金和教员培训基金,用于飞行教员、机务和空管专业技术人员的引进和改装培训。

该航校依据中国民用航空局相关规定,参照国内外先进的飞行训练学校的教学训练大纲和教材编写训练课程,并为学员提供类似于航空公司日常运行体系的教学管理环境,使学员能够提前熟悉和适应航空公司的工作环境和节奏。

(3) 陕西凤凰国际飞行学院

陕西凤凰国际飞行学院成立于2010年3月,是一所专业的飞行员培训机构,于2011年8月通过运行资格审定,学院的运行基地位于宁夏固原六盘山机场,现具备为国内外航空企业及个人提供飞行执照培训的能力。2011年12月21日,陕西凤凰国际飞行学院获得CCAR-141部(《民用航空器驾驶员学校合格审定规则》)。

学院目前选用的是飞机制造商奥地利钻石飞机公司生产的DA40和DA42型飞机,学院为学员提供自己编制的教材和教学设施及住宿设施,使职业飞行学员能够掌握过硬的飞行技能、顺利取得飞行驾驶执照,并可以快速适应现代大型飞机的操作环境;同时可以为私人飞机驾驶员和飞行爱好者提供高质量的飞行体验和执照培训,使他们掌握全面的航空知识,获得飞行乐趣和专业的驾驶技术。

(4) 西安航空基地金胜通用航空有限公司

西安航空基地金胜通用航空有限公司于2010年9月在中国国家航空基地西安阎良注册成立。公司属于甲类通用航空公司,注册资本为5 000万元人民币。公司下设的金胜飞行学院是经民航局审定的CCAR-91部飞行学院,是经民航局待审的CCAR-141部飞行学院,将来可以按经民航局批准的大纲承训私用驾驶员执照、商用驾驶员执照(单发/双发)、仪表等级、高性能训练、飞行教员执照(单发/双发)、国外执照转照训练、军转民补差训练等。同时也包括以上所有执照的地面理论的培训。

学院目前拥有飞行教员6名、飞行员10名、机务维修人员15名,已招收飞行学员30名。首批购买6架DA40飞机,2架DA42飞机,已于2011年3月陆续飞抵西安基地。学院办公区域达1 600平方米,拥有先进的电教室、会议室,还有餐厅和学生公寓。

学院目前已确定四个飞行培训基地:榆林、安康、宝鸡、蒲城,同时已在美国、中国台湾、深圳、山东、昆明、福建、辽宁、河南、江苏设有办事处。

(5) 安徽蓝天国际飞行学院

安徽蓝天飞院是由安徽省知名企业"文达集团"独资筹建的,是经中国民航华东地区管理局批准,从事私用和商用飞行驾驶执照培训的CCAR-141部飞行学校,总部位于中国人才、科技密集区——安徽合肥,飞行训练基地设在安徽阜阳。注册资本为1亿元人民币。

安徽蓝天飞院教学设施完善,生活设施完备。训练机型包括DA40型、DA20-C1型单发飞机和DA42型多发飞机等近30架,并拥有一支由航空资深人士组成的富有经验的专业管理团队和由资深民航飞行教员组成的教学队伍。

(6) 南航艾维国际飞行学院

南航艾维国际飞行学院于2010年正式成立,是一家针对航空飞行员的国际化培训机构,这所学院由南京航空航天大学、中国航空技术国际控股有限公司和南非试飞学院国际集团共同投资组建,注册地为江苏省南京市。公司注册资本为2 000万元人民币,计划投资4亿元人民币。

该学院培训业务涵盖私用飞行员执照、商用飞行员执照、航线飞行员执照和直升机私照、商照培训以及其他相关业务,包括延伸建设航空医疗救护与紧急救援,飞机/直升机维修与发动机大修等业务。

(7) 河北致远通用航空有限公司

河北致远通用航空公司于2011年11月经华北民航局批准筹建,注册资本为5 000万元人民币;2012年5月在秦皇岛市工商局登记注册;2012年11月2日获得华北民航局颁发的通用航空"经营许可证";2013年1月15日获得华北民航局颁发的"商业航空运营人运行合格证"。

公司总部位于海滨城市秦皇岛,以邯郸机场、北戴河机场以及拟建的黄金海岸通用航空机场、青龙通用航空机场作为飞行基地。

目前,邯郸基地已经正式运行,已订购钻石公司的DA40教练机12架、DA42双发教练机

1架、奖状CJ1+双发喷气高性能教练机1架。

公司是河北省第一家民营投资并完全按照民航CCAR-141部标准筹建的甲类通用航空公司。公司具备私用驾驶执照、商用驾驶执照和仪表等级的培训资质。

(8) 呼伦贝尔天鹰通用航空有限责任公司

呼伦贝尔天鹰通用航空有限责任公司成立于2012年,是呼伦贝尔民营企业家与陈巴尔虎旗人民政府共同出资筹建的股份制公司,注册资本为1 000万元人民币。经民航局按照CCAR-91部规章审定批准运行,公司基地位于陈巴尔虎旗巴彦库仁镇。目前,拥有4架国内较先进的教练机——小鹰500型飞机,并拥有通用航空领域国内经验丰富的管理、飞行、维护队伍。

呼伦贝尔天鹰通用航空有限责任公司不仅拥有自己的飞行队伍,而且建设了自己的通用航空机场,集飞行和机场运行为一体,使得该公司的通用航空更加地灵活方便快捷。

3.3.6 国内飞机维修企业概况

目前,中国民航维修行业的航空器部件维修能力与国际先进水平比较尚有较大差距,一些重要系统的关键部附件的维修能力欠缺。在工程设计能力要求高、产品附加值较高的维修项目中,国内维修企业的市场占有率较低,我国国内维修单位仅具有29%的部附件维修能力,全行业承担的维修产值不足市场总产值的25%,中国民航70%以上的发动机需送国外维修厂家进行翻修工作,即使在国内完成的发动机翻修,其核心部件的深度维修仍需送到国外进行。此外,以维修方案、质量管理、技能培训、生产计划管理为标志的维修工程管理能力尚与国际水平存在较大差距。

随着航空维修行业竞争的不断加剧,大型航空维修企业间并购整合与资本运作日趋频繁,国内优秀的航空维修生产企业愈来愈重视对行业市场的研究,特别是对企业发展环境和客户需求趋势变化的深入研究。正因为如此,一大批国内优秀的航空维修品牌迅速崛起,逐渐成为航空维修行业中的翘楚。

1. 综合型飞机维修企业

(1) 厦门太古飞机维修工程有限公司

厦门太古飞机维修工程有限公司(TAECO)位于厦门高崎国际机场,是一家于1993年7月1日在厦门注册成立的中外合资企业。当前股东有香港飞机工程有限公司(49.55%)、厦门航空工业有限公司(10%)、波音民机集团(9.09%)、国泰航空公司(9.09%)、日本航空公司(9.09%)、北京凯兰航空技术有限公司(8.18%)。公司累计总投资额2.1亿美元。厦门太古目前已成为国内最大规模的飞机维修服务中心。

TAECO于1996年3月18日开始运作,现有三座标准双宽体机位机库,并拥有整套机坞系统及相关配套维修车间,可同时容纳6架宽体客机(波音747/767/777或A340/A330)及3架窄体客机(波音737/757)进场大修。持有CAAC、FAA、JAA的维修许可证,以及南非、新加坡、科威特、日本和中国香港等多个国家和地区的维修许可证。TAECO目前能进行波音737、747、757、767、MD11、A330、A340飞机的D检以及维护,能对波音747-200/300/400、MD11进行客机改货机工程以及飞机的发动机吊架改装、航空电子设备的升级和飞机的褪漆/

喷漆业务等。

TAECO的建设已进行到五期：

一期机库于1996年3月21日接纳第一架波音747飞机进场维修。二期机库于1999年4月21日正式开业。2003年3月24日，三期机库建成并投入运营，TAECO在维修能力的发展上以市场需求为导向采取分步发展策略，首先大力发展了波音747大型检修能力，并适时发展波音其他机型的维修能力，然后将维修业务向空客机型扩展；自2000年8月又开始客机改货机业务，截至2004年12月，TAECO已经安排国内外飞机进场大型维修460多架次，其中包括6架波音747-200/300飞机的客机改货机改装业务。TAECO还将完成全球首次波音747-400的客机改货机的改装，并且将广泛参与改装包的设计与制造。四期机库于2004年5月22日开工，已于2006年年初投入使用，2005年6月签约确定再投资7 000万美元进行五期机库建设。建成后将使TAECO飞机维修工程有限公司可以同时容纳10架宽体飞机、5架窄体飞机进厂维修，使厦门太古飞机维修工程有限公司成为世界上最大和维修能力最强的维修中心之一。

此外，TAECO与飞机设备原厂商建立合资企业发展飞机零部件大修能力，包括厦门豪富太古宇航有限公司、厦门霍尼韦尔太古宇航有限公司和GE发动机服务公司。

为进一步加强窄体机的维修能力，TAECO与山东航空于1999年发起成立山东太古飞机工程有限公司（山东太古）。

TAECO还在厦门、北京、上海建立了航线维修站，为港龙、马来西亚航空、菲律宾航空、加航等共十几家国外航空公司提供航线维修服务。TAECO的目标是在亚太地区成为同时提供基地维修、航线维修与飞机改装服务的最优秀的MRO之一。

(2) 北京飞机维修工程有限公司

北京飞机维修工程有限公司(AMECO)是中国国际航空公司与德国汉莎航空公司共同经营的合资企业，位于北京首都国际机场，占地面积64万平方米，AMECO从1989年8月1日开始经营，其主要目的是为中国国际航空公司所有欧美制造飞机包括发动机及附件提供维修及大修服务，提供地面设备的修理和制造，同时也为国内外其他用户提供此类服务。公司用于飞机修理的主要基础设施包括：一座亚洲最大的四机位机库、两座可容纳一架波音747的机库（其中之一为全封闭式喷漆机库）及配套发动机修理车间、试车台、附件修理车间等。

AMECO是中国民航合资最早、规模较大的民用飞机综合维修企业，是中国民航最早获得CAAC、FAA、JAA维修许可和ISO9002认证的维修企业。迄今为止，AMECO已为60多家航空公司提供各型波音飞机、发动机和附件的多种级别的维修服务，并创造了许多中国第一和亚洲第一的纪录：主要从事波音737、747飞机D检，767飞机吊架改装和4C检，747飞机41段改装和吊架改装，737飞机机身178站位改装，PW4000发动机大修等。AMECO下一步的发展计划是进一步拓展发动机大修能力和飞机客改货能力。

(3) 广州飞机维修工程有限公司

广州飞机维修工程有限公司(GAMECO)位于广州白云国际机场，是由中国南方航空股份有限公司(CSN)、香港和记黄埔（中国）有限公司(HWCL)及美国洛克希德·马丁国际航空服务公司(LMASI)三方投资，于1989年10月成立的合资公司。2002年底香港和记黄埔（中国）有限公司买下另一股东美国洛克希德·马丁的股份，GAMECO变为由中国南方航空股份有限公司和香港和记黄埔（中国）有限公司两方合资的合资公司。GAMECO持有中国民航总局

(CAAC)、美国联邦航空局(FAA)以及欧洲联合航空局(JAA)的维修许可证书,可对波音737、757、767、777、747 以及 A320、A321 飞机作各种等级的维修。GAMECO 还拥有国内最先进的飞机部件维修中心(CBC),提供广泛的飞机零部件维修服务。2002 年,GAMECO 开辟了中原市场,与中国南方航空公司河南分公司共同合作,在河南郑州建立一条 GAMECO 波音 737 的 C 检维修生产线,并于当年 10 月中旬开始运作。

GAMECO 目前的业务中 90% 为中国南方航空公司的维修任务,10% 为第三方维修工作。GAMECO 目前有两个机库,可同时容纳一架宽体和两架窄体飞机进行修理。为了迎合 21 世纪不断增长的航空维修业的需求,GAMECO 在已动工的新广州白云国际机场(NBIA)(离老白云机场 18 千米)建造一个国内最大跨度的四机位机库,可同时容纳 7 架飞机进行修理,即两架宽体飞机(如波音 777 或波音 747)和 5 架窄体飞机(如波音 757、波音 737、A320),其中有一个宽体机位将分隔出来作为喷漆机库。随着中国南方航空公司引进新的波音 737-800 和波音 747 货机,GAMECO 已为维修这两种新飞机做好准备。此工程已在 2003 年年底完工,并和新白云机场一道投入使用。

(4) 山东太古飞机工程有限公司

山东太古飞机工程有限公司(STAECO)位于济南遥墙国际机场,是由山东航空公司(65%)、TAECO(10%)、香港飞机工程有限公司(HAECO)(20%)、香港中凯航空工程顾问有限公司(5%)四方联合投资兴建的股份制企业,于 1999 年 3 月 27 日正式成立。

STAECO 公司现有两座维修机库,拥有近万平方米的维修区域,可同时容纳 5 架波音 737 系列飞机进行维修。可以进行波音 737、萨伯 340、CRJ-200/700、赛斯纳 208/208B 飞机的 C 或 D 检以及其他维护工作。三期机库预计 2006 年年初可以投入使用。

(5) 东方航空维修基地

作为国内三大骨干航空公司之一的中国东方航空公司没有像国航、南航一样建立飞机大修合资企业,而是设立了东方航空维修基地。基地目前拥有一个双机位机库和一个单机位机库,持有 CAAC 的维修许可证,可为空客系列、麦道系列和波音系列飞机等提供各种等级的维修。近年来,东方航空公司在 A340 飞机大修方面与国外飞机企业开展了有益的合作。随着东航空客飞机机队的扩展,该公司在空客系列飞机的大修方面有所成就。其在飞机部件修理方面也已走在前头。东方航空公司与罗克韦尔上海服务公司建立了合资企业从事中国航空电子设备的售后服务。

(6) 国航西南公司维修基地

国航西南公司维修基地是由原西南航空公司飞机维修厂和西南航空飞机维修公司重组而成的,该维修基地以集团内部业务为主要市场、国内其他航空公司业务为辅并拓展周边的国际市场。西南航的维修工作从过去的航线维修已发展到现在的波音单通道飞机大修。该基地从 2002 年年初开始进行飞机大修工作,目前完成了 3 架飞机的 D 检,在周期、质量等方面都达到了国际水平。西南航空公司在机务系统方面优势突出,并在积极地开拓维修市场,西南航参与的一些合资企业大大提高了综合维修能力,如四川斯奈克玛公司具有 CFM56 航空发动机的维修能力;附件修理方面的合资企业有成都翔宇三角公司;在合资公司中,富凯飞机工程公司是国内首家专业性的飞机改装公司。

2. 发动机维修企业

(1) 摩天宇航空发动机维修有限公司

摩天宇航空发动机维修有限公司是德国发动机制造巨头摩天宇航空发动机有限公司(MTU Aero Engines Gmbh)与中国南方航空股份有限公司合资组建的高科技企业,地处珠海保税区,占地总面积达 156 000 平方米,为国内迄今为止投资规模最大、维修等级最高的航空发动机维修基地。该发动机维修公司成立于 2001 年 4 月 6 日。2001 年 10 月 18 日,珠海摩天宇和普拉特·惠特尼公司签订了总额为 1 300 万美元的交钥匙工程合同,负责试车台的建设和设备的安装。该试车台不仅适用于目前市场上所有型号的航空发动机,并可满足未来 667 千牛推力级别的航空发动机的检测需求。2002 年 7 月有关机器设备已陆续进厂、安装、调试,年底正式投入运营,为中国和亚洲地区的航空公司提供 V2500 和 CFM56 发动机的大修服务,预期年维修能力为 150 台发动机,并随着业务的发展,未来可扩展至 300 台。

(2) 四川斯奈克玛航空发动机维修有限公司

四川斯奈克玛航空发动机维修有限公司位于成都双流国际机场,成立于 1999 年 7 月,是中国第一家致力于 CFM56 航空发动机维护和修理的中外合资企业。投资该公司的股东有法国斯奈克玛服务公司(51%)、中国西南航空公司(35%)、美国威利斯融资租赁公司(7%)和北京凯兰航空技术公司(7%)。在获得 CAAC 和 FAA 的 CFM56-3 发动机维修许可证后,该公司继续有条不紊地拓展发动机深度维修的能力。该公司投资 300 万美元建立的发动机零部件清洗及无损探伤生产线于 2002 年年底建成,可对分解后的发动机零部件进行清洗和探伤检查。此外,AMECO、GAMECO、东航维修基地、国航西南维修基地、南航北方维修基地等一些综合型维修企业都有一定的发动机维修能力,AMECO 重点放在 PW4000 上,而 GAMECO 则放在 GE90、V2500 上,这些企业都在逐步扩展深层次的发动机大修能力。

3. 部件维修企业

机体结构部件维修的重要性日益突出,更多的维修企业在扩展部件修理能力。近年来,国内各航空公司的规模与业务逐渐扩大,机体结构部件维修的重要性也日益突出。根据中国民航总局 2000 年的统计,中国航空维修市场总量为 24 亿元人民币,其中国外送修占到约 65%,达 15.6 亿元人民币。在 2001 年的 280 家国内维修企业中,多数只涉及部件修理。1995 年,国内飞机部件约 95% 以上是送至国外修理,到 2000 年,国内维修企业吸收了 30% 至 40% 的零部件修理业务。

(1) GAMECO

经过十几年的发展,GAMECO 的飞机附件维修能力已经成为中国乃至亚太地区飞机零附件测试、修理及翻修水平较强的飞机维修公司之一。目前,GAMECO 拥有 FAA、JAA 和 CAAC 的维修许可证,附件维修项目达 1 200 项。南航现有的波音、空客飞机 60% 的零部件都可在 GAMECO 完成修理。在 2002 年 10 月 28 日、GAMECO 成立 13 周年之际,宣布成立附件业务中心。附件维修中心在原车间维修能力的基础上,增加客户支援/销售、航材保障、市场及产品分析、技术和发展等职能而成立的一个利润中心。这是为顺应当前市场、客户、竞争对手的变化而作出的战略性调整。

（2）深圳汉莎技术公司

深圳汉莎技术公司是由德国汉莎航空技术股份有限公司(70%)、北京凯兰航空技术公司(20%)和深圳市投资管理公司(10%)共同投资组建的，面向整个中国和亚洲、从事飞机部件、复合材料修理及航空公司技术支援的中心。这是德国汉莎技术公司的第22家子公司。深圳汉莎技术有限公司于2002年5月23日获得中国民航总局批准的维修许可证，2003年10月3日获得JAA颁发的维修许可证，并相继获得EASA、JAA等颁发的维修许可证，并将业务推广到亚洲及世界范围。公司最初具备的是CFM56-3发动机反推装置的维修能力，之后逐步扩展至CF6-50及CFM56-5A/B/C的反推装置。长期的维修能力发展计划包括发动机短舱、进气道、反推装置、吊舱、飞行操纵舵面、舱门、雷达罩、起落架舱门、翼身整流罩等与机体结构相关的飞机部件修理。

（3）罗克韦尔柯林斯航空产品服务（上海）公司

罗克韦尔柯林斯航空产品服务（上海）公司最初成立于1997年10月。罗克韦尔柯林斯公司拥有企业65%的股份，东方航空拥有35%的股份。目前新公司位于浦东外高桥保税区，持有中国民航颁发的维修许可证与美国联邦航空局颁发的维修许可证，可以完成中国市场所有安装了罗克韦尔柯林斯公司电子设备的修理工作，包括波音737、757、767和747机载娱乐系统(IFE)等。该公司已于2000年得到了FAA的维修许可证。公司正进一步拓展维修能力，提供一站式服务，使客户在降低维修费用的同时获得优质的服务。2002年8月27日，罗克韦尔柯林斯公司与中国国际航空公司机务工程部在北京签订了为期3年的航空电子设备包修合同，该公司将为中国国际航空公司的机队包修所有罗克韦尔柯林斯的航空电子产品。此前，罗克韦尔柯林斯服务（上海）公司已经与海南航空公司、新疆航空公司和深圳航空公司签订了类似的包修合同。

（4）华欧航空支援中心电子维修站

2000年4月投入运营的华欧航空支援中心电子维修站由华欧航空支援中心和泰雷兹公司共同运营，空中客车公司负责日常工作，并和设备制造商及航空公司进行技术和商业联络，空客公司还将借助泰雷兹公司的技术经验，为客户提供安全、可靠的维修。该维修站已经得到FAA和JAA的维修许可证，配备了由法国宇航-马特拉公司生产的先进的自动测试系统ATEC6000系列计算机工作站，可以测试出各种电子系统模块的故障所在。A320系列以及A330/A340系列上的电子系统模块都可以在这台计算机工作站上进行测试和维修。

除了具有综合维护、维修能力的公司和维修厂以外，还有一些特定的专业维修单位。

4. 专业维修企业

1）上海东联航空机轮刹车大修工程有限公司：专门进行起落架/部件、各种机型飞机的机轮、刹车系统修理。

2）厦门天合太古宇航有限公司：进行发动机控制系统、飞行控制系统以及航空交流发电系统等的维修。

5. 民营航空维修企业

（1）航新航空工程集团

航新航空工程集团位于广州，是中国第一个引进外资入股的民营航空维修企业，2002年

5月,法国航空工业公司入股航新集团。股权变更后,形成一种新的中外合资维修企业管理形式。航新航空工程集团成立8年来,已经占据了国内航电维修市场15%的份额,用户遍布国内航空公司和军方。航新航空工程集团目前已获得CAAC和JAA的适航维修许可证,主要为航空公司及飞机用户提供航空部件维修、测试设备研制、机载电子设备加改装、OEM授权维修及国外送修等航空综合服务。

(2) 四川奥特附件维修有限责任公司

四川奥特附件维修有限责任公司位于成都,为大型民营高科技企业海特集团旗下主要成员之一,成立于1995年11月,2002年7月与新加坡盈申控股集团签订协议,引入外资参入股份;主要从事航空机载电子设备、机械附件及小型发动机的校验修理,电子信息及软件开发,电子设备(包括航空测试设备)的研制,持有FAA、CAAC的维修许可证,是中国第一家取得民用航空维修许可证的民营航空维修企业。海特集团的客户范围包括中国国际航空公司在内的中国民航直属企业及所有地方航空公司、航修企业、飞行院校、飞行模拟训练中心、空军、海军航空兵、陆军航空兵以及东南亚等国外航空机构。

6. 国内通用飞机生产制造企业概况

目前,国内的通用飞机生产企业不多,所产飞机基本上是小轻型飞机。下面就目前国内较为知名的通用航空飞机生产企业做一个汇总,如表3.2所列。

表3.2 国内部分通用航空飞机生产企业汇总表

企业名称	地 址	主要生产机型	规模大小	国外合作企业
安阳神鹰航空科技发展有限公司	河南省安阳市安阳高新技术产业开发区银杏大街创新大厦103室	LIBERTY XL-2	注册资本1209万元人民币,员工人数5~10人	美国自由航空有限公司
宁波东风飞机制造有限公司	浙江省宁波市象山县贤庠镇东风工业城内	东风1、东风2活塞发动机飞机	总投资:1亿多元人民币	美国CHANG XING ENTERPRISE (USA)INC.
西安凤凰飞机制造有限公司	西安国家航空产业基地	CH2000	总投资:6 000万美元	美国Maverick喷气公务机公司
珠海雁洲轻型飞机制造有限公司	广东省珠海市吉大情侣中路80号九洲机场机库内	MCR-4S,短距离起降轻型教练、农业两用机	注册资本3 000万元人民币	1DYNAERO公司 AEROTROPHY公司,法国航空运动俱乐部
湖南山河科技股份有限公司	湖南省株洲市芦淞区五里墩乡罗塘村村委旁	AroraSA60L(欧若拉),SUF30飞雁测绘遥感无人机系统,SVU-200"飞虎"无人直升机,飞鹰固定翼无人机系统,飞虎农林喷洒无人直升机	注册资本6 756.64万元人民币	
北京科源轻型飞机实业有限公司	北京市海淀区苏家坨镇阳台山路8号	蓝鹰AD200型多用途飞机系列		
珠海风之翼航空科技有限公司	广东省珠海市情侣中路80号九洲机场附楼203室	BAW-2U型轻型运动飞机	资产情况:100万元人民币(2006年)	

3.4 我国通用航空企业发展状况分析

经营通用航空企业各项业务的企业(即从事公务航空、执照培训,自有维修能力、运营机场,且具有通用航空产业规划的企业)的发展状况如下:

1. 从企业的内部环境来看

① 从投资规模来看,此类公务航空企业一般规模较大,需要其投资方具有雄厚的资金和投资的能力,如南山集团宣称,其航空板块的投入为36亿元。同时,由于在通用航空企业筹建过程中,需要完成相当多的政策和程序上的步骤,因此从筹建到获准运营花费的时间较长,若考虑到形成稳定的市场和客户群体(稳定客户群的形成本身也需要时间)的时间,那么对投资方而言,资金投入的回报周期可能会较长。

② 从此类企业的组织关系来看,以精功通用航空股份为例,其组织关系是以出资方(精功集团和浙江精功控股)共同出资成立一个通用航空股份公司,对下属的公务飞行企业、驾驶员培训企业、MRO和机场管理企业进行管理,全面负责通用航空企业的各项业务,而出资方并不直接领导这些从事通用航空企业具体业务的企业。作为特大型国企的中航通用飞机公司,也是按照出资方的资源整合,将一些企业专属划入中航通飞旗下进行管理,从而实现其公务航空产业链的资源整合。

③ 从业务内容的经营上看,此类企业的业务往往通过收购、参股的方式获得既有的航空企业的业务能力。由于公务航空相关业务的专业性高,多数企业在选择收购一些具有相关业务经验的企业来充实自己的公务航空产业链,形成通用航空企业应具备的业务能力。

a) 如精功通航,通过收购八达岭机场、陕西精功通航和陕西精功飞机维修公司,使其拥有了八达岭机场、内府机场等运营基地,并具有了驾驶执照培训能力、飞机维修能力等。

b) 就南山集团而言,在其刚刚购入公务机时,采取了就近选择山东航空对其公务机进行托管的方式,将其首先拥有的三家公务机交由山东航空运营,以度过企业起步的缓冲期。

c) 而对于中航通飞,通过其强大的实力和运作能力,收购了美国西锐公司、美国著名的实验类飞机制造商EPIC公司4个型号轻型公务机的全部知识产权等,使其具有了强大的通用飞机和公务机设计、制造能力,使其通用航空企业的建设有了跨越式的进步,在国内公务机、通用飞机制造方面遥遥领先。

2. 从企业的外部环境来看

① 区域经济的发展是通用航空企业发展的基本保障。

a) 以南山公务机为例,从此类企业的现状可以看到,南山集团所在的山东半岛,能够辐射环渤海经济圈,是我国北方经济较为发达的区域,而南山集团使用的机场,如烟台莱山机场、龙口机场、青岛流亭机场,同时又是我国面向日韩等东北亚地区的门户机场,因此在国际公务航空方面具有得天独厚的优势。

b) 对于精功通航而言,其公务机业务的运营机场位于杭州萧山国际机场,并建有FBO,加上其在浙江绍兴自建的通用航空机场,使其拥有了较好的区位优势。浙江省较好的经济发展水平和靠近长三角的地缘条件,保证了精功通航在业务量和潜在客户量上的优势。与此同时,浙江省及其附近的旅游需求,如九华山—黄山—千岛湖以及舟山群岛等景点交通不是很便利,也能够对旅游包机、空中游览等业务起到一定的拉动作用。此外,除了浙江省和长三角的机场外,精功集团在陕西、北京也拥有机场。北京作为首都,优势是显而易见的。陕西是航空工业强省、西北地区强省。在这两个地区拥有机场,也增加了公务航空产业布局的广度。

② 抓住政策契机,与区域经济发展相协调,与地方政府建立良好的关系也是此类企业发展的必要途径之一。

通用航空企业涉及的行业较广,投资量大,特别是在机场建设等方面,必须要与地方政府协调好关系。如果能够得到政府在区域经济发展规划上的支持,必定能够给企业的发展带来极大的好处。当前,我国经济发展面临转型,从中央到地方都开始对航空产业对经济的拉动作用有所认识、有所行动,促成了很多临空产业基地、临空产业城的诞生。在这个时期,如果能够成功地将企业的规划与地区经济规划、地区航空发展规划结合起来,在征地、税收以及一些公共资源的使用上能够得到很多便利。

对于精功通航而言,在很长的一段时间,由于没有良好的政策契机,其在浙江的发展状况一直不如在北京、陕西的好。但是,2011年12月,中国民航总局与浙江省政府签署了《关于加快推进浙江省民航发展的会谈纪要》(以下简称《会谈纪要》)。在《会谈纪要》中,浙江省被列为低空空域开放试点省。这给精功集团在浙江省的发展打了一针强心剂。此后不久,精功集团即决定在绍兴市滨海新城修建通用航空机场。而正是借着这个良好的契机,精功集团修建机场的项目从启动到拿到批文,仅用了三四个月的时间。这在通用航空机场的筹建过程中是很少见的。可见,政府的支持和政策的帮助对通用航空企业的顺利起步作用十分巨大。

从南山集团的例子可以看到,南山集团作为稳居中国企业500强的村企合一的大型民营股份制企业集团,与当地政府保持着密切的关系,其航空板块的规划得到了当地政府(山东省龙口市)极大的支持。在政府的支持下,南山集团的机场建设、南山国际飞行学院的建设都十分顺利,并且正在筹备青岛航空的开航。

3.4.1 以公务飞行、包租飞行和出租飞行业务为主的公务航空企业

1. 大型的商业(公共)航空公司的公务机子公司

大型的商业(公共)航空公司是国内最早涉足公务机市场的企业。就其发展情况而言,主要有以下几个方面:

① 大型的商业(公共)航空公司,如国航、东航、南航、海航等,对国内外航空业发展的了解和策略的研究有深层次的认识、丰富的经验和广阔的视野,能够有前瞻性地、及时地针对企业的外部情况(如国内外经济发展情况、行业发展情况)以及企业内部的情况进行调整,正确地指导其公务机子公司的运营。

② 此类公务航空企业作为大型的商业(公共)航空公司的子公司,能够便利地利用母公司的各种资源,使其公务航空产业链得到良好的整合。大型的商业(公共)航空公司在投资的承受能力、航空器的购买、融资和租赁等方面有较强的能力;同时在机场的使用、MRO能力、飞行员培训与调配、地面代理服务等运营方面有着丰富的资源和经验;在政府、企事业单位、国际名流政要以及商业高端客户群等客户资源方面有较多地潜在用户,能够给其下属的公务机子公司创造良好的条件。

③ 但是，就此类公务航空企业的实际运行情况而言，除了海航集团旗下的金鹿公务航空占据着国内较大的市场份额以外，东航旗下的东方公务机虽进步迅速，但市场占有率一般，而国航、南航的公务机子公司的发展一直停滞不前。究其原因，与国有企业的管理体系有着一定的关系。市场导向性差、缺乏业务调整的灵活性和创造力是此类企业的一个大问题。

2. 具有航空背景的企业和融资公司合资成立的公务航空企业

在 2008 年之后，公务机行业发展出现井喷的现象，很大一部分原因来自此类公司的成立。究其原因，大致有以下几个方面：

① 成立的初衷：由于公务航空的特殊性，民航总局对从业企业的要求比较严格。因此，那些想要投资公务航空领域相关业务的融资和信用租赁公司拥有投资的实力和资金，但是缺乏相关的航空业的从业能力；而对于一些从事商业航空、通用航空等相关业务的企业而言，他们有航空领域的从业经验，并且有很大一部分具有丙类、乙类甚至甲类的通用航空运营资格，并且有能力和意愿去从事公务航空的业务。所以，在公务航空领域出现了很多有航空背景的企业与融资公司合资成立的公务机公司。

② 对于此类公司而言，其公务航空产业链中的各个环节能够得到此类企业出资方中的通用航空企业的保障，诸如飞行员的调配与培养、飞机维修、地面代理业务、机场的使用等，保证了在较短的时间内能够完成公务飞行的基本业务，缩短了开展公务航空业务所需要的时间。例如，东海公务机依靠着其前身"深圳捷晖货运航空有限公司"的维修能力，成立了为数不多的、具有维修能力的公务航空企业之一，保证了其 FBO 建设的技术可行性。

③ 同时，此类公务航空出资企业中的融资公司具有丰富的资本运作经营和良好的市场敏感性，能够针对市场的情况及时对企业的财政情况、运营情况和市场情况进行分析和调整，保证了企业的资金流转、业务内容的灵活性、创新性和市场导向性。

3. 依托地区性大型商业集团或投资企业的公务航空企业

2008 年至今，有一批由地区性大型商业集团和投资企业投资成立的公务航空企业。此类企业作为目前公务航空企业的重要组成部分之一，对本节所希望描述的内容有着较大的参考意义。就其发展情况而言，主要有以下几点：

① 随着我国经济的发展，北京、上海、广州和深圳以外的其他地区对公务机的需求开始增长。但是，就总体情况而言，由于公务机数量较少、运营能力不足等原因，上述两类公务机企业无暇顾及这些地区，这给一些地方性的大型商业集团和投资企业进入公务机行业提供了生存和发展的空间。

② 此类企业大多以出资企业发展所在的地区为活动区域，并且在沈阳、大连、青岛、成都等及其所在的城市圈具有较大的影响力，并辐射到地区经济圈。这些企业依靠出资方强大的资金支持、在企业所在地的影响力以及公司内部的公务飞行需求，充分利用上述两类企业的业务空白，拓展自己的业务，逐渐积累了相当丰富的运营经验，也逐渐有了相对稳定的客户群体。

③ 值得注意的是，对于此类企业而言，其运营基地诸如沈阳、青岛、成都等地区性机场，其商务运输的航班并没有北上广深等干线国际机场多，使用率也不如北上广深等干线国际机场高，这给公务航空航线的审批和机场的使用带来了空间，给地区性的公务航空企业带来了机遇。

④ 目前，我国的公务机行业 90% 的业务集中在北京、上海、深圳和广州。同时，大型商业

(公共)航空公司的公务机子公司以及具有航空背景的企业和融资公司合资成立的公务航空企业的运营基地和业务已经在京津冀、长三角、珠三角的公务机行业中占据了主导地位,这也在很大程度上限制了此类企业在这些地方的发展。因此,此类企业发展到一定程度,需要向北上广深等一线城市拓展业务时,或者是当北上广深等一线城市的公务航空企业需要向此类企业所在地区拓展业务时,面临的冲突与竞争可能会对此类企业不利。

3.4.2 以私用或商用飞行执照培训业务为主的通用航空企业

从飞行学员培训的方式上来看,目前中国民航职业飞行员的培养模式主要有以下两种,一种是学历教育与飞行执照教育相结合的培养模式,另一种是执照教育的培养模式,具体如表3.3所列。

表3.3 培养方式一览表

培养方式	生　源	费用承担	学校期间的身份	文凭和证书
学历教育和职业教育结合	高中应届毕业生	航空公司	学生	"飞行技术专业",学士学位,各种飞行执照
	大学本科专业二、三年级在校生			
职业教育	大学本科毕业生	航空公司或个人	航空公司职员	各种飞行执照
	无学历限制	个人	社会待业人员	

1. 学历教育与飞行执照教育相结合的培养模式

开展学历教育与飞行执照教育相结合培养模式的飞行执照培训业务的,多为正规院校下属的飞行学院,如位于广汉的中国民用航空飞行学院、民航大学朝阳飞行学院、南山集团与南山学院共同成立的南山国际飞行学院等。

在此类飞行学院中,飞行技术专业是一个四年制大学本科专业,主要是培养具备空气动力学、飞行力学、飞行性能与操纵原理等方面知识,能在民用航空公司从事民航航线飞行驾驶,并且符合国际民航航线运输驾驶员执照标准和营运管理的高级飞行技术人才。该专业的课程体系既满足国家教育本科的要求,又满足民航法规对飞行员的执照要求,因此,学生毕业后除可以取得从事民航飞行员所必需的私人飞行员执照、商用飞行员执照、仪表等级证书、航线运输执照理论考试合格证以及国际民航英语四级证书外,还可以取得本科毕业证书和学士学位证书。因此,它被称为学历教育与飞行执照教育相结合的培养模式。

从培训费用来看,此类培养模式所培养的飞行员的绝大部分培训费由航空公司承担,学员个人只需承担他们完成本科教育所需要的学费、住宿费以及生活费用等。

但是,此类飞行学校培训的标准较高,主要是为各航空公司委托培养商业(公共)航空飞行员,如驾驶波音、空客等大型客机,而很少培养公务航空驾驶员。

同时,对希望从事此类培训业务的企业而言,这种培训方式门槛较高,既需要按照民航总局 CCAR-141 开展工作,还需要按照教育部对于民办院校的要求进行运作。目前,仅有少数几家此类培训学校,且多为企业与院校合作成立的。

2. 执照培养模式

执照培养模式是指单纯的飞行执照培训。学员完成培训安排后可以获得私人飞行员执照、商用飞行员执照、仪表等级证书、航线运输执照理论考试合格证以及国际民航英语四级证书等证书，具备民航从业条件。

从生源来看，此类模式的生源也分为两类，第一类是应届本科毕业生（不限专业），他们通过民航从业人员的身体检查和政治审查后，先和航空公司签订就业合同，然后以航空公司员工在职培训的方式进入航校学习，此类学员的培训费用绝大部分由航空公司承担。第二类无具体学历限制，凡是符合相应的年龄限制，通过民航从业人员的身体检查和政治审查的人均可参加选拔，合格者即可进入飞行学院学习，但是他们只有获得各类民航执照之后才能和航空公司签订就业合同，成为航空公司在职人员，在此之前他们的身份为社会待业人员，他们的培训费用完全由个人承担，如中国南方航空公司从2007年开始招收此类学生，目前第一届毕业生已经进入航空公司工作。这部分学生的飞行训练也是既有在国内进行也有在国外进行的。

这种业务是大多数开展飞行执照培训的企业主要开展的业务。这种业务不需要教育部方面的审核，只需按照民航总局的规定进行运营。

3.4.3 我国通用航空企业存在的问题

从上述的情况来看，我国通用航空企业的发展虽然十分迅速，但是仍然存在许多问题。造成这些问题的原因，既有来自企业自身的，也有来自外部大环境的。

1. 内部机制所存在的问题

（1）对消费理念的引导、品牌宣传和推广不够重视

目前，公务机在中国还是一个新事物，大多数人对它并不了解，在企业经营者的头脑中，它还是一个很昂贵的产品，认为使用公务机完全是一种没有必要的浪费。究其原因，主要是目前国内优势企业与国外企业相比，还是体现在劳动力成本、对国内市场的先天的垄断方面，而效率却位于两者之后。但是，随着我国市场的进一步放开，中国企业走向世界步伐的加快，中国企业与国际企业的竞争很快就会转变成效率的竞争。当效率成为企业生存的关键时，公务机作为提高企业效率的有效工具将不可避免地被企业广泛使用。一旦国内企业对公务机的潜在需求变成现实的有效需求时，这种需求就会转变成强大的社会力量，冲破各种阻碍，迎来公务航空高速发展的时代。

在加快转变企业经营者的观念的同时，引导公众对公务机观念的改变也很重要。一些国有企业和政府机构碍于公众对公务机"奢侈、浪费、铺张"的标签，不敢使用公务机，以避免不必要的麻烦，也妨碍了公务航空市场的开拓。加快引导公众改变对公务机的观念，让他们意识到公务机作为提高效率的有效工具的巨大作用，能够减少公务航空发展的阻力。

对普通消费者而言，自行驾驶飞机是一个遥不可及的梦想，国内航空俱乐部和航空培训学校少且费用高，使得国内的飞行员执照拥有者数量很少，缺乏通用航空发展的氛围。因此，对公务航空知识的普及，在空白的市场中引导对公务航空不了解的人群的消费理念，培养潜在的客户群体和公众的航空热情，推广品牌理念，有利于企业长远、可持续发展。

但是由于受到企业规模和经济实力的限制，大多数企业不愿意在公共媒体上宣传自己，而是局限于少数高端场所。也有些企业在尝试网络广告，收到了不错的效果。但是其广告的内容仅仅局限于公务飞行或包机等业务销售，并不重视理念引导和品牌推广。这一方面，可以借鉴汽车高端品牌的销售策略，充分利用品牌理念和影响力，与企业的销售战略和发展战略相结

合,拓展适合企业长远发展的市场和潜在客户群体。

所以,要想加快这一进程的发展,必须在转变观念上下功夫。利用各种宣传形式,改变企业的所有者和公众把公务机看成是"奢侈品"的观念,让他们认识到公务航空是提高企业效率的工具。一旦人们的观念发生了转变,市场需求将会出现突破性的增长。

(2) 对拓展业务范围、形成服务网络的认识不够

正如地区性的公务航空企业的蓬勃发展所昭示的一样,我国作为一个幅员辽阔的国家,地区性的经济发展带来的公务航空市场潜力巨大。因此,除了长三角、珠三角和环渤海经济圈以外,公务航空还有很大的空间。对于西部的机场而言,很多机场的航班交通流量还很低,十分有利于公务机使用。尤其是目前西北、西南等地区的很多机场不能起降大型班机,这些地区正是公务机的用武之地。新疆、内蒙古、黑龙江、西藏、云南、广西、贵州等地,地面交通受制于地形条件和距离,给公务航空带来了巨大的优势。西部大开发的实施将极大地带动和促进西部地区对航空服务的需求。进行大开发,必然要有大量人员和物资进出西部地区,因而交通运输必须先行。铁路、公路的延伸需要相当长的时间,短期内难以奏效。但是如果应用航空运输,只要有公务机和简易机场就可立竿见影,且投资少、见效快,建成后可长期使用受益。那些无法用普通航空运输满足的航空市场将有很大一部分直接转化为对公务机飞行服务的需求。机场设施在经济发达地区会成为公务机使用的瓶颈,而在经济发展相对滞后的地区不会对公务机的使用造成不利影响。

但是,受制于主运营基地和企业熟悉的环境的限制,很多公务航空企业不愿意去开拓新的航线和市场。当然,缺乏必要的飞行条件、足够的资金和业务能力也是其客观原因之一。

但是,从长远角度来看,形成公务航空的服务网络对通用航空企业较为有利。服务网络的形成,能够使企业在总体实力上提高一个层次,成为全国性的公务航空企业,给客户和公众较好的印象,以达到较强的规模效应。

2. 外部大环境所存在的问题

(1) 空域使用限制

我国现阶段空管体制的基本模式是以军航为管理主体的防御型管理体系。目前,我国大约80%的领空处于军方的直接管制下,我国公务机和民航定期航班共用空军剩余的20%的空域资源,而在一些航空发达国家,有更高比例的空域资源留作民用。由于放开的空域有限,我国通用航空事业发展仍然需要很长一段时间,而公务机的发展同样面临民用空域已经严重短缺的局面。

除了空域的空间限制外,我国空域使用的流程也十分复杂。协调空域的成本过高,费时过长。据一些通用航空企业反映,通用航空飞行任务实施前和实施过程中的协调工作量已占到了整个工作量的80%,占到了整个任务成本的30%~50%。空域管制缺乏灵活性,使公务机灵活方便的优点大打折扣。

(2) 基础设施不足

截至2019年6月30日,我国共有228个获得中国民航局颁证的通用航空机场。目前,我国通用航空机场数量和相关配套设施还无法完全满足公务航空快速发展的需要。美国约有5 000多个公共机场和14 000多个私人机场,除500个机场供运输航班使用外,其余大约1.8万个机场供通用航空飞机(含直升机)使用。发展中国家巴西也拥有1 000多个机场。

相比之下，我国的机场数量尤显不足。而且，公务机停靠机场的费用高昂。由于多数机场为大型飞机设置，因此起降费、维护保养、航油、航材等管理成本相对较高。不论是繁忙的北京、上海和广州等的大型机场，还是中西部的小型机场，收费均高于一般航线飞机机场。更有甚者，由于机场数量有限，部分公务机根本找不到就近可供停靠的机场。在国内一些繁忙的机场，还很难获取可供公务机临时起降的时刻。

同时，目前国内能提供 FBO 配套设施服务的机场有限。标准的 FBO 包括公务机候机楼、与候机楼连接的停机坪、机库及维修车间等组成部分，主要为公务机运行提供停机服务、飞机及乘客地面保障服务、加油服务、机组航务及签派服务、飞机航线维护及维修定检服务，等等。

目前，我国内地仅有北京、上海和深圳等机场能提供部分 FBO 服务，与航空发达国家有一定差距。FBO 的缺乏严重影响了公务机作为高效、便捷的商务载体性能的发挥。

（3）保障服务薄弱

我国目前几乎还没有一家单位可以提供针对各种不同公务机型的大修业务。飞抵我国的国外公务机，由于找不到有相应资质的 MRO，遇有问题时必须请维修工程师从国外过来或者在海外完成。类似的困难还有申请许可、备件、工装等问题。国内还普遍缺少针对公务航空的地面服务供应商。目前，国内几个主要公务机起降机场几乎没有一家可以提供全面的 FBO 服务，相关业务都是由航空公司和机场共同完成，而且还不包括维修服务。

（4）行业管理程序复杂

我国内地购买飞机、使用和运营飞机都需要民航局批准。比如要买一架公务机，首先要向民航局递交申请报告，而批复的时间最短也要两个月的时间，等到真正购买后，去民航局注册也有关卡，而且飞行员聘请也受到控制。

此外，我国的公务机运行标准也比美国、欧洲的相应标准严格得多，公务机在外站飞行时均须机务放行人员签字才能放行，这给公务机的运行带来了很多限制。由于公务航空的技术标准较高，导致公务航空在实际运作中碰到种种困难。

（5）专业人员短缺

公务航空对飞行员的素质要求比较高，往往要求有大型飞机飞行经验，需要有上万小时的飞行经历。目前，我们民航飞行员培养机制仍然是以 CCAR-141 整体课程训练为主。截至 2018 年年底，我国境内 CCAR-141 部培训机构培训的总人数为 4 297 人。另外，截至 2018 年年底，国内通过 CCAR-61 部审定的训练机构达到 108 家，但 2018 年从 CCAR-61 部训练机构获取私照或商照的总人数仅为 211 人。这一训练量是不太可能满足未来 15 年民航飞行员的需求的。

此外，对于公务机而言，机务人员、签派人员的短缺也是很明显的问题。国内目前针对这些专业人才的培养渠道十分有限，而成熟的航空专业人员的培养往往需要较长的周期。专业人员短缺瓶颈不破，公务机行业很难真正飞速发展。

（6）公务机购置成本过高

较高的进口关税制约了更多公务机的引进。如，目前购买一架结构重量低于 25 吨的公务机需支付 5% 的进口关税和 17% 的增值税，而购买大型商用飞机只需支付 1% 的进口关税和 5% 的增值税。较高的关税直接造成了采购成本的攀升，再加上融资成本的增加，都给运营环节带来了潜在的压力。

3.5 国内通用航空企业市场前景分析与预测

发展通用航空产业不仅可为我国带来巨大的经济效益,也可大大提升我国的综合国力。一方面,大力发展通用航空业可为国家培养出大量飞行、机务维修、机场等领域的人才;另一方面,通用航空业的发展带动的我国航空工业研发制造能力也为国防工业提供了一定的技术基础。通用航空产业经济带动性强,在完善交通运输网络、建立应急救援体系、提高国防动员能力等方面具有重要作用,对于调整经济结构、转变经济发展方式、构建现代交通运输体系、改善民生和升级消费具有非常重要的意义。

和世界主要发达国家相比,我国通用航空产业还存在差距:通用航空规模仍然较小,而且主要集中在培训飞行;国内通用飞机研发制造基础薄弱,产品及能力与国外先进水平存在差距;低空空域管理改革试点稳步推进,但"上天难"的瓶颈尚未破解;通用航空基础设施和保障体系欠缺,"落地难"问题亟待解决,通用航空大众参与度还有待提升。

3.5.1 我国通用航空企业市场前景分析

我国内地拥有超过 14 亿人口,是世界上人口最多的国家之一。随着我国经济增速放缓,我国正转向新兴产业作为经济增长的驱动力。在这些产业中,通用航空被定位为一种能够连接广大农村一些较偏远地区的产业,并被用于紧急服务和林业等领域。

通用航空娱乐消费需求旺盛。随着国民生活水平的提高,通用航空娱乐消费作为一种享受型消费,需求日益旺盛,人们学习私人飞行驾照的热情也日益高涨。通用航空发达国家的相关经验和数据显示,私人飞行是通用航空的重要组成部分。我国也已经出现向社会公众提供相关服务的活动,最具代表性的是空中游览、私人驾照培训和公务飞行等活动。

航空制造业得到空前发展。我国重工业的成长为通用航空制造业、维修业的发展奠定了基础,航空制造业也得到了空前的发展。鉴于大型飞机市场被少数发达国家垄断,我国航空制造业切入点大多选择通用航空器的制造。近年来,不仅航空工业等国有企业开始进入或者扩大通用航空飞机制造规模,而且不少民营企业诸如万丰航空、卓尔航空也纷纷进入通用航空飞机制造领域。通过国内通用航空业出台的一系列举措及学习国际先进的飞机研发和制造经验,国内的通用航空飞机制造商逐渐完善自身通用飞机的产品体系,不断提升小型通用飞机的研发、制造、取证及市场营销水平。相信不久的将来,我国通用航空飞机制造能力将逐步提升,在全球通用航空制造业中占比将不断增加。

通用航空培训业初具规模。随着私人驾照申请限制的放宽,许多培训私人航空驾照的机构应运而生,越来越多的人拿到私人驾照。截至 2019 年 12 月 31 日,我国共有 39 家 141 训练学校,除飞行学院外,我国按照 CCAR-141 训练的航校多达 38 家。

虽然目前的业务量有限,但在地域辽阔的中国,公务航空的发展有着极大的潜力。近年来,国内的经济发展势头令世界瞩目,涌现出一大批具有相当实力的民营企业与上市公司。随着"一带一路"倡议的推进以及国内经济的稳步增长,更多企业家和投资者在商务出行时会选择公务机。据统计,2019 年,国内公务机完成起降 2.7 万架次,伴随经济的持续快速发展,商务活动的迅猛增长将推动我国航空运输业的健康发展,同样也会推动公务航空进入我国航空运输的市场。种种迹象表明,国内对公务机的需求已开始进入快速轨道。

公务航空已经成为现代企业提高生产效率、企业竞争力和企业利润的一种有效途径,已开始为企业经营者所了解。公务机在舒适性、私密性和减少定期航班出行不确定性方面确实是商务机所无法比拟的。同时,国内有些消费者存在盲目跟风、相互攀比的消费习惯。经济迅速发展加快了企业和个人财富的积累,消费者的购买力不断提升。近年来,中国入选全球 500 强企业数量持续上升,根据胡润研究院统计:在胡润百富榜 Top100 中,高达 32 位超级财富创造者拥有公务机。其中,超远程公务机最受青睐,24 人拥有。3 人拥有远程公务机,排名第二。2 人拥有超中型公务机。超大型、大型和中型各有 1 人拥有。其中:大中华区 Top 10 企业家共拥有 6 架公务机,其中 5 架都是湾流 G550。

据前瞻产业研究院之前的预测:中国内地 2019—2024 年有潜力购买公务机的人数将增至 1 850 人,购置公务机的需求将增至 2 320 架,价值将超过 4 600 亿元人民币;同时,未来 5 年市场潜在包机人数也将增至 1.2 万人,需求也相应增长至近 31 万小时。中国用户购买二手公务机的数量已经超过新机,既表明中国市场购买意愿和信心的恢复,也显示出中国用户正日趋成熟,更为理性、成熟、完善的市场氛围将助力中国走进世界公务航空舞台的中心。

虽然,就当前我国公务机发展状况来看,对每一个方面都是巨大的挑战,同时也提供了广阔的发展空间。对于政府来说,需要完善相关的法律和法规,需要规划和开放适用通用航空及公务机发展的飞行空域;对于我国的飞机制造企业来说,需要逐步地开发和制造适用我国使用的公务飞机;对于保障和服务性行业来说,需要尽快地提高管理能力和创新能力,为公务机运输的发展进行有效的保障。

1. 通过宏观政策扶持,减少发展限制,逐步开放空域

低空空域开放是公务航空发展的重要条件。2010 年,国家出台了《关于深化我国低空空域管理改革的意见》,确定了我国低空空域管理试点、推广和深化的三个阶段,在 2015 年实现国家低空空域的全面开放,推动通用航空发展。2012 年 7 月,国务院发布《关于促进民航业发展的若干意见》,特别提出要积极发展私人飞行、公务飞行等新兴通用航空服务,加快把通用航空培育成新的经济增长点。通用航空"十二五"期间颁布了《关于加强公务航空管理和保障工作的若干意见》。通用航空"十三五"规划指出支持公务航空在商业活动中的应用,促进以自用为目的购置的企业、单位,选择具有资质的通用航空企业为其代管公务机;引导社会资本有序进入公务航空领域,支持中小型公务机应用,引导公务航空多层次发展;鼓励公务航空企业行业内实施联合、兼并、重组,推动专业化、市场化进程。

政府从政策层面推进是迫切需要的,同时还要在实际操作层面做好工作,让低空空域管理改革落到实处。配合低空空域改革,相关管理部门需要出台相应的操作程序和细则,简化通用航空飞行审批手续,清除不必要的操作环节,对利益相关部门和人员进行严格约束,切实达到低空空域管理改革的要求。

2. 出台法规,统一管理,营造良好环境

制定专门的公务航空法规。由于我国公务航空起步晚,规模有限,目前尚未建立专门针对公务航空的法规,公务航空的运行管理存在着"多架马车"并行的态势。因此,应当尽快对现有的公务航空法规进行整合,建立一套专门的法规,切实促进我国公务航空的发展。

简化公务航空活动管理程序,包括飞机购买及注册、适航审定、经营许可、空域管理、飞行审批、飞行管理、飞行培训、油料保障,等等,切实发挥公务机灵活方便的优势。

出台关税减免政策。目前我国对购买公务机收取的增值税(17%)和关税(4%)较高,增加了公务航空企业的运营成本。因此,在国产航空器的数量和质量不能够满足市场需求的情况下,有必要出台降低通用航空器及航材税费的政策,以支持公务航空企业的发展。

3. 加强设施建设,提供资源保障

资源保障是确保公务航空顺畅运行的重要服务环节。与运输飞机相比,公务机应该能在相同的时间内到达更多地点,完成更多的商务活动。而要保证公务机充分发挥其优势,必须有充足的资源保障其运行,包括数量众多的可供使用的机场、覆盖广泛的空管设备设施、公务航空运营配套设施等。政府和相关单位必须高度重视,要制定切合实际、方便操作的通用航空机场建设标准,出台促进机场及配套服务体系建设的优惠政策,在加大政府投资的同时鼓励民间资本投资兴建通用航空机场,并加快建设进度。

4. 加强人才培养,夯实发展根基

人才是发展的根基,针对整个通用航空产业都面临着严重的专业人员紧缺问题,必须加快改革航空专业人才培养机制,建立一套区别于民用运输航空的通用航空人才培养机制,实现通用航空人才培养的社会化。要从政府管理部门的角度理顺申办飞行培训学校的程序,减少申办手续,降低承办门槛,支持飞行培训学校的建设,鼓励社会办学。制定政策促进社会力量承办飞行学校,国家要对飞行学校的税收给予优惠政策和补贴,对于训练空域和训练所需的航线给予开放,在收费上给予优惠。

3.5.2 我国通用航空企业市场前景预测

未来10年,随着我国经济稳定增长,通用航空作业时间均会保持快速增长。国内市场通用飞机机队将保持16.4%的年均增速。到2028年机队规模将达到15 800架。未来10年中国市场通用航空器需求量为12 500架,价值515亿美元。其中,喷气公务机1 675架,占13.4%;涡桨飞机900架,占7.2%;活塞飞机6 850架,占54.8%;直升机3 075架,占24.6%。

未来10年,中国市场对通用航空发动机总需求量为18 410台,价值120亿美元。其中涡扇发动机3 520台,占19.1%;涡桨发动机1 650台,占9.0%;活塞发动机8 560台,占46.5%;涡轴发动机4 680台,占25.4%。

比起较为成熟的欧美市场,我国的公务机市场还处于起步发展阶段,且存在多种制约因素,与欧美市场的差距巨大。但是,差距也意味着巨大的增长潜力。公务机的发展速度和国家的经济状况密切相关。随着中国经济的快速发展,中国的企业家、富豪们也逐渐对公务机产生了兴趣,新兴的中国市场成了公务机制造商关注的第二大市场。就国内的情况而言,中东部地区的经济形势较好,是公务机的传统市场,也是公务机增长最快的市场。

在美国,平均每1 000亿美元GDP产生141架公务机的需求量。巴西虽然与中国同属发展中国家,但公务机的相对需求量比美国还高,每1 000亿美元GDP大约产生320架公务机的需求量。而中国每1 000亿美元GDP仅有1.6架公务机的需求量。

包括庞巴迪、空客等在内的多家公务机生产厂家预计,未来10年,中国公务机市场将是全

球最具潜力的公务航空市场之一。表 3.4 显示了多家世界知名公务机制造企业对中国市场的预测。

表 3.4　世界知名公务机制造企业对中国市场的预测

公务机制造企业	对中国市场的预测
波音公司 Boeing	未来 20 年间,中国对新飞机的需求将超过 4 000 架,中国将成为仅次于美国的全球第二大航空市场和第二大飞机租赁市场
空客公司 Airbus	未来五年内,空客预测每年将向大中国地区销售 5 架新公务机。按照中国 GDP 每年 7% 的增速估计,2015 年中国公务机保有量将达 500～600 架
喷气机航空公司 Jet Aviation	未来五年,中国公务机数量会增至 400～500 架,即复合年均增长率的 20%～25%
庞巴迪宇航公司 Bombardier	未来 20 年,中国的 20～149 座商用飞机数量将进入世界前三,仅落后于欧洲和美国
巴西航空工业公司 EMBRAER	预计未来十年中国销售总量达 470 架飞机,销售收入将达 143 亿美元,市场比重约占全球市场的 6.8%,成为继美国之后全球第二大单一公务机市场

尽管我们确信中国公务航空的前景广阔,但中国公务航空市场仍处于培育期,公民的航空消费观念需要慢慢改变,公务航空消费习惯还需要进一步培养,公务航空的运营管理和服务人员也都还缺乏培训。这都需要较长的时间和较多的积累。

我国政府发布的国务院《关于促进民航业发展的若干意见》中第二节第六条"大力发展通用航空"中提到,推动通用航空企业创立发展,通过树立示范性企业,鼓励探索经营模式、创新经营体制、提高管理水平。通用航空"十三五"规划指出要引导社会资本有序进入公务航空领域,支持中小型公务机应用,引导公务航空多层次发展。对开展通用航空业务的企业而言,乘着政策的大潮,努力探索、勇于创新,成为示范性的企业,将对企业的发展带来长远的好处。

总而言之,中国公务航空乃至整个通用航空市场的发展还任重而道远,但是,我们有理由相信,通过民航管理部门和民航从业者们的共同努力,使我国公务航空市场得以健康发展。

3.6　国外通用航空发展历史

3.6.1　国外通用航空发展的几个阶段

国外通用航空发达国家通用航空业的发展并非一日之功,而是随着一个多世纪以来国内外经济、科技和政治形势的发展逐步繁荣起来的。从通用航空发展历史最长、规模最大的美国通用航空来看,其发展主要可以分为以下几个阶段:

1. 通用航空的形成

第一次世界大战正式把飞机带入了大众视野,飞机在战争中显示出的威力带来了航空史上的第一个黄金时代。而第一次世界大战结束以后,过剩的航空器和飞行员流入民间,促成了通用航空形成和起步,1926年的《空中商务条例》制定了早期通用航空的规章。

战争的延续带来了各种技术和设备的革新,作为新一代航空动力的喷气发动机开始逐步在飞机上得到使用;同时雷达的应用也更加普遍,并且有效地提高了空管效率;自第二次世界大战后,美国政府将大约85%的美国空域划分为民用,保证了飞行空域,为通用航空的发展壮大创造了条件。

值得注意的是,在航空发展的早年,那些以飞行为生的人,大多数像游牧民族逐草而居那样,从一个机场转展到另一个机场,巡回飞行表演、带人飞行并为其他飞机使用者提供维修服务。这些勇敢的特技飞行表演者通常没有固定的经营基地。后来,其中一些人渐渐地从空中来到地面,在机场建立了自己的设施和基地,成为经营和服务于航空的商人,与前者相比而言,他们被称为飞机固定运营基地(Fixed Base Operator,FBO)。不过,将其称为"机场通用航空服务站"更为明确。

2. 通用航空的规范化发展

由于通用航空具有航空器品种繁杂、使用空域随意性大、飞行时间不定期等特点,因此其对机场、跑道、地勤等配套保障系统的要求都较高,在20世纪60年代,面对通用航空的增长瓶颈,美国政府通过大量修建小型机场来促进其发展。

此外,美国的低空管制(3 000米以下空域)从20世纪70年代开始开放,而多数通用航空飞机,包括私人飞机都在这个区域以下活动,该区域属于非管制区域,对于私人飞机的飞行不会做过多的控制,也不需要预交飞行计划,只需要向塔台通报并得到允许便可进行飞行活动。因此,通用航空的发展有着很大的扩展空间,并逐步走向了繁荣。

就FBO而言,在通用航空最兴旺的70年代末、80年代初,拥有的通用航空飞机达到22万架以上,为之服务的FBO网点的发展也达到了顶峰,总共有12 000多家。

3. 通用航空的系统创新

进入20世纪80年代之后,通用航空进入了低谷,直到20世纪90年代,新经济浪潮推动的消费热潮复苏了通用航空产业。同时,美国通过一系列法案和政策复兴了通用航空。1994年8月12日克林顿总统签署了《通用航空复兴法》,其目的是复兴通用航空产品和服务市场,恢复曾经健康发展的产业。

此后,美国人通过大量研究认为,在未来20年中高速公路和枢纽轮辐式航空运输网将严重堵塞,不能满足21世纪的经济发展需要。随着GPS技术开始在航空领域的推广应用,不仅使通用航空飞行变得更加安全,而且提高了飞行效率,降低了飞行成本。

与此同时,随着飞机发动机新技术的发展,为应对航空运输网和高速公路网将会出现的严重堵塞,由美国国家航空航天局(NASA)推动,美国又提出了建立"小飞机运输系统"(SATS),并将其作为干线与支线航空公司之外的第三种国家航空运输力量。

此外,9·11事件以后,企业主乘坐公务机出行的人数明显增多,一定程度上促进了通用航空的发展。

就FBO而言,业内竞争日趋激烈,兼并之风盛行,FBO的数量一路下跌,目前尚有3 750家左右。据预测,FBO兼并的形势将会持续发展下去。

4. 通用航空成为高速交通旅行的第四次革命

进入 21 世纪,美国已经把发展通用航空运输作为架构世纪空中高速路的规划,作为新的民航运输发展战略,并认为是高速交通旅行的第四次革命。

美国预估在 2015 年时具有证照的飞行员将达 755 490 名。同时预估在 2015 年通用航空飞行器将达 246 415 架,包括单活塞引擎飞机 148 450 架,双活塞引擎飞机 16 490 架,涡轮螺旋桨飞机 8 120 架,涡轮风扇飞机 15 510 架,活塞引擎直升机 2 700 架,涡轮轴引擎直升机 4 510 架,实验飞机 23 100 架,运动飞行器 20 915 架。

各种最新的科技成果也将被运用到通用航空领域。2002 年,FAA 出台了 ADS‐B 数据链发展政策,以及支持 ADS‐B 技术发展的规划蓝图。2004 年,FAA 为应对日益增长的航班量造成的空中堵塞,针对通用航空的不确定性制定了通用航空机场程序(GAAP)。

3.6.2 国外公务机的发展历史

从总体趋势上来看,公务航空的发展与通用航空的发展密不可分。同时,航空的发展与飞行器技术的进步密不可分。通过通用飞机,特别是公务机的更新换代,可以对公务航空的历史有一个直观的认识。

1. 起步阶段

公务机是从通用航空飞机中脱颖而出的。早期的通用航空飞机多用于各种飞行竞赛、创造飞行记录、进行"空中马戏团"式的飞行表演。第一次世界大战之后不久,公务机运营就开始了。很多战争遗留下来的开放式驾驶舱的双座双翼机成了第一批私人飞机。这些飞机被用来宣传推广企业产品,如周游飞行或将产品的表述绘制在机身上进行广告展示,为的是想使用飞机为在商务活动中赢得竞争优势的人创造物质条件。但是,驾驶开放式驾驶舱的飞机需要经受严酷的气候考验,并且这种飞机的发动机也不可靠。所以,此类危险的飞行在 20 世纪 20 年代降到最低。全世界的石油企业,如标准石油公司、德士古、大陆和荷兰皇家壳牌等公司成为使用公务机的先锋。他们为了服务于广泛分布的钻探地区,使用了第一批多发飞机,特别是三发飞机。

20 世纪 30 年代,美国比奇公司研制了一种新的双发单翼机,通称"双发比奇",拥有 7~8 座,于 1937 年首飞,第一架就卖给了一位企业家哈里·科菲,他是俄勒冈州一家保险公司的总监,用该机视察他在阿拉斯加和太平洋西北分部办事处的业务。后来,"双发比奇"在世界各地获得大量的商业用户,成为美国早期公务机的主流机种之一。公务航空公司如雨后春笋一般出现,以其迅速的发展向全世界昭示:航空旅行是安全、有效、可靠的。时刻都在寻找竞争优势的企业管理人和企业家们立刻意识到,一旦企业拥有自己的飞机,将会为他们的经营活动带来很大的便利。20 世纪 30 年代,专门为公务旅行设计的飞机,包括单发飞机和中型多发飞机就应运而生了。其中最主要的用户仍然是石油公司,利用公务航空机队,为众多国际间的公务活动服务。在很多行业不景气的经济萧条时期,公务航空的发展独领风骚。

这个时期,商家们抱着为公众提供个人运输的想法,制造了很多新型的飞机。尽管当时的经济状况窘迫,公务航空的发展却枝繁叶茂,为私人飞行和公务飞行提供了新的发展空间和有利的基础。

2. 第二次世界大战后的大发展

第二次世界大战造成了民用航空的暂时停滞，但实际上，也为随之而来的民用航空的高速发展作了准备。很多人在战时服务期间学习了航空飞行技术，并逐渐适应和接受航空运输的理念。这些理念促使他们把自己的能力和知识转移到商业环境中来。战时航空技术的迅速发展促使民用飞行更安全、更可靠和更实用。改进的通信和导航设备，可靠的发动机和飞机系统，以及真正的空中交通管制系统的形成，是航空运输业朝着有利于公务航空的方向发展。这些条件保证了公务航空的大发展在第二次世界大战后成为现实，因为这个时候有大量战时剩余的军用轻型运输机可以利用，小一些的如比奇公司的"比奇双发"、洛克希德公司的"罗德星"，大一些的是道格拉斯公司的C-47"空中列车"，还有改装的轻/中型轰炸机，如道格拉斯公司的A-26"入侵者"。

第二次世界大战后，公务航空首先在美国崛起。20世纪50年代，公务航空有了显著的增长。美国经济实力雄厚，商业活动频繁。同时，美国地域辽阔，从西海岸到东海岸政治、金融中心相距4 000千米。东西海岸之间、南北国境之间都相距遥远，即使像洛杉矶和旧金山这样被认为是近邻的城市也相距480千米。像加利福尼亚、亚利桑那，得克萨斯等一些州的面积比有的欧洲国家还大。地面交通不便，对商务人士而言，时间又很宝贵，势必依赖航空。就这样，总部设在纽约、华盛顿特区或芝加哥之类的东部大都市的大公司发现，航空运输是它们与设在外地的工厂联系的最好的手段。

在欧洲，尽管英国经济遭受了战争的重创，但有些有实力的大公司也开始使用自己的轻型运输机，主要是德·哈维兰公司的"拉皮德"和阿芙罗公司的"安森"等飞机。

3. 喷气公务机兴起

20世纪五六十年代，随着大型客机的喷气化，公务航空也出现了追求喷气式公务机的新趋势。

根据资料记载，世界上第一家喷气式公务机产生在法国，即莫拉桑·桑尼埃公司研制的MS760"巴黎喷气"，它是从1953年1月试飞的MS755双座战斗/教练机改型来的，重3 440千克，长10米，四座，下单翼，T型尾翼，有翼尖油箱，装电气致动的前三点式起落架和滑动式舱盖。但最使这种飞机有别于其他公务机的是它的动力装置——两台透薄梅卡公司"马波"ⅡC涡轮喷气发动机，单台推力400千克，该机于1954年7月29日首次试飞。

最早的带客舱的公务喷气飞机是美国的"刀鞘"，这款飞机是空军喷气运输机的T-39教练机的改型机。该飞机具有军用飞机的可靠性，但缺点是客舱截面积过于狭窄。

第一架全新设计的喷气公务机是美国洛克希德公司的L-1329"喷气星"，它是美国著名飞机设计师凯利·约翰逊及其"鼬鼠工程队"用30个星期设计研制出来的。为了满足美国空军对一种现成的高性能轻型运输机的需求，洛克希德开发了这种飞机，它采用后掠下单翼和后掠尾翼，原型机装两台英国布里斯托公司2 200千克推力的奥菲斯涡轮喷气发动机，1957年9月4日首次试飞，试飞结果令人满意。这种飞机军方订购数量虽然不多，仅16架，但其中6架相继用作肯尼迪、约翰逊、尼克松、福特、卡特和里根等六位总统的专机，使之名声大噪。到1980年停产时为止总共生产的204架飞机中，绝大部分用作喷气公务机。

同时，早期喷气公务机当中，"利尔喷气"是十分受人喜爱的机种。"利尔喷气"是加拿大庞巴迪旗下位于美国亚利桑那州图盖的盖茨利尔喷气机公司的产品，造价550 000美元，可以运载 7 名乘客，以 485 英里/小时（1 英里＝1.609 344 千米）的速度飞越长达 1 800 英里的距离。

法国的达索在 20 世纪 60 年代初将其部分注意力转向民用市场，起初它与南方航空合作开发一种在欧洲大陆能与 HS125 相竞争的飞机，第一架是 1963 年首飞的"神秘"20（现称"隼"20/200）。同时，格鲁曼公司于 1965 年推出 19 座的"湾流"Ⅱ，成为世界上第一架成熟的行政喷气机。

目前，世界上最大的小型飞机制造商塞斯纳公司进入公务机市场较晚。它入市的第一架喷气公务机是 8 座的"奖状"500 型，1969 年 9 月首飞，迄今各种"奖状"系列的飞机已经超过了 3 500 架。

公务飞行起源于欧美等经济发达地区。1974 年，世界第一个公务机飞行指导机构 NBAA（美国公务航空协会）在美国成立。自此以后，公务飞行在美国及欧洲得到了迅速的发展。

4．公务航空的成熟

受益于空气动力学、无线电技术和控制技术等科学技术的发展和基础设施的改进，从 20 世纪 60 年代到 70 年代，公务航空迅速发展，试图达到让所有人安全飞行的目标。到了 70 年代末和 80 年代初，飞行员和飞机生产的数量出现了高峰，从根本上实现了飞行经济化和实用化的梦想。最终实现了普通的小型通用航空器能够满足各种天气条件下飞行，达到了消费者在速度、距离和可用性上的要求，成为一种实用的航空器。

20 世纪 70 年代中期，公务机的发展速度比较适中。1972 年为公务航空生产的喷气式飞机不到 100 架。20 世纪 70 年代末到 80 年代初的繁荣时期，用于公务飞行的喷气式飞机出现了小规模的增长，直到 1982 年达到顶峰，产量超过 400 架。值得注意的是，同一年，通用航空飞行器的产品也超过了 2 000 架。这一巨大的数字保证了公务航空的发展。到 1986 年，世界上约有 14 000 架喷气式和涡轮螺旋桨式飞机为公务飞行服务。而 2001 年，全世界喷气式公务机的产量超过了 1 200 架，活塞式飞机则接近 1 800 架次。2017 年，全球公务机机队规模已经接近 2.1 万架，且在之后的数年时间内，每年公务机的出货量也在数百架至千余架之间浮动。公务机数量在通用航空飞行器数量中所占的比例逐渐上升。而世界上 13 000 家运营商使得公务机的数量还在以每年 4% 的速度不断增加。公务航空成了一种与众不同的且不可替代的飞行方式。

3.6.3　国外通用航空发展的影响因素

1．经济是通用航空发展的根本动力

经济发展带动了通用航空生产活动方面的需求，同时，人们生活水平的提高也刺激了通用航空休闲娱乐方面的需求。美国、加拿大、澳大利亚以及巴西通用航空的快速发展阶段与经济快速发展阶段表现出了明显的一致性。

20 世纪五六十年代是美国经济空前发展的时期，此后连续上升；1973 年，美国发生战后最严重的经济危机，一直到 80 年代，发展缓慢；90 年代又恢复了快速增长的态势。相应地，美国通用航空的发展在 20 世纪 50—80 年代一直保持着高速增长，飞行小时从 200 万小时上升为接近 4 000 万小时，年均增长速度超过 10%；20 世纪 80 年代后发展缓慢甚至停滞；20 世纪 90

年代后通用航空发展保持较平稳的态势。

20世纪50—70年代,加拿大国内生产总值年均增长率为4.4%,高于美国。伴随着经济的快速发展,从20世纪40—70年代,加拿大通用航空经历了快速发展的增长期,通用飞行器数量从2 000多架增长为近30 000架,年度增长率超过8%。

澳大利亚经济一直保持着高速发展状态。20世纪50—90年代,通用航空经历了高速发展时期,飞行小时数从短短30万小时上升到169万小时。90年代开始发展比较平稳。

1968—1974年,巴西年经济增长率高达10%以上。1988年后经济处于停滞状态中。20世纪90年代经济开始好转。伴随着经济的发展,巴西通用航空在20世纪60—90年代进入高速增长阶段,通用航空器从不足2 000架上升为接近10 000架,年均增长速度达到6%。

2. 航空工业为通用航空发展降低了供给成本

航空工业降低了通用航空的供给成本,进一步刺激了通用航空市场的需求和发展。

美国是世界航空第一大国,拥有世界上销售额最高、技术最先进、产品种类最齐全的航空工业。发达的航空工业一直促进着通用航空的快速发展。

加拿大从20世纪早期开始就有大量的小型航空器制造商,为通用航空活动提供航空器设备;70年代以后,国内航空器制造商在航空电子、轻型发动机方面实现快速的技术进步,制造商规模扩大,通用航空逐渐步入成熟期。

20世纪80年代初澳大利亚开始拥有小型航空器制造能力,制造更经济的小型竞技航空器。2001年澳大利亚成为测试ADS-B技术的先行者,2002年澳大利亚采用国家空域系统,为通用航空提供了更加自由的空域使用,使通用航空产业有了新的发展。

巴西生产航空器的历史可以追溯到20世纪30—40年代,60年代政府通过资助Embraer(即巴西航空)和引进国外专家等措施,建立了自己的航空制造体系,生产出有世界竞争力的民用航空器型号,如今巴西已成为世界上支线客机、通用航空飞机生产的主要国家之一。

通用航空发达国家都有自己的航空制造体系,对进口通用航空器采取无关税或低关税。

3. 政府支持推动通用航空可持续发展

政府是通用航空业的推动者、政策制定者和支持者。正是每个国家政府在机场基础设施、空域进入、行业准入和政府补贴等方面的支持推动了通用航空的发展。

20世纪50年代美国通过放开空域管制、加大新建机场力度、给予飞行员培训支持等措施来改善通用航空的发展环境,美国通用航空开始了30年的高速增长。但20世纪80年代初政府的支持力度减弱,废除了低税制度,同时产品安全和责任问题提升了通用航空的运营成本,再加上经济衰退等因素,美国通用航空发展缓慢甚至停滞。为扭转这种局面,1994年美国总统签署了《通用航空振兴法案》,才逐渐恢复了曾经健康发展的通用航空产业。这之后,政府、企业、研究机构共同制定了通用航空实验飞行计划(AGAET)、通用航空推进计划(GAP)和小飞机运输计划(SATS)等来提升通用航空在国家交通运输系统中的地位。上述这些法案和措施共同促进了通用航空产业的再次腾飞。

加拿大政府从20世纪早期开始大力支持包括通用航空机场在内的基础设施建设,为飞行员培训等提供了大量支持。20世纪70年代以后,加拿大政府开始重视民航监管体系的建设。20世纪90年代后通用航空逐渐步入成熟期。但现今政府不再积极扶持通用航空产业,发展趋于平缓。

澳大利亚政府主要支持机场基础设施建设。20世纪30—60年代，澳大利亚政府支持机场开发项目，其中政府赞助的基础设施收费低廉，对飞行医务服务等提供了政策支持，促进了通用航空的迅速增长。1987年竞技飞行的空域飞行高度得到提升，航空器购买、维修、燃油成本低，对通用航空机场征收统一低水平的税费，使得20世纪90年代晚期和2000年早期竞技飞行得到成长。政府也作为消费者为空中农业及森林救火提供资金支持。

巴西在20世纪60年代开始构建机场和基础设施，20世纪90年代以来，巴西"联邦机场扶持计划"的实施也为通用航空持续增长提供了基础。

由上述可见，这些国家政府长期支持发展通用航空，政府通过建设基础设施、出台法规政策等措施，根据国情逐渐发展各自的通用航空产业。

3.7 国外通用航空的现状

3.7.1 国外通用航空的主要构成

在欧美国家，除公共运输飞机和军用飞机外，其他飞行器均属通用航空范畴。通用航空飞行器作为生产工具可进行航空作业，作为运输工具可进行客、货、邮件的航空运输，其应用主要有：农林业和工业航空作业飞行、训练飞行、公务飞行、通勤飞行、出租飞行、私人飞行以及其他的飞行，概括地说，通用航空由航空作业和通用航空运行两个部分组成。就本章而言，暂不阐述农林业和工业航空作业，只对公务飞行、通勤飞行、出租飞行和飞行训练及其相关企业进行描述。

目前，在欧美国家普遍采用航空作业运行以外的通用航空运行模式，使用通用航空飞机进行商业航空运输运行和非商业航空运输运行。商业航空运输运行以通勤和出租飞机形式运营，非商业航空运输运行以公务飞行、私人飞行等形式存在。在美国，航空交通运输由公共运输和通用航空（运行）共同组成从事旅行的运输，航空公司航班可以抵达美国国内500个机场，通用航空的运输可以抵达美国国内5 000个机场。在美国，约2.5万架飞机由个人驾驶进行商业飞行，约15 000多家公司拥有自己的通用航空飞机进行公务飞行，约10万架飞机为私人使用。所以，美国航空运输专家认为，通用航空是航空交通运输的重要组成部分，通用航空和运输航空构成美国均衡的航空运输系统。

国外公务航空的构成情况如图3.13所示。

(1) 公务飞行(Business Flying)

政府机构、一个企业独自拥有或多个企业共同拥有的通用飞机，为本部门的公务或企业商务提供空中交通服务，属于非商业航空运输运行，例如：我国远大集团、旺旺集团等企业的通用飞机就属于此类。

(2) 私人飞行(Private Flying)

私人飞行多为个人及其随行人员自用出行提供方便，是通用航空发展的主要领域之一，不论是通用航空飞机数量、飞行时间还是飞行员数量，都居于通用航空其他市场前列。

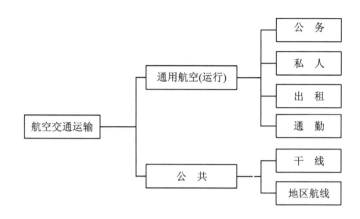

图 3.13 国外公务航空的构成

(3) 通勤飞行(Commuter Flying)

对于美国航空运输系统来说,地区航线(支线)和通勤(定期短途航线)是构成一个整体所必需的部分,主要作用是在枢纽机场与该地区的小城市之间或小城市与小城市之间提供航空运输服务。FAA 对通勤航线的界定是按出租飞机对待,每周至少安排 5 个航班、在 2 个点以上飞行,运送旅客、货物或邮件。通常是 50 座以下的多用途飞机,可用于客货运输等多任务作业,主要是单发和双发涡轮螺旋桨发动机飞机。

(4) 出租飞行(Air Taxi Flying)

出租飞行类似地面的出租汽车,随叫随到,按顾客的要求飞行,出租者(公司)提供飞机、飞行员、燃油及其他服务,按距离(英里)或时间收费,暂停等待额外收费。这种形式运行在 FAR-135 部中作了规定,经营者要取得出租经营许可证,取得出租飞机执照,并要遵从严格的管理。

(5) 飞机固定运营基地(FBO)

FBO 是设在机场的通用航空服务站,它起源于美国,是为通用航空,尤其是为私人飞机和公务飞机服务的产业。一架通用航空飞机要出行,首先要考虑的是获得航行和气象信息,还要考虑到哪里去停靠、加油和检修等诸多事项。FBO 正是提供这些服务的机构。因此,FBO 就是通用航空发展的基石,它是和通用航空一起发展、共荣共衰的一门产业。与我国的情况不同,国外 FBO 不一定从属于公务或通用航空公司,常常以独立、连锁企业的形式出现。

FBO 的业务比较复杂,在此有必要详细介绍一下。FBO 的主要业务包括:外场服务、维修、飞机销售、包机和飞机出租、公务机服务等几大项。

外场服务包括加注燃油、出售滑油、飞机存放(机库内及机坪上的系留),有时也为航线飞机提供服务。维护和修理是另一项主要任务,内容包括飞机的大修、小修、年检、重新取证、发动机和电子设备的修理、备件的销售和服务(如轮胎、刹车和轴承、蓄电池、飞机的内装修)。规模大的 FBO 常常充当通用航空飞机制造商的经销商,既卖新飞机,也卖二手飞机,有时也参与飞机销售的融资,安排分期付款或长期租赁。此外,在销售中,FBO 还为制造商进行内装修的设计和安装,为客户进行飞机外观的喷漆。大多数 FBO 都拥有几架飞机供短期出租。许多 FBO 只有小型的单发飞机供私人驾驶员进行娱乐性飞行。有些则有多种机型供包租。飞机可按钟点、日、周或按特定的行程来出租,有时也可出租机组人员。许多 FBO 为客户提供公务机飞行服务,内容包括飞行、维修、管理,使机主免去设立一个飞行部的负担。FBO 提供的另一项服务是训练新飞行员和有经验的老飞行员的复训。有些 FBO 由于和一些机构有关系,还能提供某些专门的商业性的飞行服务,如空中广告、空中摄影、灭火、寻找鱼群、灭蚊、管线监测等。当然,并不是所有的 FBO 都拥有上述全部功能,但一般的 FBO 都以一两种业务为主,至少提供 4 种服务。除这些项目外,FBO 还为客户提供一些非营利性服务,如:整洁的休息室、驾驶员预备室(备有地图、气象信息和与 FAA 联络的电话)、机组人员卧室(在长时间飞行后尤为需要)、来宾会议室(对公务人员尤为重要)、娱乐设施,如乒乓球、台球、甚至游泳池、烧烤设备等。这些服务大多是免费的,是吸引和争夺客户的有力手段。

可以说,没有遍布全美国的通用航空服务站的支持,美国的通用航空运输业是不可能存在的。不仅因为 FBO 是制造业和客户之间的接口,而且它也是飞机销售的一个重要途径,也是为通用航空提供各种必要的服务及支援设施的提供者。一架通用航空飞机如果没有这样的服务,就不可能到达目的地。

3.7.2　国外通用航空的现状

据统计,截至到 2017 年,全世界约有通用飞机 44.6 万架,从事通用航空活动的飞行员达 80 万名,年飞行小时达 5 100 万小时。在世界通用航空飞行小时中,公务飞行占 50% 以上,是通用航空的主要业务;航空作业飞行约占飞行总量的 20%,教学训练约占 22%,其他飞行占 8%。

北美洲是全世界通用航空最发达的地区。庞大的通用飞机机群主要分布在美国、加拿大等国家,美国有 21.3 万架,约占全世界通用飞机总量的 2/3,通用飞机年飞行小时数达 2 500 万小时,运载超过 1 660 万乘客,有供通用航空器使用的机场、直升机起降机场 17 500 个。同时,通用航空每年要给美国经济带来超过 1 500 亿美金的收益,提供超过 126.5 万个就业机会。其中,公务飞行占美国通用飞机飞行总小时的 2/3。同时,通用航空飞行也是成为商业航班飞行员的最主要的训练途径。美国现有近 70 万名飞行员,其中通用航空飞行员约 59.7 万人,在役的运输飞行员中有一半以上来自通用航空。美国还有 100 多家研发通用飞机的企业。按照经验估算,通用航空产业投入产出比为 1:10,就业带动比为 1:12。据统计,2007 年美国通用航空制造业营业额仅为 200 亿美元左右,但整个通用航空直接或间接为国民经济创造了约为 1 500 亿美元的经济产值,超过 GDP 的 1%,提供 126.5 万个就业机会。在美国经济建设中通用航空与运输航空共同为美国贡献了 20% 的 GDP。通用航空是美国航空运输的基础,它与公共运输航空一道组成了美国最安全、最有效的航空运输系统。

加拿大有通用飞机 3.6 万架,通用航空飞机年飞行小时数为 450 万小时。美、加两国共有约 22 000 个通用航空机场。此外,南美的巴西作为一个发展中国家,通用航空也比较发达,通用飞机达到 22 219 架,通用航空飞机年飞行小时达 170 万小时,通用航空机场数量有 2 500 多个。澳大利亚和俄罗斯的通用飞机平均也有 1 万架以上。通用航空是澳大利亚和俄罗斯航空运输系统的重要组成部分。

美国完备的通用航空产业包括:飞机及零配件制造、飞行培训学校、航空俱乐部、飞机固定运营基地(FBO)、航油供应商等。主要采取政府投入建设或给予运营补贴等手段支持通用航空机场的发展。

几十年的快速发展使得美国等国家的通用航空发展目前处于较成熟时期。在全球通用航空市场应用分类中,私人飞行、公务飞行、飞行培训以及空中应用占了很大比重,图 3.14 和

图 3.15 分别显示了美国通用航空在私人飞行、公务飞行、飞行培训以及空中应用几大市场中的作业时间和飞机数量结构。

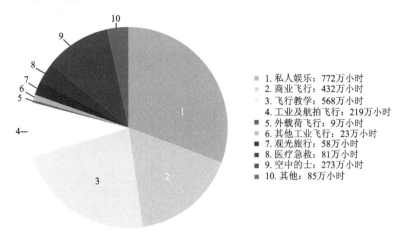

图 3.14　2018 年美国通用航空作业时间结构

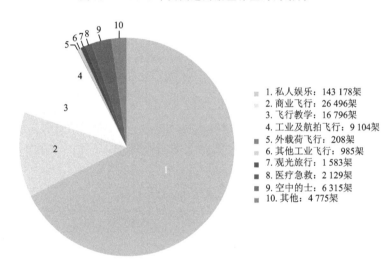

图 3.15　2018 年美国通用航空飞机数量结构

1. 公务飞行

公务飞行有别于私人飞行，主要指用于商务需要的运输目的的飞行或雇佣飞行，不是以取酬为目的，是对航空运输个性化需求不足的弥补。经济发展水平较高的美国，私人飞行市场份额比公务飞行大，而处于经济发展阶段的澳大利亚和巴西，公务飞行比私人飞行比重大。

在美国，商务飞行机群有近 4 万架，占通用航空飞机总数的 21%。从 20 世纪 90 年代初至今，公务飞行小时数约占总量的 24%。目前，美国超过 2/3 的 500 强公司有自己的公务机，公务机已成为美国航空运输中像家庭汽车一样必不可少的工具。澳大利亚公务飞行也很发达，从 20 世纪 90 年代初至今，飞行小时大约占总量的 34%。

巴西作为发展中国家，2006 年公务飞行几乎占了通用航空飞行活动的 72%。巴西民航定期航班覆盖面不广，2004 年数据显示，巴西 5 563 个县中只有 129 个有定期商业飞行。随着国家工业的发展,很多中小城市经济活动人员的往来都需通过公务飞行来实现。

公务飞行是适应市场商务飞行的需要,是对航空运输不足的弥补。尽管运输航空提供了大城市和商业中心的服务,而许多地区需要的专门服务运输航空无法满足。对商务人士而言,乘坐公务机可以节省各种开销费用,如乘坐航班需要来回进出机场时间和旅店花销、租车费、餐食等额外开销,而乘坐公务机有地面专车接送,可在飞机上办公、开会。在美国,公务飞行经营者使用多种机型,有单发活塞飞机、双发活塞飞机、直升机、喷气飞机,以保证商务飞行的有效性。2001年,美国约有14 000架喷气式和涡桨式的公务机,平均每架飞行450小时,运送公务人员1 800万人次。2002年,全世界范围内的13 000多家运营商共运营着21 000多架喷气式和涡桨式的公务机,其中3/4集中在北美。有趣的是,4/5的美国公务机运营公司仅拥有一架公务机。超过2/3的500强公司有自己的公务机。所有公务机的经营者全部都是国家公务机协会成员(NBAA)。NBAA是公务机成员公司的主要代言人,它拥有3 000个公司会员,这些会员经营着约5 000余架公务机。

表3.5　2001年各国公务机数量
(来源:国际公务航空理事会(IBAC))

国　　家	数量/架
美国	14 079
巴西	667
加拿大	656
墨西哥	540
法国	431
德国	378
委内瑞拉	288
英国	283
南非	247
阿根廷	216
澳大利亚	213

2001年国外公务机数量如表3.5所列。

在国外,公务机的使用方式是多种多样的,包括从企业管理者们的快速业务往返、专家组的公务雏形,到派飞机接送客户来目睹自己企业的实际情况,等等。NBAA对企业如何使用公务机进行了研究,如表3.6所列。

表3.6　国外公务机使用策略

项目名称	具体策略
关键员工旅行	将关键员工及时送到指定的地点
访问客户	在客户办公地的草坪上降落,并拜访他们
运送客户	将客户带到企业总部或者重要的基地、工厂
定期客户服务	对日常固定的客户开展服务
紧急客户服务	快速反应,找出问题所在,并且及时赶到,马上解决问题
人道主义或者慈善性飞行	尽公民义务,开展灾难救援响应,或者帮助员工解决个人危难
快速市场营销	持续数天或者多城市营销旅行,飞遍企业销售范围之内的每个地区
包机飞行	将企业的飞机提供给包机运营商
国际飞行	国外或者多国之间的飞行
管理团队旅行	运送管理团队去工作地点
工程团队旅行	运送产品或工程小组(如专家组)到重要的目的地
企业通勤班机	在企业设施或者客户所在地之间安排定期飞行
与航线的连接	连接航线,特别是国际航线
运送重要资料	运送重要货物、零部件、文件和邮件

续表 3.6

项目名称	具体策略
特殊飞行	广告拍摄和宣传
游说活动	运送官员或者候选人到选举人处
个人旅行	用于员工和其家庭旅行
空中办公室	飞行途中办公或者开会
吸引和留住关键人物	缩短工作时间,增加休息时间

2. 私人飞行

私人飞行多为个人及其随行人员自用出行提供方便,是通用航空发展的主要领域,不论是通用航空飞机数量、飞行时间还是飞行员数量,都居于通用航空其他市场前列。

美国私人飞行市场是通用航空发展的主要领域。美国私人飞行市场的主要需求者为中产阶级,飞机数量占通用航空的 59%,总数约达 11 万架。从 20 世纪 90 年代至 21 世纪 10 年代,私人飞行小时数占总飞行小时的 38% 左右,现保持着较平稳的需求状态,具体如图 3.16 所示。

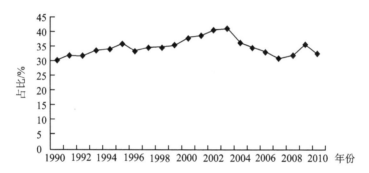

图 3.16 美国私人飞行小时数占总飞行小时的比例

美国私人飞行如此发达主要归因于以下几点:首先,美国幅员辽阔,经济发达,2010 年人均 GDP 为 4.2 万美元,为私人飞行需求创造了物质基础。其次,航空工业很发达,世界所有通用飞机中,近 90% 是美国制造,保障了通用航空供给的低成本。最后,美国重视对公众特别是青少年有关通用航空认知水平的普及,通过各种航展和飞行员培训等项目使航空活动成为人们日常生活的一部分。

澳大利亚从 20 世纪 90 年代初至 21 世纪 10 年代,私人飞行小时占总飞行小时的 13% 左右。加拿大幅员辽阔,非常适合通用航空发展。加拿大休闲飞行占了大约飞行员总数的 2/3 以及飞机总数的 3/4。

此外,还有很多组织为个人飞行提供帮助,至今最有影响的是飞机业主和飞行员协会(AOPA),飞行员协会总部设在华盛顿,有会员 27 万人之多。

3. 出租和通勤飞行

在空中管制解除之后,通用航空迎来了发展的高峰期。通用航空企业增加了包机业务和通勤业务(短途运输业务),并以此为中心辐射了更多的网络航线。企业重新部署飞机,把重点放在了上下班高峰的短途承运飞行。美国通用航空企业在市场的选择下把触角伸向了更短的航线上,并瞄准了更适宜活塞发动机和涡轮小型机生存的空间。

目前,短途通勤和区域运营是构成美国国家航空运输系统整体所不可缺少的部分,提供了在主要大的中心城市到更小城市,乃至遍及全美的飞行服务。有800余架通用航空飞机在从事包机飞行和通勤飞行业务。在飞通勤航线最普遍的是基于需要的、不定期的出租或通勤飞机来运营,按照FAR-135部规则实施旅客和货物的运输,包括包机业务。可电话预约的通勤飞机,处处体现出了它的灵活、方便和快捷。

通勤业务经营者为旅程提供飞机、飞行机组、燃油和所有其他服务。当公司需要专门服务时,可以采用包机形式,而且机型也可选择,如选择直升机、螺旋桨飞机或喷气式飞机。

下面以阿拉斯加为例,说明国外通勤航空的基本运行情况。

世界上通勤航空最发达的地区是阿拉斯加地区。阿拉斯加位于北美大陆西北端,而且不和美国的本土相连,面积152万平方公里(比我国西藏自治区大1/4),但人口却只有60多万,比我国西藏自治区(人口为260多万)还要地广人稀。即使这样的偏远,全州也是机场密布,空运业并不比美国其他各州落后。

阿拉斯加于1959年才正式被立为美国第49个州,东与加拿大接壤,另外三面临北极海,气候严寒,是冰雪覆盖的苔原、冻土、冰川带。阿拉斯加有70多座潜在的活火山。美国20座最高的山脉中,有17座位于阿拉斯加,包括北美最高峰麦金利峰(6 194米)。在白令地区,每年5月10日太阳升起后在随后的3个月里将不再落下;而每年11月18日日落之后,当地居民将有2个多月看不见太阳冉冉升起。

鉴于它的地理和自然环境,阿拉斯加比美国其他的州更加依赖于航空运输。虽然当年为了战备需要,阿拉斯加建起了发达的陆路交通系统,但人们的社会经济生活却更多的是依赖空运。该州的邮政投递业务由4家航空货运公司承包。航空公司不仅为阿拉斯加运输食品、邮件、货物,也为那里的体育运动队参赛提供交通。更具当地特色的是,由于地域辽阔,小型飞机成了当地的主要交通工具之一,小飞机甚至成为许多人串门、购物、看病的唯一交通工具。特别是在每年的一、二月寒冷、黑暗的日子里,航空运输成为很多阿拉斯加人真正的生命线,空运可使阿拉斯加人快捷地到达全美各地。航空已深深触及阿拉斯加乡村生活的各个方面,它是那里的基本运输方式,因为阿拉斯加90%的地方不通公路。一年中的大多数时间里,没有别的选择。所以,按人均占有量计算,阿拉斯加州的飞行员是美国其他地方的6倍,飞机数量是其他地方的16倍。

据美国联邦航空局(FAA)统计,阿拉斯加这个美国最偏远的州有266个公共使用的机场、608处起降场,另外还有无数没有登记的可供小飞机起降的地点。在阿拉斯加注册运营的航空公司有225家,它们或经营定期航班,或按需要飞行。在FAA登记的阿拉斯加飞行员有11 000名,飞机10 000架。阿拉斯加有4个空管塔台、4个合同塔台、3个飞行标准区办公室、1个航路空管中心和97套自动气象检测系统。

4. 飞机固定运营基地(FBO)

在通用航空最兴旺的20世纪70年代末、80年代初,FBO的发展曾经达到了顶峰,总共有12 000多家。近些年,业内竞争日趋激烈,兼并之风盛行,FBO的数量一路下跌,目前尚有3 750家左右。据预测,FBO兼并的形势将会持续发展下去。

目前,美国的FBO有大、中、小之分,主要区别在于投资规模。大型的FBO投资通常在几亿美元,包括租赁的飞机和设备;中型 FBO 的投资一般在 2 000 万美元左右,年销售额几百万美元,而小型 FBO 则是小本经营。

大多数小型 FBO 的经营者都没有经过什么业务训练,他们多半是热爱航空的航空专家、飞行员或机械师,从一两项小的业务开始,逐步入门,扩展业务,站住脚跟。

美国的通用航空经历了 20 世纪 70 年代的爆炸性发展、80 年代和 90 年代初经历了低谷,到 90 年代中期后又开始重新崛起。面对通用航空的这一马蹄形发展的曲折,FBO 也经历了一个重要的转型期。在低谷时期,飞机制造商没有那么多的新飞机要交付,他们把按客户要求的内装修以及售后服务都收回,由自己来完成了。随着技术的发展,各机场逐渐发展了自助式加油,其油料的零售价也大大低于 FBO。这样,FBO 的两项最基本的传统业务受到了严重的挑战,企业利润锐减。

但随着美国重新振兴通用航空出现的新形势,FBO 同样面临着极大的发展机遇。这表现在以下几个方面:

① 美国通用航空机队老化,据 1993 年统计,单发活塞式飞机平均机龄为 27 年,其中有 1/4 已经超过 32 年;涡轮式飞机平均机龄为 15 年。这预示着将有大量的更新和修理工作。

② 美国政府和制造商正在大力投资,研究和开发新的通用航空飞机及其技术。

③ 随着经济的增长,企业在扩大,使用公务机的企业在大大增长,飞行人口在增长。

在这种新形势下,FBO 业正在迅速地调整和转变自己,以迎接新的挑战。目前,FBO 正表现出以下趋势:

① 企业规模扩大,形成连锁经营。经过十多年的激烈竞争和兼并,FBO 的规模越来越大,形成集团式连锁经营占主导地位的格局。

② 改善设施,增加服务。公务航空的发展带来了 FBO 服务的大变革。FBO 业内人士渐渐认识到,公务航空是给他们带来丰厚利润的大客户。公务机客户注重效率、注重服务,因此,要争取公务客户,就要在服务上大做文章。于是,业界重新界定了 FBO 的业务,把它定义为"飞行保障工作",意思是,FBO 的任务是为客户使用私人和公务飞机提供保障服务:凡是客户需要的,都是 FBO 的业务。于是,各 FBO 纷纷加强飞机、发动机和机载设备的维修能力,建立内部交通机构,帮助客户转乘商用航线飞机,代订酒店、代发邮件、安排旅游、安排地面交通;为提高客户飞机利用率而开展包机业务,与企业飞行部签合同,接管企业和私人飞机的管理,参与客户的一些项目,如建机库等,甚至提供一些融资手段,如应客户要求买下客户的飞机,再让客户租回去,等等。

③ 拓展业务,经营多样化。一些 FBO 也开始增加非航空产品的销售,如传统的航空太阳镜和皮夹克的销售将大大扩充,并和一些营销公司结成伙伴关系。FBO 也将利用它们的连锁优势,进一步介入地区和支线包机业务,通过计算机网络把市场连成片。FBO 还积极参与组织飞行俱乐部的活动,提供飞行设施,并教授飞行,让更多的人拿到私人驾照,扩大飞行队伍,拉动飞行消费。

5. 飞行培训

随着通用航空需求的增长,飞行培训成为一个很有发展潜力的市场。除了满足生产生活需要的飞行培训外,以休闲娱乐为目的的飞行培训需求,更是表现出强劲的发展势头。

在美国,用于教学飞行的飞机占通用航空飞机的 9%。美国飞行培训的飞行小时数在总飞行小时中所占比例从 20 世纪 90 年代的 26% 下降到现在的 17%。虽然比例在下降,但航空培训在美国仍是一个巨大的产业,其繁荣程度是通用航空的晴雨表。20世纪90年代,美国曾出现飞行人次下降的趋势。为了改变这个局面,通用航空界采取了不少措施,比如1992年提出"雏鹰计划",目标是到2003年航空百年之际,引领100万名青年人进入飞行世界,2003年顺利完成计划。到1999年美国出现了连续3年增长的局面。这些措施增强了美国在航空飞行方面的实力和人力储备资源,保证了其在国际上的领先地位。

从20世纪90年代初开始至今,澳大利亚的飞行培训小时数约占总量的28%。在加拿大,存在着各种通用航空飞机协会,如休闲飞机协会、私人飞机和飞行员协会等,这些协会都开办针对专用机型的飞行培训。

6. 维 修

从事世界航空维修服务的市场来看,各经营者之间的合作在不断加强,这些合作包括维修机构之间,也包括与原设备制造商和独立维修服务商之间的合作。目前,航空维修服务市场呈现出竞争与合作的态势。

21世纪的前十年,全球航空维修服务市场受到较大冲击,据美国《大修与修理》杂志发布的由BACK航空解决方案公司和斯特兰德联合公司提供的MRO市场报告,仅在2001年,全球商用喷气机MRO市场损失了44亿美元,2002年所确立的航空MRO市场基准值为378亿美元,比2001年年初的422亿美元减少了10.4%。一些航空维修服务商的统计报告也说明了9·11事件之后,业务量减少了60%。几个主要的航空维修商,如汉莎航空技术公司的维修业务量减少了20%。尽管大部分企业仍然实现了盈利,但从全球航空维修服务业总体情况来说,整体下滑的趋势在2010年以前较为明显。近年来,随着各国经济的缓慢复苏,航空企业机队的增长和客货运输的恢复,下降的趋势有所缓解。

3.8 国外典型通用航空企业

3.8.1 经营通用航空各项业务的通用航空企业

ERA公司是一家以开展出租飞行、通勤飞行、空中游览、直升机业务、海上石油服务、飞行器维修等业务的美国通用航空企业。ERA公司现在是阿拉斯加地区最大的地区航空公司,在美国的25个地区航空公司中排名第一。公司现有员工800人,其中500人在阿拉斯加,300人在Lake Charles和Reno。

ERA公司现有9架DHC-6 Twin Otter和4架DHC-8-106 Dash在运营,详情见表3.7所列。

表3.7 ERA公司机队情况

机 型	简 介
Twin Otter 300	最多可容纳19名乘客和2名飞行员,具有易于客机改货机的结构
Twin Otter 200	最多可容纳15名乘客和2名飞行员,具有易于客机改货机的结构
Dash 8	最多可容纳37名乘客、2名飞行员和1名乘务员,备有盥洗室和卫生间

1948年，ERA公司的创始人卡尔·布拉迪（Carl Brady）在阿拉斯加购买了一架贝尔-47A直升机，成立了EPC公司。当1948年美国政府准备把阿拉斯加划入美国时，布拉迪成功地说服了美国政府，为其贝尔-47A找到了勘察阿拉斯加边界的业务。到1950年，该公司位于阿拉斯加的分布开始转入石油行业，从事工业航空业务，为开展地区海上石油开采业务发挥了巨大的作用。由于在阿拉斯加的商业机会的增多，该公司得到了很好的发展。它与加利福尼亚州的Rotor-Aids公司合并，并购置了两架大型的西科斯基S-55直升机。不久，该公司正式改名为ERA。1958年，ERA公司在Merrill Field设立基地，从事阿拉斯加州各地的地界标注工作和国际飞行业务。1962年，ERA公司的业务扩展到Kenai地区，并于1964年购买了首架涡轮驱动的直升机——贝尔204B。

作为该公司扩展计划的一部分，ERA公司于1967年收购了得克萨斯州休斯敦市的Rowan公司。1970年，该公司承担了墨西哥湾、中东和非洲部分地区的运营，并在随后的5年时间内，收购了Merrick直升机公司和Livingston Copters公司，并于1978年在路易斯安那州的Lake Charles建立了墨西哥湾运营基地。同一年，该公司在阿拉斯加州建立了固定翼分部，并购置了Jet Alaska喷气式飞机。1980年，该公司固定翼分部购置了3架50座Convair 580飞机，联通公司的Twin Otter飞机和1架King Air飞机，承担包机和航线运营业务。该公司还能够提供飞机支援服务，即飞机维护作业，如：

1）喷气式发动机维修；
2）一个带有8个大门，能够容纳波音757飞机的维修机库；
3）坡道直接连接到机库的8个大门；
4）具有氧气和氮气设备；
5）具有除冰能力；
6）具有FAA办法的ERAR075A航空电子和电器维修资格和满足FAR-135的维修资格。

到1988年，该公司已经在数个国家开展了商业运营和机翼维修等业务，并为乘客提供空中游览业务，总部设在华盛顿州。目前，ERA公司所具有的50多年的运营经验，能够提供仪表飞行规则和目视飞行规则的运输、精确的长线抛投作业、设备人员运输、空中游览和媒体服务等多项业务。

3.8.2 公务航空企业

1. NetJets

NetJets是全世界公务机机队规模最大的运营商，是以分散产权为核心的机队管理模式的创始者，其母公司即沃伦·巴菲特任董事长的伯希克尔·哈撒韦公司。NetJets总部位于美国俄亥俄州哥伦布市，目前管理的机队规模超过750架，并于2021年增加60余架飞机用于运营。Netjets经营的飞机包括巴西航空工业飞鸿300、塞斯纳Citation Latitude、庞巴迪挑战者350、达索猎鹰2000EX和庞巴迪环球者6000五种机型。其特点是大中小搭配，适合不同等级的客户。今后机队的发展趋势则是提升大型远程飞机的比例，并以新型飞机更新其轻型和中型机队。Netjets公司还与全球超过200个国家的5 000余个机场有合作关系。

NetJets 于 1964 成立，是全球首家包机和飞机管理公司。1986 年，NetJets 开创了飞机产权共享的概念，让个人和企业只需付飞机的部分价款，就可享受拥有整架飞机的种种好处。同时，NetJets 利用其庞大的机队实现了北美大多数地区，以及加勒比和欧洲部分城市的调机费豁免，极其有效地降低了成本，大大增强了公司的竞争力。

NetJets 的另外一种产品侯爵机时卡（Marquis Jet Card）相对简单，即 25 小时包机年卡。以豪客 400XP 为例，其费率大约为每小时 3.2 万人民币。

对于公司客户，NetJets 还提供"直接融资"（Direct Financing）服务。其特点是 6% 的固定利率，最低 10 万美元融资额度，最长 5 年还款期，以及最多 80% 标的融资。可以说是将飞机产权分散做到极致，成为一个长时间低现金流出的解决方案。

目前，NetJets 已经与联想集团旗下的弘毅近思投资管理（北京）有限公司牵头成立了财团，以及冯氏投资合资成立了利捷中国公司。NetJets 将总部设在珠海横琴，紧邻中航通飞这一具有设计制造能力的通用航空巨头，希望利用自己在机队管理方面的经验，结合中航通飞的修造维护能力以及珠海可能出台的金融政策等其他资源，在公务机金融服务方面发力。

2. VistaJet

VistaJet 的核心竞争力体现在以运营成本低获得竞争优势。该公司成立于 2004 年，是美国以外最大的自有机队公务机运营商，总部设在瑞士，主要覆盖范围为欧洲、中东、西非、亚洲，在美国则与 FlexJet 合作。其机队为全庞巴迪机队，总计 70 余架，包括环球系列与挑战者系列飞机，共计六个型号，覆盖了不同尺寸、不同航程，为顾客提供多种选择。VistaJet 把机队和航班称为"您的机队""您的航班"，而不是"我们的"，给客户一些不一样的感觉。

VistaJet 的主要产品为"按需计划"（On-Demand）和"伙伴计划"（Program Partnership）。"按需计划"即常规包机业务，但 VistaJet 声称可以提供极具竞争力的报价。而"伙伴计划"则为提供给客户小时数，并保证可用性。其中"伙伴计划"又分为"拥有"（Ownership）和"伙伴"（Partnership）两个子计划。"拥有"即客户以低于市场报价的价格购买整个飞机，在保证可用性的前提下，支付较低的使用成本和季度费用，并可以利用空余时间出租，以获得租金，租金为每月固定回报。"伙伴"即租赁飞机，可选择 100~600 小时，强调以较低的成本和零风险获得拥有飞机的好处，同样保证可用性，客户使用时需要支付较低的使用成本和季度费用。"按需计划"和"伙伴计划"所占 VistaJet 飞行小时数的比例会有所波动，2011 年时大约各占一半。

目前，VistaJet 已经与国航下属的北京航空有限公司开展合作。VistaJet 可能更倾向于利用自己在运营方面的优势经验，联合北京航空有限公司，在扩展包机客户、延伸东亚市场覆盖范围方面有所作为。

3.8.3 出租和通勤航空企业

1. Hageland 航空服务公司（Hageland Aviation Service）

Hageland 航空服务公司是美国阿拉斯加州的地区性航空公司，总部基地位于美国阿拉斯加州的安克雷奇。该公司为阿拉斯加州的九个地点提供通勤航空服务，可以在 76 个目的地降落，同时也提供包机业务。

该公司成立于1981年,由James Tweto所拥有,成立时仅有一架塞斯纳180飞机。到了2007年,该公司已经拥有了172名雇员。2009年,该公司被前述的从事通用航空各项业务的ERA公司所并购。此时,该公司拥有33架飞机,其中1架比奇1900C货机、1架塞斯纳180、1架塞斯纳206、19架塞斯纳207、19架塞斯纳208B和4架塞斯纳F406。

2020年11月30日,美国运输和供应链解决方案提供商Ascent全球物流公司收购了总部位于阿拉斯加的Hageland航空服务公司。公司计划于2021年开始进行人员与货物运输服务,其运营飞机包括8架PA-31飞机与两架比奇1900D飞机。

2. 白令航空公司(Bering Air)

白令航空也是美国阿拉斯加的通勤航空公司,总部设在美国阿拉斯加州的诺姆,经营美国国内定期航线、通勤航线和包机服务,同时也经营空中医疗救护和直升机业务。其主要基地是诺姆机场、拉尔夫维也纳机场和尤纳拉克利特机场,能够在32个目的地起降。

该公司由公司所有者James Rowe成立于1979年9月,并在1979年10月3日开始运营,共有95名雇员。截至2020年,该公司拥有30架飞机与直升机,其中2架比奇1900D、4架比奇200空中国王、2架CASA的C212-200、10架塞斯纳208B大篷车和4架派玻PA31-350。直升机则包括1架贝尔UH-1H PLUS、1架空客AS350 B3、3架麦道500E和3架罗宾森R44 RAVON Ⅱ。

3. 日本空中通勤(JAC)

日本空中通勤始建于1983年,主基地设在鹿儿岛,1988年开始有定期航班从鹿儿岛到冲永良部岛,所用的是YS-11飞机。从那时起,JAC公司接管了日本航空系统公司的多条航线,到2000年JAC有11架YS-11,飞17条航线,每天66个航班;11架SAAB 340B,飞24条航线,每天飞72各航次。JAC公司正在用新的Dash8-Q400更新YS-11。2018年年底,所有Q400系列飞机完全退役,2019年年底,所有SAAB 340B飞机退役,目前主要运营型号为ATR-42与ATR-72两种飞机。

3.8.4 飞行培训企业

首先是航空公司兴办的飞行培训机构。各大航空公司大多有自己的飞行员培训学校,为自己培养航线飞行员。小的航空公司一方面经营航线飞行业务,另一方面也利用自有的飞机和飞行员对外经营通用航空飞行员的培训业务。特别是一些专业性的航空公司,如直升机航空公司、水上飞机航空公司及一些包机旅游航空公司等,甚至把飞行员培训工作当作它们的主业之一。

飞机制造厂家也兴办飞行培训学校。通用飞机制造厂家和它们的一些经销商,把飞行员培训当作它们扩大销售的主要阵地之一。如美国最大的通用航空飞机制造商之一赛斯纳公司,在世界范围内建起了包括225个飞行员中心在内的飞行培训网。从1977年至1997年,赛斯纳公司在20年时间里,共培训出40万名飞行员。塞斯纳公司的飞行培训机构也与政府、军队展开合作。而美国另一家通用航空飞机制造商雷神飞机公司,也有类似的飞行培训机构。通用航空飞机的不少经销商也开办所售机型的飞行培训业务。这些都促进了通用航空飞机的销售。

在美国存在着各种通用航空飞机协会,如休闲飞机协会、水上飞机协会、私人飞机和飞行员协会等。这些协会也都开办针对其专用机型的飞行培训,如休闲飞机、水上飞机、直升机等。它们也都具有经有关部门批准的颁发专用机型飞行证书的资格。

美国的飞安公司虽然以经营大型飞机的飞行员培训为主,但其遍布全美的40个飞行培训网点也从事通用航空的飞行员培训,其培训业务往往是以飞机制造厂家的名义,或是与飞机制造厂家联合进行的。它与波音飞机的制造者在中国昆明就办有一家台资培训公司。它也与赛斯纳公司和雷神飞机公司等通用航空飞机制造厂家联合兴办通用航空飞行员培训。

一些大学也开办有飞行理论和飞行实践课程,主要是针对正规的航空公司,为它们培训职业的商业飞行员和航空管理人员。它们培养的人才可分为大专、本科和硕士生,并为他们颁发文凭和执照。同时持有飞行执照和航空管理文凭的人才很吃香,不愁找不到工作。

3.8.5 飞机固定运营基地(FBO)运营企业

1. 英国BBA公司

经营FBO的企业中,最大的连锁集团是英国BBA集团所拥有的Signature飞行保障公司,它是世界上最大的FBO运营商。该公司总部设在美国的佛罗里达州的奥兰多。该公司自1992年起开始大举并购。1999年,该公司花1亿美元买下AMRCombs公司下属的8家FBO连锁基地,建成世界上最大FBO网络,拥有遍布世界各地的217个运营基地,其中有135个在美国(6个位于夏威夷群岛),欧洲49个,巴西28个。早在1999年,其销售额就已达10亿美元,2002年达到30亿美元。目前,这家实力雄厚的公司发展得更是极其迅猛,并计划把Signature的模式推向全球。他们目前已经在中国香港和新加坡设立了基地。

2. Jet Aviation公司

Jet Aviation是一家瑞士公司,1967年开始组建,在欧洲有多家连锁经营网点。20世纪80年代初,该公司看到美国通用航空蓬勃发展之后,就投资1亿美元进入美国市场。1991年公司将总部迁入美国。在美国取得成功后,Jet Aviation公司就向世界其他地方扩展业务。它的扩展方式是先在选定的新点上建立小型的销售点,从维修开始。如果经营成功就扩大服务,形成正式的连锁FBO。Jet Aviation公司在吉隆坡、新加坡、布宜诺斯艾利斯和加拉加斯以及莫斯科都已建立了小型站点。Jet Aviation公司在沙特阿拉伯的阿布达比阿齐斯机场建的FBO取得很大成功后,又在阿联酋建了另一个FBO,因为欧洲维修中心60%的公务机客户来自中东。截至2020年,Jet Aviation公司在全球共有49个网点,包括一个位于上海的网点以及一个位于香港特别行政区的网点。

3. 其他FBO

其他连锁经营的FBO还有:Piedmont Hawthorne公司(有34个基地),Mercury Aviation公司(有17个基地),Million Air公司(有31个基地),Jet Aviation公司(有49个基地)。这些公司始终都在设法买下地理位置好的基地,通常都在接近商业中心的地方。

3.8.6 机场运营情况

与我国的情况不同,国外的机场往往以独立经营、连锁经营的形式出现,有很大的自主性和创造性。同时，由于国外机场数量较多，机场群的出现也对公务航空的发展带来了极大的促进作用。通过对典型国外通用航空机场的了解，能够增进对国外通用航空运营管理的认识。下面以布坎南机场为例，阐述国外通用航空机场的一些情况。

布坎南机场在加州康科德市，位于旧金山东北 40 千米、撒克拉门托西南 64 千米，隶属孔特拉·科斯塔县管辖。在布坎南机场 57 千米半径范围内还有 15 个开放的民用机场，其中 10 个是公有的、5 个是私有的。20 世纪 90 年代初，在布坎南及其周围 15 个民用地方机场共驻有 4 392 架飞机，近年数字略有减少。

布坎南机场目前占地 494 公顷（1 公顷 = 10 000 平方米），其中飞行区（跑道和辅助滑行道）295 公顷，占 58.9%；通用航空用地 60 公顷，占 12.2%；航空公司用地 6 公顷，占 1.2%；其他（包括道路、非航空商业用地、闲置地等）137 公顷，占 27.7%。机场现有 4 条跑道，两两平行。跑道 19-32，主跑道 1 200 米×54 米，辅助跑道 840 米×22 米；跑道 1-19，主跑道 1 320 米×45 米，辅助跑道 830 米×22 米，4 条跑道中仅一条无灯光，其余 3 条均为中等强度灯光照明，可供 DC-9 及同级的客机起降。根据布坎南机场的历史统计资料，1978 年机场飞机起降架次创最高纪录，达 35.4 万架次，几乎全部是通用航空飞机飞行，占全美机场排行榜第 13 至 17 位。1988 年降至最低谷，全年飞机起降 22.9 万架次。近年逐步回升，1999 年为 23.7 万架次，占全美机场排行榜第 70 位。

目前，该机场有 575 架注册飞机在活动，其中 520 架是小型单发飞机，注册时均报"商用"，可以免税。以驾驶私人飞机从旧金山去西雅图为例，开车要 13 小时，而驾飞机只需 3 小时。而飞机保养费不高，每小时仅 45 美元。

这么多飞机在一个小机场活动，空中交通管制问题较为复杂。采用仪表飞行规则的飞机会存在飞行许可问题，而进行目视飞行则无需申请许可，就和汽车上路一样，左右看一看路上没有过往车辆就可以上路。但出于习惯，飞行员一般愿意向每个空域的塔台报告一下自己的存在。布坎南机场的无控空域是高 760 米、半径 4.8 千米的范围，飞机一飞出这个范围，进入另一个塔台管制的空域，也向它报告一下，所以可以说，在无控制空域是不需要申请的。

布坎南机场和拜龙（Byron）机场组成一个机场当局，共有 15 人。直属科伊勒的有 8 个人，称为行政管理组，主要负责剪草、划标志线、消防等工作。出现火情时，机场业务总监则成为消防队长，指挥消防工作。机场有两辆消防车，总有一辆处于警戒值班状态，90 秒之内可以到达全机场的任何地方。

机场当局的管理人员很少，具体各项服务工作如停放、加油、维修等，都由常驻机场的各家业务公司承担。这些公司向机场租用场地，支付租金，还要从营业收入中按事先规定的比例给机场提成。

在机场以北 32 千米，有一个雷达站，联邦航空局（FAA）的 3 个人住在那里，负责导航。这 3 个人不占布坎南机场的编制，机场只负责其设施的维护。布坎南机场全年支出约 400 万美元，其中 150 万美元设施费用由 FAA 提供。收到政府提供的钱后，布坎南机场必须开放，作为取得公共经费后向纳税人的回报。另外 250 万美元，用于机场管理、人员薪金等，这是机场自筹的。

布坎南机场是介于大、小机场之间的中型机场，附近有居民区，机场可以利用自己的土地资源开办为居民提供服务的商业设施，如希尔顿等酒店、超市、高尔夫球场等，有可观的收入。目前美国各机场都十分重视非航空商业收入，以减轻国家的负担。

在机场里有很多大小不一的机库，这些机库是机场把土地出租给机库经营商并由他们建设的。有私人飞机的所有者,再向机库经营者租用机库。比如当地一个房地产开发商兼棒球队队长租用了其中一个机库,将其四壁和地面都刷成白色,里面停放着"空中国王""奖状"等5架飞机,还有游艇和大小车辆。

对于通用航空机场的规模,政府没有一定的标准和要求,也不规定跑道必须多长多宽,而完全取决于起落什么飞机,也就是说由用户确定。跑道修短了,没有人来使用机场;修长了,施工、维护费用势必增加,经济上难以支持。美国各机场重视规划,都找有资格的建设咨询公司制定发展大纲,向主管当局呈报,然后根据实际需要,分步实施。例如建设跑道,在有规划的条件下,可以先短些,以后再加长。

目前在布坎南机场有4个FBO能提供从加油、零备件维护到销售飞机的全部服务。此外,机场当局中还有一个负责机场环境和社区关系的成员,其主要工作是沟通机场与居民的关系,向居民解释机场对发展经济的作用,同时设法努力减轻噪声对居民的危害。机场噪声对附近居民影响很大,为此设有8个噪声监听器(大型机场有30～40个)。

3.9 国外通用航空和公务航空的发展趋势

3.9.1 国外通用航空的发展趋势

美国是通用航空发达的国家,其发展趋势具有先导性代表。美国已把发展通用航空运输作为架构21世纪空中高速路规划列为新的民航运输发展战略,并认为是高速交通旅行的第四次革命(自1905年开始至20世纪末有三次革命,第一次是螺旋桨飞机替代汽车、第二次是喷气飞机替代螺旋桨飞机、第三次是小飞机运输系统),美国政府已拟把该项内容纳入预算。

1. 先进的通用航空运输实验(AGATE)

为发展新一代通用航空方式运输,美国于1994年组成一个名为"先进的通用航空运输实验"(Advanced General Aviation Transport Experiments)的专门机构,简称AGATE,这是一个由美国航空航天局(NASA)、联邦航空局(FAA)、航空制造企业、大学(研究机构)共同组成的联合机构,有66个成员,由NASA牵头。AGATE于1994年成立,该机构负责整个计划实施的统筹安排,包括目标、进度、投资、技术、协调等。美国航空航天局(NASA)在2001年预算中提出了筹集资金要求,希望把通用航空飞机和机场纳入国家航空运输系统的计划。也就是说,美国人扩大国家航空运输系统能力的方法是从通用航空中挖掘潜力,把目前的公务飞行、出租包机、私人飞行三种方式也纳入国家运输系统,对这个发展构想,美国人叫作"国家通用航空蓝图"。

2. 小飞机运输系统(SATS)

AGATE的发展计划中有飞机、机场、空管三个核心。最终目标是建立"小飞机运输系统"(Small Aircraft Transportation System,SATS),使其成为21世纪的高速交通运输工具。

(1) 发展SATS目的和意义

综观美国历史,其经济发展离不开运输发展,美国人通过大量研究,认为在未来20年中高速公路和枢纽轮辐式航空运输网将严重堵塞,不能满足 21 世纪的经济发展需要。另外,信息网络时代的人们的时间价值观大大增强,预计美国人将出现由城市向偏远地区移居的趋势,未来的工业产品将从标准化向按客户需要等因素转化,需要与之相适应的交通运输工具。美国人通过多方面的论证和考虑,选择了建立"小飞机运输系统"来扩大航空运输能力,将该系统作为骨干、地区航空公司之外的第三种国家航空运输力量,缓解高速公路和枢纽机场的拥挤,并成为一种快速的交通运输方式,SATS 将使美国的近郊、农村和偏远地区实现以 4 倍于高速公路的速度开展从家到目的地的旅行。

此外,计划将小飞机运输系统作为 300～500 英里距离之间的交通运输主体,以提高枢纽轮辐式 500 英里以上运输的客座率。

(2) SATS 发展目标阶段

2001—2004 年为近期目标,计划 2003 年开始在小型机场进近部署 SATS 技术设备实验,首先进行仪表飞行规则(IFR)条件下使用"空中高速路"引导显示系统进行目视飞行规则(VFR)进近实验。

2005—2007 年为中期目标,2007 年约有 25% 经过改造的机场可供 SATS 使用,年交付的飞机达 1 万架。

2007—2022 年为远期目标,2022 年将有 90% 的机场可供 SATS 使用,年交付的飞机达 2 万架。

(3) 发展的飞机性能

新研制的轻型小飞机为 4～6 座,航程为 150～1 000 英里,具有新技术、工艺、防坠毁机身、安全设施、单或双发动机、下一代导航和气象电子系统,可以全天候飞行,能达到自动驾驶,并像小汽车那样易于驾驶。近期的目标是制造出易于驾驶的飞机,目前已有 10 多家制造厂在研制这种新型飞机,计划大批量生产,其销售价格将大大降低。

(4) 应用市场

这种新型小飞机的销售对象,私人将是中等以上收入的群体,尤其是下一代青年人;公司作为公务飞机、出租飞机也有相当的市场。SATS 将刺激小机场间的交通量增长,提高众多小机场的利用率,提高低层空域的利用率,并与航空公司的轮辐网络连接,刺激经济的发展。

(5) 基础设施建设

除研制新飞机外,与新飞机配套的机场设施、空管设施也需要建设。SATS 降落的机场能否全天候运行,关键技术是使用差分全球定位系统(DGPS)代替目前的仪表着陆系统(ILS)。SATS 要求没有交通管制塔台的机场能够自动进行飞机间隔分离、排序和冲突解决,这将需要一种机载设备联网,把飞行员和机场以及地区空管指挥联系在一起,构成一体化,并开发机场的自动交通管理。因此,通用航空机场必须升级改造。

为了确保 SATS 成为国家运输系统的组成部分,对于基础设施建设,美国运输部将参与此计划,并希望拥有和经营小型公共机场的州和地方政府能参加 SATS 计划。

SATS 是美国的国家通用航空蓝图(National General Aviation Roadmap),除了上述情况外,发展过程所涉及的方面还很多,诸如:研究制定相应的适航管理条例、采用计算机网络方法培训飞行员等也是发展计划工作中的内容。总之,一切与发展蓝图有关的项目均有部门研究,因此小飞机运输系统是一个需历时近 30 年、耗资巨大的庞大工程。

3.9.2 国外公务航空的发展趋势

1. 以分散产权为核心的机队管理模式

如前述的 NetJets 公司,其核心业务模式即分散产权,目前在美国和欧洲推广,具体内容和优点为:

① 更有效的资金使用,客户可最少购买 1/16 的份额并相应获得每年 50 小时的可用时间;

② 可预测现金流,每个产品一般为期 5 年,到期可更新,且无购回的强制性要求;

③ 保证流动性,客户可根据机型在 2~3 年后选择退出,公务航空公司给予担保性份额残值款;

④ 保证可用性,甚至客户的飞机被别的产权共享人使用时,公务航空公司可给予客户同等甚至高一级的机型使用;

⑤ 使用费低廉,许多出发地免调机费,此外客户需要支付月管理费和首次交易时的手续费。

但是,在我国直接复制分散产权模式也存在未解决的问题。因为目前在中国国内财务准则下,固定资产产权份额无法计提折旧,投资人或公司很可能因此放弃类似的计划,而且部分国内客户对公务机"独占独享"的观念也会阻碍分散产权模式的推行。

2. 以运营成本低获得竞争优势

如前述的 VistaJet 公司,其主要盈利方式是通过降低运营成本来获得竞争优势。VistaJet 的主要产品为"按需计划"和"伙伴计划"。

"按需计划"即常规包机业务,而"伙伴计划"则为客户提供小时数,并保证可用性。其中"伙伴计划"又分为"拥有"(Ownership)和"伙伴"(Partnership)两个子计划。"拥有"即客户以低于市场报价的价格购买整个飞机,在保证可用性的前提下,支付较低的使用成本和季度费用,并可以利用空余时间出租,以获得租金,租金为每月固定回报。"伙伴"即租赁飞机,可选择 100~600 小时,强调以较低的成本和零风险获得拥有飞机的好处,同样保证可用性,客户使用时需要支付较低的使用成本和季度费用。"按需计划"和"伙伴计划"所占 VistaJet 飞行小时数的比例会有所波动,2011 年时大约各占一半。

VistaJet 作为一家快速发展的公务机运营商,其主要特点有别于 NetJets 的分散产权的盈利方式,主要可以总结为以下几点。

① 强调不采用分散产权方案,这样在机队的配置和处理方面具有更高灵活性,对于想拥有飞机的客户,则按"拥有"计划,提供较新的二手机,以及每月固定的回报。但其计划万变不离其宗——尽可能地降低公务机运营中最大的费用,即飞机拥有成本。在分散产权方案下,剩余小时数是不返回到市场中的。

② 强调降低各方面成本,核心则在于提高利用率,尽量减少淡旺季波动,加大对新兴地区运力投放,并控制风险。将大型商业航空公司的收益管理理念融入公务航空是一大亮点,其保本利用率和平均小时收入等指标非常具有竞争力。

③ 像 VistaJet 这类的公务机公司,目前并没有大的财团入资,但其一方面在世界各地寻求更低的融资成本,另一方面巩固其运营和产品创新方面的优势,最终目的还是需要依靠一个实力雄厚的投资人来实现其发展计划,而 VistaJet 也在努力通过提高运营品质来提升自身公司的价值,争取获得投资者青睐。

第四章
通用航空机场的筹建

机场是航空运输系统中运输网络的节点(航线的交汇点),是地面交通转向空中交通的接口。用于公共航空运输的机场成为民用运输机场,专供通用航空飞机使用的机场称为通用航空机场。通用航空机场是通用航空企业甚至整条产业链的中心,航空产业园、航空乐园等形式的"通航小镇"都是围绕着机场这一重要资源周边,辐射出诸多周边产业。

虽然从 2021 年 1 月 1 日开始实行的新版《通用航空经营许可管理规定》中,取消了 2016 版中第二章第八条第七款,"取得通用航空经营许可,应当有满足民用航空器运行要求的基地机场(起降场地)及相应的基础设施"的要求,但绝大部分通用航空公司仍然有筹建机场的需求,因此本章仍给出机场筹建的相关建议。

4.1 机场选址及建设政策背景

机场相比于一般公共设施,不但占地面积大,空间利用率低,还对周边环境、空域、地质等有着特殊的要求。对于中国而言,是否建机场、在哪里建机场,都需要从宏观角度来考虑。本节旨在介绍相关政策,给有建设机场需求的企业提出一些建议。

4.1.1 通用航空机场概述

1. 通用航空机场的分类

根据通用航空机场的建设规模大小,分为大型通用航空机场和小型通用航空机场。大型通用航空机场是指其建设规模相当于小型运输机场或更大规模的通用航空机场。小型通用航空机场是指其建设规模较小的通用航空机场。

小型通用航空机场分为一类小型通用航空机场、二类小型通用航空机场和三类小型通用航空机场。一类小型通用航空机场是指作为基地的或仪表飞行的、有固定设施的通用航空机场,包括民用航空器生产组装厂家的试飞场。二类小型通用航空机场是指不作为基地的或目视飞行的、有固定设施的通用航空机场。海上平台和高架直升机场,无论是否作为基地,均列为二类小型通用航空机场。三类小型通用航空机场是指执行某次临时任务,暂时供民用航空器起飞、降落的、无固定设施的临时场地。作为基地的通用航空机场是指航空公司以该通用航空机场为基地,或具有基地性质提供民用航空器停场过夜、加油、机务维修、本场训练、航空器托管等各类保障服务的通用航空机场。飞艇、滑翔机、载人气球、动力伞、降落伞、滑翔伞、悬挂滑翔机等民用航空器所用的场地,视作三类小型通用航空机场。

2. 通用航空机场的功能

在机场的功能上不同的机场往往并不一致,民用运输机场应该具有的功能包括:
① 保证飞机安全、及时地起飞和降落;
② 安排旅客准时、舒适地上下飞机和货物的及时地到达;
③ 提供方便和迅捷的与市区连接的地面交通。

通用航空机场一般应该具有的功能包括:
① 保证飞机安全、及时地起飞和降落;

② 保证一般飞行和训练飞行的正常进行；
③ 保证通用航空飞机的停放、补给和维护保养；
④ 方便地面交通工具的连接。

4.1.2 通用航空机场选址建设法规文件

目前我国的机场选址、建设主要由民航总局机场司建设处和各地区民航管理部门负责审批和监督，主要的机场选址建设政策文件如表 4.1 所列。

表 4.1 主要机场选址建设政策文件

编号	类型	文件名称
1	法规	《民用机场建设管理规定》CCAR-158-R2
2	法规	《民用机场管理条例》
3	法规	《民航华东地区通用机场建设管理程序(试行)》
4	法规	《民用机场选址报告编制内容及深度要求》
5	法规	《运输机场使用许可规定》CCAR-139CA-R3
6	法规	《民用机场使用许可空管事项申请与审批规定》AC-139-TM—2011-01
7	法规	《全国民用机场布局规划》
8	标准	《民用机场飞行区技术标准》MH5001—2006
9	标准	《通用机场建设规范》MH/T 5026—2012
10	标准	《通用航空机场设备设施》GB/T 17836—1999

4.1.3 通用航空机场筹建与审批流程

如前所述，通用航空机场分为大型和小型通用航空机场，小型通用航空机场可以分为一、二、三类。通用航空企业所经营的业务主要是公务飞行，因此依据前述的分类依据所需要的运营基地机场应该属于一类小型通用航空机场。

根据有关规定，一类小型通用航空机场需提交民航行业审查的建设阶段至少应包括：项目核准（含场址审查）、初步设计、行业验收、飞行程序审批及试飞等。场址报告（含航行研究）可结合项目申请报告（或立项代可行性研究报告）一并审查，也可分场址报告、项目申请报告两个阶段报请审查。二类小型通用航空机场需提交民航行业审查的建设阶段至少应包括：项目核准（含场址和初步设计方案审查）、行业验收等。场址报告（含航行研究）、初步设计方案可与项目申请报告（或立项代可行性研究报告）一并审查，也可分场址报告、项目申请报告和初步设计方案三个阶段报请审查。三类小型通用航空机场建设程序不作规定。

本节将对各阶段的具体工作进行详述和总结。

1. 项目核准阶段

一类小型通用航空机场向民航地区管理局征求项目核准阶段（含场址审查）行业意见时，应当履行下列程序：

① 由通用航空机场的项目法人或所有者向民航地区管理局提出申请，并向所在地方政府出具申请项目建议书审批或审核的文件 1 份、立项报告 1 份、飞行程序报告 1 份与飞机性能分

析报告1份。材料类型为原件或复印件,可通过电子版或纸质版提交。

② 民航地区管理局组织现场踏勘,对项目申请报告进行审查,必要时组织专家或专项评审。

③ 按照审查或评审意见,必要时项目法人或所有者应组织设计单位对项目申请报告进行修改、补充和完善,并向民航地区管理局提交补充材料一式2份。

④ 民航地区管理局在收到符合要求的项目申请报告后在30个工作日内出具行业审查意见(含场址意见)。

二类小型通用航空机场向民航地区管理局征求项目核准阶段(含场址和初步设计方案审查)行业意见时,应当履行下列程序:

① 由通用航空机场的项目法人或所有者向民航地区管理局提出申请,并同时提交所在地县级以上人民政府的意见一式2份和项目申请报告一式6份。项目申请报告中应包含场址论证、航行研究(含飞行程序方案)和初步设计方案的内容。

② 民航地区管理局组织现场踏勘,对项目申请报告进行审查,必要时组织专家或专项评审。

③ 按照审查或评审意见,必要时项目法人或所有者应组织设计单位对项目申请报告、初步设计方案进行修改、补充和完善,并向民航地区管理局提交补充材料一式2份。

④ 民航地区管理局在收到符合要求的项目申请报告和初步设计方案后在20个工作日内出具行业审查意见(含场址意见)。

通用航空机场的场址应当符合下列基本条件:

① 机场净空、空域、电磁环境及气象条件能够满足机场安全运行要求,与邻近机场无矛盾或能够协调解决;

② 地形、地貌较简单,场地满足通用航空机场的建设及发展要求;

③ 具备建设通用航空机场导航、供油、供电、供水、供气、通信、道路、排水等设施(系统)的条件;

④ 满足城市规划、土地使用、文物保护及环境保护要求。

航行研究的内容通常包括:

① 机场的地理环境和容量的研究;

② 对与航行有关的机场发展规划的研究;

③ 对与机场设计有关的飞机特性的研究;

④ 空中交通管制和空中交通服务的研究;

⑤ 飞行程序设计和优化飞行程序以及跟飞机运行有关的其他方面的研究。

图4.1所示为通用航空机场申请办理流程图。

2. 初步设计及建设阶段

一类小型通用航空机场向民航地区管理局征求初步设计行业意见时,应当履行下列程序:

① 由通用航空机场的项目法人或所有者向民航地区管理局提出申请,并同时提交项目立项批复或核准文件一式2份、军方对场址的批准文件一式2份和初步设计文本一式6份;

② 民航地区管理局对民航专业工程的初步设计进行审查,于20个工作日内出具行业审查意见;

③ 开展机场建设;

④ 进行竣工验收;

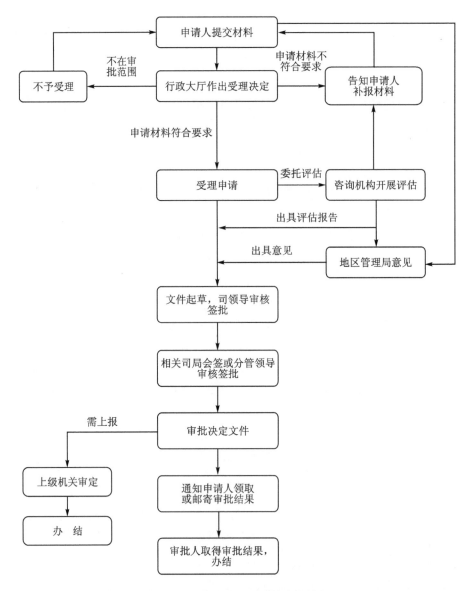

图 4.1 通用航空机场申请办理流程

⑤ 进行飞行校验。

通用航空机场中的民航专业工程应当执行国家和民航有关招投标管理规定。承担民航专业工程建设的施工、监理单位原则上应具备民用机场施工、监理资质;对于规模及投资较小的场道工程,应具备市政公用工程施工资质(市政施工资质或公路施工资质)。工程所选用的民航专用设备应具有民用机场专用设备使用许可证。

通用航空机场中的民航专业工程,项目法人或机场所有者应在工程开工前向民航专业工程质量监督机构申办质量监督手续。

通用航空机场工程竣工后,项目法人或通用航空机场所有者应当组织设计、施工和监理等有关单位进行竣工验收。通用航空机场工程竣工验收应具备下列条件:

① 完成建设工程设计和合同约定的各项内容;

② 有完整的技术档案和施工管理资料;
③ 有工程使用的主要建筑材料、建筑构配件和设备的进场试验报告;
④ 有勘察、设计、施工、监理等单位分别签署的质量合格文件。

飞行校验是指对按规定需进行飞行校验的通信、导航、监视、助航灯光等设施设备,通用航空机场的项目法人或所有者应按有关规定办理飞行校验手续,取得飞行校验结果报告。

3. 行业验收阶段

通用航空机场在竣工验收和飞行校验合格后,应当履行下列行业验收程序:
① 通用航空机场的项目法人或所有者向民航地区管理局提出行业验收申请;
② 民航地区管理局在收到申请后,于20个工作日内组织完成对工程的行业验收工作,并出具行业验收意见。

通用航空机场的项目法人或所有者在申请行业验收时,应当报送的材料如表4.2所列。

表4.2 申请行业验收所需材料

材料名称	来源渠道	材料类型	材料形式	纸质材料份数	材料必要性
请示公文及申请书	申请人自备	原件/复印件	纸质	5	必要
竣工验收报告	申请人自备	原件/复印件	纸质	1	必要
飞行核验结果报告	申请人自备	原件和复印件	纸质	1	必要
试飞总结报告	申请人自备	原件和复印件	纸质	1	必要
运输机场专业工程设计、施工、监理、质量监督等单位的工作报告	申请人自备	原件和复印件	纸质	1	必要
环保、消防等主管部门的验收合格意见、准许使用意见或备案文件	申请人自备	原件和复印件	纸质	1	必要
运输机场专业工程有关项目的检测、联合试运转情况	申请人自备	原件和复印件	纸质	1	必要
工程预可行性研究报告、可行性研究报告(或项目申请报告)、总体规划、初步设计及概算、相关调整文件(总规调整、初设变更、概算调整等)、环境评价、水土保持方案、土地预审、提前投入使用项目的验收意见或相关批复	申请人自备	原件和复印件	纸质	1	必要

行业验收办理流程如图4.2所示。
行业验收的内容包括:
① 工程质量是否符合国家和行业现行的有关标准及规范;
② 工程主要设备的安装、调试情况;
③ 工程是否满足机场运行安全和使用需要;
④ 工程投产使用各项准备工作是否符合有关规定。

4. 飞行程序审批及试飞阶段

一类小型通用航空机场(民用航空器生产组装厂家的试飞场除外)在工程竣工、飞行校验

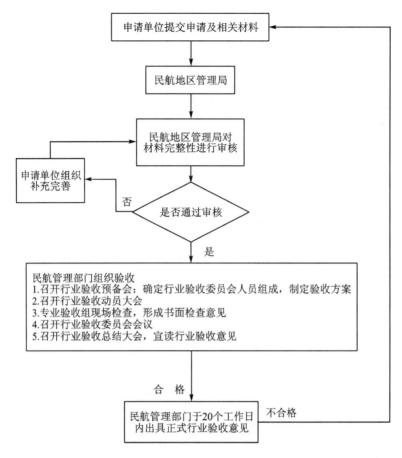

图 4.2 行业验收办理流程

合格、机场使用空域、进离场航线确定后,项目法人或机场所有者应委托飞行程序设计单位根据竣工后飞行区、导航设备、目视助航设施、障碍物的实测数据和空域使用限制等资料,依据确定的飞行程序方案来进行飞行程序正式设计(包括飞行程序、运行最低标准、机场使用细则)。飞行程序正式设计完成后,项目法人或机场所有者向民航地区管理局提出飞行程序审批申请,民航地区管理局在自受理申请之日起 20 个工作日内出具审查意见。

一类小型通用航空机场(民用航空器生产组装厂家的试飞场除外)在飞行程序审查和行业验收合格后,项目法人或所有者委托航空公司向民航地区管理局提出机场试飞申请,民航地区管理局在自受理申请之日起 20 个工作日内完成批复。机场试飞由地区管理局按相关规定组织实施。

经试飞合格的,民航地区管理局于机场试飞后 20 个工作日内批复飞行程序和运行最低标准;经试飞,飞行程序和/或运行最低标准需作调整修改的,项目法人或机场所有者应委托原设计单位进行修改,修改后的飞行程序和/或运行最低标准报民航地区管理局,民航地区管理局在自受理申请之日起 10 个工作日内完成批复。

对于开展空中游览或其他公共载客飞行活动的小型通用航空机场,应当配备必要的安全检查设备及人员,对上机人员和物品实施安全检查。三类小型通用航空机场不得用于公共载客飞行。一类和二类小型通用航空机场的开放使用实行许可制度。未经许可的一、二类小型通用航空机场不得开放使用。关于许可制度的讨论将在后续进行。

以上流程可总结为图 4.3。

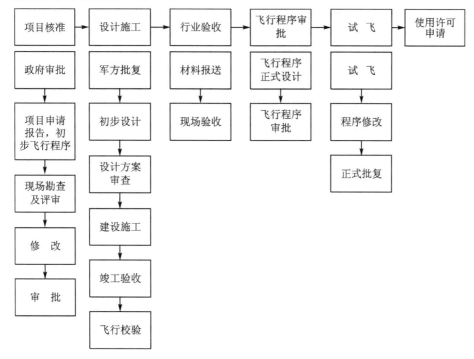

图 4.3　飞行程序审批及试飞阶段流程总结

4.1.4　通用航空机场使用许可申请与审批流程

通用航空机场在通过试飞后并不能马上投入使用,这是由于机场的使用实行的是申请许可制度,需要向有关部门进行申请获得许可。目前,中国民用航空地区管理局负责对所辖区域内的民用机场使用许可实施监督管理。其中最主要的一项管理职责就是根据民航总局授权审批颁发本辖内飞行区指标为 4D(含)以下运输机场和通用航空机场的民用机场使用许可证。民用机场使用许可证是民航总局或者民航地区管理局颁发的准许机场开放使用的许可文件。取得民用机场使用许可证应当由机场管理机构按照本规定的条件和程序提出申请。民用机场使用许可证有效期为五年。它由民航总局统一印制,许可证编号由民航总局统一编排。民用机场使用许可证如图 4.4~图 4.6 所示。

本节将介绍通用航空机场在完成试飞、获得许可批复后申请使用许可的具体条件、流程、审批办法、管理程序等内容。

1. 使用许可条件

申请民用机场使用许可证的机场,应当具备下列基本条件:
① 机场管理机构具有中华人民共和国法人资格。
② 机场高级管理人员具备相应的资格和条件。
③ 机场的资本构成比例符合国家有关规定。
④ 机场内设组织机构和管理体系完备。
⑤ 与其运营业务相适应的飞行区、航站区、工作区以及服务设施和人员。

附录一

标准航徽

民用机场使用许可证

机场名称：_____ 使用许可证编号：_____

机场所有者法定代表人：_____ 机场管理机构法定代表人：_____

机场管理机构名称：_____ 机场使用性质：_____

飞行区指标：_____ 道面等级号：_____

可使用机型：_____ 消防救援等级：_____

跑道运行类别：_____

_____

目视助航条件：_____

_____

本机场使用许可证根据《中华人民共和国民用航空法》第六十二条、六十三条以及《民用机场使用许可规定》（民航总局第156号令）颁发。

机场管理机构应当遵守相关法律、法规中关于机场开放使用条款及经认可的《民用机场使用手册》。否则，国务院民用航空行政主管部门有权责令该机场停止使用，没收违法所得，可以并处一倍以下的罚款。

本机场使用许可证不可转让，除被吊销、注销外，有效期五年。

发 证 机 关

年 月 日

图 4.4　民用机场使用许可证(1)

标准航徽

民用机场使用许可证

(副　本)

机 场 名 称：_____

使用许可证编号：_____

本机场使用许可证根据《中华人民共和国民用航空法》第六十二条、六十三条以及《民用机场使用许可规定》（民航总局第156号令）颁发。

机场管理机构应当遵守相关法律、法规中关于机场开放使用的条款及经认可的《民用机场使用手册》。否则，国务院民用航空行政主管部门有权责令该机场停止使用，没收违法所得，可以并处一倍以下的罚款。

本机场使用许可证不可转让，除被吊销、注销外，有效期五年。

图 4.5　民用机场使用许可证(2)

⑥ 必要的空中交通服务、航行情报服务、通信导航监视、航空气象等设施和人员，符合民航局空中交通管理部门的规定，并制定相关的运行管理程序。

⑦ 飞行程序和运行最低标准已经批准。

⑧ 符合《中华人民共和国民用航空安全保卫条例》规定的安全保卫设施和人员。

⑨ 处理特殊情况的应急预案以及相应的设施和人员。

机场所有者法定代表人：＿＿＿＿＿＿＿＿＿＿＿＿＿＿＿

机场管理机构名称：＿＿＿＿＿＿＿＿＿＿＿＿＿＿＿＿＿

飞行区指标：＿＿＿＿＿＿＿＿＿＿＿＿＿＿＿＿＿＿＿＿＿

可使用机型：＿＿＿＿＿＿＿＿＿＿＿＿＿＿＿＿＿＿＿＿＿

机场管理机构法定代表人：＿＿＿＿＿＿＿＿＿＿＿＿＿

机场使用性质：＿＿＿＿＿＿＿＿＿＿＿＿＿＿＿＿＿＿＿

道面等级号：＿＿＿＿＿＿＿＿＿＿＿＿＿＿＿＿＿＿＿＿

消防救援等级：＿＿＿＿＿＿＿＿＿＿＿＿＿＿＿＿＿＿＿

跑道运行类别、模式：＿＿＿＿＿＿＿＿＿＿＿＿＿＿＿
＿＿＿＿＿＿＿＿＿＿＿＿＿＿＿＿＿＿＿＿＿＿＿＿＿＿

目视助航条件：＿＿＿＿＿＿＿＿＿＿＿＿＿＿＿＿＿＿＿
＿＿＿＿＿＿＿＿＿＿＿＿＿＿＿＿＿＿＿＿＿＿＿＿＿＿

发证机关

年 月 日

图 4.6　民用机场使用许可证(3)

⑩ 满足机场运行要求的安全管理系统。

⑪ 民航局认为必要的其他基本条件。

2. 使用许可申请文件

申请民用机场使用许可证，机场管理机构应当报送的文件材料如表 4.3 所列。

表 4.3　申请使用许可证所需材料

材料名称	来源渠道	材料类型	材料形式	纸质材料份数	材料必要性
机场管理机构的主要负责人、分管运行安全的负责人以及其他需要承担安全管理职责的高级管理人员的资质证明	申请人自备	原件	电子	0	必要
机场建设的批准文件和行业验收的有关文件	政府部门核发	原件	电子	0	必要
机场产权和委托管理的证明文件	政府部门核发	原件	电子	0	必要
通信导航监视、气象等设施设备开放使用的批准或者备案文件	政府部门核发	原件	电子	0	必要
符合要求的机场使用细则、飞行程序、机场运行最低标准的材料	申请人自备	原件	电子	0	必要
符合要求的民用航空安全保卫方案和人员配备、设施设备配备清单	申请人自备	原件和复印件	电子	0	必要
机场突发事件应急救援预案	申请人自备	原件和复印件	电子	0	必要
机场名称在民航局的备案文件	政府部门核发	原件	电子	0	必要
民航局、民航地区管理局要求报送的其他必要材料	申请人自备	原件和复印件	电子	0	必要

机场管理机构应当对申请机场使用许可证文件资料的真实性负责,提交电子版本审核材料线上办理。民航地区管理局应当在受理后于45个工作日内作出准予颁发或者不予颁发的决定,并书面通知申请人。

手册是随同民用机场使用许可证一并批准机场运行的基本依据,机场管理机构应当严格按照手册运行和管理机场。手册应该载明的内容如下所述:

① 编制民用机场使用手册(以下简称手册)的目的和适用范围,对手册的使用管理要求、机场管理机构的责任、机场管理机构(法定代表人)的承诺。

② 描述机场安全管理系统,具体有:

a) 机场内设的组织机构、人员及其职责;

b) 机场安全管理的方针政策;

c) 机场安全运行的信息管理和报告制度;

d) 促进安全和预防事故的措施,包括涉及飞行事故、事故征候、投诉、缺陷、差错、差异、故障的分析和处理,以及安全隐患的持续监控措施;

e) 机场安全管理的各项制度和计划,以及机场内部安全检查和审查制度;

f) 将所有与安全相关的机场设施及其运行和维护记录录入计算机管理系统,便于查询和检索;

g) 员工的培训与资格认证,包括员工所接受的培训、复训以及员工能力的考核评估办法;

h) 对驻场单位及进入机场飞行区的外部人员管理原则。

③ 机场运行程序和安全管理要求,主要包括:

a) 飞行区场地管理;

b) 目视助航设施及机场供电系统管理;

c) 机坪运行管理;

d) 机场控制区内车辆及驾驶人员的管理;

e) 施工管理;

f) 空中交通管制设施的运行维护管理;

g) 救援及消防设施管理;

h) 航油储存、输送、加注的管理;

i) 危险品的管理;

j) 公共安全保护措施;

k) 安全保卫(空防)措施(含人员证件的管理);

l) 机场净空及电磁环境保护区域管理;

m) 防止野生动物危害的管理措施;

n) 民航总局或者民航地区管理局认为必要的其他管理规定。

④ 机场应急救援预案,主要包括:

a) 应急救援的组织机构、人员及其职责;

b) 应急救援的具体项目及相应的预案;

c) 有关单位的分工协议;

d) 应急救援预案的管理要求;

e) 残损航空器的搬移;

f) 恢复正常运行的程序。

⑤ 机场资料及附图,主要包括:
a) 跑道与升降带;
b) 滑行道;
c) 机坪;
d) 障碍物;
e) 通信、导航、航管、气象等空中交通管制设施;
f) 灯光、标志线、标志牌、标志物等目视助航设施;
g) 救援与消防、安全防护和安全检查设施及设备的说明;
h) 公用设施、供油设施、供电设施的说明;
i) 电磁环境保护、噪声防治、污水处理及排放、冰雪控制、航空垃圾处理等环境保护设施;
j) 机场建设史,包括建设依据、工程规模和工程实施中的重要事件;
k) 城市发展规划对本机场的要求;
l) 机场位置图;
m) 机场总体布置图(包括地形、排水设施);
n) 机场规划总平面图和现状总平面图;
o) 机场净空平面图、剖面图和以跑道中心线及其延长线关系表示的障碍物位置及顶端标高的一览表;
p) 机场管网综合系统平面图,包括转折点的位置及埋深(尽可能报电子版);
q) 应急救援预案需用的机场方格网图,标出方格网坐标、飞行区、机坪、集结区、水源、道路及进出口、围界;
r) 机场噪声等值线图。

3. 使用许可审批办法

民航总局或者民航地区管理局收到机场管理机构报送的申请民用机场使用许可证的文件资料后,应当按照以下要求进行审查:
① 对文件资料的完整性和民用机场使用手册的格式进行审核;
② 对手册内容进行审查;
③ 必要时现场核实机场管理机构所报文件材料、设施设备、人员的情况。

负责审查前款事项的人员由民航总局或者民航地区管理局指派人员或者监察员担任,但只有监察员有权在相应的文件上签字。

民航总局或者民航地区管理局认为机场管理机构报送的文件资料、机场的设施设备、人员不满足具备上述要求时应当书面通知机场管理机构。

在机场管理机构为弥补前款提及的缺陷采取措施后,仍不能满足有关要求时,民航总局或者民航地区管理局可以拒绝颁发民用机场使用许可证。拒绝颁发民用机场使用许可证应当以书面形式通知机场管理机构,并说明理由。

民航总局或者民航地区管理局经过审查,认为机场管理机构的申请符合要求时,民航总局或者民航地区管理局应当批准该申请,并把民用机场使用许可证、批准文件、监察员签字的手册一并交与机场管理机构。颁发民用机场使用许可证时,手册的每一页(不含机场资料册和附图)应当由负责审核的监察员签字,手册方能生效。民航地区管理局在颁发民用机场使用许可证时应当向民航总局申请许可证编号。

取得民用机场使用许可证的机场管理机构应当按照民航总局的有关规定将该机场的资料提供给航行情报服务部门予以公布。

4. 通用航空机场使用许可证的变更及换发

有下列情况之一的,机场管理机构应当按照本规定申请变更民用机场使用许可证:
① 机场飞行区指标发生变化的;
② 机场拟使用机型超出原批准范围的;
③ 机场道面等级号发生变化的;
④ 机场目视助航条件发生变化的;
⑤ 机场消防救援等级发生变化的;
⑥ 机场使用性质发生变化的;
⑦ 机场资本构成比例发生变化的;
⑧ 机场名称发生变化的;
⑨ 跑道运行类别、模式发生变化的;
⑩ 机场所有者或者机场管理机构法定代表人发生变化的;
⑪ 机场管理机构发生变化的。

申请变更民用机场使用许可证,机场管理机构可仅报申请民用机场使用许可证资料的变化部分。

民用机场使用许可证变更后,机场管理机构应当在7日内将原民用机场使用许可证交回原颁证机关。民用机场使用许可证有效期到期前45日,机场管理机构应当申请换发民用机场使用许可证,并按照前述规定要求报送文件资料。

5. 通用航空机场名称管理办法

通用航空机场名称应当符合以下规定:
① 应当与国务院或各级地名主管部门审查批准的机场所在地行政区划的地名名称相一致;
② 与现有其他机场不重名,避免使用同音字;
③ 使用规范的汉字或者少数民族文字;
④ 按照国家汉语拼音使用相关规定,规范拼写机场名称;
⑤ 按照国家译名管理相关规定,规范拼写机场英文译名。

此外,通用航空机场的名称应当由机场所在地城市或地、州、县、乡名称后缀机场所在地具体地点名称组成。

通用航空机场的命名或更名,由机场管理机构或机场所有者提出申请,报机场所在地民航地区管理局审批。申请通用航空机场的命名或更名的,机场管理机构或机场所有者应当向民航地区管理局报送下列文件:
① 机场管理机构或机场所有者关于机场命名或更名的申请文件;
② 机场所在地县级或县级以上人民政府的审核意见。

民航地区管理局收到通用航空机场管理机构或机场所有者提出的申请后,应当在20个工作日内审查决定,并报送民航总局备案。通用航空机场管理机构或者所有者收到民航地区管理局命名或更名的批复后,方可正式启用经批准的机场名称,对外公布信息,并在机场显著位置规范标示机场名称。

4.2 通用航空机场选址原则与流程

4.2.1 选址原则

通用航空机场的选址涉及许多因素，选址过程中必须综合考虑多重因素，结合候选场址确定通用航空机场的最终场址方案。在选址过程中，主要需要考虑的因素有周围地区的发展类型、大气及气象条件、公众便利性、空域、障碍物、建设成本、公用设施等。

机场的活动会带来较大的噪声，会给周边的邻居造成较大困扰。因此，对机场场址临近地区土地的使用进行深入的研究十分必要。与机场活动最相容的场址应给与优先考虑，尽可能避免靠近住宅区和学校。对于公务机运营商，若其使用的是喷气式公务机，该类问题显得尤为突出，需要着重考虑。

雾霾和烟尘会使能见度降低，使机场的运行受到影响。在少风的地方，雾会停留更长的时间，少风可能是由于周围地形造成的；烟霾易出现在大工业区的附近。应对所有可能的场址的具体条件加以检查，同时对已有的天气记录作详细分析，以保证所选定的场址能提供与机场需要相称的大气与气象特性。

当选择机场场址时，必须仔细分析在该地区内其他机场的运行情况。机场相互之间应该保证足够的距离，以防止在一个机场着陆的飞机与其他机场的飞行活动相冲突。机场之间的最小距离完全取决于交通量和类别，以及机场是否装置有能供飞机在低能见度条件下运行的设备。以运输机场作为参考，许多大城市，2个或者2个以上机场共享同一空域现象是很常见的。这种状况会限制机场在不利天气条件下接纳IFR空中交通的能力。相互距离很近的机场会降低其相应的接受空中交通的能力，并且会造成严重的交通管制问题。在低能见度气象条件时，在空中操纵飞机变得十分复杂。在仪表飞行条件下，空中交通管制将使用航道的飞机充分隔开，并保持管制直到每架飞机依次被准许进入机场仪表进近完毕为止。在大城市地区内的几个机场的位置可能会大大影响它们各自的容量。倘若机场距离过近，飞机的运行可能会被大大限制。综上所述，在机场选址时需要重点考虑周边机场的情况。

机场附近的障碍物，无论具有自然的、现存的还是规划人造的物体，都必须满足机场障碍限制面及空管部门提出的要求。机场的选址应选择在使机场最终发展所需飞机活动区内没有障碍物，或者即使有障碍物也能予以清除或可避让。为机场提供和保护适当的进近区需在机场的转向地带和跑道延长线地区设高度限制。

显然，如果可供选择的若干场址都是同样适用的，应优先选择建设成本较省的场地。土壤类别等自然条件对机场建设成本的影响较大。在沼泽地带或水淹地的场地上修建机场的费用要比建设在旱地上大得多，起伏的丘陵地带比平原地带需要更多的平整工作。在场地上或者其附近地方能够得到的地方建筑材料，包括混凝土集料，对降低建设造价有显著作用。

机场需要大量的水、天燃气或者油、电力和飞机与地面车辆使用的燃油，在选择机场场址的时候，必须考虑到这些公共设施的供应情况。在附近没有污水管通过的新场地，可能还需要修建污水处理设施。为了给拟建设的场址提供服务，必须延长电力、通信、天燃气、水、污水等线路的距离。获得这些公共事业设施的成本可能对选址有较大影响。场址应尽量结合利用附近的道路、供油及城市公用设施的现有条件及发展规划,充分利用就近的地方建筑材料和工业原料。

4.2.2 选址流程

民用机场的选址工作是一项较为复杂的系统工程,其进行一般需要专门部门负责,所涉及的工作包括大量的信息的收集、数据分析、现场勘探等。局方对该项工作的规定是《民用机场选址报告编制内容及深度要求》。根据报告内容,现总结通用航空机场选址流程如下:

民用机场选址工作分初选、预选、比选三个阶段。

1. 初选阶段

在拟选场址地区周围的较大地域范围内,通过图上作业、现场初勘,寻找具有可能建设民用机场的初选场址。初选场址的数量一般不少于5个。

确定初选场址的范围时,需要按照新建或迁建机场的远期建设规模,提出确定初选场址范围的原则。逐个说明初选场址的概况,分析建设机场的技术经济条件。

对于所有初选场址,先对场址的地面情况进行调查和了解,从地面条件角度将明显不适合的初选场址排除;然后对剩余的初选场址进行初步的航行服务分析,从航行角度再次将不适合的初选场址予以排除。在通过地面和航行排查后的初选场址中进行比选,从中提出3个预选场址。

2. 预选阶段

对初选场址逐个调查有关技术资料,并进行技术、经济分析比较,选择场址条件相对较好的预选场址,预选场址一般不少于3个。对预选场址的地面建设和空中运行条件进一步研究论证,提出初步建设规划方案,估算工程量和投资。

预选场址阶段,应就每个预选场址情况进行踏勘、调查、分析和说明各预选场址的基本情况。这其中需要说明一下几个方面:

① 地理位置:场址与邻近城、镇距离和与城市规划的关系,主跑道基准点的经、纬度。根据预选场址的气象、净空、空域、地形地貌等条件,初步确定跑道真方位和布局,并标明磁差。

② 气象条件:调查搜集场区当地或附近气象台、站(注明与预选场址的标高和位置关系)一般不少于连续5年的气象观测资料,该资料应尽可能符合航空气象的要求,并分析气象资料与所选场址的关系。主要内容:风向、风速等级及频率的统计或调查,绘制风力负荷图;月平均水平能见度、云高和平均低云量的统计或调查资料;大气温度(月平均最高和最低温度、年极端最高和最低温度)以及大风、雷暴、雾、降水等与飞行密切相关的天气条件。

③ 净空条件:按照《民用机场飞行区技术标准》对障碍物限制面要求、障碍物评价面(如果设有仪表着陆系统)、平行进近障碍物评价面的要求,以及对地形复杂场址飞机一发失效起飞爬升面的要求,描述机场周边障碍物(含可能出现的移动超高障碍物)情况,说明穿透每一评价面的障碍物及其超高值,评价净空条件对场址的影响及可改善程度,估算净空处理工程量。

④ 空域条件:预选场址周围150千米(含)范围内的机场(军用机场、民用机场、航空俱乐部或其他飞行场地)分布、空域(禁区、限制区、危险区、军航及其他单位、航路使用空域、航线

等)与本场的关系和航行上的矛盾,提出解决这些矛盾的办法或与有关部门协调的可能性。预选场址邻近我国边界线时,应分析起降航线与边界线的关系。

⑤ 地形、地貌条件:描述地形、地貌简况、场区范围、地面高程、地形坡度走向及河流流向,描述场区近期、远期发展使用条件。估计土石方工程量。

⑥ 工程地质、水文地质状况:

a) 描述地质构造、区域地层情况,地层岩性,土壤结构类型和性质。不良地质体(湿陷性黄土、盐渍土、淤泥软土、膨胀土、岩溶、泥石流等)的类型和性质,技术处理措施。场区地震烈度,地震断裂带位置及性质。场区适宜性评价。自然灾害情况。

b) 分析场区的水文地质构造,地下水的主要类型和特征,地下水位深度,地下水补给条件及变化规律,冻土深度,地下水对结构物的侵蚀性。

⑦ 供电、通信、供水、供气等公用设施条件:说明供电、通信、供水、供气的条件和来源,分析可靠性和品质,距本场距离,制定建设的基本方案。

⑧ 排水、防洪情况:根据防洪标准,制定排水、防涝、防洪的方式及措施。

⑨ 交通条件:说明场址周围现有的和规划的交通条件(包括公路、铁路、轻轨、水运等),制定机场与城市联络的基本交通方案。

⑩ 航油供应条件:调查航油来源、航油供应量、油质等技术参数,制定解决航油供应的基本方案。

⑪ 电磁环境:对场区附近的高压输变电设施、电气化铁路、无线电台站、大型厂矿等强电磁辐射设备的电磁干扰情况进行评估。对拟建通信、导航、气象、监视设施台址周围电磁及地磁环境情况进行评估。

⑫ 地下矿藏和文物情况:调查地下矿藏的种类、储量、开采价值。评估飞行对场区附近的历史文物、重要名胜古迹以及生态、自然保护区的影响程度。

⑬ 场址的环境条件:调查机场周边大气环境和水土环境情况,场区周围种群鸟类活动对飞行安全的影响,生态环境情况。预测飞机噪声对周边环境的影响,调查场区附近住宅、学校、医院等对噪声敏感设施的情况。

⑭ 土地状况:调查场区占地面积,土地性质(国有、集体所有等)以及土地分类(基本农田、耕地、林地、草地、湿地、荒地、山地等)情况。

⑮ 拆迁或改建情况:需要拆迁、改建的建(构)筑物,以及河流、道路等情况,评估其主要工作量。

⑯ 主要建筑材料源情况:调查了解当地主要建筑材料储量、质量、供应情况等。

此外,对于预选场址的航线服务研究是该过程另一个重要的选择过程。该过程还需要考察如下条件:

① 净空条件:分析预选场址的净空条件,根据方案分析提出需要对净空处理的意向。

② 邻近机场及空域环境:列出邻近机场及相关空域的现状,分析预选场址与邻近机场的冲突,周围空域和航路、航线调整方案。

③ 气象资料:详细分析根据民航有关要求提供的气象资料,为跑道方向的初步确定提供依据。

④ 城市规划及环境保护:分析航空器运行、飞行程序方案对场址附近航线下方的噪声影响情况及与城市规划的冲突。

⑤ 导航、监视设施布局方案:初步确定导航、监视设施的类型、数量及不同的备选布局

方案。

⑥ 进、离场方案：结合对上述因素的分析，提出进、离场飞行方案。对于地形和空域复杂的场址，还应当包括对起飞、最后进近的具体计算和说明，以及其他论证所需的材料。

a）根据拟使用机型及计划航程，进行飞机性能分析，初步确定跑道长度。

b）对于海拔高度在 1 500 米及以上的高原机场，需进行飞机起飞及着陆性能分析；对于净空条件复杂的机场还应制定起飞一发失效应急程序。

c）对于供油困难的场址，视情进行拟使用机型的业载航程分析。

最后，分析并提出场址优势以及存在的问题。通过飞行程序、运行标准、飞机性能以及起飞一发失效应急程序初步确定每个预选场址是否需要净空处理，以及需处理的位置和容许的高度。比较各预选场址飞行程序和一发失效应急程序方案的可行性，从航行服务角度提出场址推荐意见。

3. 比选阶段

对预选场址的空中和地面有利条件及不利条件进行全面综合分析论证后，从中推荐一个首选场址。

此部分应对预选场址进行工程技术条件和建设投资估算比较。比较的重点是针对近期建设比较各预选场址之间的差异。对远期建设比较，只对重大问题用文字进行原则性综述。对场址选择影响重大的因素或问题，需要进行专题比较。

比较方案表格如表 4.4 和表 4.5 所列。

表 4.4　预选场址工程技术条件比较表

序号	比较内容		场址 1	场址 2	场址 3	比较结果
1	地理位置及场地发展条件	地理位置 跑道位置及方位 可规划跑道长度和数量 跑道—跑道间距				
2	规划符合度	机场布局规划 城市总体规划 当地用地规划				
3	机场自然和技术条件	净空条件 进离场程序方案 工程地质条件 水文地质条件 气象条件 地形地貌条件 地震条件 电磁条件 排水、防洪条件 地下矿藏及文物 主要建筑材料供应条件				

续表 4.4

序号	比较内容		场址 1	场址 2	场址 3	比较结果
4	交通条件	城市—机场联络的交通方式 其他交通条件				
5	与 150 千米范围内机场关系	与周边民用机场直线距离 与周边军用机场直线距离 空域矛盾程度 空域矛盾协调方案				
6	机场公用设施配套条件	供电条件 通信条件 供油条件 供气条件 给排水污物处理条件				
7	拆迁情况	村庄、学校、住宅、道路及其他				
8	土石方工程量	场区内 净空处理				
9	占地面积情况	征地面积 其中：耕地 其他				
10	比较结论					

表 4.5 预选场址建设投资估算比较表

序号	比较内容		估算工程投资/万元			比较结果
			场址 1	场址 2	场址 3	
1	飞行区道面及基础工程费用					
2	航站区工程费用					
3	拆迁、改建及安置费用					
4	土地费用					
5	场区场地平整土石方工程费用					
6	场区地基处理工程费用					
7	净空处理工程费用					
8	场外地面交通设施工程费用					
9	场外公用设施工程费用	给水工程 供电工程 通信工程 燃气工程 航油工程 供热工程				
10	防洪、排水工程费用					
11	生态、环境保护费用					
12	合计					

最后需要进行的工作包括：

① 根据预选场址工程技术条件比较结果，提出首选场址的建议意见。
② 根据预选场址建设投资估算比较结果，提出首选场址的建议意见。
③ 根据预选场址航行服务研究结果，提出首选场址的建议意见。
④ 在上述预选场址工程技术条件、建设投资估算、航行服务研究各自建议的首选场址的基础上，进行全面综合的研究，分析各场址的有利条件和不利条件后，明确提出推荐首选场址的意见。
⑤ 按照民航有关机场命名的相关管理规定，与当地政府、建设单位协调后，提出对推荐首选场址名称意见。

4.3 通用航空机场设施与设备

4.3.1 机场等级

1. 飞行区等级

跑道的性能及相应的设施决定了什么等级的飞机可以使用这个机场，机场按这种能力的分类，称为飞行区等级。ICAO规定，飞行区等级代码（Aerodrome Reference Code）（如表4.6所列）由第一要素代码（即根据飞机基准飞行场地长度而确定的代码，等级指标为Ⅰ）和第二要素代字（即根据飞机翼展和主起落架外轮间距而确定的代字，等级指标为Ⅱ）的基准代号划分。基准代号的意图是提供一个简单的方法，将有关机场特性的许多规范相互联系起来，为打算在该机场运行的飞机提供一系列与之相适应的机场设施。即根据机场所使用的起降机型的种类来确定跑道长度或所需道面强度。表4.6中的代字表示飞机基准飞行场地长度。它是指某种型号的飞机以最大批准起飞质量在海平面温度、标准大气条件（15℃，1个大气压）、无风、无坡度情况下起飞所需的最小飞行场地长度。飞行场地长度也表示在飞机中止起飞时所要求的跑道长度，因而也被称为平衡跑道长度。飞行场地长度是对飞机的要求来说的，与机场跑道的实际距离没有直接的关系。表4.6中的代字应选择翼展或主起落架外轮外侧之间距两者中要求较高者。

表 4.6 飞行区等级代码

指标Ⅰ		指标Ⅱ		
数 码	基准场地长度/米	代 字	翼展/米	主起落架外轮外侧边间距/米
1	<800	A	<15	<4.5
2	800～1 200	B	15～24	4.5～6
3	1 200～1 800	C	24～36	6～9
4	≥1 800	D	36～52	9～14
		E	52～65	9～14
		F	65～80	14～16

2. 跑道导航设施等级

跑道导航设施等级按配置的导航设施能提供飞机以何种进近程序飞行来划分。

① 非仪表跑道:供飞机用目视进近程序飞行的跑道,代字为 V。

② 仪表跑道:供飞机用仪表进近程序飞行的跑道,可分为以下几类。

a) 非精密进近跑道:装备相应的目视助航设备和非目视助航设备的仪表跑道,能足以对直接进近提供方向性引导,代字为 NP。

b) Ⅰ类精密进近跑道:装备仪表着陆系统和(或)微波着陆系统以及目视助航设备。能供飞机在决断高度低至 60 米和跑道视程低至 800 米时着陆的仪表跑道,代字为 CAT Ⅰ。

c) Ⅱ类精密进近跑道:装备仪表着陆系统和(或)微波着陆系统以及目视助航设备,能供飞机在决断高度低至 30 米和跑道视程低至 400 米时着陆的仪表跑道,代字为 CAT Ⅱ。

d) Ⅲ类精密进近跑道:装备仪表着陆系统和(或)微波着陆系统的仪表跑道,可引导飞机直至跑道,并沿道面着陆及滑跑。根据对目视助航设备的需要程度又可分为三类,分别以 CAT Ⅲ A,CAT Ⅲ B 和 CAT Ⅲ C 为代字。

> CAT Ⅲ A:精密进近和着陆最低标准的决断高度低于 30 米,或无决断高度;跑道视程不小于 200 米。
> CAT Ⅲ B:精密进近和着陆最低标准的决断高度低于 15 米,或无决断高度;跑道视程小于 200 米但不小于 50 米。
> CAT Ⅲ C:精密进近和着陆最低标准无决断高度和无跑道视程限制。

3. 消防设施等级

救援和消防勤务主要是救护受伤人员,为了保障救援和消防,必须有足够的手段,其中包括必要的器材(如灭火剂)、设备、车辆和设施(如应急通道)等。这些物质保障的配备是以该机场使用的飞机外形尺寸(飞机机身全长和最大机身宽度)为依据的,由此划分机场的救援和消防等级,可分为 1～10 级,外形尺寸越大,级别数越大。

4.3.2 跑 道

跑道是机场工程的主体。机场的构形主要取决于跑道的数目、方位以及跑道与航站区的相对位置。跑道是供飞机起降的一块长方形区域。它提供飞机起飞、着陆、滑跑以及起飞滑跑前(和着陆滑跑后)运转的场地。因此,跑道必须有足够的长度、宽度、强度、粗糙度、平整度以及规定的坡度。跑道数目取决于航空运输量的大小。跑道的方位主要与当地风向有关。

1. 跑道的基本参数

① 方位:

跑道的方位即跑道的走向。飞机最好是逆风起降,而且过大的侧风将妨碍飞机起降。因此,跑道的方位应尽量与当地常年主导风向一致。跑道方位还受到周围地形,机场发展规划,可用面积大小以及相邻机场状况的影响。跑道方位以跑道磁方向角度表示,由北顺时针转动为正。

跑道方位识别专门按照跑道中心线的磁方向以10度为单位,四舍五入用两位数表示。同时,将数字置于跑道相反的一端,作为飞行人员和调度人员确定起降方向的标记。

② 数量:跑道的数量主要取决于航空运输繁忙程度。运输不繁忙,且常年风向相对集中的机场,只需单条跑道。运输非常繁忙的机场,则需要两条或多条跑道。其基本构形可以是平行、交叉或开口V形。对于通用航空机场,一般采用单条跑道布局。

③ 跑道长度:跑道的长度是机场的关键参数与机场规模的重要标志,它直接与飞机起降安全有关。设计跑道长度主要是依据预计使用该机场飞机的起降特性(特别是要求跑道最长的那种机型的构形和性能特点)。此外,跑道长度还与下列因素有关:飞机起降质量与速度,飞机起飞(或降落)质量越大,离地速度(或接地速度)越大,滑跑距离就越长;跑道条件,如表面状况、湿度和纵向坡度等;机场所在环境,如机场的标高和地形;气象条件,特别是地面风力、风向和气温等。当海拔高度高、空气稀薄、地面湿度高时,发动机的功率就会下降,进而都需要加长跑道,拉萨贡嘎机场的跑道为4 000米,是我国对外开放的机场中最长的跑道。

④ 跑道宽度:飞机在跑道上滑跑、起飞、着陆不可能总是沿着中心线,可能会有偏离,有时还要掉头。因此,跑道应有足够的宽度,但也不宜过宽,以免浪费土地,跑道的宽度取决于飞机的翼展和主起落架的轮距,一般不超过60米。

⑤ 跑道坡度:

一般来说,跑道是没有纵向坡度的。这主要是为了保证飞机起飞、着陆和滑跑的安全。所以,应尽量避免沿跑道的纵向坡度(简称纵坡)及坡度的变化。当无法避免时,应使其大值尽量减小,且变坡间距离不应小于要求的值。在有些情况下,可以有3°以下的坡度,在使用有坡度的跑道时要考虑对飞机性能的影响。

跑道横向应有坡度,且尽量采用双面坡,以便加速道面的排水。当采用双面坡时,中心线两侧的坡度应对称。整条跑道上的横坡应基本一致。横坡坡度不小于0.01°,但也不能大于0.015°或0.02°,以利于飞机滑跑安全。

⑥ 道面:

通常跑道道面是指结构道面,可分为水泥混凝土、沥青混凝土、碎石、草皮和土质等若干种。

跑道道面分为刚性道面和非刚性道面。刚性道面由混凝土筑成,能把飞机的载荷承担在较大的面积上,承载能力强,在一般中型以上的空港都使用刚性道面。国内几乎所有民用机场跑道均属此类。非刚性道面有草坪、碎石、沥青等各类道面,这类道面只能抗压不能抗弯,因而承载能力小。只能用于中小型飞机起降的机场。同时,水泥混凝土道面和沥青混凝土道面为高级道面。

跑道道面要求有一定的摩擦力,为此,在混凝土道面的一定距离内要开出5厘米左右的槽,并定期(6~8年)打磨,以保持飞机在跑道积水时不会打滑。当然,有一种方法就是在刚性道面上加盖高性能多孔摩擦系数的沥青,既能减少飞机在落地时的震动,又能保证有一定的摩擦力。

⑦ 强度:

对于起飞重量超过5 700千克的飞机,为了准确地表示飞机轮胎对地面压强和跑道强度之间的关系,ICAO规定使用道面等级序号PCN和飞机等级序号ACN来判定该机型是否可以在指定的跑道上起降。

道面等级序号是由道面的性质和道面基础的承载强度经技术评估而得出的,每条跑道都有一个值。

飞机等级序号则是由飞机制造厂根据飞机的实际重量及起落架轮胎的内压力、轮胎与地面接触的面积以及主起落架机轮间距等参数计算得出的,其和飞机的总重只有间接的关系。

使用这种方法计算时,当飞机等级序号值小于道面等级序号值时,这种类型的飞机可以无限制地使用这条跑道。在一些特殊情况下,ACN 可以在大于 PCN 值 5%～10% 以下时使用这条跑道,但这会缩短跑道使用寿命。

2. 跑道附属区域

跑道附属区域如图 4.7 所示。

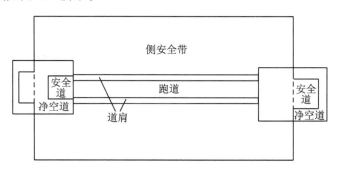

图 4.7　跑道附属区域

① 跑道道肩:跑道道肩是在跑道纵向侧边和相接的土地之间有一段隔离的地段,这样可以在飞机因侧风偏离跑道中心线时不会引起损害。此外,很多大型飞机采用翼吊布局的发动机。外侧的发动机在飞机运动时有可能伸出跑道,这时发动机的喷气会吹起地面的泥土或砂石,使发动机受损,有了道肩就会减少这类事故。有的机场在道肩之外还要放置水泥制的防灼块,以防止发动机的喷气流冲击土壤。跑道道肩每侧最小宽度宜为 1.5 米,道肩的路面要有足够的强度,以备在发生事故时,使飞机不会遭受结构性损坏。

② 跑道安全带:跑道安全带的作用是在跑道的四周划出一定的区域来保障飞机在意外情况下冲出跑道时的安全,分为侧安全带和道端安全带两种。

a) 侧安全带:是由跑道中心线向外延伸一定距离的区域。对于大型机场这个距离应不小于 150 米,在这个区域内要求地面平坦,不允许有任何障碍物。在紧急情况下,可允许起落架无法放下的飞机在此地带实施硬着陆。

b) 道端安全带:是由跑道端至少向外延伸 60 米的区域。建立道端安全带的目的是减少由于飞机起飞和降落时冲出跑道的危险。

在道端安全带中有的跑道还有安全停止道,简称安全道。安全道的宽度不小于跑道,一般和跑道等宽,它由跑道端延伸,它的长度视机场的需要而定,它的强度要足以支持飞机中止起飞时的质量。

③ 净空道:净空道是指跑道端之外的地面和向上延伸的空域。它的宽度为 150 米,在跑道中心延长线两侧对称分布。在这个区域内除了跑道灯之外不能有任何障碍物,但对地面没有要求,可以是地面,也可以是水面。净空道的作用在于飞机可在其上空进行一部分起始爬升,并达到安全高度(35 英尺)。

3. 跑道的道面标志

跑道的类别不同,它的道面标志也不同,目视跑道有下列基本标志:
① 中心线;

② 跑道号；
③ 等待位置标志。

非精密进近跑道要加上跑道端标志和定距离标志。对于精密进近跑道还要增加着陆区标志和跑道边线标志。

跑道端标志表示跑道可用部分的开始。通常是由铺设道面的起点作为跑道端。但在有安全道或起降不能全部使用跑道时,跑道端就会移入跑道一定的距离。

图 4.8 所示为各类型的跑道。

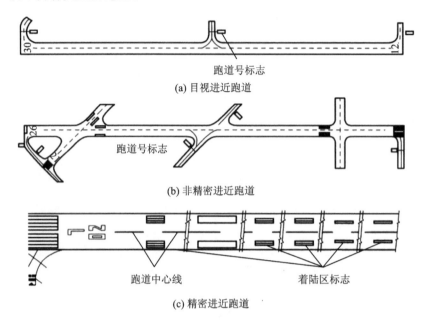

图 4.8 各类型的跑道

4.3.3 滑行道

滑行道是机场内供飞机滑行的规定通道,滑行道的主要功能是提供从跑道到候机楼区的通道,使已着陆的飞机迅速离开跑道,不与起飞滑跑的飞机相干扰,并尽量避免延误随即到来的飞机着陆。此外,滑行道还提供了飞机由候机楼区进入跑道的通道。滑行道可将性质不同的各功能分区(飞行区、候机楼区、飞机停放区、维修区及供应区)连接起来,使机场最大限度地发挥其容量潜力并提高运行效率。滑行道应以实际可行的最短距离连接各功能分区。

滑行道系统主要包括主滑行道、进出滑行道、飞机机位滑行通道、机坪滑行道、辅助滑行道、滑行道道肩及滑行带。滑行道系统可以根据实际需要和可能,分阶段建设,逐步完善,从而避免一次建设的费用过高而利用率又过低的现象。

主滑行道又称干线滑行道,是飞机往返于跑道与机坪的主要通道,通常与跑道平行。

进出(进口或出口)滑行道又称联络滑行道(俗称联络道)是沿跑道的若干处设计的滑行道,旨在使着陆飞机尽快脱离跑道,如图 4.9 所示。出口滑行道大多与跑道正交,快速出口滑行道与跑道的夹角介于 25°和 45 度之间,最好取 30°。飞机可以较快速度由快速出口滑行道离开跑道,而不必减到最低速度。出口滑行道距跑道入口的距离取决于飞机进入跑道入口时的速度(进场速度)、接地速度、脱离跑道时的速度、减速度以及出口滑行道数量、跑道与机坪的相对位置。出口滑行道数量应考虑高峰时运行飞机的类型及每类飞机的数量。一般在跑道两端各设一个进口滑行道。对于交通繁忙的机场,为防止前面飞机不能进入跑道而妨碍后面飞机的进入,则通过设置等待坪、双滑行道(或绕行滑行道)及双进口滑行道等方式解决,为确定起飞顺序提供了更大的灵活性,也提高了机场的容量和效率。滑行道和跑道端处的等待坪用标志线在地面标出,这个区域是为了飞机在进入跑道前等待许可指令。等待坪与跑道端线保持一定的距离,以防止等待飞机的任何部分进入跑道,成为运行的障碍物或产生无线电干扰。

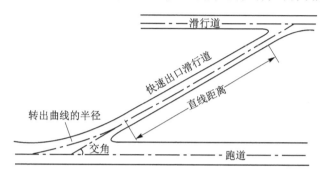

图 4.9　进出(联络)滑行道

滑行道应有足够的宽度。由于滑行速度低于飞机在跑道上的速度,因此滑行道宽度比跑道宽度要小。滑行道的宽度由使用机场最大的飞机的轮距宽度决定,要保证飞机在滑行进中心线上滑行时,它的主起落轮的外侧距滑行道边线不少于1.5~4米。在滑行道转弯处,它的宽度要根据飞机的性能适当加宽。

图4.10为滑行道宽度要求示意图。

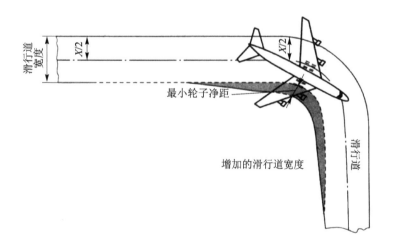

图 4.10　滑行道宽度要求示意图

滑行道的设计应避免同使用中的跑道相交叉,由于飞机在滑行道的速度大大小于其在跑道上的速度。所以其控制纵坡、竖曲线和视距的标准不如跑道严格。ICAO对起降区视距的要求也是有规定的,跑道字码为C、D和E时,从滑行道3米高处应能通视300米内的滑行道表面。对A、B两类跑道,标准略低,为保证机场运转安全,交通通道间及其与邻近障碍物间必须有足够的间距,ICAO对滑行道与跑道之间、两条平行滑行道之间和一条滑行道与固定障碍物之间的最小净距都有规定。

一般情况下,滑行道所受载荷比跑道更大;滑行道比跑道窄,机轮几乎沿不变的轨迹滑行,在滑行道上滑行时,飞机速度很低,机翼几乎不产生升力。特别是在起飞时,飞机以全重作用在滑行道上,同时在滑行道上飞机运行密度通常要高于跑道。因此,飞机的总重量和低速滑行时的压强就会比跑道所承受的略高。所以滑行道道面强度要和配套使用的跑道两端的强度相等或更高。

飞机机位滑行通道和机坪滑行道均为机坪上的滑行道,辅助滑行道供飞机通向维修坪或隔离坪等所用。

为了保证飞机的滑行安全,通常在滑行道两侧对称地设置道肩,而且还要向两侧延伸一定的距离,延伸部分连同滑行道(机位滑行道除外)统称为滑行带。

4.3.4 停机坪

停机坪也叫机坪。机坪是飞机停放和旅客登机的地方。停机坪的面积要足够大以保证进行上述活动的车辆和人员的行动,机坪上用漆标出运行线,使飞机按照一定线路进出滑行道。

机坪分为停放机坪和登机机坪。飞机在登机机坪进行装卸货物、加油,在停放机坪过夜、维修和长时间停放。

4.3.5 导航设施

航站导航设施也称为终端导航设施,它的目的是引导到达机场附近的飞机安全、准确地进近和着陆。

航站导航设备分为非精密进近设备和精密进近设备。

非精密进近设备通常是指装置在机场的 VOR-DME 台(甚高频全向信标测距仪)、NDB(无方向信标)台及机场监视雷达。作为导航系统的一部分,它们把飞机引导至跑道平面,但不能提供在高度方向上的引导。

精密进近设备则能给出准确的水平引导和垂直引导,使飞机穿过云层,在较低的能见度和云底下,准确地降落在跑道上。目前使用最广泛的精密进近系统是仪表着陆系统。还有部分使用的精密进近雷达系统以及正在发展并将最终取代仪表着陆系统的卫星导航着陆系统。

1. 仪表着陆系统(ILS)

仪表着陆系统是在 20 世纪 40 年代末和精密进近雷达几乎同时发展起来的着陆系统。到 20 世纪 60 年代末,它的精度和可靠性都超过精密进近雷达系统。仪表着陆系统作为国际民航组织推荐的飞机标准进近和着陆设备,能在气象恶劣和能见度差的条件下给驾驶员提供引导信息,保证飞机安全进近和着陆,因此 ILS 在世界得到了普遍的使用。

仪表着陆系统的地面系统由航向台、下滑台和指点信标三个部分组成,如图 4.11 所示。飞机上的系统由无线电接收机和仪表组成,它的任务是给驾驶员指示出跑道中心线并给出按照规定的坡度降落到跑道上的航路。

① 航向台:航向台是一个甚高频发射台,位于跑道中心线的延长线上,通常距跑道端 180~600 米。它发射两个等强度的无线电波束,称为航向信标波束,使用的频串为 108.10~

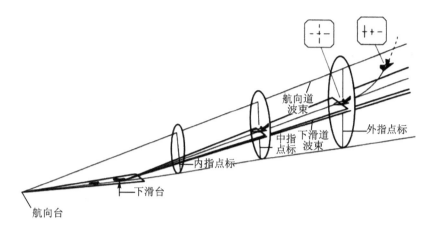

图 4.11 仪表着陆系统

111.95 兆赫兹,两个波束分布在沿跑道中心线的两侧,使用两种调幅频率,左侧以 90 赫兹调幅,右侧以 150 赫兹调幅。飞机的接收机收到 90 赫兹电波强于 150 赫兹电波时,说明飞机在跑道左侧,指针指向右,飞机要向右调整。反之,收到 150 赫兹的电波强于 90 赫兹时,飞机应向左调整。如果收到的两个电波强度相等,机上的 ILS 仪表指针指在正中,说明飞机飞在跑道中心线向上延伸的垂直平面上,飞机可沿波束方向准确地在跑道中线上着陆。信标波束作用距离为 25 海里,在 10 海里距离内是一个与水平成 3°上仰的很窄的波束,向左、右各延伸 35°;在 10~25 海里,在两侧延伸只有 10°,高度为 7°。航向台发射的波束在天线的背面也能收到,但比正面要弱。天线正面的叫前航道,背面叫后航道。通常飞机都使用前航道降落,在特定情况下(如风向不利)也可以用后航道降落。

② 下滑台:航向台提供了飞机下降时的水平导航(航向导航),下滑台向飞机提供垂直导航。下滑台通常设置在跑道着陆段以内,受跑道和滑行道影响最小的一侧,距跑道中心线 75~200 米,通常为 120 米。它使用的频率为 328.6~335.4 兆赫兹,和航向台的波束相似。下滑道信标波束也是两个强度相等的波束,分布在与地平面成 3°的下滑道的上、下两侧,在下滑道上侧以 90 赫兹调幅,在下滑道下侧以 150 赫兹调幅。飞机下降坡高于下滑道,则 90 赫兹的电波强,仪表指针向下,驾驶员使飞机机头向下。反之,如 150 赫兹电波强,飞机则应升高。当两束电波强度相当时,飞机则保持正常的 3°坡度下降,平稳地降落在跑道上。

③ 指点信标:为了使驾驶员在降落时准确地知道飞机所在的位置,仪表着陆系统一般设置三个指点信标,使用 75 兆赫兹电波。每个信标信号有自己的编码。外指点标距跑道端 6 500~11 100 米。飞机飞越它时,驾驶舱内相应的蓝灯点亮并有 400 赫兹的声音信号。中指点标的位置距跑道端 1 050±150 米。飞机飞越它上空时,驾驶舱内琥珀色的灯闪亮,并有 1 300 赫兹的声音提醒驾驶员注意。这时飞行的高度约为 60 米。内指点标的位置离跑道端只有 75~450 米。飞机通过它时高度只有 30 米,这是二类仪表着陆的决断高度。飞机通过时,驾驶舱内的白灯闪亮并有 3 000 赫兹的声音警告信号。

仪表着陆系统按着陆的最小能见度分为三类。现在使用的标准仪表着陆系统为Ⅰ类,它可以在跑道目视视程为 800 米以上或跑道视程 550 米以上、决断高度 60 米以上时使用。Ⅱ类仪表着陆系统可在跑道视程为 400 米、决断高度为 30 米以上的情况使用。Ⅲ类仪表着陆系统没有决断高度限制,但是根据跑道视程不同又分为三个类别。Ⅲa 对应视程为 200 米,Ⅲb 类为 50 米,Ⅲc 类则可在视程为 0 的情况下使用。随着仪表着陆系统类别的提高,机场设备和机上设备都要更换。使装置费用大幅度提高,同时驾驶员也要经过特殊的培训。从经济角度考虑,Ⅰ类仪表着陆系统目前被广泛使用,Ⅱ类仪表着陆系统在大城市的繁忙机场使用。Ⅲ类仪表着陆系统只在世界上少数机场使用,而装有Ⅲ类仪表着陆系统接收仪表的飞机数量也不多。

由于使用Ⅱ类以上仪表着陆系统能见度有一定限制。因而在装有仪表着陆系统的机场都要装跑道目视视程测试仪,如图4.12所示。它由一个透射发光器和一个透射光检测器组成,发光器和检测器都沿跑道安装,一般位于跑道的中点附近,相距150米。发光器发出高强度的光,检测器是一个由光电管构成的电流检测仪,通过测电流的大小测出

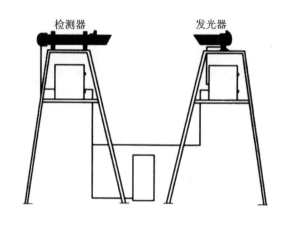

图 4.12 跑道目视视程测试仪

这束光的强度。当天气变化或有烟雾出现时,光的强度就会降低。检测器把测出的光强转化成能见距离(以米或英尺为单位),并把这个数据动传送至塔台。塔台管制员以此来决定飞机能否在此机场降落。在有长跑道的繁忙机场,有时沿跑道安装2~3个能见距离测试仪,以测出准确的目视视程。

仪表着陆系统的使用受到许多限制,也有许多不足之处。

第一,它在单航道上使用,这个航道下降坡道为3°,这使航道在低高度上延伸10海里,从而对机场在这一方向上的净空提出较严格的要求,而且飞机只能在这个距离之外以一定负角度进入航路,使交通流量受到限制。

第二,系统的性能受到地形和建筑物的影响。有时还受到移动车辆的影响。

第三,在200英尺以下,下滑道信号有时因受地面干扰不够稳定。

2. 精密进近雷达系统(PAR)

由发射器、显示器和两个天线组成。一般装在可移动的车辆上,一个天线水平扫描,确定飞机相对跑道的横向位置,一个天线垂直扫描,显示飞机的飞行高度。这两个信号同时出现在管制员的显示屏上,管制员根据显示出的航道向驾驶员发出指令或建议,引导飞机安全着陆。

精密进近雷达系统装置体积小,可移动而且不需要在飞机上装很多设备。因而成为军用导航的首选系统,但它的精确程度和可靠性受管制员的水平影响很大,且不如ILS系统稳定和易于掌握,所以民用航空业最终在20世纪70年代选定ILS系统作为标准系统。精密进近雷达系统目前只有在偏远地区或紧急情况(如出现地震、突然事件等)时才在民航中使用。

3. 微波着陆系统(MLS)

由于空中流量的迅速增加,仪表着陆系统在地形要求上、飞机进入下滑道的时间上以及波段频率的分配上对流量的增大都有限制。在20世纪70年代开发出了微波着陆系统,国际民航组织也推荐这套系统。在20世纪90年代末逐步取代现有的仪表着陆系统的标准系统。20世纪80年代末,在北美和欧洲已经有微波着陆系统在使用。

微波着陆系统使用5 031~5 091兆赫兹的频段,这是超高频(UHF)波段,不易受干扰,而

且频道数目为 ILS 的 5 倍。它的组成部分与仪表着陆系统类似,它以方位发射机发射相当于 ILS 中的航向道波束,以确定飞机的横向位置。但它的宽度为±40 度,飞机可在跑道中线两侧 40 度范围内进入航道。它的高度发射机发射出相当于仪表着陆系统中的下滑道波束的垂直导航波束,驾驶员可选择的下滑坡度范围为 3°～15°,同时微波着陆系统使用精密测距仪为驾驶员提供准确的距离信号,以取代仪表着陆系统的指点标系统。这样,微波着陆系统以和仪表着陆系统相似的方法实现飞机着陆导航任务。但微波着陆系统的流量通过能力、精确度和安装的初成本都比仪表着陆系统优越。可是卫星导航技术的迅速发展超过了人们的预计,在 20 世纪 90 年代初已经看出卫星着陆系统要大大优于微波着陆系统,因而国际民航组织不再积极推荐微波着陆系统,所以它只能在民航中得到有限的应用。

4.3.6 地面灯光系统

夜间飞行的飞机在机场进近降落,不论是在仪表飞行规则(IFR)还是目视飞行规则(VFR)下都需要地面灯光助航。

1. 跑道灯光

图 4.13 所示为跑道灯光。

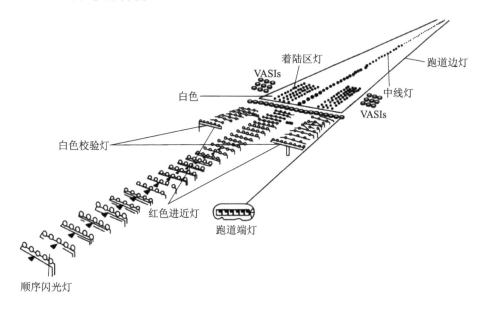

图 4.13 跑道灯光

跑道侧灯沿跑道两侧成排安装,为白色灯光,通常装在有一定高度的金属柱上,以防被杂草掩盖。灯上盖有透镜,使灯光沿跑道平面照射,当离跑道端 600 米的距离时,透镜的颜色变为一面为红色、一面为白色,红色灯光提醒驾驶员已经接近跑道端。跑道端灯的情况与跑道侧灯的情况相同,但是使用一面红一面绿的透镜,红色朝向跑道,绿色向外。驾驶员着陆时看到近处的跑道端是绿色灯光,远处的跑道端是红色灯光。

跑道中心灯沿跑道中心安装,间隔为 22 米一个,跑道中间部分为白色,在距跑道端 300 米之内,灯光为红色,提醒驾驶员跑道即将终结。中心灯使用强光灯泡,并嵌入跑道表面,上面覆盖耐冲击的透明罩,能抵抗机轮的压力。

接地区灯从跑道端开始在跑道上延伸 750 米,嵌入地面,白色灯光,使驾驶员注意这是着陆的关键地区,飞机应该在此区域内接地。为帮助驾驶员找到跑道出口,在滑行道的出口,有滑行道灯,使用绿色灯光,间隔为 15 米,滑行道的中心灯为绿色,边灯为蓝色。

2. 仪表进近灯光

飞机在进近的最后阶段,一般都要由仪表飞行转为目视飞行。这时驾驶员处于高负荷的工作状态,对于夜航的驾驶员,使用进近灯光来确定距离和坡度,从而作出决断。

进近灯光根据仪表着陆的等级或非仪表着陆有着不同的布局,非仪表着陆的进近灯安装在跑道中线的延长线上,长度至少为 420 米,间距为 30 米,为内色灯光。图 4.14 是 Ⅰ 类、Ⅱ 类仪表着陆使用的不同的进近灯光布局。

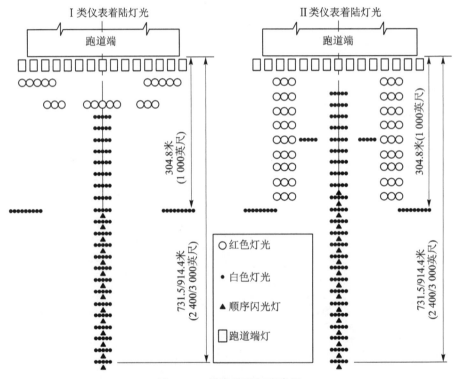

图 4.14 仪表进近灯光布局

下面以 Ⅱ 类仪表着陆系统的进近灯光系统为例来说明。

进近灯光从跑道中心线的延长线上 900 米(或 720 米)处开始,为 5 个灯一排的白色强光灯,每隔 30 米一排,一直装到跑道端。横排灯的中点和跑道中心延长线重合,上面装有顺序闪光灯,它从远端顺序闪光直至跑道端,每秒两次。驾驶员在空中可以看到一个运动的光点从远处指向跑道端,在距跑道端 300 米处,在中线灯两侧再加装两排横向灯。最前面两排为内色灯,为驾驶员提供目视测量机翼是否水平的依据,后面各排是红色进近灯,以提醒驾驶员,这个区域不能着陆。

3. 目视坡度进近指示器(Visual Approach Slope Indicator, VASI)

VASI 装在跑道外着陆区附近,由两排灯组成,如图 4.15 所示。

两排灯组之间有一段距离,每排灯前装有上红下白的滤光片,经基座前方挡板的狭缝发出两束光。它置于跑道端沿着陆坡度发射,下面一束是红光,上面一束是白光。如果飞机的下降坡度正确,则驾驶员看到的是上红下白的灯光;如果驾驶员看到的全是白光,则表明飞机飞得太高,要向下调整;如果看到的灯全部是红光,表明飞机飞得太低。VASI 的作用距离为 4 海里,高度为 30 米,对于一些特大型飞机(如波音 747),需要设置多组灯具,以保证飞机在着陆时一直能看到灯光。

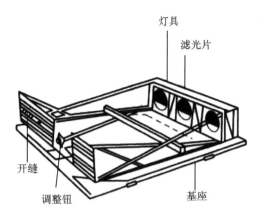

图 4.15 目视坡度进近指示器

4.3.7 其他设施

1) 测量基准点:机场的地理位置基准点是由国家的测绘机构测定出准确的地理经度和纬度,作为这个机场的地理坐标。这一点通常选在空港主跑道的中点。

2) 标高校核位置:机场的标高是指它的海拔高度。由于飞机在起飞前都要进行高度表设定,因此一个机场要设置一个专门位置,为飞机在起飞前校核高度,这个位置在停机坪的一个指定位置。在停机坪高度变化不大时,整个机坪都是校核位置。

3) 航行管制服务的设施:在飞行区设有航管中心、塔台和气象服务中心。

4) 地面维护设施:包括机库(飞机维修和停放的地方)、货运中心或货场(处理空运货物的场所)以及油料供应的管道等。

5) 消防和跑道维护设施:每个机场都有消防和急救中心,一旦飞机发生事故就往往伴随着起火和伤亡。该中心在塔台的指挥下,一旦发生事故就迅速出动。

跑道维护的主要任务是防止积雪、积水或其他磨损。此外,防止鸟撞及野生动物对机场道面的损害和阻碍也是跑道维护的任务。

4.3.8 航站设施

通用航站的设施与一般的商业机场功能基本相类似,但是要简单。主要实现的功能包括:

1) 与地面交通的连接:大型的商业机场一般会设置与轨道交通、地面交通连接的大型枢纽工程。虽然通用航空机场一般不会设置如此复杂的地面枢纽,但是设置停车场等候机区域确是必不可少的。

2) 为旅客提供候机区域:公务飞行客户所需要的候机区域一般不会特别大,但是在装修上会追求奢华和多功能性。有些通用航空机场还会设置诸如酒店、度假村等周边商业设施。

3) 提供机组休息区域:该区域主要方便机组进行休息或进行航前准备。

4.4 通用航空机场规范

通用航空机场的设施与设备在第三章中已做了简要的介绍。本章将主要介绍通用航空机场建设过程的具体要求,在通用航空机场建设的过程中主要参照的标准是《MH/T 5026—2012 通用航空机场建设规范》,引用文件如表 4.7 所列。

表 4.7 相关引用文件

序 号	要 求	文 件
1	飞行区	MH5001—2006 民用机场飞行区技术标准
2	消防	国际民航组织公约附件 14
3	导航	GB6364—2013 航空无线电导航台站电磁环境要求
4	塔台	MHT 4005—1997 民用航空机场塔台空中交通管制设备配置
5	供油设施	MH5008—2005 民用机场供油工程建设技术规范
6	抗震	GB50223—2008 建筑工程抗震设防分类标准

下面依据《MH/T 5026—2012 通用机场建设规范》详述通用航空机场设施与设备要求。

4.4.1 飞行场地要求

对于一、二类通用航空机场,供固定翼飞机运行的机场应建设飞行区,飞行区的建设按 MH5001 执行。供直升机运行的机场应建设飞行场地,飞行场地的建设按 MH5013 执行。

飞行区防洪标准按照一类通用航空机场不低于 50 年一遇,二类通用航空机场不低于 20 年一遇进行设计。

排水工程的暴雨重现期按照一类通用航空机场不低于 3 年、二类通用航空机场不低于 2 年的标准设计。

机坪的位置、布局、机位以及服务车辆通道等应满足通用航空机场的运行作业要求,并根据需要设置地锚等设施。

通用航空机场可根据需要配备目视助航设施。

当飞行区具有定期或频繁巡视作业要求时,为便于巡视车辆及人员的活动并限制巡视车辆及人员的活动范围,飞行区内可设置巡场路。如果巡场路主要用作车辆通行,则其路面宽度不宜低于 3.5 米。

除高架直升机场和海上直升机平台(或甲板)外,一类通用航空机场应设置围栏,二类通用航空机场宜设置围栏。围栏的作用是防范外部人员或体型较大的动物进入指定区域。围栏的形式应与其所防范的对象相适应,一般防止人员进入围栏的高度应不低于 1.8 米,其上部可采用刺丝,防止人员爬入;防止较大动物钻入的围栏应适当增加围栏的密度。

一、二类通用航空机场的救援与消防保障能力应达到《国际民航组织公约附件十四》"救援与消防"章节规定的要求。通用航空机场的救援与消防可依托当地市镇的消防力量。

4.4.2 空中交通管制与导航设施要求

通用航空机场根据运行需要配置空管用房和设施,空管设施应与其管制、通信、导航、气象服务要求和方式相适应。根据管制和飞行需要,可配置甚高频通信系统,电报自动处理系统,气象、航行情报信息终端,多声道通信记录仪,手机或车载台等无线对讲系统,便携式应急甚高频通信电台,小型语音交换系统(内话系统),短波通信系统等通信设备。

一、二类通用航空机场应配备管制指挥波道甚高频通信系统、多声道通信记录仪,配置航空气象情报信息终端、航空情报信息终端或者具备获取航空气象情报、航空情报的能力。

在通用航空机场内和周边建设导航设施时,台址附近围界和巡场路等环境应满足导航设备对场地的技术要求。导航设施的建设应符合 GB 6364—2013 的要求。

通用航空机场可根据需要设置塔台,塔台的位置及高度应满足对飞机地面活动区的通视要求,塔台的设备配置可参考 MH/T 4005 的要求确定。如采用塔台指挥车方式的,则须修建塔台指挥车坪,并相应配备通信和供电等设施。

一类通用航空机场宜设置塔台。

通用航空机场应具有获取温度、风向、风速、气压、云、能见度等气象要素及其预报信息的能力。通用航空机场内或周边设置气象设施的,应确保其具有适宜的探测环境。

4.4.3 服务与保障设施要求

通用航空机场应根据需要确定是否建设以下设施:机场管理用房、生活服务用房、场务用房、机务用房、经营业务用房、驻场单位用房、车库、仓库等经营、服务及保障设施,以及配套的供电、给排水、供冷、供暖、燃气、通信、场内道路、停车场等设施。各类设施应根据通用航空机场的实际需要设计,并充分利用城市相关基础设施。

对人员服务的设施应与其服务流程相适应,并根据相关要求设置引导标识、残疾人无障碍设施、消防设施、盥洗室等,以满足人员通行、等候、休息等需要;必要时可设置餐饮、过夜用房等设施。对其他对象服务的设施,应设置固定的安置区域,并提供适当的保护。

通用航空机场根据需要建设供油设施(包括自助加油设施)或为供油服务企业提供经营服务场所。供油设施的建设可参考 MH5008 并根据实际需要进行。

一、二类供固定翼飞机使用的通用航空机场,航空导航设施的供电系统应符合《国际民用航空公约附件十四》(卷Ⅰ)关于电气系统的设计要求。

通用航空机场应根据需要配置航空地面服务设备或为航空地面服务企业提供经营服务场所。通用航空机场应根据需要配备道面清扫、维护、除冰/雪等飞行区服务设备及其业务用房。通用航空机场应当根据业务需要配备相应的安全保卫设施。

4.4.4 抗震设施与环境保护要求

通用航空机场所建设的各类设施的抗震类别应符合 GB50223 的规定。通用航空机场的航空器噪声影响控制、大气和水污染控制以及固体废弃物的处理等环境保护相关工作均应执行国家相关法律、法规。污水、污物处理可充分利用当地的市政设施统一处理。

4.5 某企业机场建设投资模型

4.5.1 建设成本估算

机场的建设成本主要以固定资产投资为主,其可分为征地成本、建设成本、设备成本等。

根据向施工单位、机场设备供应单位的询价,对机场建设成本的分析如附表1所列。

4.5.2 经营成本估算

机场的经营成本估算依据如下:
1) 电费价格为0.9元/千瓦时,自来水价格为3.5元/吨;
2) 工资福利按照年均工资福利7.6万元/人估算;
3) 维修费用按照固定资产原值的1%估算;
4) 固定资产折旧按照平均年限折旧:建筑物固定折旧30年,设备折旧10年,固定资产预订残值为固定资产原值的5%;
5) 摊销费按8年平均摊销;
6) 其他管理费用按照1万元/人估算;
7) 由于投资资金来源于企业自有资本,所以不计算融资财务成本;
8) 不考虑利润分配。

估算结果如附表2所列。

4.5.3 机场营业额估算

机场主要收入依据《通用航空民用机场收费标准》与《民航机场收费实施方案》编制,未考虑机场使用费减免、补贴政策。其中参考《民航机场收费实施方案》的收费标准依据三类机场标准。

计算结果如附表3所列。

4.5.4 项目盈利能力分析计算

根据附表4所列的现金流量表,可得出以下盈利能力测算结果。
1) 项目财务内部收益率:
本项目税前财务内部收益率(IRR)达24%。
2) 项目财务净现值:
本项目税前财务净现值($I_c=8\%$)为15 036万元。
3) 项目静态投资回收期(含建设期):
本项目静态投资回收期为6年。
4) 项目盈亏平衡点:
以生产能力利用率表示的盈亏平衡点计算(BEP):
$$\text{BEP} = \frac{\text{年固定总成本}}{\text{年营业收入}-\text{年可变总成本}} \times 100\%$$

计算结果表明,该项目只要达到设计能力的48%,即可实现保本。由此可见,该项目具有一定的抗风险能力。

第五章
通用航空企业的筹建、运营与管理

通用航空企业的经营模式是公务航空企业盈利的基础。经营通用航空的企业常根据市场情况、企业自身的条件，制定合理的经营模式和发展策略来降低成本、规避风险和取得盈利。本章所述的经营模式是按照公务航空所涉及的各方面内容，对通用航空企业可能会涉及的工作作出了较为全面的描述，包含了公务机产业链的各个环节。在实际经营过程中，通用航空企业可以从本章中的一个或多个业务出发，根据自身的情况开展公务机运营业务。

第1节主要介绍了飞机的购买和租赁业务的内容和操作流程。同时，对采用购买还是租赁的方式引进飞机的选择及其与通用航空企业的经营策略和发展规划的关系也作出了阐述。飞机的引进不仅受市场、机队、航班、经济和财务等因素的制约，还取决于外部环境如政治、经济、法律法规等因素的制约。只有系统地分析、评价这些因素，才能作出科学的选择，从而降低飞机引进成本，提高通用航空企业的竞争力。

第2节介绍的是飞行服务的主要内容。从通用航空企业实际运行的角度出发，可以将公务机飞行服务归纳为执管企业或个人的公务机、通过产权共享的方式出售公务机的产权和飞行业务、购买飞机后为企业和个人提供包机服务等几大类。此外，还从通用航空的角度，对使用中小型低速通用航空飞机开展空中游览和私人飞行业务进行了探讨。

地面服务是通用航空不可或缺的部分。第3节主要介绍了通用航空企业的地面服务工作。旅客和货运航站区可描述为空侧与陆侧之模式间的交界面。借助于地面服务工作，可以实现旅客、行李及货物在航站区内的流动，以及停机坪上飞机的运动。公务机的地面服务业务是通过机场管理当局、通用航空企业之间若干不同形式的协作来实现的。为了便于讨论，地面服务程序可以划分为地面服务与维护、旅客服务、停机坪服务和机场技术服务五个方面。本节从这五个方面出发，详细描述了地面服务的具体工作内容和流程。同时，还通过一般飞机运营人的管理，阐述了地面服务效率控制的有关内容。

MRO是英文Maintenance，Repair，Overhaul的简称，指的是航空维修。美国联邦航空管理条例FAR和中国民用航空管理条例CCAR-145部都对MRO给出了准确的定义和解释，涵盖了航空维修的业务内容、软件硬件设施、人员要求、适航要求和规章制度。因此，航空维修范围可以定义为为了定期保持飞机适航状态、由经过特别培训的人员、专业设备进行的飞机维护、修理和翻修工作，提供上述服务的机构通称为MRO。由于飞机的特殊性以及航空维修的巨大代价和利润，航空维修是通用航空企业一个重要的组成部分，也是重要的盈利来源。第4节通过对航空维修业务的定义、详细业务内容的阐述，对通用航空企业开展航空维修业务所需的软硬件设施、人员要求等方面提供了有益的参考。

飞机和航材除了具有交通工具的特性外，其本质上也具有商品的性质。目前，我国的私人飞机、通用航空飞机以及供航空爱好者使用的小型运动飞机的需求量都比较大，市场发展也很快，飞机的代销和航材的分销也成为通用航空企业中重要的利润来源之一。但是，正如前文所述，飞机和航材与其他普通商品相比有着独特的一面，其在关税、注册程序、适航要求方面较为复杂，对通用航空企业的经营者来说是一个不小的挑战。第5节通过对飞机的代销和航材的分销的基本特征作出介绍，阐述了通用航空企业开展飞机代销和航材分销业务的基本要求。

目前，我国飞行员数量严重不足，缺口巨大。同时，我国飞行员培训机构数量较少，质量不高，导致短时间内难以满足快速增长的飞行员需求。随着我国经济的发展以及航空爱好者和高收入人群的增加，私人飞行的需求量也快速增长。因此，有不少通用航空企业通过开展飞行执照培训来盈利。这些企业既有在经营通用航空、公务航空业务的同时兼营飞行执照培训的，也有专门从事飞行执照培训的。对于通用航空企业而言，从事飞行执照培训既能够为企业开拓业务范围，又可以提高飞机的利用率，还能够降低向其他企业委托和雇佣飞行员的成本，并且能够在飞行学员中培养潜在的飞机销售对象，从而优化飞机的使用效率，降低运营成本，提高企业的竞争力。第 6 节在民航总局 CCAR-141 部的基础上，对飞行执照培训中较常见的科目和课程所需要的软件硬件设施、人员要求、适航要求和规章制度等作出了阐述，并对教务工作和教学流程进行了介绍。

通用航空企业没有一个明确的范畴，其业务内容和运营模式也会根据市场环境、企业发展策略的变化而变化。因此，本章在此仅对较为常见的公务航空企业、通用航空企业以及航空维修、航材和执照培训工作作出简要说明。对于通用航空企业实际运营所需要的工作，应当从实际情况出发，根据市场的需求和民航总局等管理机构的最新规定、要求和咨询通告，灵活地开展相应的业务。

5.1 飞机的购买和租赁业务

引进飞机的方式有购买和租赁两大类，而每类方式又有不同的具体运作方法。例如，从购买资金的来源来看，既可以是自有资金购买，也可以是贷款购买；从飞机租赁的方式来看，既可以是融资租赁，也可以是经营租赁。采用购买还是租赁，应取决于飞机运营商的经营策略和发展规划。飞机的引进不仅受市场、机队、航班、经济和财务等因素的制约，还取决于外部环境如政治、经济、法律法规等因素的制约。只有系统地分析、评价这些因素，才能作出科学的选择，从而降低飞机运营商的飞机引进成本，提高飞机运营商的竞争力。

由于目前飞机造价高昂，加上我国飞机运营商盈利能力不强、自有资金不足等原因，我国在飞机引进中很少采用自有资金购买的方式。因此本节主要就贷款购买、融资租赁和经营租赁展开论述。

1. 贷款购买的优缺点

贷款购买的优点有：在企业经营状况和财务状况良好的情况下，可以充分利用财务杠杆对机队进行投资运营，有利于飞机运营商的长期发展；购买回来的飞机不用考虑使用期限；购买方式从投入的总资金上看低于租赁，而且操作简单；不需涉及第三方，无需担保人，只要付清了款项就可以拥有飞机的所有权和使用权，因此，对于购买的飞机，飞机运营商有充分的支配和处置权；因为一般是款到发货，所以不会有信用记录方面的担忧。

贷款购买的缺点是：一次性的资金投入很可能造成资金筹集上的困难，也可能造成飞机运营商资金流动上的不畅通，还可能导致飞机运营商资金的闲置和浪费。而且，采用贷款购买方式还会影响飞机运营商的财务状况，使资产负债率和负债权益比率上升。

2. 融资租赁的优缺点

融资租赁亦称财务租赁或金融租赁，是出租人把飞机所有权以外的全部经营责任都转让给承租人，承租人负责飞机的维修、纳税和保险等。出租人通过承租人租期内支付的租金加上飞机的期末残值以收回投资并取得收益，一般租期比较长，接近于飞机的使用寿命，租赁期满后，飞机所有权转让给承租人。这是一种具有融资融物双重职能的租赁方式。

与贷款购买和经营租赁相比，融资租赁的优点主要体现在以下几点：一是融资租赁为飞运营商提供了迅速而灵活的资金融通,表现在资金的运用效率高、缓解了飞机运营商资金不足的压力、增加了资金筹措方式、提供了全额的资金融通、可获得飞机的优惠让款等方面;二是可以获得税务优惠,尤其是在国际减税租赁方式下,由于作为承租人的飞机运营商可以获得出租人所在国的减税利益(通过降低租金的方式),使得减税租赁的成本有可能低于贷款购买方式和经营租赁方式;三是可以防止飞机陈旧化风险,使折旧更加合理;四是可以避免通货膨胀的影响;五是由于存在定期支付租金的压力,采用融资租赁方式引进飞机还有利于飞机运营商对飞机的充分利用,促使飞机运营商提高租赁飞机的使用效率和效益。

融资租赁的缺点是:与贷款购买和经营租赁相比,融资租赁的交易结构十分复杂,涉及的当事人众多,交易费用较高,尤其是在杠杆租赁结构下;同时,由于飞机的所有权不属于承租人,在某些方面限制了飞机运营商使用飞机,这些限制主要指对飞机的处置权,如对飞机的技术改造、出售、抵押等;另外,与经营租赁相比,融资租赁在租赁期内退租非常困难。

3. 经营租赁的优缺点

经营租赁又称营业租赁或服务租赁,是一种提供飞机短期使用权特征的租赁方式。出租人根据市场的需要,选择通用性较强的飞机,在一定的期限内供承租人使用,以收回投资成本和风险报酬。在经营租赁过程中,飞机的使用权不会转移给承租人,这是一种可撤销的、不完全支付的短期飞机租赁方式。

与贷款购买和融资租赁相比,经营租赁的优势主要体现在以下两个方面:一是经营租赁在交易结构上十分灵活,能较好地体现飞机运营商的经营策略。经营租赁的灵活性表现在交易结构简单、飞机交付时间短、租期短、租赁期内可以退租或更换飞机等,这种灵活性使得飞机运营商能较好地制定其经营策略;二是经营租赁飞机不影响飞机运营商的财务状况。作为资产负债表外的租赁,经营租赁的租金直接计入飞机运营商营运成本,因此不会增加飞机运营商的负债,这对改善飞机运营商的财务状况十分有利。

经营租赁的最大缺点是:租赁成本较高;另外,投入经营租赁市场的新飞机较少,限制了飞机运营商对飞机的选择。

总之,贷款购买、融资租赁、经营租赁各有其优势和不足,飞机运营商必须根据自身的情况和外部环境进行分析比较,选择适合自身需要的引进方式。

对于通用航空企业来说,不论通过何种方式获取飞机,在此之前都要求对需要何种飞机、需要多少飞机有一定的规划。下面介绍飞机选型的相关步骤。

飞机运营商引进飞机,首先要考虑将要引进的飞机的航程是多大、座位数是多少。目前民用航空飞机按载客量大小可分为大型宽体飞机、中型飞机和小型飞机。大型宽体飞机座位数在 200 个以上,飞机上有双通道通行,如波音 B747、B777、B787 和空客 A340、A330、A380 等,满载航程在 10 000 千米以上。中型飞机载客在 100~200 人,为单通道飞机,典型的有波音 B737 系列飞机和空客 A320 系列飞机,航程超过 3 000 千米。载客量在 100 人以下的民用飞机称为支线飞机,主要用于短程航线的飞行,厂家生产的小型飞机主要有巴西的 ERJ 系列飞机、加拿大的 CRJ 系列飞机和德国的 D328 飞机等。

飞机选型要通过规划分析以确定飞机等级,并根据航线、机场等情况,对预选的若干型号、相同等级的飞机进行综合评估,选择出最适合的机型。对飞机选型的分析主要须研究以下几个因素:

① 经济因素。它是指飞机运营商根据自身的网络规划、机队构成和航线市场等相关要素

的要求,选择合适的机型,在满足市场需求的同时,实现飞机运营商整体收益的最大化。

② 技术因素。它是对各机型的技术分析,包括飞机的安全性分析、先进性分析、可靠性分析和机型生产的背景情况分析,而机型生产的背景情况分析包括生产许可证和型号许可证的取证时间等。

③ 成本因素。它是对飞机引进的经济分析,比如直接使用成本分析、财务分析(具体包括引进税率、飞机购置成本和使用成本),而使用成本中包括单位油耗、航材价格、维护成本等。最后,飞机选型时还应当考虑飞机运营商自身的机队构成、飞机在全球的服役状况、最新销售订单和飞机的残值预测等要素。

④ 飞机服务因素。它是对飞机适用性的分析,包括飞机航程、起飞着陆性能、商载、机场适应性和航线等。飞机的服务因素还指航线的开辟、高原适用性能、公司服务质量的改进和飞机客舱布局及乘坐舒适性(客舱宽度、座位间距、客舱设计和操纵系统等)。

发动机选型是一个飞机运营商的重大决策之一。在选型中,发动机成本(获得成本和使用成本)和可靠性问题是首要考虑的问题。在成本和可靠性相当的情况下,影响发动机选型决策的因素还可能是飞机运营商和生产厂家之间在其他方面的商务合作的条件。

发动机选型同时也是一项比较复杂的技术经济工作,工作内容包括:发动机的技术分析,如发动机的安全性分析、先进性分析、可靠性分析;发动机的经济分析,如购买成本分析和使用成本分析等。

世界著名航空发动机厂家有 GE 公司、R-R 公司、PWA 公司、HONEYWELL 公司、PWC 公司和 SNECMA 公司。通常情况下,飞机运营商主要根据现有机队中飞机的发动机型号选择即将购买的飞机发动机,以增加机队发动机的通用性,降低运营的成本。

5.1.1 飞机购买

1. 飞机购买的流程框架

飞机购买的流程框架如图 5.1 所示,本节将以从外国进口飞机为例,展开介绍流程图中各主要环节的办理流程。其中,飞机选型、发动机选型部分参考前文描述进行。

2. 申请飞机引进批文

2017 年 3 月,为加快通用航空产业发展,民航局决定取消通用航空器引进审批(备案)程序,对企业或个人引进一般通用航空器和喷气公务机不再实施审批和备案。此举将有利于降低通用航空企业(个人)的运营成本,减轻企业压力,提高通用航空器引进效率。

3. 确定飞机引进合作方并签订相关合同

以经济性、安全性和可靠性对飞机制造公司进行选择确定,之后进行相关联系接洽,商谈合作意向。组建谈判小组,除了飞机引进合同谈判人员外,工程部也要有人员参与协助合同书技术条款的谈判,如飞机基本情况和相关资料、适航性、飞机的日常维修准则和技术资料的管理等问题。商务协调人员根据需要要求相关部门的业务人员参加商务、法律条款的谈判。

完成谈判后,在双方律师就合同草本进行若干轮的意见交换,并就有关焦点问题达成共识后,便可准备签署正式合同。

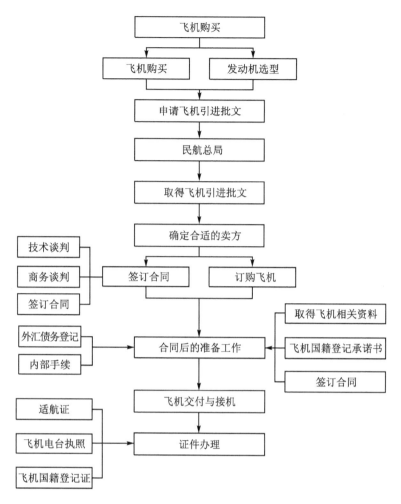

图 5.1 飞机购买的流程框架

4. 合同签订后的相关准备工作

① 接收飞机相关资料,并仔细检查核对,确认飞机状态符合合同要求的适航状态。

② 飞机国籍登记承诺书。由民航局适航司就飞机国籍登记证之事出具承诺函,承诺函保证飞机制造商将飞机交付后,民航局适航司将签发飞机国籍登记证。在飞机交付后,由飞机拥有者再向适航司申办飞机国籍登记证。

③ 特许飞行证。特许飞行证就是临时适航证。在飞机交付前,由民航局适航司签发特许飞行证。该证用于飞机从飞机制造厂转运到我国购买人的飞行基地。飞机交付后,由飞机拥有者再向适航司申请办理适航证。

④ 外债登记证(全资购买除外)。在飞机合同签订 15 日内,需向国家外汇管理局进行外债登记,取得外债登记证。

⑤ 各项内部手续。如接机小组的成员的审批,办理护照、签证,出国费用预算和订购机票等。

5. 飞机的交付与接机

① 接机准备。在赴现场接机前,项目负责人应制订接机计划,并按需要在现场调整计划;确定接机时间、地点和应执行的一系列技术检查和试飞等规定。

② 技术人员负责有关技术方面验收的事宜,商务人员负责协调有关商务方面的事宜。

③ 飞机状态检查验收。工程技术人员检查机身各部分有无缺陷,在现场监控检查发动机有无缺陷。

④ 试飞员和工程技术人员提前准备合同双方协定的试飞方案,判断试飞结果是否满足合同要求,并注意试飞结束后的地面检查。

⑤ 检查飞机重要部件、设备的件号/序号与交付文件的一致性。

⑥ 授权人在飞机接收证书上签字,飞机正式交付。

6. 相关证件的办理

通常所说的"三证"指的是飞机引进所需的三个证件,即飞机国籍登记证、飞机适航证、飞机电台执照。其中,飞机国籍登记证办理的具体手续如下文所述:

(1) 飞机国籍登记证的办理

① 飞机国籍登记证的办理原则:飞机国籍登记证的获取要符合民航总局1998年6月10日通过的《民用航空器国籍登记规定》(CCAR-45-R1)。

② 飞机国籍登记证的办理机关:

国务院民用航空主管部门主管中华人民共和国民用航空器国籍登记工作,设立中华人民共和国民用航空器国籍登记簿,统一记载民用航空器的国籍登记事项。

中国民用航空局适航审定司检查处具体负责受理、审查民用航空器国籍登记申请、变更登记、临时登记、收取登记费以及颁发民用航空器国籍登记证书。

③ 飞机国籍登记证办理的相关政策规定:

a) 根据《中华人民共和国民用航空法》,下列民用航空器应当依照本条例进行国籍登记:

➢ 中华人民共和国国家机构的民用航空器;

➢ 依照中华人民共和国法律设立的企业法人的民用航空器:企业法人的注册资本中有外商出资的,外商在该企业法人的注册资本或者实收资本中所占比例不超过35%,其代表在董事会、股东大会(股东会)的表决权不超过35%,该企业法人的董事长由中国公民担任;

➢ 国务院民用航空主管部门准予登记的其他民用航空器:自境外租赁的民用航空器,承租人符合前款规定,该民用航空器的机组人员由承租人配备的,可以申请登记中华人民共和国国籍;但是,必须先予注销该民用航空器原国籍登记。

b) 民用航空器经依法登记,取得中华人民共和国国籍。

c) 民用航空器不得具有双重国籍。未注销外国国籍的民用航空器,不得在中华人民共和国办理国籍登记;未注销中华人民共和国国籍的民用航空器,不得在外国办理国籍登记。

d) 飞机国籍登记证的办理费用如表5.1所列。

④ 飞机国籍登记证的办理程序如图5.2所示。

表 5.1 飞机国籍登记证的办理费用

收费项目	收费标准
首次登记费	限制类航空器每架次 400 元 航空器最大起飞全重小于 50 000 千克(含 50 000 千克)的每架次 1 000 元 航空器最大起飞全重大于 50 000 千克的,每架次 2 000 元
变更登记费	按首次登记费收费标准的 50% 记收
临时登记费	按首次登记费标准记收
补办登记费	按首次登记费收费标准的 20% 记收
注销登记费	按首次登记费收费标准的 10% 记收

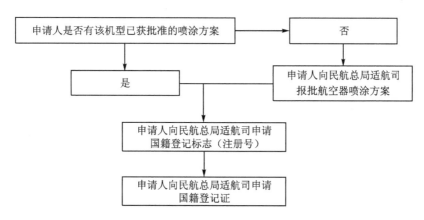

图 5.2 飞机国籍登记证的办理程序

a) 申请国籍标志和登记标志:申请人如实填写《民用航空器国籍标志和登记标志申请书》(如图 5.3 所示),由申请人的法定代表人或其出具授权书授权的代表签字并盖申请人印章。

申请人应当按照国务院民用航空主管部门规定的格式如实填写民用航空器国籍标志和登记标志申请书,并向中国民航局适航司出示下列证明文件的原件并提交下列证明文件的复印件:

➢ 申请人合法身份的证明文件:

国家机构:证明文件;

企业法人:营业执照及民航局或其授权的地区管理局核发的经营许可证或已办理航空登记的证明;

公民个人:居民身份证及住所证明或主要营业场所证明,民航总局授权的地区管理局已办理通用航空登记的证明;

事业法人:注册证明及民航总局或其授权的地区管理局办理通用航空登记的证明,属于航空俱乐部性质的单位,应有主管部门的批件。

➢ 购(租)机批文。

➢ 购买合同或租赁合同,其合同中的商业秘密条款除外。

b) 申请国籍登记证:申请人应当按照国务院民用航空主管部门规定的格式如实填写《民用航空器国籍标志和登记标志申请书》(如图 5.3 所示)。由申请人的法定代表人或其出具授权书授权的代表签字并盖申请人印章。

民用航空器国籍标志和登记标志申请书

1. 申请人名称 ＿＿＿＿＿＿＿＿＿＿＿＿＿＿＿＿＿＿＿＿
2. 申请人地址 ＿＿＿＿＿＿＿＿＿＿＿＿＿＿＿＿＿＿＿＿
   电话 ＿＿＿＿＿ 传真 ＿＿＿＿＿ 邮政编码 ＿＿＿＿＿
3. 申请人是：国家机构☐　事业法人☐　中国公民（个人）☐
   企业法人☐其注册资本或实收资本中有外资 ＿＿＿＿
   外资比例 ＿＿＿＿＿ ％
   公共航空运输企业☐；通用航空 经营☐ 非经营☐
4. 航空器型号 ＿＿＿＿ 出厂序号 ＿＿＿＿ 预计交付日期 ＿＿＿＿
5. 航空器制造者 ＿＿＿＿＿＿＿＿＿＿＿＿＿＿＿＿＿＿
6. 航空器交付地点 ＿＿＿＿＿＿＿＿＿＿＿＿＿＿＿＿
7. 航空器由申请人　购买☐　租赁☐　租赁期六个月以上　是☐ 否☐
8. 航空器购/租自 ＿＿＿＿＿＿＿＿＿＿＿＿＿＿＿＿ 公司（财团）
9. 航空器　新的☐　旧的☐　原国籍登记状况 ＿＿＿＿＿＿＿
10. 航空器型号批准/认可状况　TC☐　TDA☐　VTC☐　☐其他
11. 证明文件：
    购（租）机批文☐　　　购买合同或租赁合同☐
    申请人合法身份的证明☐　非法定代表人签字申请时，其授权书☐
12. 声明：
    兹证明上述所填各项属实，并对所填内容承担一切责任。

    法定代表人（签字）＿＿＿＿＿　申请人（盖章）＿＿＿＿＿
    职　务 ＿＿＿＿＿＿＿＿＿＿　日　期 ＿＿＿＿＿＿＿＿

AAC-190(07/98)

图 5.3　民用航空器国籍标志和登记标志申请书

申请人应当按照国务院民用航空主管部门规定的格式如实填写《民用航空器国籍登记证申请书》（如图 5.4 所示），向中国民航局适航司出示下列证明文件的原件并提交下列证明文件的复印件：

- 证明申请人合法身份的文件；
- 作为取得民用航空器所有权证明的购买合同和交接文书，或者作为占有民用航空器证明的租赁合同和交接文书；
- 未在外国登记国籍或者已注销外国国籍的证明；
- 国务院民用航空主管部门要求提交的其他有关文件。

c）发证：中国民航局适航司应当自收到民用航空器国籍登记申请之日起 7 个工作日内，对申请书及有关证明文件进行审查；经审查，符合本条例规定的，应当向申请人颁发《中华人民共和国民用航空器国籍登记证》，如图 5.5 所示。

（2）飞机适航证的办理

具有中华人民共和国国籍的民用航空器，其所有人或占有人可以申请该航空器的适航证。本小节仅论述进口航空器的适航证获取的一般程序。

① 引进/交付计划和合同的评审与备案：

a）申请人在航空器交付日期 90 天之前，将航空器交付计划及合同的"技术条款"部分提

中国民用航空总局

民用航空器国籍登记证申请书

1. 航空器国籍标志和登记标志 ＿＿＿＿＿＿（由中国民用航空总局给定）
2. 航空器型号 ＿＿＿＿＿ 出厂序号 ＿＿＿＿＿ 出厂日期 ＿＿＿＿＿
3. 航空器制造者 ＿＿＿＿＿＿＿＿＿＿＿＿＿＿＿＿＿＿＿
4. 航空器最大起飞全重 ＿＿＿＿＿＿＿＿＿ 千克
5. 航空器所有人或出租人名称 ＿＿＿＿＿＿＿＿＿＿＿＿
6. 航空器所有人或出租人地址 ＿＿＿＿＿＿＿＿＿＿＿＿
   电话 ＿＿＿＿ 传真 ＿＿＿＿＿ 邮政编码 ＿＿＿＿＿
7. 航空器占有人名称 ＿＿＿＿＿＿＿＿＿＿＿＿＿＿＿＿
8. 航空器占有人地址 ＿＿＿＿＿＿＿＿＿＿＿＿＿＿＿＿
   电话 ＿＿＿＿ 传真 ＿＿＿＿＿ 邮政编码 ＿＿＿＿＿
9. 申请人是：□航空器所有人　□航空器占有人
10. 航空器基地（机场）名称 ＿＿＿＿＿＿＿＿＿＿＿＿
11. 证明文件：□申请人合法身份文件　□所有权证明　□占有权证明
    □交接文书　□非法定代表人签字申请时，其授权书
12. 航空器国籍登记情况：
    □原在中国民用航空总局登记
    □未在任何地方登记　□未在外国登记的证明
    □原在外国登记，登记国名称 ＿＿＿＿＿ □注销外国国籍的证明
13. 若申请人按特别程序申请，请填写：
    （1）理由

    （2）所缺证明文件名称及补交地点、日期

    （3）按照AP—45—01R2　2.3.1款规定　□同意承担　□不同意承担
14. 声明：
    兹证明，上述所填各项属实，并对所填内容承担一切责任。

    法定代表人（签字）＿＿＿＿＿＿＿　申请人（盖章）＿＿＿＿＿＿＿
    职　务 ＿＿＿＿＿＿＿＿＿＿＿＿　日　期 ＿＿＿＿＿＿＿

AAC–056(07/98)

图 5.4　民用航空器国籍登记证申请书

交适航司备案，"技术条款"部分应明确规定航空器型号必须通过民航局审查，航空器交付状态必须符合民航总局相应的适航标准和有关的运行要求。

b）申请人按照适航司的要求修正合同中不符合中国民用航空规章之处。

② 申请：申请人在航空器预计出厂或交付日期前30日之前，向适航司提交完整属实的《适航证申请书》（如图5.6所示）。

③ 受理：

a）适航司收到申请书后10个工作日内，通知申请人受理意见。

b）当适航检查地点在中国境内时，适航司将申请人提交的《适航证申请书》转申请人所在地区适航部门。地区适航部门指定适航监察员对航空器进行适航检查。

c）当适航检查地点在境外时，适航司将申请人提交的《适航申请书》、《民用航空器适航检查及颁发适航证书授权声明》和"签发人""颁发日期"栏为空白的《民用航空器标准适航证》交给经授权的适航监察员，适航监察员对航空器进行适航检查。

④ 适航检查：适航监察员按照《民用航空器适航性评审和检查记录单》相关内容对航空器

中国民用航空总局航空器适航司

民用航空器国籍登记证颁发授权书

根据AP—45—01R2《民用航空器国籍登记程序》的规定,现授权:
　　　　　　　　　　负责对下列航空器国籍登记证申请的审查并签署国籍登记证颁发日期:

| 航空器型号 | 国籍标志和登记标志 | 出厂序号 |

航空器适航司
年　月　日

　　*被授权人在每一架航空器颁发国籍登记证之后的二周内,将下列资料交适航司航空器登记职能处:

国籍登记证复印件☐　　　　　交接文书☐
外国未登记或注销登记的证明☐　　租赁合同（如补交）☐
其他资料☐

AAC-192（07/98）

图 5.5　中华人民共和国民用航空器国籍登记证书

进行检查。

⑤ 颁证:

a) 当适航检查地点在中国境内时,所在地区适航司审核人签署《适航证申请书》、《民用航空器适航性评审和检查记录单》和《民用航空器适航性评审和检查报告》后,确认航空器符合经批准的型号设计并处于安全可用状态,向申请人颁发航空器标准适航证。

b) 当适航检查地点在境外时,适航监察员确认航空器符合经批准的型号设计并处于安全可用的状态后,签署、颁发《民用航空器标准适航证》。颁发标准适航证后 30 日内,适航监察员将签署适航检查结论的《适航证申请书》、《民用航空器适航性评审和检查记录单》、《民用航空器适航性评审和检查报告》和《民用航空器标准适航证》(如图 5.7 和图 5.8 所示)复印件报适航司。

关于特许飞行证:购进飞机需要申请Ⅱ类特许飞行证时,除需要申请人填写《中国民用航空总局航空器特许飞行证申请书》(可在民航局网站下载)外,其他受理及颁证程序与标准适航证的类同。

（3）引进的飞机电台的执照办理

凡设置、使用民用航空无线电业务台站的单位和个人,都必须遵循《中华人民共和国无线电管理条例》,民用航空无线电业务工作,实行统一领导、分级管理的原则,在国家无线电管理委员会的领导下,由中国民用航空局无线电管理委员会统一管理。该管理委员会下设办公室,

中国民用航空总局
民用航空器适航证申请书

<table>
<tr><td rowspan="5">航空器</td><td colspan="2">国籍和登记标志：　　　　　　制造人：</td></tr>
<tr><td colspan="2">航空器型别/出厂序号/出厂年月：</td></tr>
<tr><td colspan="2">发动机型别/制造人/装机数量：</td></tr>
<tr><td colspan="2">螺旋桨型别/制造人：</td></tr>
<tr><td colspan="2">本航空器是（依适用情况在"□"内打"×"）；　□ 国产的　□ 进口的　□ 新的
□ 使用过的（给出航空器飞行小时/起落次数）；</td></tr>
<tr><td rowspan="4">类别与用途</td><td>□ 标准适航证</td><td>□ 正常类　　□ 特技类　　□ 运输类　　□ 正常类旋翼航空器
□ 实用类　　□ 通勤类　　　　　　　　□ 运输类旋翼航空器</td></tr>
<tr><td>□ 限制适航证</td><td>□ 气球　　　□ 滑翔机　　□ 甚轻型
□ 飞艇　　　□ 超轻型　　□ 其他非常规航空器</td></tr>
<tr><td>用途
（限制适航证）</td><td>□ 私人飞行　　□ 文化体育娱乐　　□ 农林牧渔及工业飞行
□ 环境监测　　□ 科研教育培训　　□ 载货飞行　　□ 其他</td></tr>
<tr><td colspan="2"></td></tr>
<tr><td rowspan="6">审定及制造</td><td colspan="2">中国民航颁发或认可的型号合格证（TC）/型号认可证（VTC)/型号设计批准书（TDA)编号及数据单的版次：</td></tr>
<tr><td colspan="2">外国适航当局颁发的型号合格证及数据单编号和版次：</td></tr>
<tr><td colspan="2">其他设计批准（可另附）：</td></tr>
<tr><td>补充型号合格证（可另附）：</td><td>适航指令（可另附）：</td></tr>
<tr><td colspan="2">生产/制造依据及符合性文件（依适用情况在"□"内打"×"）：
□ 生产许可证（PC）（给出生产许可证编号）
□ 经批准的生产检验系统（APIS）
□ 仅依据型号合格证生产（TC Only）
□ 其他制造批准（可另附）
□ 制造符合性声明（另附）
□ 出口适航证（进口航空器适用，另附）</td></tr>
<tr><td colspan="2"></td></tr>
<tr><td>设备构型及文件</td><td colspan="2">申请人需随本申请书一起提交：
□ 航空器交付时的构型状态与批准的数据单的差异说明（另附）
□ 航空器所装设备与预期运行要求的符合性声明及设备清单
□ 与航空器相关的各类证件及持续适航文件清单（另附）</td></tr>
<tr><td rowspan="2">航空器所有人</td><td>名　称</td><td>　　　　　　　　　　　　电　话</td></tr>
<tr><td>地　址</td><td>　　　　　　　　　　　　传　真</td></tr>
<tr><td rowspan="2">航空器占有人</td><td>名　称</td><td>　　　　　　　　　　　　电　话</td></tr>
<tr><td>地　址</td><td>　　　　　　　　　　　　传　真</td></tr>
<tr><td rowspan="4">申请人声明</td><td colspan="2">兹声明：上述所填各项属实，本航空器随机文件齐全，技术状态良好，处于适航状态，航空器上所装设备符合预期的运行要求，并保证对所填各项内容承担一切责任。</td></tr>
<tr><td colspan="2">申请人（签字）_____</td></tr>
<tr><td colspan="2">职　　务_____　　单位（盖章）</td></tr>
<tr><td colspan="2">日　　期_____</td></tr>
</table>

图 5.6　适航证申请书

承办民用航空无线电管理的日常业务。中国民用航空地区管理局(以下简称"地区管理局")、飞行院校成立相应的地区管理局、飞行院校无线电管理委员会和办公室,承办本地区民用航空无线电管理工作。引进的飞机电台执照的办理流程如图5.9所示。

中国民用航空总局　　（正面）
General Administration of Civil Aviation of China

	民用航空器标准适航证 STANDARD AIRWORTHINESS CERTIFICATE	编号/No:
1.国籍和登记标志 Nationality and Registration Marks	2.航空器制造人和型号 Manufacturer and Manufacturer's Designation of Aircraft	3.航空器出厂序号 Aircraft Serial No.

4.类别Categories：

5.本适航证根据1944年12月7日《国际民用航空公约》和《中华人民共和国民用航空法》及根据该法发布的有关规定颁发。本航空器在按照各项规定进行维修和各项运行限制运行时是适航的。
This Certificate of Airworthiness is issued pursuant to the Convention on International Civil Avlation dated 7 December 1944,and to Civil Aviation Law of the People's Republic of China,and regulations issued thereunder,in respect of the above-mentioned aircraft which is considered to be airworthy when maintained and operated in accordance with the foregoing and the pertinent operating limitations.

局长授权（For the Minister）：　　　　　　　签发日期（Date of issue）：
签发人：　　　　　　部门/职务：

6.本适航证自签发/再次签发之日起至下一年12月31日止有效。再次签发记录在本适航证背面。
This Certificate shall remain in force from its date of issue/re-issue till 31,December of the following year.Re-issue records are written on reverse side.

图 5.7　民用航空器标准适航证正面

民用航空器标准适航证
STANDARD AIRWORTHINESS CERTIFICATE　　（反面）

民用航空器标准适航证再次签发记录 Re-issue record			
日期 Date	再次签发原因 Description	签署部门 Organization	签名 Signature

图 5.8　民用航空器标准适航证反面

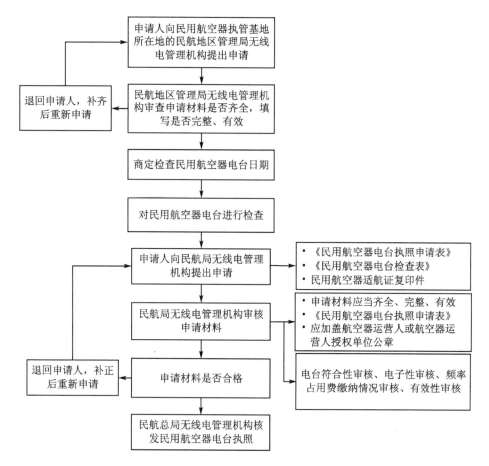

图 5.9 引进的飞机电台执照的办理

5.1.2 飞机经营租赁

1. 飞机经营租赁的流程

飞机经营租赁的流程如图 5.10 所示。本小节将以从外国公司租赁飞机为例,展开介绍飞机经营租赁流程图中各重要环节的办理流程。

2. 签署采购合同

飞机运营商根据市场需求确定飞机的座级后,与有关制造商进行采购谈判,选定飞机机型。飞机运营商再向民航总局申请引进飞机。在得到国家发改委和民航总局关于同意引进飞机的批复后,飞机运营商可以与制造商签署采购合同。合同签署后,飞机运营商就可以开始融资招标工作。这个过程与飞机的购买比较相似。

3. 飞机租赁招标

飞机运营商的飞机租赁招标一般不发招标通知书,也不签发任何书面的意向书、委托书等。通常,飞机运营商与外商在平时接触时,会有意识地向外商透露飞机引进需求的相关信

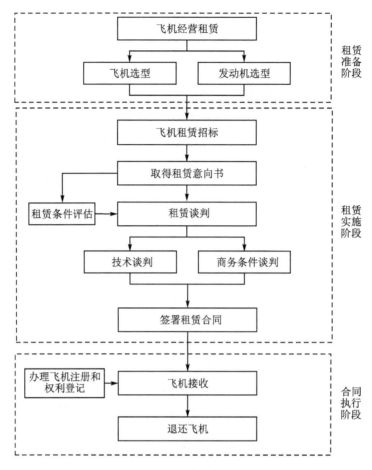

图 5.10 飞机经营租赁流程图

息,如计划租赁的飞机和发动机型号与架数、交付日期和租赁期限等。飞机运营商通过广泛接触各个飞机租赁公司或飞机运营人后,收集市场上一定时间范围内可供租赁的飞机信息,找出适合飞机运营商需要的飞机,针对性地索要飞机技术规范和商务条件。在综合飞机技术规范和出租人租赁商务条件的基础上,对提供的租赁飞机进行比较。

4. 商务方案的评价

飞机租赁市场是一个循环的周期性市场,一般周期为 10~15 年。周期性对融资有着很大的影响。通常情况下,周期处于顶部时,来自飞机运营商的运力需求大,但市场上飞机来源缺乏;周期处于底部时,飞机运营商的需求低,但市场上飞机来源充裕。另外,突发事件的出现,例如世界上大型飞机运营商经营破产倒闭、出现疫情(如 SARS)或遭遇恐怖袭击(如 9·11 事件)等,在这种情况下,由于航空市场将突然出现一定量的剩余运力,在航空租赁市场上往往就能找到条件较好的租赁交易。

租赁双方在飞机租赁中的利益是对立的。飞机运营商评估经营租赁条件的优劣主要有以下几个方面:

① 飞机租金:

经营租赁的飞机租金可以是固定租金或浮动租金,按月支付或按季度支付。固定租金在飞机交付时租金数量是确定的,通常在整个租期保持不变。浮动租金的飞机实际租金根据利率上下波动。由于航空市场的周期性,经营租赁飞机的租金水平在很大程度上取决于租赁市场的飞机供求状况。影响飞机租金高低的还有资金成本和市场利率水平。全新飞机每月租金一般相当于其价值的 0.75%～1.5%。

新飞机租金报价通常包括基本租金加租金的调整系数,调整的大小取决于预设利率和飞机交付时的实际利率差值与调整系数的乘积。

以下是计算飞机租金常见的公式:

实际租金＝飞机的基本租金＋(实际利率－预设利率)×利率差值的单位调整系数

基本租金通常是基于某一年美元的价格,如果基准年和飞机的交付年度不一致,则飞机的基本租金还需要根据飞机交付时飞机厂家的价格浮动系数调整。

预设利率常常以某一时间点的美元 UBOR(伦敦银行同业拆放利率)或掉期利率作为参考。

二手飞机的租金高低除受飞机供求和利率水平影响外,还取决于二手飞机租赁交付和返还时的技术状态及其影响。飞机交付和返还时的状态是决定飞机运营商飞机租赁成本的一个重要因素。

② 飞机保证金数量和其他担保条件:

飞机经营租赁合同常常包含飞机租赁保证金的条款。飞机保证金一般相当于 2～3 个月的飞机租金数量。如果飞机运营商不想占用太多资金,也可同飞机出租方协调以信用证的方式作为飞机保证金。

历史上,在经营租赁的方式下,国外飞机出租方要求国内承租人提供银行担保的情况很常见。这一方面是由于担保业务的利润少,银行不太愿意办理担保业务;另一方面是由于银行向境外企业提供银行担保需要到外管局审批,办理的过程烦琐,因此,飞机运营商在交纳一定的租赁保证金外,银行通常不愿意为其提供担保。

③ 维修储备金支付:

维修储备金的本质是支付给飞机出租方保管,在飞机进行大修时提供必要费用的资金储备。其目的是保证在飞机需要进行大修时,有必要的资金储备作为大修的费用。在飞机机身、起落架或发动机进行维修时,负责飞机大修的维修方可提前或在维修完成后向出租方要求返还相应的大修费用。剩余的大修储备金一般归出租方。

通常承租方对飞机机身、发动机、发动机 LLP 时寿件和起落架收取维修储备金。维修储备金一般根据飞机前一个月的利用率收取,等于上一个月飞机使用的小时数除以循环数总数,再乘以相应的维修储备金费率。维修储备金的费用需要通过双方谈判商定。确定维修储备金费用的主要依据为飞机机身、发动机和起落架完成一次大修的总费用除以设备维修手册规定的设备从本次大修到下一次大修前可利用的总时间。比如,B737 飞机完成一次 D 检总费用大约为 225 万美元,第一次大修的时间大约为 25 000 飞行小时,则小时维修储备金的费率为 90 美元/飞行小时。

值得注意的是,维修储备金费率对应一定的小时循环比。当飞机实际的小时循环比小于或者大于设定的小时循环比时,则飞机的大修间隔减小,则飞机的维修储备金费率升高。同时,设备的维修活动涉及劳动力和材料价格上涨的因素,设备的大修费用每年有一定涨幅,出租方常常要求承租方交纳的维修储备金费率每年有一定涨幅,但涨幅一般不超过 3%。表 5.2 是支付飞机维修储备金常见的条件(表中数字仅作为举例使用)。

表 5.2 支付飞机维修储备金的条件

序号	部件	条件	备注
1	机身	75 美元/飞行小时	
2	发动机	83 美元/台	
3	发动机 LLP	66 美元/循环	
4	起落架	15 美元/小时	
5	APU	14 美元/小时	
6	小时循环比	1.83 小时/循环	
7	维修储备金费率	每年上调 3%	

为减少对租赁期间现金流的影响,飞机运营商通常希望租赁期间尽量减少支付飞机维修储备金。通常,飞机运营商可以采用维修储备金支付封顶的方式,或飞机运营商通过与出租方协商,用限定条件提供银行信用证的变通方式,取代现金支付。

维修储备金是飞机运营商经营的成本之一。为避免飞机集中在某一时期内大修,对公司现金流产生巨大冲击,飞机运营商定期预提一定数量的维修基金,将可减小飞机集中大修的高额维修费支出对其财务状况的影响。

④ 目前,飞机租赁中飞机运营商承担的主要税费及其金额见表 5.3 所列。

表 5.3 航空公司经营租赁飞机需支付的税费及其金额

税种	数额	时间点	法律依据
关税	租金的 1%	每次付租时	《关于民航进口客运飞机征税问题的通知》 (署税〔1999〕326 号)
进口增值税	租金的 5%（25 吨）,按吨位征收	支付每笔租金时	《财政部、国家税务总局关于调整进口飞机有关增值税政策的通知》 (财关税〔2013〕53 号)
印花税	租金的 0.1%	合同签署时	《关于飞机租赁合同征收印花税问题的批复》 (国税发〔1992〕1145 号)
预提所得税	租金的 10%	每月支付租金时	国务院《关于外国企业来源于我国境内的利息等所得减征所得税问题的通知》 (国发〔2000〕37 号) 国家税务总局《关于中国银行海外分行来源于境内利息收入税务处理问题的函》 (国税函〔2001〕189 号)

关于预提所得税,现行税收政策规定:国外公司开展的飞机租赁业务,但在国内未设立机构的,从境内企业取得的租金所得应交纳租金预提所得税,税负为全部租金收入的 6%～10%,由承租人代扣代缴(1999 年 9 月 1 日前签订的租赁合同免征预提所得税)。

目前,由于我国的飞机租赁业务基本上由国外公司垄断,因此国外飞机出租人处于有利地位,为保证自身利润收益,其通常会通过将飞机租赁定义为净租赁的形式将税负转嫁给我国的飞机运营商。尽管我国与很多国家有避免重复征税的协议,但各国的税制不同,很少有外国企业拿其在国外的税单在我国办理抵免(个人所得税办理抵免的比较常见)。转嫁给飞机运营商的税负加重了飞机运营商的负担。由于不同国家的出租方征收的预提所得税不同,因此,飞机出租方归属哪个国家就显得非常重要。现在通常的做法是将飞机的产权注册在爱尔兰（预提所得税税率6%）或者其他低税率国家，这样可以大大降低税率，降低飞机运营商的成本。几个不同国家的预提所得税税率情况如表5.4所列。

表 5.4　不同国家的预提所得税税率

国　　家	预提所得税税率/%
美国	10
日本	10
爱尔兰	6

⑤ 飞机的登记、运营和维修的要求：

经营租赁飞机的登记方式一般有两种：一种是在航空器所有人（出租人）的所在国登记注册，使用出租人所在国的国籍标志和登记标志；一种是在航空器使用人（承租人）的所在国登记注册，使用承租人所在国的国籍标志和登记标志。

航空器在出租人所在国登记会有诸多不便。比如，从美国租赁飞机，在美国登记注册，其国籍标志和登记标志为美国的注册号，因此必须执行FAA的有关规定——维修机构必须经FAA批准，飞机放行人员须持FAA的A&P执照等。由于这些规定，飞机运营商不得不花费大量的资金委托持有FAA维修执照的维修厂来维护和放行飞机。此外，美国注册的飞机还要定期飞到美国接受FAA的检查。

我国飞机运营商经营租赁的飞机一般在承租人所在国（航空器经营国，即由中国民航CAAC）登记，受中国民航适航部门管辖，具有中国国籍和登记标志。飞机交付前，飞机运营商必须持设备进口批文和飞机引进合同到民航总局申请航空器注册，在中国民航适航部门进行适航检查，符合新登记国的适航要求后，登记入册。飞机退租时，飞机国籍需要变更，则由中国民航适航当局进行必要的适航检查，合格后颁发出口适航证。

在中国注册的飞机的运营，需要满足中国民航当局相应的适航规章。飞机的维护必须在具有中国民航维修资格的维修厂进行。但由于中国民航和国外民航当局所遵循的规章的差异性，境外出租方往往要求国内承租方在飞机租赁期间，按照FAA的相应或者相似要求维护飞机，而且要求退机前的最后一次委托大修必须在具有FAA维修执照的维修厂完成，以使飞机满足FAA的适航状态，便于在国际上出租。对于飞机退租时，飞机退租状态不满足相关要求的，飞机运营商往往要花费大量的费用去调整，以满足飞机退租的技术要求。

⑥ 租赁的附加服务和期末选择权：

租赁谈判时，承租方应取得出租方转让的所有飞机机身和发动机的保修和索赔权利，最大限度地要求出租方提供附加服务。这些服务包括航材、发动机和培训方面的服务。

承租方在租赁期间争取飞机可以被转租，以方便在经营淡季或根据其他需要将飞机转租给其他飞机运营商或成员公司。承租方还应争取飞机在租赁期末购买的选择权，因为一旦航空市场上扬，承租方就可得到飞机残值升高带来的好处。

⑦ 飞机保险：飞机保险是为了防止飞机发生意外事故，如由自然灾害、战争、劫机、飞机本身的机械故障或机务原因等引起的飞机全损或部分损坏，而对飞机（包括机身、发动机及主要零备件）进行的保险。航空保险在整个保险中虽然只占很小一部分，但由于航空保险的风险高度集中、投保金额巨大，而飞机失事这样的航空事故又时有发生，因此，为保证航空市场的稳定，飞机保险是防御风险不可缺少的手段。

a) 保险权益：承租人购买飞机保险后，飞机保险权益转让给飞机出租方。保险权益转让后，在航空公司同意保险权益转让的合同期间，保险人公司将飞机出租方列为保单的被保险人和受益人之一，将其他拥有飞机权益的各方作为飞机保险的附加被保险人。

b) 飞机保险的险种：
> 机身险(Hull Value)：一般不少于飞机租赁时的飞机公允价值。
> 第三者责任险(Third Party Liability)：由于飞机或空中坠人、坠物造成的第三者人身伤亡或财物损失，被保险人应承担赔偿责任。
> 旅客法定责任险(Passenger Liability)：旅客在乘坐或上下飞机时发生意外，造成人身伤亡、所携带和已经交运登记的行李物件的损失，或因行李物件在运输过程中的延迟而造成的损失，根据法律或契约规定应由被保险人负担赔偿责任。

上述三种飞机保险的险种的最高赔偿金额视飞机机型而定，一般 B737-800 飞机的赔偿金额不少于 7.5 亿美元。

c) 保险金的使用方式：(略。)

d) 飞机发生全损时，保险金的使用方式：保险金由保险人支付给受让人，用以偿还转让人在《借款合同》项下届时尚未清偿债务中的本金及其他未清偿的债务。偿还上述金额后，受让人将剩余款项返还给转让人。

e) 飞机发生损失(非全损)时，保险金的使用方式：对于一定范围内的保险赔付应首先赔付给飞机出租方。出租方收到的保险金在出租人收到航空公司列明修理的性质及支出的详细书面清单后，用保险金补偿修理费用。

5. 商务谈判

经过对意向书的谈判，飞机租赁合同中的主要商务条件已经确定。合同草本提供后，双方即可开始有关的合同谈判。谈判人员一般包括法律人员、商务人员、技术人员和销售人员。

合同谈判中，飞机运营商作为承租人需要审核和确认的主要合同条款包括：付款条件、保险条款、担保和法律意见书的格式及责任保证部分。

6. 履　约

经营租赁的飞机在使用过程中，要严格履行飞机的租赁合同，包括：
a) 按时支付租金和维修储备金；
b) 定期提供飞机的使用报告和飞机运营商的财务信息；
c) 严格按经营租赁合同的条件维护和使用飞机，通报出租方飞机计划中的大修时间，对飞机的维护做好记录并按要求保存；
d) 飞机出现一定程度损伤或者毁损；
e) 承租人出现重大财务重组、公司合并重组等。

7. 交还飞机

经营租赁中的飞机返还是一个巨大的工程。在经营租赁合同中，飞机所有人(出租人)为保证飞机的残值，常常对飞机的维护和返还有严格的规定。飞机运营商退还飞机时，出租方进行退机检查的重点是，飞机和飞机技术记录的完整性和连续性、发动机的技术状态、起落架的技术状态和飞机部件的标签完整性等。对于不符合合同返还要求的飞机，出租方往往会按飞机租赁合同，提出严格的补救措施。飞机运营商如果不能按条件返还飞机，将遭受重大的损失。对于飞机不能按时返还出租方，飞机租金将按天计算，最高可能被要求支付正常租金 2 倍的租金。总之，飞机运营商要采取各种方法尽量避免在飞机退租时投入不必要的资金。经营租赁飞机的退机工作单见表 5.5 所列。

表 5.5 经营租赁飞机的退机工作单

序号	项目	责任单位	完成期限
1	通知飞机出租方飞机返还的预计时间	工程部门	
2	根据飞机运力退出计划,调整市场运力	市场部门	
3	进行飞机维修检查,保证飞机良好的适航状态,所有技术资料齐全	工程部门	
4	申请出口适航证,办理国籍证、电台证的注销	工程部门	
5	飞机退租检查,签署飞机交接证明	工程部门	
6	落实飞机调机细节	工程部门	
7	办理飞机出口相关海关、联检手续	财务部门	
8	执行调机	运控部门	
9	准备相关商务文件	财务部门	

5.1.3 飞机融资租赁

1. 飞机融资租赁的流程

飞机融资租赁的流程如图 5.11 所示,本小节将以从外国公司融资租赁飞机为例,展开介绍飞机融资租赁流程图中各重要环节的办理流程。

2. 签署采购合同

飞机运营商根据市场需求确定飞机的座级后,与有关制造商进行采购谈判,选定飞机机型。飞机运营商再向民航总局申请引进飞机。在得到国家发改委和民航总局关于同意引进飞机的批复后,飞机运营商可以与制造商签署采购合同。合同签署后,飞机运营商就可以开始融资招标工作。这个过程与飞机的购买比较相似。

3. 融资租赁招标

融资租赁是飞机运营商除贷款以外的一项重要融资手段,融资租赁的种类包括出口信贷融资租赁、税务融资租赁和商业融资租赁等。不管是哪种形式,飞机运营商都需要向潜在的融资方进行招标,以获得最佳的融资条款。

承租方需准备项目招标书和项目可研报告,论证项目的可行性,并向潜在的融资方提出对于融资的基本要求。

融资租赁招标阶段需要注意的要点如下:
① 租赁期。飞机的使用寿命长,通常租赁期在 10~15 年。
② 租赁成本。融资租赁的成本与贷款一样可以直观地反映为年利率。在计算租赁成本时要考虑租金支付方式、相关费用。计算总成本,不能仅考虑租金部分。

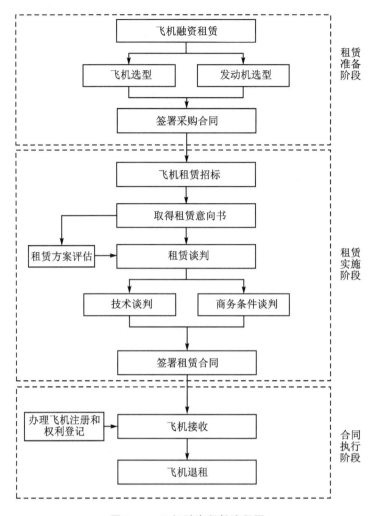

图 5.11 飞机融资租赁流程图

③ 付租方式。融资租赁的租金通常包括本金部分和利息部分,支付时间为 3 个月或半年后付。

④ 租赁尾款。融资租赁可以在期末留一部分尾款(期末一次性支付的本金),也可以不留。根据承租方的现金流承受能力和融资方对承租方的信用评估,由双方协商确定。

⑤ 相关费用。融资租赁的交易费用,包括但不限于法律费用、融资方的手续费、成立项目公司的费用等,通常由承租方承担。

在选定融资方并就上述要点达成一致后,双方签署融资租赁意向书,约定融资租赁的主要商务条件。承租人需注意约定交易完成的时限,这对融资方有一定的约束,应避免因交易完成时间的拖沓导致难以控制的局面。

4. 融资租赁合同谈判

在双方签署融资租赁意向书后,即进入合同谈判阶段。双方约定交易的细节,此期间大量的文本工作均需由双方律师完成。

融资租赁合同的基本要素包括:

① 定义交易各方，通常包括出租人、承租人和贷款人等。
② 定义租赁物件，即飞机的规格、价格和交付时间等。
③ 约定提款安排。
④ 约定租赁期限。
⑤ 约定租赁利率。
⑥ 约定租金支付方式。
⑦ 约定租赁尾款及租赁方式。
⑧ 约定租赁担保事项。
⑨ 约定保险事项。
⑩ 约定飞机的注册、运营和维修等事项。
⑪ 约定交易费用的承担。
⑫ 约定协议终止事项、税务承担、管辖法律以及其他事项。

5. 合同签署后的飞机交付

在签署租赁协议后，如果出租方为境外公司，承租方需到当地外汇管理部门进行外债登记。在飞机计划交付日期前一周，派人员到飞机交付地点对飞机进行技术检查，包括文件验收和试飞等。技术验收完成后，承租方通知出租方将飞机款支付给飞机制造商。飞机制造商收到全款后将飞机交付给出租方，出租方随即交付给承租方。由承租方派机组将飞机调机回国。

5.1.4 二手飞机的租赁

1. 二手飞机租赁的流程

二手飞机是指具备以下条件之一或更多条件的飞机：
① 飞机所有权曾经被除制造人或租机公司以外的第三方所持有；
② 飞机曾经被私人拥有、出租或使用；
③ 飞机曾经专门用做培训驾驶员或参与空中出租业务；
④ 飞机所有权虽然一直被制造人或专门的租机公司所持有，但未按中国民用航空规章或中国民航适航部门认可的国外适航规章进行相应的维护，或飞机累计使用超过100飞行小时/每个日历年（以三者中最先出现的情况为准）。

二手飞机租赁流程如图5.12所示，其中飞机选型、发动机选型可参考本章开篇的相关描述。本小节将以租赁外国二手飞机为例，展开介绍二手飞机租赁流程图中各重要环节的办理流程。

2. 飞机引进立项

根据飞机引进规划，承租人向民航总局申请飞机批文。根据飞机批文状况确定飞机引进项目，同时联系各家租赁公司、飞机运营商或中介公司，寻找并确定机位。

3. 意向书谈判与签署

① 飞机状况初始评估：参照飞机状况初始评估检查单，技术协调人向出租方或出卖方索

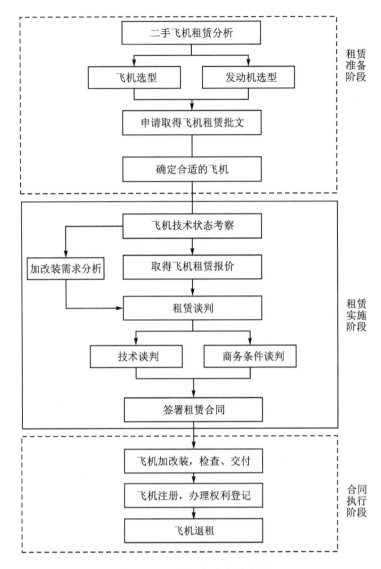

图 5.12 二手飞机租赁流程图

要飞机技术资料,并明确有关飞机的其他信息。同时,技术协调人联系市场、运控、工程、飞行和航材采购等相关部门,评估飞机的主要性能和构型差异。同时,更应特别关注民航总局适发[2004]02号文件第五条中的第二项"对飞机的基本要求",如对飞机型号、来源、机龄、履历和部件等的要求。

② 意向书条款初始评估:

a) 意向书条款初始评估应主要关注影响飞机引进成本的技术和商务条款。商务协调人向出租方或出卖方索要飞机租赁或购买意向书并将其转发给飞机引进室的领导和项目负责人。技术协调人对意向书技术条款提出初始评估意见,商务协调人对意向书商务条款提出初始评估意见,汇总后交由引进室其他相关人员评议。

b) 在综合比较不同机位的飞机状况与租赁或购买意向书条款后,确定一两家谈判方,由商务协调人完成评估报告,并按公文呈报程序报批,以决定是否进行后续工作。

③ 意向书条款详细评估和谈判：

a) 在评估报告得到批复后，即开始意向书条款的详细评估和谈判的准备工作。

b) 意向书谈判小组以技术协调人和商务协调人为主，可以视情况要求工程部人员现场参加意向书谈判。

c) 在开始谈判前至少一周，技术协调人将技术条款的详细评估意见提供给工程部总工程师，由其指定专人反馈意见并参加意向书和合同书的技术条款谈判。商务协调人向相关各单位业务负责人提供商务条款的详细评估意见，需得到其确认和反馈意见，同时将飞机租赁或购买意向书抄送集团法律外方顾问，征求律师意见。

d) 意向书技术条款应至少包含以下条款：
- 飞机交付时应满足所有CAAC特殊要求的适航改装项目、承租人要求的客户化改装项目和MP搭桥检项目。
- 完成交付日期后180日（或90日）内必须完成所有适航当局要求的强制性项目，包括AD/ASB等。
- 飞机部件（包括从上一家营运人转让的随机免费器材包部件）适航批准标签应该是CAAC认可的标签。
- 机身及发动机上所有时寿件的剩余寿命不低于工程部认可的最低标准。
- 所有厨房插件完整在位，并配备随机器材包。

e) 意向书呈报与签署。由商务协调人完成意向书条款谈判的结果汇报，并按公文呈报程序报批，在得到同意签署的批示后，由授权人完成意向书签署。

4．合同书谈判与签署

① 合同谈判准备：

a) 在签署意向书之后，商务协调人马上要求出租方或出卖方提供飞机租赁或购买合同书并转发飞机引进室的领导和项目负责人。

b) 组建谈判小组，明确人员分工，除了飞机引进室合同谈判人员外，工程部的谈判人员要协助参与合同书的技术条款谈判。商务协调人也可根据需要要求相关部门的业务人员参加商务、法律条款的谈判，同时将飞机合同书抄送集团的法律外方顾问，征求律师意见。

c) 讨论分析备选方案的优劣势和适用情况，制定各种可能降低飞机引进成本的谈判方案。

② 缔约谈判：

a) 合同谈判前期，一般可以先采取电子邮件形式与出租方或出卖方反复磋商，后期以现场谈判的方式沟通、解决重大条款的分歧。

b) 合同书条款一般应包括意向书的所有内容。

c) 合同谈判必须保证交机条件要满足CAAC适航要求和承租人客户化的要求，同时应把握交机和还机条件的应对等原则。

d) 合同谈判应防范各种对承租人不利的风险，明确可能导致飞机延迟交付或取消交付的风险责任。

e) 在每一轮谈判之后，谈判人员应及时向主管领导汇报合同谈判进展。

③ 合同书签署：在合同的技术条款谈判结束后，承租人将合同中的技术条款报民航局方审核认可，在合同技术条款得到民航局方认可后签署合同书。

5. 飞机引进的前期准备

① 意向书谈判期间的准备工作：

a) 商务协调人通知计财部门引进飞机的意向，以方便计财部门做好可能需要的保证金支付的准备。

b) 商务协调人通知工程部确定两名参加飞机预检的工程技术人员名单，建议工程部其中一人为工程分部工程师，另一人为机械或电子专业技术人员（视工程师专业而定）。

c) 商务协调人通知综管部门提前准备办理飞机预检人员的出国签证手续。

② 意向书签署后的准备工作：

a) 如果意向书要求支付第一笔保证金，商务协调人应正式通知计财部门支付保证金。

b) 项目负责人应立即组织召开第一次飞机引进协调会，向各相关部门通报飞机引进的基本情况和意向书概况，要求各部门指定部门专职联系人，与各部门讨论飞机引进前期准备工作单的内容，并在会后正式下发、布置各部门的工作，同时应全程跟踪、督促各部门的进度。

c) 确定参加接机人员名单。一般为接机组组长、技术人员和商务人员各 1 名，工程部 3 名（其中一人为工程分部工程师，另两人分别为机械和电子专业技术人员），原则上要求参加预检的技术人员应同时参加接机工作。其他部门的人数依据调机实际情况安排。同时要求工程部立刻邀请民航局方的适航检查员。

d) 商务协调人通知综管部门尽快办理接机人员的出国签证手续。

e) 技术协调人立即向出租方或出卖方索取和准备各部门开展前期工作所必需的飞机技术记录和手册等材料，并转发各相关部门。

f) 结合出租方提供的详细资料，技术协调人员要再一次与工程部、航材采购部召开小型协调会，确认待引进飞机与现有机队的差异，并确定飞机差异加改装项目清单。在得到出租方或出卖方技术代表确认后形成最终的加改装项目清单。如有必要，可以要求出租方或出卖方的技术代表到承租人现场一起讨论、确定最终的加改装项目清单。

g) 技术协调人将承租人的飞机引进意向通知给飞机或者航材厂家驻场代表，在汇总各部门的意见后，统一向飞机或航材厂家提交承租人的飞机手册、舱单和性能软件等需求。

h) 在合同书签署前，飞机引进室、工程部质量中心应及时有效地与适航当局进行沟通，汇报待租赁或待购买的飞机基本状况，了解有关适航与运行要求，必要时可以与出租方或出卖方、适航当局一起召开咨询会议。

i) 技术协调人应立即召开飞机预检准备会，布置飞机预检工作内容和行程。现场预检周期一般为一周的时间，现场预检工作应包括飞机技术文件预检和机体技术状况预检两部分。飞机技术文件预检工作主要是现场收集飞机技术文件，包括工程部以外其他部门所需的文件资料。技术协调人应在预检准备会上与预检人员确认尚未从出租方或出卖方获得的文件资料。预检人员在现场可以开展粗略的技术文件评估工作，具体评估工作可以在结束现场预检后再进行。机体技术状况预检工作检查可参考现场接机时的机体技术状况检查单中的附件。

j) 在现场预检工作完成后，工程部飞机预检人员应在一周内提交将向适航当局汇报的飞机预检正式报告,报告内容至少包含满足民航总局适发〔2004〕02号文件中的第5条第3点要求的评估内容。

k) 按调机工作准备检查单开展调机准备工作。

6. 现场接机

① 接机准备:

a) 在赴现场接机前,项目负责人根据出租方或出卖方交付的定检、飞机加改装和飞机交付的计划时间表,制订飞机运营商的接机计划,并按需在现场调整计划。

b) 接机组在出发前召开接机协调会,明确接机人员的职责和工作进度。

② 接机期间一般工作:

a) 接机组每天召开例会,各组员向接机组组长汇报当天工作进展,接机组组长按需调整、控制接机检查的总体进度。

b) 飞机运营商接机组按需每天与出租方或出卖方召开现场协调会,通报每日飞机检查的工作内容、进度及发现的缺陷。如出现飞机机体缺陷和技术文件缺陷则要求以书面形式通知出租方或出卖方,出租方或出卖方则要通报飞机交付计划的总体进度和每日缺陷处理的结果。

c) 接机组应每天向部门领导通报接机日志,说明当天的工作内容和进度,涉及其他部门的事宜需要通报外部门。

d) 技术人员负责与出租方或出卖方联络、协调有关技术验收方面的事宜,引进室商务人员负责与出租方或出卖方联络、协调有关商务方面的事宜,上述的所有人员同时负责与公司内部各相关部门的联系。

③ 飞机机体技术状况检查验收:

a) 工程部技术人员依据飞机机体技术状况检查工作单,检查机身各部分有无缺陷。

b) 在发动机试车过程中,工程部技术人员应在现场监控,检查发动机有无缺陷。

c) 飞机运营商参加试飞的飞行员和工程部技术人员应提前准备出租方或出卖方提供的试飞方案,判断试飞结果是否满足其要求。另外,应注意试飞结束后的地面检查。

d) 检查飞机重要部件、设备的件号/序号与交付文件的一致性。

e) 检查应急设备的适航性。

f) 检查机身喷漆与双语标牌的完整性和准确性。

g) 检查随机器材包。

h) 检查随机免费器材包的适航批准标签。

i) 涉及飞机临时租发和临时租用APU,应事先与航材部门联系,对将来适航验收、报关以及出关退运过程中可能发生的风险应当体现在补充协议上。

④ 飞机文件检查验收:

a) 工程部技术人员依据飞机文件检查工作单检查文件的完整性。

b) 工程部技术人员检查文件的合法性与合同的真实性,主要包括适航批准标签、AD/ASB的执行情况和重要改装修理审核等。

c) 飞机商务文件检查。

5.1.5 飞机的退租

随着飞机运营商规模的扩大和机队的增加,公司机队中部分飞机的退机(退租)工作将逐渐成为公司发展的一项重要工作。能否顺利、安全、按时地完成退机(退租)工作将直接影响公司的声誉和正常的运营生产。按照退机的性质,工作流程可分为两部分:回购飞机的退机工作程序和经营性租赁飞机到期的退机工作程序。

1. 飞机退租的流程

相比于飞机租赁,飞机退租的流程相对简单,其具体操作流程如图5.13所示:

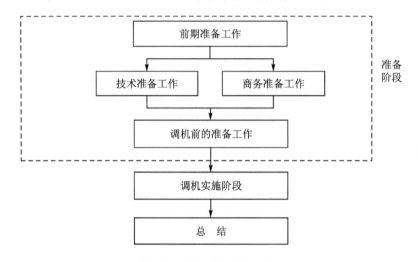

图 5.13 飞机退租的流程图

2. 准备阶段

① 前期准备工作:

a) 根据已经签订的退机合同,承租人为回购飞机办理退机批文。

b) 按照退机合同中规定的日期,飞机退机合同部门应提前两个半月与租赁公司或飞机接收方联系,确定具体退机日程、调机目的地等细节。

c) 根据退机日程安排,承租人应在调机前两个月下发退机工作单,详细通报各部门有关退机的具体情况,如退运飞机的时间、日程安排、调机目的地等,并明确各部门的工作任务。

d) 按照工作单确定调机飞行员、商务人员、技术人员,并为其办理调机飞行员出国手续和授权书。

② 技术准备工作:

飞机的技术准备工作主要包括:

a) 在合同的退机条款中争取对承租人有利的、合理的退机条件。

b) 使飞机达到合同规定的退机技术状态,包括对飞机的修复工作和试飞工作。

c) 根据飞机的技术状态重新核定飞机的回购款数额。

d) 签署《飞机技术接收证明》。

具体技术准备工作如下:

a) 承租人在任何涉及退机的合同谈判时,应充分考虑公司的实际情况和影响退机的各种因素,争取有利于公司且合理、易于操作的退机条件。

b) 承租人按照合同的退机条款规定,向飞机接收方提供必要的技术文件和数据(复印件),如适航指令状态单、时限件清单、服务通告、飞机维修大纲和还机前需完成的检修工作范围等。

c) 承租人在退机前根据实际情况与外方联系,通知外方技术检查小组来检查、验收飞机的日期和行程。

d) 承租人根据退运飞机的实际情况,确定飞机维修工作的日程安排,在外方技术检查小组到达之前根据合同的退机条款对飞机进行修复工作,并统计飞机各部件的技术状态(以备日后重新核定飞机回购款之用)。

e) 在完成飞机的修复工作后,承租人通知民航局适航检查员对飞机进行检查,确定飞机已经达到出口适航的状态。

f) 在外方技术检查小组到达后,承租人负责协助其对飞机进行检查验收,在退机条款范围内根据外方所提意见对飞机进行再次修复。

g) 承租人应按照退运飞机的实际技术状态、飞机修复期间发生的费用和退机合同中的规定,重新审核飞机的回购款数额,并同外方签订飞机回购款的有关文件,确定双方认可的飞机回购款数额。

h) 调机前飞行部门负责协助外方检查小组,按照还机条款完成对退运飞机的飞行检查。

i) 确认退运飞机符合退机条件后,同外方签署《飞机技术接收证明》。

③ 商务准备工作:

a) 回购飞机的商务准备工作包括:
➢ 向外方出具退机飞机发票(按双方重新核定的飞机回购价款开具);
➢ 签署飞机的未抵押证明;
➢ 办理退运飞机的外汇核销手续;
➢ 办理飞机的海关放行手续和联检手续;
➢ 市场部门根据退机进度,提前调整航班计划。

b) 承租人按照退机工作单,提供退机进度和时间,提前一个月将航班计划调整完毕。

c) 承租人根据工程部门重新审定的飞机回购价款,出具飞机发票,在调机前持飞机的退机(回购)合同及飞机发票到外汇管理局申领《出口收汇核销单》。

d) 承租人调机前办理完毕退运飞机的出境联检和通关手续。

e) 飞机调机前,承租人向外方出具:
➢ 由承租人授权人员签署的《飞机未抵押证明》;
➢ 退运飞机发票,并通知外方有关承租人的开户银行、账户名称和账号。

f) 为保证双方的合法权益,由承租人授权商务人员签署的中国民航总局销售账单暂交承租人调机飞行员,在承租人财务部门落实该架退机回购款已经如数汇入承租人银行账户之后,再通知调机飞行员向外方移交中国民航总局的销售账单。

3. 调机前的准备工作

① 承租人办理退运飞机的出口适航证及飞机国籍注销证证明(如果飞机以中国"B"注册

调机至目的地,国籍注销证明日期暂不注明,待飞机调机至目的地后,签署日期并传真至外方和中国民航总局,此时退运飞机才正式注销),并将原件转交飞机引进部门。

② 承租人根据需要,为外方飞行员办理资格认可。

③ 调机前承租人根据外方提供的调机路线确定出境点,向民航总调申请飞机的国内调机航路及确切的起飞离境时间,并将申请后的时间通知飞机引进部门。

④ 承租人办理调机保险。

4. 调机实施阶段

① 调机前两天,承租人召开相关单位调机前准备工作会议。会上通报退运飞机的确切起飞时间和其他事宜,并向调机飞行员移交退机检查清单和有关文件。

② 承租人通知海关、边防联检人员确切的退机时间和地点。

③ 调机当日起飞前 90 分钟,所有飞行、机务做航前准备,有关人员到达停机位,海关检查人员由贸易公司组织就位。

a) 安排海关人员在起飞前 60 分钟对飞机进行检查。

b) 调机飞行员在起飞前 60 分钟开始办理出境手续。

c) 所有准备工作应在起飞前 30 分钟全部办理完毕。

④ 飞机起飞离境。

⑤ 调机途中,调机飞行员在飞机着陆后应及时将《调机落地通报》发回总公司,汇报调机途中的重大事件,并填写《调机日志》。

⑥ 飞机到达目的地后,调机飞行员应尽快同飞机接收方取得联系,准备移交飞机。

⑦ 办理退运飞机的国籍注销手续,并由承租人将国籍注销证明(复印件)传真给民航总局适航司备案。

⑧ 承租人的财务部门应尽快查账,确认该架飞机的回购款已经按照重新核定的数额汇入银行账户,并电话通知调机飞行员可向外方移交飞机和飞机的中国民航总局销售发票。

5. 退机文件存档

退机文件存档包括以下流程:

① 退机飞行员检查清单。

② 退机工作人员的授权书(复印件)。

③ 中国民航总局的销售账单(复印件)。

④ 销售账单的保证书(原件)。

⑤ 出口适航证(原件)。

⑥ 国籍注销函件(原件)。

⑦ 退运飞机的接收证书(原件)。

⑧ 调机保险(原件)。

⑨ 退运飞机的技术核定(修复后)明细及综述。

⑩ 飞机未抵押证明。

5.1.6 租赁实例

1. 经营租赁飞机

ABC 租赁公司为主流飞机租赁公司之一,新订购的若干 B737 - 800 飞机将陆续交付。DEF 航空公司处于健康发展之中,为构筑合理的航线网络,需要扩大机队,继续引进 B737 - 800 飞机。双方经平等友好协商就租赁一架 B737 - 800 飞机事宜达成协议,计划于 2001 年 7 月交付飞机。协议内容摘要、协议主要条款和磋商过程分析如下:

① 协议内容摘要:

出租方:ABC Leasing Company。

承租方:DEF 航空公司。

飞机:一架全新 B737 - 800 飞机,序列号 MSNxx。

发动机:CFM56 - 7B24。

交付时间:2001 年 7 月。

交付地点:美国西雅图波音公司。

租期:8 年。

租金:

a) 浮动租金,按月在期前支付,支付日为交付日及每月的当日;

b) 每 3 个月为一个租金调整期,从第一个租金支付日起,到第四个租金支付日前结束;

c) 每个租金调整期的前 5 天为租金额调整日;

d) 每个租金调整日对应一个租金调整系数;

e) 租金的计算公式是:

$$X = A + [(B - C) \times D] \div 0.0625\%$$

A——租金基本额,在第一个租金支付日前 5 个工作日确定,为 25 万美元 $\times$(1+2001 年 1 月至交付日的厂家飞机价格浮动百分比);

B——租金调整日的实际 LIBOR 利率;

C——0.04(租金的假设 LIBOR 利率);

D——当期租金调整日的租金调整系数。

保证金:

a) 每架飞机的保证金相当于 3 个月的租金。

b) 第 1 期在意向书签署后支付。

c) 第 2 期的 22.05 万美元在合同签署 3 个工作日内支付。

d) 第 3 期的余额在飞机交付前支付。

维修储备金:

飞机退机时应支付出租方自前一次飞机大修起计算的维修储备金,按飞行小时循环比 1.6∶1 计算。退机时维修储备金费率:机身为 56 美元/飞行小时;发动机为 88 美元/飞行小时;发动机 LLP 为厂家目录价 $\times$ 110% $\times$ 循环/100%;APU 为 11 美元/APU 小时;起落架为 9 美元/飞行循环。以上的费率基于 2001 年 1 月的美元汇率,且每年要上调 2.5%。

保险:5 亿美元的责任险。

退机条件:退机前出租方将对飞机进行检查,退机时飞机应达到合同规定的安全标准和技术状态。

退机地点:双方协商同意的维修厂。

适用法律:英国法律。

② 协议的主要条款和简要分析

a) 定义与释义:

本条款明确涉及飞机租赁双方的所有术语的定义和解释,一般没有大的争议。

b) 飞机租赁:

本条款明确本租赁协议所涉及的飞机租赁双方的意愿,规定了飞机交付的地点、时间、交付状态、前提条件,以及双方同意在飞机交付当天签署的飞机接收文件。

本条款还规定了交付时承租方的接收人员参加飞机试飞的时间和试飞程序、技术检查地点、发现问题的处置办法和时间要求。

考虑到检查中可能发现飞机技术故障而导致飞机不能在约定的日期交付,本条款中还规定了新的交付日期的确定办法。

c) 租期、租金和付款:

本条款规定租赁的期限、租金及支付方式。

在飞机租赁实践中,一般租期越长,则租金越低。同时,租期也应与未来的飞机机身或发动机大修时间相吻合。对承租方而言,租期应尽可能选择在完成机身或发动机大修时结束。针对 B737 飞机,业界通常采用的租期为 8 年或一个 D 检,以二者中先到者为准。

对租金的高低在本书前面的章节中有过探讨,但主要还是取决于国际市场的供求关系、出租方落实飞机机位的压力和紧迫性、承租方的实力和信誉及需求的紧迫性。不同的航空公司、不同的出租方在同一时间针对相同的飞机的租赁条件上会有所不同,主要反映在租金上。

除规定租金及其支付条件之外,本条款还补充了租金的计算方式和支付条件的规定。在实际操作中承租方未按上述支付要求完成支付而应承担的滞纳金及其计算方式也有相应的规定,一般以天为单位进行累计,直至应付款项到账。

➢ 保证金:

本条款为保护出租方的利益而设定。

在漫长的租期中,可能发生承租方由于市场剧烈变化使得经营陷入困难、进而导致无力支付租金甚至破产的事件。为保护出租方的利益,合同一般规定承租方支付相当于数期租金的保证金,万一发生承租方无力支付租金、中途提出终止租赁和可能申请破产保护等情况,可以减少出租方重新处置飞机可能蒙受的损失。

另外出租方也需要确保在租期结束时承租方能够使飞机达到约定的技术状况。如果在约定的退租时间飞机没有达到退租的技术状况,则出租方将有权扣留部分保证金,以弥补使飞机达到规定的技术状况所可能发生的费用。

作为履行合同义务的保证形式,保证金可以使用现金,也可以约定使用银行信用证或银行担保,根据出租方的要求以及承租方的自身情况协商确定。国内多使用支付现金的方式,但使用银行信用证、银行担保的形式也逐渐得到了采用。

本条款还规定了在租期结束后保证金的退还方式和退还时间。

➢ 声明和保证:

本条款规定,作为重大资产交易的双方,必须保证并声明各自均为合法注册经营的实体,本飞机租赁交易均得到各自公司管理机构的合法批准和授权,公司经营正常,不存在重大的经营风险等。

> 飞机的产权、注册和其他:

本条款规定,在整个租期中,承租方对飞机(含机身、发动机、APU 及全部的部件)仅仅拥有使用权和占有权,而出租方拥有此外的一切权利和权益。同时规定在飞机交付当天承租方必须完成民航管理当局的注册,并将出租方登记为所有人和出租方。

> 所有权:

本条款规定,在不影响出租方和融资方的产权和所有权的前提下,经过承租方书面申请并经过出租方的书面许可,在整个租期中承租方可以把飞机湿租或转租第三方经营,但必须履行本合同所规定的一切责任和义务,遵守本合同所规定的运营、维修和维护方面的条件。

> 赔偿:

本条款规定,承租方应保证在整个租期中出租方免于受到由于本飞机租赁和承租方租赁本飞机经营而导致的任何损失,包括保险、税务和汇率等。

> 损毁、损坏和征用的风险:

本条款规定,承租方在整个租期中必须承担全部的飞机(含发动机、部件等)的损毁、损坏和征用的风险。

> 违约事件:

本条款规定了在租期中如承租方出现以下行为,出租方即可宣布承租方违约,包括:
- 租金逾期 3 日以上;
- 未能维持有效的飞机保险;
- 未能按时退还飞机或按时接机;
- 关于公司情况的声明和保证不实;
- 进入破产、清算或类似程序;
- 发生重大的司法处罚;
- 停业;
- 可能处置重大的资产等。

如出租方认定承租方违约,则出租方有权根据自己的意愿采取下述全部或部分的补救措施。

> 补救措施:

本条款规定,租期中一旦发生承租方违约事件且该事件持续存在,则出租方将宣布承租方违约并终止租赁协议。另外,出租方无论是否收回飞机,均有权根据自己的意愿决定是否采取以下措施:
- 在出具书面文件的基础上收回(重新占有)飞机,费用由承租方负担;
- 终止租赁协议或强制执行,比如,通知承租方取消飞机注册并使飞机处于退机状态,把所有的有效的质量保证转移到出租方,取消飞机在民航当局的注册并使之处于承租方国家司法管辖范围之外;
- 扣留保证金或已经收到的款项;
- 承租方除支付全部应支付的款项外,还需负担出租方为纠正承租方所发生的违约行为所产生的全部费用;
- 将飞机出售或者重新出租。

> 租赁的转让:

本条款规定,在整个租期中,出租方有权不经过承租方的同意就转让、转移飞机的产权,但更改协议中的出租方的行为不得影响承租方的正常经营活动,不能增加承租方的责任和义务。承租方应该配合并提供协助,承租方由此发生的合理的费用可由出租方承担。

但未经出租方的书面同意,承租方不得转让在飞机租赁协议下的权利、所有权和权益,承租方未经出租方书面同意的上述转让均属于无效转让。

➢ 保密原则:

本条款规定,租赁双方需保守秘密,不得把本协议的内容泄露给任何无关的第三方,但不包括融资方、潜在的融资方及其委托的律师等。

➢ 适用法律:

本条款规定适用英国法律,如有争端,双方约定在英国的法庭寻求解决,并指定一家英国的律师事务所作为双方的代理。

➢ 其他条款:

本条款就后续增加的附件、协议使用的语言、文本的数量和有效性等未尽事宜,均予以明确。

2. 二手公务机境外融资

① 航空公司需求分析:

航空公司 A 运营公务市场,为满足公务市场的需求,计划在二手航空市场找到一架合适的二手公务飞机,以增加运力。航空公司 B 持有公务机引进批文,但不计划发展自己的公务机市场。航空公司 A 通过与航空公司 B 协商,由航空公司 B 引进该架飞机并转租给航空公司 A。航空公司 B 与飞机卖方签署飞机购销意向书,并支付了飞机购买的保证金。购机合同规定在飞机交付时,航空公司 B 一次性支付飞机的全额价款。

航空公司 B 选择从境外融资机构解决购买飞机的融资,具体要求:

a) 融资币种为美元;
b) 融资不增加航空公司 B 的外债规模;
c) 航空公司 A 最后实现购得飞机的目的;
d) 航空公司 B 规模小、信用水平低,也不可能寻求到任何形式的担保。

② 融资结构设计:根据航空公司的需求,最后设计的租赁结构图如图 5.14 所示。

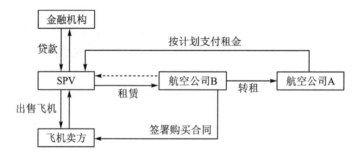

图 5.14 租赁结构图

③ 交易实现的目标:

在这个结构中,航空公司 A 向 SPV 转让飞机购买权,SPV 公司作为借款人购买飞机并出租给航空公司 B。航空公司 B 承租飞机并通过与 SPV、航空公司 A 签署三方租赁协议将飞机转租给航空公司 A,满足了航空公司 A 的购机需求。飞机租赁期末,航空公司 A 支付飞机

15%的购买价款即可取得飞机产权。

整个飞机引进过程未增加航空公司的境外负债。同时,通过租赁引进,避免了飞机进口一次性支付关税和增值税。由于在租赁结构中,信用等级较好的航空公司 B 是飞机租赁合同的直接承租人,在航空公司 A 违约的情况下,承担租赁合同义务保证银行贷款的按时偿还。因此,在整个贷款和租赁结构中,航空公司 B 的担保被免除。

通过向金融机构融资,SPV 从境外金融机构获得飞机购买价款的 80% 的贷款,利率为 LIBOR(伦敦同业拆借利率)+X%。

5.2 飞行服务

从公务机使用者的角度来看,共有以下几种使用公务机的方式:
① 自建飞行部:某一实体(企事业单位或个人)完全拥有飞机的产权,并成立自己的飞行部负责该飞机的运营。
② 托管:某一实体(企事业单位或个人)完全拥有飞机的产权,并通过将飞机托管给飞机运营公司来负责该飞机的运营。
③ 产权共享(Fractional Ownership):几个实体共同拥有一架飞机,并雇佣执管公司来负责运营,允许执管公司以其机队中同一或类似机型为其提供服务。
④ 包机(Charter):按一定时间(如小时等)购买公务机包机服务。

针对上述消费需求,从通用航空企业的角度来看,不管是整机拥有托管还是联合拥有托管,对公务机运营公司来说都是开展托管的业务。但是,相比整机拥有或者联合拥有并进行托管的情况,产权共享在按照托管协议的要求来运营公务机的基础上,还存在机队的协调、产权的频繁转移等问题。因此,在下述服务中将整机拥有托管和部分拥有托管统称为公务机的托管。所以,对通用航空企业来说,一般开展以下业务:
① 执管企业或个人的公务机。
② 通过产权共享的方式出售公务机的产权和飞行服务。
③ 购买飞机后为企业和个人提供包机服务。

此外,从通用航空的角度来看,使用中小型低速通用航空飞机开展空中游览和私人飞行业务也是通用航空企业的基本业务。

5.2.1 飞机的托管

飞机托管是指客户将自有飞机委托给飞机运营人进行管理和运行的一种方式。飞机运营人可向客户提供从飞机基地、机组人员、运行签派、飞机维修、行政工作、保险事务等一站式的管理服务,对飞机进行运行控制、标准制定与实施、管理监督、财务分配等一系列管理行为。同时,在客户不使用飞机时,将飞机对外出租。这些综合服务既解决了客户的飞机维护和运行难题,大大提高了飞机的利用率,也降低了飞机机主的各项成本。飞机托管的核心目标是实现飞机所有者对飞机安全、顺利地使用,并通过成本的控制,降低飞机的运营成本,增加飞机的保值能力。

公务机是高价值资产,其养护成本也极其高昂,需要配套高品质的服务和高素质的专业技术人才,才能保证公务机所有者的出行安全和使用需要。因此,执管公务机的企业的运营能力和质量至关重要。

对任何飞机而言,安全应始终摆在第一位。因此,公务机托管的首要目标是保证公务机的安全运营。其次,要保证公务机良好的飞行状态,为公务机所有者提供及时的适航保障,满足其相关的飞行要求。同时,通过规范相关服务流程,将公务机整体服务结构合理化,使公务机所有者获得长期稳定的服务标准,并有效地降低运营成本。从长期执管的角度来看,合理地对公务机的使用和维护进行规划,保证公务机较高的残值率也是公务机托管的重要目的。

1. 飞机托管的基本流程

飞机托管主要由四个阶段构成：
① 意向阶段：客户的接洽和飞机托管意向的达成；
② 谈判阶段：飞机托管的商务谈判和技术谈判；
③ 执管阶段：飞机运营公司执管飞机,为客户提供服务；
④ 退出阶段：托管业务的结算和终止。

具体来看,飞机托管有以下一些基本流程,如图 5.15 所示：

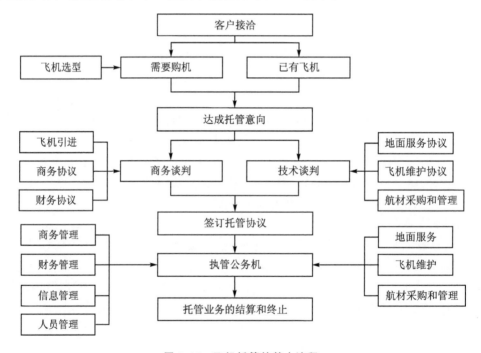

图 5.15 飞机托管的基本流程

2. 飞机托管的基本内容

飞机托管的基本内容可以归纳为以下几个部分：

(1) 意向阶段

① 同潜在客户进行接洽,了解客户的基本情况和需求。

② 如客户没有飞机,要充分了解客户的购机需求,如航程、载客量、用途等,特别是客户对飞机的内饰、涂装等方面个性化的、定制的要求(如果客户已有飞机,了解客户及其飞机的基本情况后可直接进入下一个阶段)。

③ 对客户进行资信评估,了解客户的财务情况、信用情况、支付能力等。

④ 结合上述需求和情况,对现有机型进行选型分析,确定飞机的型号、基本参数、引进的方式、财务计划等,向客户提供选型和引进报告。

⑤ 客户对上述报告提出意见,确认机型和引进方式,达成飞机托管意向。

需要注意的是,如果客户没有特殊要求,在考虑飞机引进时,二手飞机和新飞机都应同等对待。

(2) 谈判阶段

谈判阶段可分为商务谈判和技术谈判两个部分。商务谈判主要对飞机引进、飞机托管运营中的商务协议和财务协议进行商讨;技术谈判主要是对飞机托管运营中的技术问题,如地面服务、飞机维护、航材采购和管理等方面的内容进行商讨。

① 商务谈判:

a) 飞机引进:若需要引进飞机,在谈判中可参照本章第一节飞机购买和租赁中飞机引进的基本流程,与客户确定飞机引进的细节(如购机批文、"三证"的办理等)。

b) 商务协议:对托管期间的商务活动进行谈判。在托管的谈判环节,商务协议的内容最为广泛,通常来说,客户可以提出各方面的要求和疑问,特别是客户对飞机个性化的要求(这一点充分体现了公务机的私密性和灵活性),由飞机运营公司负责解答。总的来说,谈判的内容主要集中在客户与执管的飞机运营公司的权责关系、制订客户日常的商务飞行计划(飞行申请需要提前的最少天数、最大飞行频繁程度等)、行政活动的相关服务(如候机、定制的机上服务、机身图案要求等)、紧急情况预案等,还要考虑飞机的闲置运力的使用方式、联合拥有情况下共同拥有一架飞机的客户的协调及权责关系等。最后,双方商务人员、技术人员和律师还必须按照商务谈判的要求,对合同的条款进行讨论和敲定,达成飞机托管的商务协议。

c) 财务协议:对托管期间的财务往来以及资金要求作出详尽的说明。主要包括飞机的购机款或融资租赁(如采取此种引进方式)款项、托管保证金、飞机保险、各类税费、托管期间飞机维护(飞机的日常保养、航材进口、维护人力成本等)的费用、商务飞行产生的费用(调机费、落地费、过夜费、燃油成本、飞行员和服务人员成本等)、飞机闲置时的盈利分成(根据商务协议中对闲置运力的使用方式)、飞机残值的处理方法等。

② 技术谈判:

a) 地面服务协议:对旅客服务及旅客服务设施(候机楼、候机室的使用以及能够提供的服务、行李服务、餐食服务、登机服务等)、停机坪服务(飞机移动和引导设施、飞机飞行所需的维护服务(航线检查、加油、地面动力供应、除冰等)、机场技术服务(飞行计划制定、航线申请、飞机签派、电信服务、航行情报和气象服务等)作出说明。某公务机有限公司地面服务价格模式如表 5.6 所列。

b) 飞机维护协议:对飞机的维护作出说明,如飞机的维修计划、维修周期、维修费用、飞机使用的保值方案和保值计划等。同时,需要针对飞机的综合情况,提出短期和长期的飞机维修计划,特别要注意说明飞机的保值情况、每年正常维护情况下可用天数(通常每年应不低于 300 日)等。

c) 航材采购和管理:飞机运营公司需要对航材供应商(主要是飞机制造商、发动机制造商以及主要备件如航电等制造商)作出介绍,对航材的采购计划、备件等作出说明,同时应当根据自身与航材供应商、中间商的关系、国家对航材的相关规定(如税收、海关通关等)等作出综合考虑,为客户提供一份航材采购和管理的相关方案。

表 5.6　首都机场某公务机有限公司地面服务价格模式

分类	项目	价格(人民币)		
	均按架次	国际	国内	调机
综合服务费	FBO楼服务	32 860元	27 860元	国内 17 200元 国际 19 200元
	机组接送服务			
	联检通道服务			
	联检手续协调办理服务			
	休息室服务			
	自助饮食品服务			
	引导服务			
	拍发飞机起飞、落地报服务			
	礼宾地毯服务			
	专用停车场服务			
	安保服务			
	机坪保障服务			
	旅客机坪摆渡服务			
	机组机坪摆渡服务			
	系留服务			
	清水车服务			
	污水车服务			
	飞机入离位引导服务			
	牵引车服务			
	行李搬运服务			
	机组服务			
	机位协调服务			
	延伸服务			
	迎送服务			
	临时进出服务			
	鲜花服务			
	报刊阅览服务			
其他项目	其他项目	国际	国内	调机
	签派服务	800元/出港	800元/出港	800元/出港
	起降费、停场费等	根据159号文件	根据159号文件	根据159号文件
	场内摆渡车	800元	800元	800元
	正班接送服务	800元/次		
	休息室租赁费用	VIP1:8 000元/小时		
		VIP2:6 000元/小时		
		VIP3:6 000元/小时		
	大包机航班进出机坪服务	40 000元	30 000元	

续表 5.6

分　类	项　目	价格(人民币)	
其他项目	参观飞机	30 000 元	
	额外机组接送服务	800 元/次	
	飞机监护费	非定期航班:150 元/人/小时	
		临时航班:240 元/人/小时	
		紧急航班:350 元/人/小时	
	车辆租赁	根据实际租车费用收取	
	临时进出场服务	2 000 元/次	
	场内其他设备	按实际价格收取	
	其他未涉及服务	按实际价格收取	

(3) 执管阶段

飞机引进程序完成后,飞机到位,飞机运营公司开始执管飞机,按照前述谈判阶段商定的协议对飞机进行运营,对客户提供服务。

① 商务管理:在硬件基础、人员配置和运营资质的基础上,按照上述商务协议所商定的内容,为客户提供符合要求和规范的商务服务。除了地面服务、飞机维护、航材采购、飞机引进等技术性工作以外,飞机运营公司必须按照自身的定位和发展,做好执管飞机闲置运力的销售工作,以求降低客户的运营成本,也给自己带来部分红利。同时,合理外包部分商务服务,如餐食服务、车辆接送、酒店和会议服务等,既提高了服务质量,又降低了服务成本。同时,还要做好紧急情况下的预案,如外勤服务、紧急医疗服务等,以增加企业的相应能力,提高企业的收入(紧急服务通常较昂贵),还可以提高企业的权威性和知名度。

② 财务管理:按财务协议的要求,及时催收、支付和结算飞机的相关费用,并整理记录在案。同时,必须根据客户、自身以及其他财务情况的变化(如燃油价格、税费、落地费、过夜费等)合理规划飞机托管期内的财务计划,并及时根据飞机市场行情,准确把握飞机的残值,实现飞机运营与产权资产的最大化。同时,合理开展经费预算、成本控制、计算和核算工作,及时给客户提供详尽的财务报告。

③ 信息管理:及时汇总包机市场信息、客户信息、飞机和航材信息等,特别是针对市场上出现的紧急情况(如国际国内重大事件、自然灾害等),要有一定的信息敏感度,敏锐地捕捉商机和规避风险。同时,对行业信息要及时收集、整理、归档,做到有据可查、有据可依。

④ 人员管理:对飞行员、机务人员、签派技术人员、机场技术人员进行管理,合理安排飞行计划、维修计划,建立高效、可靠的运行机制,降低飞机运营成本和企业人力成本。同时,要注意管理专业技术人员的资质,并通过招聘等方式提高飞机运营企业的人员素质。

⑤ 地面服务:参考本书第 5.3 节"地面服务业务"的基本内容,科学安排旅客服务、停机坪服务和机场技术服务。

(4) 退出阶段

按照托管协议执行完毕后,如果选择终止托管业务,将飞机转给其他的托管者或个人,则必须进行飞机的转属工作。因此,要对飞机本身的情况进行审查,以评估飞机是否满足退出托管业务的要求(飞机技术状态等)。同时,根据飞机的技术状态要求以及市场的情况,评估飞机的残值,根据托管协议,客户和飞机托管公司进行财务结算。

① 文件审查：要严格审查飞机的纸质文件材料，包括飞机自带的厂家资料，飞机的适航指令，飞行日志，维护过程中的安装、改装、维修等记录以及飞机以往每一次审查记录等。其中最重要的是飞行日志的审查，机龄越大，飞行日志越多，记录飞机的情况也会越多，因此必须严格检查以评估飞机的情况。

② 静态检查：对停放状态的飞机进行检查。符合审查资质要求的机械师和审查人员对飞机的设备进行静态检查，如打开发动机整流罩，查找发动机舱是否有渗漏迹象。记录渗漏液位，注意生锈部位和表面油漆脱落的铆钉，并做好标记，以便在飞行测试后观察其是否有脱落和松动现象。用力拉动飞机机翼、尾翼、舱门，看其是否能正常自由活动，有无异常声响发出。在阳光下对飞机风挡玻璃进行检查，这样能看清上面的刮痕。飞机油箱如果漏油一眼就能看出来，因为泄漏部位会有明显的油痕留下等。记录静态检查的情况，以备对飞机的状态进行评估时使用。

③ 动态检查：在地面启动飞机的部分设备进行检查。首先启动飞机发动机，双发情况下，两台发动机需同时启动；记录发动机所有仪表读数；如果飞机使用的是定速螺旋桨发动机，请进行发动机假启动测试和螺旋桨回桨测试。如果飞机安装有气动除冰装置，请重复启动几次，每一次启动都要完全，并记录启动完成时间。反复开启飞机螺旋桨电热防冰系统，检查电热元件安装顺序是否正确。使飞机在地面上滑行，测试飞机刹车装置；将飞机调转180度，检查陀螺仪的进动性能，注意观察磁罗盘和航向指示器的工作状态。同时还要进行飞机甚高频全向导航测试和GPS接收性能检测。

④ 试飞：通过试飞评估飞机的情况。所选飞行员要取得对应型号飞机的飞行资格，经验丰富，能胜任飞机评估飞行，还应检查飞机性能，测试飞机座舱增压系统（如果飞机安装的话），起动后到座舱后部待上一段时间，感受飞机的振动、噪声，查看座舱是否有漏气现象。还有一个建议就是，飞行测试中让飞机速度慢下来，反复收放襟翼和起落架，观察飞机速度是否还能保持正常，报警装置是否能被激活。校对飞机配平调整片设置和执行飞机快速下降操作对发现飞机"油罐效应"（飞机结构蒙皮因承受应力发生中间鼓起或内缩的现象）、颤振现象以及俯仰配平系统异常都有帮助。一定要格外留意飞机航空电子系统，尤其是自动驾驶系统。为确保飞机自动驾驶系统功能完整，应参照飞行手册实现其所有功能。切记飞行测试中的绝大部分飞行要由飞机自动驾驶系统来完成，归根结底，它是所购买飞机控制系统的关键所在。

⑤ 评估飞机的技术状态和残值：总结上述审查所得出的结果，主要关注飞机的飞行小时数、起落次数、维修情况等，通过具有资质的第三方评估公司和认证机构对上述审查所得出的飞机的技术状态进行评估，给出飞机的残值。

⑥ 结算：根据评估所得的结果及托管协议，进行财务结算，并将办理飞机的转属手续。

3. 托管公司的资质

对于中国民用航空局对公务机运营企业的要求，在本章的第1节已有叙述，在此不再重复。此处所强调的是除了民航总局规定的必要资质以外，国际公务航空企业较为认可的其他额外资质。

是否取得除了民航总局规定的必要资质以外的额外资质，取决于各公务机运营企业本身。从规定上来看，目前尚无中国民用航空局批准的任何其他标准。但是，一旦公务机运营企业能够通过国际公务航空企业较为认可的资质的审定，即可表明该企业拥有较高的运营水平、良好的企业关系，能够代表客户保持卓越运营水准。

从国外的情况来看,许多西方管理公司纷纷额外申请非强制性资质,以证明自身具备良好的运营水准。如公务机运行国际标准(IS—BAO)、Wyvern Consulting 推出的辅助方案、国际民航组织的普遍安全监督审计计划(ICAOUSOAP)、飞行安全基金会的基本航空风险标准(BAR)或 ARGUS International 的运营安全伙伴和资源(PROS)等,都能够代表西方国家的一流管理和运营资质,能够证明管理公司符合高水平的运营标准并具备较高的安全性。

5.2.2　飞机的产权共享

飞机的产权共享起源于美国,是巴菲特旗下的 NetJets 公司探索出的创新型公务机运营模式,至今已有近 30 年的发展历史,是公务机采购与管理模式中的重要组成部分。产权共享让个人和企业只需支付飞机的部分价款,就可享受拥有整架飞机的种种好处。而且 NetJets 利用其庞大的机队规模实现了北美大多数地区以及加勒比和欧洲部分城市的调机费豁免。

当客户的包机飞行小时数较大时,直接购买包机服务的成本就显得过于高昂;但是客户的财务状况又不能够承担一架公务机的全部产权和托管的费用。针对这种情况,公务机运营商提供了产权共享的服务。客户购买一架公务机产权的若干份额,按比例获得相应的飞行时间、承担成本费用并享受收益。其独特的优势,为客户提供了更为合理、灵活及多样化的购机选择。其核心服务优势是客户资金具备"杠杆效应",实现自有运力种类的多样化,降低单一客户公务机购置及使用成本。同时,公务机采购所带来的抵税效应不受影响。客户可获得长期稳定的服务标准,还可获得剩余运力销售收入及公务机期末残值。

飞机的产权共享适用于具有大量公务机包机需求的客户或具备潜在购机意向的客户,同样也适用于已购买公务机的客户。通常来说,该计划内客户最大购机份额一般为 1/2,最低份额视企业的情况而定,可以为 1/16 或者更多。对普通客户而言,最常见的购买份额是 1/4~1/8。购机份额有一定的有效期,通常为五年。计划期满客户可选择退出或者加入新计划。

1. 飞机产权共享业务的流程

飞机产权共享业务的流程可参考图 5.16 所示进行。

2. 飞机产权共享的基本内容

飞机产权共享与飞机的托管具有一定的相似性,其基本内容都可以分为四个阶段,即意向阶段、谈判阶段、实施阶段与退出阶段。

与托管不同的是,作为飞机运营企业,开展产权共享需要有较强的实力,能够在增加飞机的使用率和客运周转量的同时,有足够的可用的飞机,以满足拥有同一架飞机产权的用户在使用飞机发生冲突时,能提供同等的飞机以满足客户的需求。同时,从 Netjets 的例子中可以看到,如果希望减免调机费,还需要不同的机场拥有常设性的机构和同等的飞机。

飞机产权共享的详细内容可以归纳为以下几个部分:

(1) 意向阶段

a) 同潜在客户进行接洽,了解客户的基本情况和需求。

b) 对客户进行资信评估,了解客户的财务情况、信用情况、支付能力等。

c) 结合上述需求和情况,根据客户的情况和飞机运营托管公司自身的情况和拥有的机

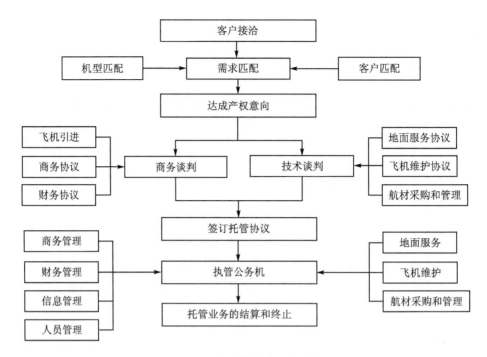

图 5.16 飞机产权共享业务流程图

型,将不同客户之间的需求进行匹配,以尽可能地提高飞机的使用率,确定飞机的型号、基本参数,并向客户提出具有针对性的产权共享方案。

d) 客户对上述报告提出意见,确认机型和产权共享方案,达成公务机产权共享方案的意向。需要注意的是,如果客户没有特殊要求,在考虑飞机的产权共享时,二手飞机和新飞机都应同等对待。

(2) 谈判阶段

谈判阶段可分为商务谈判和技术谈判两个部分。商务谈判主要对飞机产权协议、飞机产权共享过程中的商务协议和财务协议进行商讨;技术谈判主要是对飞机产权共享过程中的技术问题,如地面服务、飞机维护、航材采购和管理等方面内容进行商讨。

a) 商务谈判:

➢ 公务机的产权协议:与客户商讨如何使用公务机的产权。这部分协议具有很大的灵活性,可以形成多种产品捆绑销售,如直接出售飞机的部分产权,产权购买者可以使用该部分产权进行抵押贷款;也可以由公务机公司统一将飞机进行融资性租赁,由产权共享客户分担该部分成本,是否允许客户转卖产权份额等。这些都要根据公务机公司和客户的资信情况、当时的税收政策和管理部门的规定来制定,可能会有不同程度的变动。

➢ 客户关系:产权共享计划的执行建立在客户之间的互信与权责对等的基础上。为维系这一基础,加入产权共享计划的客户需要设立共管账户和保证金制度。计划期内,客户原则上不可退出,如违约将承担相应的违约责任。

➢ 公务机使用分配:公务机使用发生冲突时,以行程优先确认为运力优先使用条件。同时,公务机运营公司可以安排其他客户以成本价格使用同类或者同档次的公务机,解决运力使用冲突。在允许剩余运力可以对外销售的情况下,客户拥有公务机优先使用权。客户超过自有使用额度时,可向其他客户借计调配其额度内使用时间。在正常定检和维修情况下,公务机可能处于不适航的状态,但全年适航天数不应低于 300 日。客户可委托公务机运营公司对外(非产权共享客户)销售剩余运力。

- 商务协议:对托管期间的商务活动进行谈判。商务协议的内容最为广泛,通常来说,客户可以提出各方面的要求和疑问,特别是个性化的要求(这一点充分体现了公务机的私密性和灵活性),由飞机运营公司负责解答。总的来说,谈判的内容主要集中在客户与执管的飞机运营公司的权责关系、制定客户日常的商务飞行计划(飞行申请需要提前的最少天数、最大飞行频繁程度等)、行政活动的相关服务(如候机、定制的机上服务、机身图案要求等)、紧急情况预案等,还要考虑飞机的闲置运力的使用方式、联合拥有情况下共同拥有一架飞机的客户的协调及权责关系等。最后,双方商务人员、技术人员和律师还必须按照商务谈判的要求,对合同的条款进行讨论和敲定,达成飞机托管的商务协议。
- 财务协议:确定客户出资金额与份额价格。根据产权协议,按机型及购置价格与对购置份额计算。客户按份额比例承担公务机固定成本,并按使用时间承担公务机变动成本。财务协议最困难的部分是飞行的费用计算。在客户的产权共享计划中应得到的飞行小时数,每小时的费用会相对较低。一旦超过了这个飞行小时数,需要公务机运营商提供额外的飞行小时数时,可以从合同的下一年借用飞行小时数,直到合同期限中的飞行小时数全部用完;也可以不跨年使用飞行小时数,通过附加一定的费用来使用额外的飞行小时数,以提高公务机的使用率。

b) 技术谈判:

- 地面服务协议:对旅客服务及旅客服务设施(候机楼、候机室的使用以及能够提供的服务、行李服务、餐食服务、登机服务等)、停机坪服务(飞机移动和引导设施、飞机飞行所需的维护服务如航线检查、加油、地面动力供应、除冰等)、机场技术服务(飞行计划制定、航线申请、飞机签派、电信服务、航行情报和气象服务等)作出说明。
- 维护服务协议:对飞机的维护作出说明,如飞机的维修计划、维修周期、维修费用、飞机使用的保值方案和保值计划等。同时,需要针对飞机的综合情况,提出短期和长期的飞机维修计划,特别要注意说明飞机的保值情况、每年正常维护情况下可用天数(通常应不低于 300 日)等。
- 航材采购和管理:飞机运营公司需要对航材供应商(主要是飞机制造商、发动机制造商以及主要备件如航电等制造商)作出介绍,对航材的采购计划、备件等作出说明,同时应当根据自身与航材供应商、中间商的关系、国家对航材的相关规定(税收、海关通关等)等作出综合考虑,为客户提供一份航材采购和管理的相关方案。

(3) 执管阶段

飞机引进程序完成后,飞机到位,飞机运营公司开始执管飞机,按照前述谈判阶段商定的协议对飞机进行运营,对客户提供服务。

a) 商务管理:在硬件基础、人员配置和运营资质的基础上,按照上述商务协议所商定的内容,为客户提供符合要求和规范的商务服务。除了地面服务、飞机维护、航材采购、飞机引进等技术性工作以外,飞机运营公司必须按照自身的定位和发展,做好执管飞机闲置运力的销售工作,以求降低客户的运营成本,也给自己带来部分红利。同时,合理外包部分商务服务,如餐食服务、车辆接送、酒店和会议服务等,提高服务质量,降低服务成本。同时,还要做好紧急情况下的预案,如外勤服务、紧急医疗服务等,以增加企业的相应能力,提高企业的收入(紧急服务通常较昂贵),还可以提高企业的权威性和知名度。

b) 财务管理:按照财务协议的要求,及时催收、支付和结算飞机的相关费用,并整理记录在案。同时,必须根据客户、自身以及其他财务情况的变化(如燃油价格、税费、落地费、过夜费等)合理规划飞机产权共享计划期内的财务计划,并及时根据飞机市场行情,准确把握飞机的残值,实现飞机运营与产权资产的最大化。同时,合理开展经费预算、成本控制、计算和核算工作,及时给客户提供详尽的财务报告。

c) 信息管理:及时汇总包机市场信息、客户信息、飞机和航材信息等,特别是针对市场上出现的紧急情况(如国际国内重大事件、自然灾害等),要有一定的信息敏感度,敏锐地捕捉商机和规避风险。同时,对行业信息要及时收集、整理、归档,做到有据可查、有据可依。

d) 人员管理:对飞行员、机务人员、签派技术人员、机场技术人员进行管理,合理安排飞行计划、维修计划,建立高效、可靠的运行机制,降低飞机运营成本和企业人力成本。同时,要注意管理专业技术人员的资质,并通过招聘等方式提高飞机运营企业的人员素质。

e) 地面服务:参考本书第5.3节"地面服务业务"的基本内容,科学安排旅客服务、停机坪服务和机场技术服务。

(4) 退出阶段

按照产权共享协议执行完毕后,如果选择终止产权共享业务,将飞机转给其他的客户或公务机托管公司,则必须进行飞机的转属工作。因此,要对飞机本身的情况进行审查,以评估飞机是否满足退出产权共享业务的要求(飞机技术状态等)。同时,根据飞机的技术状态要求以及市场的情况,评估飞机的残值,根据产权共享协议,客户和公务机公司进行财务结算。

与公务机托管不同的是,对于产权共享业务的退出方式具有多样性,并且会影响到客户对产权共享计划的选择。有些公务机公司不承诺回购公务机的产权(有的会包含有偿提供产权转让的协助工作),也有公务机公司承诺回购公务机的产权,但附有一定的条件。

a) 文件审查:要严格审查飞机的纸质文件材料,包括飞机自带的厂家资料,飞机的适航指令,飞行日志,维护过程中的安装、改装、维修等记录以及飞机以往每一次审查记录等。其中最重要的是飞行日志的审查,机龄越大,飞行日志越多,记录飞机的情况也会越多,因此必须严格检查以评估飞机的情况。

b) 静态检查:对停放状态的飞机进行检查。符合审查资质要求的机械师和审查人员对飞机的设备进行静态检查,如打开发动机整流罩,查找发动机舱是否有渗漏迹象。记录渗漏液位,注意生锈部位和表面油漆脱落的铆钉,并做好标记,以便在飞行测试后观察其是否有脱落和松动现象。用力拉动飞机机翼、尾翼、舱门,看其是否能正常自由活动,有无异常声响发出。在阳光下对飞机风挡玻璃进行检查,这样能看清上面的刮痕。飞机油箱如果漏油一眼就能看出来,因为泄漏部位会有明显的油痕留下等。记录静态检查的情况,以备对飞机的状态进行评估时使用。

c) 动态检查:在地面启动飞机的部分设备进行检查。首先启动飞机发动机,双发情况下,两台发动机需同时启动;记录下发动机所有仪表读数;如果飞机使用的是定速螺旋桨发动机,请进行发动机假启动测试和螺旋桨回桨测试。如果飞机安装有气动除冰装置,请重复启动几次,每一次启动都要完全,并记下启动完成时间。反复开启飞机螺旋桨电热防冰系统,检查电热元件安装顺序是否正确。使飞机在地面上滑行,测试飞机刹车装置;将飞机调转180度,检查陀螺仪进动性能,注意观察磁罗盘和航向指示器的工作状态。同时还要进行飞机甚高频全向导航测试和 GPS 接收性能检测。

d) 试飞:通过试飞评估飞机的情况。所选飞行员要取得对应型号飞机的飞行资格,经验丰富,能胜任飞机评估飞行,还应检查飞机性能,测试飞机座舱增压系统(如果飞机有安装),起动后到座舱后部待上一段时间,感受飞机的振动、噪声,查看座舱是否有漏气现象。还有一个建议就是,飞行测试中让飞机速度慢下来,反复收放襟翼和起落架,观察飞机速度是否还能保持正常,报警装置是否能被激活。校对飞机配平调整片设置和执行飞机快速下降操作对发现飞机"油罐效应"(飞机结构蒙皮因承受应力发生中间鼓起或内缩的现象)、颤振现象以及俯仰配平系统异常都有帮助。一定要格外留意飞机航空电子系统,尤其是自动驾驶系统。为确保飞机自动驾驶系统功能完整,应参照飞行手册实现其所有功能。切记飞行测试中的绝大部分飞行要由飞机自动驾驶系统来完成,归根结底,它是所购买飞机控制系统的关键所在。

e) 评估飞机的技术状态和残值:总结上述审查所得出的结果,主要关注飞机的飞行小时数、起落次数、维修情况等,通过具有资质的第三方评估公司和认证机构对上述审查所得出的飞机的技术状态进行评估,给出飞机的残值。

f) 结算:根据评估所得的结果,根据产权共享计划的协议,进行财务结算,并将办理飞机的转属手续。

3. 产权共享应注意的几个问题

产权共享是以产权分散为核心的机队管理模式,给公务机的使用带来了诸多变化。因此,合理地运用产权共享的方式十分重要。

1) 公务机的产权共享必须有强大的资金支持和金融创新解决方案,以降低运营中最大的成本项——飞机拥有成本。在降低拥有成本,并获得规模效应的前提下,运营才可以游刃有余,例如提高利用率、客户调机费豁免、获得飞机采购谈判优势等项目才可以展开。因此,研究开展公务机基金等上游金融业务,将是发展国内公务机市场的重要环节,率先进入者无疑将获得先发优势。

2) 公务机产权共享过程中,金融方案十分重要,但公务机的运营是基石。如果说国外著名公务机运营商的成功来自背后的财团支持,那么公务机运营商同样为财团提供了很好的销售平台,以及市场信息来源。但有了运营管理的基础,飞机咨询、代购、融资、处置等一系列业务,公务机基金、分时租赁、小时卡等一系列准金融产品才能更好地展开,并且通过最直接的市场信息,可以对未来机队发展趋势有更准确的把握和预判。因此,公务机运营商与金融机构的创新合作应为国内公务机业务做大做强的必由之路。

3) 从国外的发展情况看,公务机的受众人群逐渐从百亿级、十亿级客户向下拓展是必然趋势。一方面,需要引导客户转变观念,认识到公务机的真正商业价值,而非单纯奢侈品;另一方面,需要尽快开发出新的公务机金融产品,避开尚不被接受的"分散产权"方式,以更有创意的方式满足千万级、亿级客户的用机需求。因此,依靠创新的公务机金融产品,引导客户理性消费,广开客源而非"涸泽而渔",才是国内公务机健康发展的趋势。毫无疑问,私人银行在下一步业务拓展中将占据有利位置。

5.2.3 包　机

包机是指根据公共航空运输企业与包机人所签订的包机合同而进行的点与点之间的不定

期飞行,包括普通包机飞行、专机飞行、急救包机飞行、旅游包机飞行等。

包机根据类型分为民航包机和公务包机两大类。民航包机主要指租用民航公司的民航客机执行非周期性的非固定航线的飞行任务,公务包机主要指租用公务机公司的公务机执行非固定航线。本小节只涉及公务包机相关内容。

公务机包机由专门的公务机包机企业提供,主要针对的是企业高管、富豪、文体界名人等。公务机的包机人均价格往往是同类航线头等舱价格的十倍以上,全程定制的服务、行程的私密性、自由度是选择公务机包机出行的主要原因。国内公务机包机公司主要有:金鹿公务航空、尊飞私翼、亚联公务航空等。

1. 包机流程

包机业务的大致流程可参考图 5.17 进行:

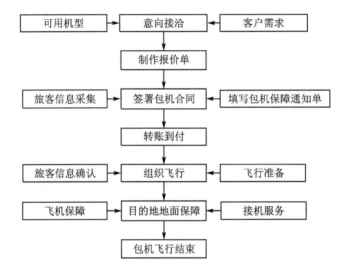

图 5.17 公务机包机的流程

2. 公务机包机的步骤(包机公司与客户)

1) 相互接洽:客户和包机公司进行接洽联系,包机客户提供其联系方式、行程要求、旅客人数、旅行时间等信息,包机公司提供并推荐能够执行飞行任务的飞机型号、基本情况(座位数、舒适性等)供客户选择。

2) 制作报价单:根据客户具体飞行意向,由包机公司通过计算提供公务机包机服务制作报价单,并发送给包机客户。报价单内容应该涵盖公务机包机各项费用,并最终给出包机飞行的最终价格。

3) 签署包机合同:包机客户认可报价后,开始签订包机合同,包机合同经双方签章后生效。包机合同应当至少包括以下内容:

① 合同双方的名称、地址、电话及传真;
② 包机类别;
③ 包机可提供座位数;
④ 包机实际旅客人数、国籍;
⑤ 包机价格;

⑥ 包机飞行的日期、架次、机型、航线和时刻；
⑦ 运输凭证的使用；
⑧ 航空公司和包机人的具体责任和义务；
⑨ 航空公司和包机人的违约责任；
⑩ 解决争议的方法。

4）旅客信息采集：签约后由包机公司向客户提供空白旅客信息登记表，客户根据表中的项目，提供航线、日期、时刻、人数、乘客姓名、证件名称、证件号码、行李重量、接送车辆、飞行各站联系人及联系方式、其他服务要求等详细信息，如餐饮、服务语言要求等个性化的需求。

5）转账到付：飞行日期1日之前（具体时间由公务机包机公司提供方根据自身情况设定），通知客户方全额付款。具体支付方式由双方商定。

6）飞行准备工作：根据国内和国际的规定，提前申请航线。

飞行前1日，包机公司向客户联系人提供公司在航线各站地面现场服务代理联系方式，并由现场服务代理与旅客取得直接联系，预定飞行当日迎候旅客的时间与地点。

在执飞前，包机公司应联系其各站联系人（本公司员工或地面代理公司代表）做好接机准备，协助办理相关手续。

飞行当日起飞前1至2小时与包机公司和旅客联系人确认旅客到达机场的具体时间，并通报相关飞行与保障单位做好准备。

7）办理登机与执行飞行：根据约定时间，现场服务人员在约定的地点接引旅客进场，协助旅客办理相关入场手续。飞机按照预订航线飞往目的地。

8）目的地地面保障：根据约定时间，现场地面服务人员提前与迎接旅客人员取得联系，通知何时何地等候接待旅客，飞机降落后，当地面服务人员安排旅客出场并接送旅客至前来接应的车辆旁。

9）包机飞行结束：（略。）

3．公务机包机的步骤（包机公司与相关管制部门）

（1）飞行时刻申请

根据《民航航班时刻管理暂行办法》，国内航空公司、通用航空企业向地区管理局提出不定期航班和通用航空飞行时刻的申请。地区管理局按"先到先得"原则进行时刻协调。区内不定期航班和通用航空飞行的时刻由地区管理局确定，并报总局空管局备案；跨区不定期航班和通用航空飞行时刻由地区管理局初步协调，协调结果由总局空管局审核确定。

区内不定期航班和通用航空飞行时刻申请应于收到申请之日起3个工作日内作出答复，由地区管理局将结果在时刻管理网即时公布；跨区航班时刻申请应于收到申请之日起5个工作日内作出答复，由总局空管局将结果在时刻管理网即时公布。

（2）飞行航线申请

① 从事通用航空飞行活动的单位、个人实施飞行前，应当向当地飞行管制部门提出飞行计划申请，按照批准权限，经批准后方可实施飞行。

② 飞行计划申请应当在拟飞行前1天15时前提出；飞行管制部门应当在拟飞行前1天21时前做出批准或者不予批准的决定，并通知申请人。

③ 执行紧急救护、抢险救灾、人工影响天气或者其他紧急任务的，可以提出临时飞行计划

申请。临时飞行计划申请最迟应当在拟飞行 1 小时前提出；飞行管制部门应当在拟起飞时刻 15 分钟前做出批准或者不予批准的决定，并通知申请人。

④ 使用临时航线转场飞行的，其飞行计划申请应当在拟飞行 2 天前向当地飞行管制部门提出；飞行管制部门应当在拟飞行前 1 天 18 时前做出批准或者不予批准的决定，并通知申请人，同时按照规定通报有关单位。

⑤ 批准单位。使用机场飞行空域、航路、航线进行通用航空飞行活动，其飞行计划申请由当地飞行管制部门批准或者由当地飞行管制部门报经上级飞行管制部门批准。

⑥ 使用临时飞行空域、临时航线进行通用航空飞行活动，其飞行计划申请按照下列规定的权限批准：

a）在机场区域内的，由负责该机场飞行管制的部门批准；

b）超出机场区域在飞行管制分区内的，由负责该分区飞行管制的部门批准；

c）超出飞行管制分区在飞行管制区内的，由负责该区域飞行管制的部门批准；

d）超出飞行管制区的，由中国人民解放军空军批准。

⑦ 飞行计划申请应当包括下列内容：

a）飞行单位；

b）飞行任务性质；

c）机长（飞行员）姓名、代号（呼号）和空勤组人数；

d）航空器型别和架数；

e）通信联络方法和二次雷达应答机代码；

f）起飞、降落机场和备降场；

g）预计飞行开始、结束时间；

h）飞行气象条件；

i）航线、飞行高度和飞行范围；

j）其他特殊保障需求。

(3) 公务飞行落地许可的申请及审批程序

① 经营人至少应在预计飞行日前 30 个工作日通过 SITA（国际航空电信协会）电报或 AFTN（航空固定电信网）电报或传真形式向民航总局提交申请。

② 申请应包括以下内容：

a）航空器所有人和经营人国籍、名称、地址及联系电话、传真；

b）航空器的无线电通话和通信呼号；

c）航空器上无线电台使用的频率范围；

d）航空器国籍标志和注册标志；

e）航空器的机型及最大起飞重量和最大落地重量，可利用座位数或者吨位数；

f）机组资料和乘客资料；

g）航班号/飞机呼号及执行日期；

h）航空器预计起飞、到达地点、日期、时刻（UTC 时间）、具体的航路和进出中华人民共和国边境的航路进出点；

i）飞行任务性质和具体的飞行目的（如奥运赞助商及与奥运有关的飞行，应明确注明飞行目的为"OLYMPIC/PARALYMPIC DELEGATION FLIGHT"；

j）国内接待单位出具的证明函；

k) 接待单位的详细名称、地址、联系人和联系电话(包括手机);
l) 提供地面代理服务的已获得相应资质的代理人的名称、地址、联系人和联系电话(包括手机);
m) 民航总局自收到申请人完整的申请材料后于5个工作日内通过 SITA/AFTN 电报予以答复。

4. 包机费用构成

对于公务机包机费用,每家公司的具体计算方式各有不同,但主要收费项目基本如下:
1) 飞行小时费:
① 任务小时费(飞机、机组、乘务组定员在一次任务飞行中所产生的费用);
② 调机小时费(飞机、机组、乘务组定员在一次调机飞行中所产生的费用)。
2) 常规附加费:
① 燃油附加费(航空公司因应对航油激烈浮动时收取的费用);
② 起降费(机场对飞机起降收取的费用);
③ 机组过夜费(机组、乘务组定员在异地机场的住宿费)。
3) 特殊附加:
① 变更费(飞行计划变更所产生的费用);
② 取消费(飞行计划取消所产生的费用);
③ 额外机组费(更换或增加机组所产生的费用);
④ 其他费用(包括除冰费、餐食费等)。

5.2.4 空中游览

空中游览是指企业按规定使用民用航空器在批准的区域上空载运游客进行观光飞行的经营活动。在中华人民共和国境内依法设立的通用航空企业和公共航空运输企业,未经中国民用航空总局(以下简称民航总局)批准,任何单位和个人不得使用民用航空器从事空中游览经营活动。

1. 申请开展空中游览业务的流程

1) 提交报告:
企业申请空中游览经营项目,应当提交书面报告,经所在省、自治区、直辖市人民政府或其所属国家主管部门同意。
2) 向民航总局申请:
① 申请报告;
② 所在省、自治区、直辖市人民政府或其所属国家主管部门同意企业从事空中游览的批件;
③ 企业经营许可证复印件;
④ 企业法人营业执照复印件;
⑤ 具有法定资格的验资机构出具的资产证明;
⑥ 可行性研究报告;

⑦ 飞行人员驾驶执照复印件；
⑧ 维修规划；
⑨ 民用航空器维修人员、飞行签派人员技术状况登记表；
⑩ 机场使用许可证和与所使用机场签订的机场场道使用保障协议书；
⑪ 游览飞行区域的批准文件；
⑫ 与有关单位签订的空中交通管制、通信导航、气象服务、航行情报服务协议书和飞行签派委托代理协议书；
⑬ 空中游览载客责任险和第三者责任险投保证明；
⑭ 企业按规定制定包括载明应急救援实施方案的空中游览营运手册；
⑮ 企业按规定制定的安全保卫方案；
⑯ 民航总局认为必要的其他文件资料。

3）受理：

民航总局在收到企业开展空中游览业务的申请后，对不具备条件的企业，不予受理；对经审查具备条件的企业，由民航总局会同企业所在地民航地区管理局对其安全技术状况进行检查并合格，发给或者变更经营许可证并办理工商变更登记手续后，方可经营空中游览业务。

经营许可证应当载明企业空中游览活动的区域和所使用的机场。企业增加或变更经营许可证所载明的空中游览区域范围的，应当经所在地民航地区管理局审核同意后，报民航总局审批。

2．经营空中游览业务所需条件

1）有符合适航标准的民用航空器。
2）具有符合规定的飞行人员和维修与工程管理人员。
3）有符合规定条件的机场。
4）连续三年飞行安全状况良好，未发生一般（含）以上的飞行事故：

飞行事故是指自任何人登上航空器准备飞行，直至这类人员下了航空器为止的时间内发生人员伤亡、航空器损坏的事件。

① 特大飞行事故：死亡人数在40人及以上者；
② 重大飞行事故：死亡人数在39人及以下者；
③ 一般飞行事故：人员重伤，重伤人数在10人及以上者。

5）民航总局认为必要的其他条件。

3．相关单位对空中游览业务的要求

1）担任空中游览飞行的机长，最低应当取得昼间（无方向性信标NDB）或（甚高频全向信标台VOR）等级的商用飞行员驾驶执照，并经载客飞行考核合格后，方可准许执行游览飞行任务。
2）从事空中游览活动的企业，必须设立专职安全保卫人员和配备相应的安全检查设备。
3）在水域上空进行游览飞行的民用航空器，应当按有关规定为机上人员配备相应的救生设备。
4）在水域上空进行游览飞行的民用航空器，飞行员必须经水上科目的训练，并经考试合格后，方可担任。

5) 初级类民用航空器,不得用于空中游览飞行。

6) 临时机场不得用于空中游览活动。

7) 经营空中游览业务的企业,应当在营业场所或民用航空器上制备和公布空中游览收费标准、飞行游览的区域和游客须知等宣传必备资料。

8) 严禁企业在民用航空器超员或超载条件下实施空中游览飞行。

9) 禁止游客携带枪支、管制刀具和危险品乘坐民用航空器进行空中游览。游客应凭身份证或其他有效身份证件购买空中游览登机凭证,并经安全检查后方可乘机。空中游览的收费标准和管理办法,由民航总局另行制定。

5.3 地面服务业务

5.3.1 地面服务与维护

旅客和货运航站区可描述为空侧与陆侧之模式间的交界面。航站区在整体系统中的位置如图 5.18 所示,而旅客和货运航站区内的实际流动情况,则表示在更详细的系统简图 5.19 和

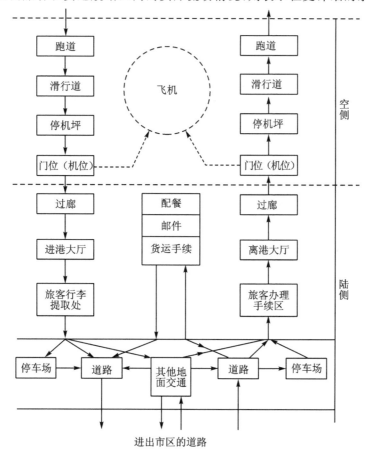

图 5.18 机场系统示意图

5.20中。如图5.19和5.20所示,借助于机场的地面服务工作,可以实现旅客、行李及货物在航站区内的流动,以及停机坪上飞机的调头。上述业务是通过机场管理当局、航空公司及专门的运营代理机构三者之间若干不同形式的协作来实现的。为了便于讨论,地面服务程序可以划分为航站区服务和飞行区服务。但这仅仅是按照惯例来划分的,其中所涉及的人员和业务不一定只局限在这些固定的工作范畴内。表5.7列出了人们通常认为属于地面服务的机场工作。

表 5.7 地面服务的业务范围

作业区域		业务范围
航站区作业		行李检查
		行李处理
		行李提取
		售票和值机(办票)
		旅客登机/下机
		中转旅客服务
		针对老弱病残孕旅客的服务
		信息系统
		政府监管
		配载
		治安管理
		货物运送
外场作业	停场服务	(对机群的)监护
		飞机引导
		飞机发动
		飞机的移动/牵引
		安全措施
	停机坪飞机服务	故障检修
		加油
		机轮和轮胎的检查
		地面动力供应
		除冰
		(机舱的)制冷/采暖
		卫生间的清扫和整理
		饮用水
		纯净水
		常规维护
	机上服务	非常规维护
		客舱窗、机翼、吊舱和驾驶舱窗的清洁
		清扫
		餐食供应
		舱内娱乐
	停机坪设备服务	机舱设备的辅助维护
		座位结构的改装
		客梯
		配餐车
		升降平台车
		邮件和设备的装卸
		货运飞机上机组人员的登机舷梯

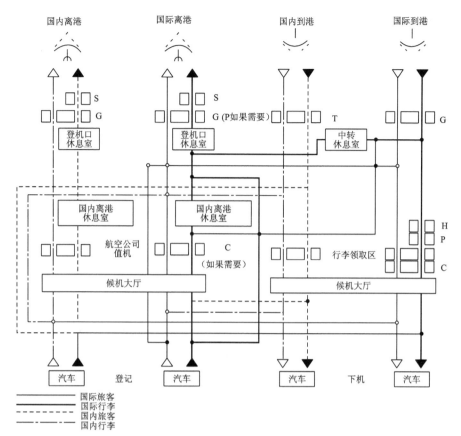

图 5.19 旅客、行李流程框图

G=登机口控制和航空公司值机(如果需要); P=护照检查; C=海关检查
H=健康检疫(如果需要); T=到港检查; S=安全检查

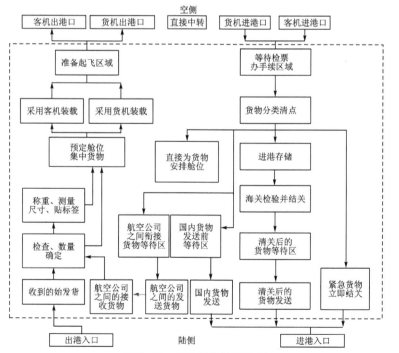

图 5.20 货物集散站流程图

5.3.2 旅客服务

1. 航站区的旅客服务

一般来说,公务航空机场航站区的旅客服务几乎全部由航空公司负责。世界上大部分国家的主要航空枢纽,都存在着各大航空公司之间不同程度的竞争。因为旅客除与由政府管理的公共卫生、海关和边防部门有所接触外,几乎一直是与航空公司接触。尤其是在航站楼区域内,航空公司特别希望突出自己的形象。

从公务和通用航空航站楼及机场的情况来看,如果仅有一家公务航空/通用航空企业驻在该机场,或者该机场本身就由公务航空/通用航空公司所拥有(国内通用航空中通常都是自有机场,但一般只能进行农林和工业作业),则不存在此类问题。但是,从国外公务航空的发展情况来看,一个机场往往会有多个品牌的 FBO,或由多个公务航空公司承租。如今后出现这类情况,那么航空公司之间的竞争也将出现在公务航空/通用航空候机楼和机场中。

在由航空公司使用的硬件设备的规划和设计中,航站楼区域扮演着十分重要的角色。甚至在航空公司没有直接拥有设施的地方,航空公司的实际运作也会牵涉到各类机场设施的指定,这些设施将被租赁给在该区域运营的各个独立的航空公司。由于某些特定的区域如登机口、候机室,尤其是售票和值机柜台,长期被指定给某个独立的航空公司,从而导致在这些区域该航空公司的形象特别突出。

就公务航空而言,如果一个机场内只有一家公务航空企业开展旅客服务(如自有或者整租机场和候机楼等设施),则公务航空企业的形象可以通过固定设施上的标志物等途径来体现。但是,这种模式成本较高,一般不会在规模较大的机场出现,也不利于提高机场设施的利用率。

在有多家公司经营的机场和候机楼中,对航站区旅客服务的全球较通行的做法是:航站楼内的指定区域可租赁给航空公司(对公务航空而言,可能是地面代理公司、包机公司等),而位于停机坪区域的大部分地面服务工作则由机场管理当局、专业的服务代理机构或另一航空公司来完成。目前,在一些较为先进的机场使用了公共用户终端设备,值机柜台职员可通过公共用户终端设备与航空公司的计算机进行通信,这样就可以使多家航空公司方便地使用同一个值机柜台。使用公共用户终端系统可以大量地减少所需要的值机服务柜台的数量,特别适用于有许多航空公司同时运营的机场、部分航空公司有较少的计划业务的机场、航空公司不必全天在场的地方以及不同航空公司季节性、不确定时间使用的机场。值机柜台的分配由计算机根据需要进行,一家航空公司值机业务结束并腾出柜台后,根据离港安排,接着由另一家航空公司来接管。值机服务设备将当班的航空公司名称显示在显示屏上,该显示屏架在高过头顶的高架上,当有航空公司登录公共用户终端设备时,该显示屏就被激活了。

2. 旅客输送设备

输送旅客的客梯车和登机桥可以以协议的形式长期租赁给不同的航空公司,并由其管理经营,也可以由机场管理当局或由服务代理机构支付一定的租金后进行管理经营。就自有机场的公务航空公司而言,虽然专用旅客输送设备需要有经验的人员来操作,但实际情况是这些工作通常也是由公务航空公司自己经营管理的。

穿梭于停机坪上的旅客摆渡车,大多是普通型号的巴士。无论是航空公司还是机场,二者对车辆的所有权和经营权是共有的。

3. 直接面对旅客的服务

航站楼的某些服务是专为方便航空旅行者提供的,并且与航空公司、地面代理公司的工作没有直接关系,习惯上把这些服务称作直接面对旅客的服务。从公务航空和通用航空的角度来看,这些服务如何实施,取决于机场投资方的考虑。

为了便于讨论,将此项服务进一步划分为商业性的和非商业性的服务。在上述两项服务之间并没有严格的分界线,但通常将非商业性活动看作是完全必备的服务,一般免费或仅收取很少的服务费用。而商业性活动是可能赚取利润的服务,这些服务是隶属于机场运输功能之外的,或者是非必需的服务,是否选用这些服务取决于当地旅客的情况(例如汽车停靠和汽车租赁)。

典型的情况是,在一般旅客航站楼提供以下非商业性服务,并且这些服务通常是由机场管理当局提供的:

① 行李搬运;
② 航班和常规的机场信息;
③ 行李手推车;
④ 带锁的行李存放箱和行李存放室;
⑤ 指示标志;
⑥ 提供座位;
⑦ 卫生间、托儿所和更衣室;
⑧ 头等舱休息室;
⑨ 邮局和公用电话区;
⑩ 为伤残旅客和特殊旅客提供的服务。

根据以机场为主进行运营的思想体系,商业设施将由机场管理当局直接运作,或将特许经营权租赁给专业的服务公司。常见机场的典型情况是,在旅客航站楼的服务中以下商业性活动扮演重要的角色:

① 汽车停靠;
② 免税店;
③ 其他商店(书店、旅游用品商店、纪念品商店等);
④ 汽车租赁;
⑤ 保险;
⑥ 银行;
⑦ 美发店、服装干洗店;
⑧ 旅馆预定;
⑨ 娱乐用器材;
⑩ 广告;
⑪ 商业中心。

但针对公务航空和通用航空机场,可以按照具体情况开展上述商业性活动。

各个机场商业化的程度有很大的不同。在鼓励这类活动的机场,得到的商业收入高达总收入的60%,像法兰克福、迈阿密、奥兰多、阿姆斯特丹、伦敦和巴黎的机场。而其他的机场,或者是由于政策的原因,或者是以为缺少机会而没有进行强有力的商业开发,来自商业资源的期望收入仅仅占总收入的10%。

关于机场的商业服务思想,人们已经进行了很多深入的探讨。商业设施的存在是因为有大量的旅客需求。这些旅客平均要在航站楼内度过一个小时,这一个小时中仅仅有40%的时间是用于办理各种手续的,所以大量的旅客、接人者、送人者和参观者形成了一个很有潜力的销售市场,如果机场希望有所收益的话,商业性活动一定具有开发的价值。此外,由商业服务创造的收入能够省去或减少政府的资助,并可以横向资助空侧的服务。随着公务航空和通用航空机场私有化趋势的发展,大部分机场坚持以顾客为主的原则,所以要求其采取的服务措施应更具商业性。特别是对于使用公务机较多的机场,与公务活动相配套的设施如会议室、酒店、会所等,均能够为机场带来良好的客户体验。

但必须强调的是,过多的商业设施有可能造成不必要的障碍,如干扰旅客的活动,挤占休息、活动的空间等。

如果决定要开发机场的商业,必须制定出许多运营政策。首先,必须制定出运营的模式,通常有五种不同的模式,分别由以下部门来完成:

① 直接由机场管理部门管理;
② 成立一个专门的完全属于机场管理当局的商业子公司;
③ 由机场管理当局和航空公司联合成立的商业子公司;
④ 由机场管理当局和专业的商业公司联合成立的商业子公司;
⑤ 独立的商业企业。

目前,一些公有制的机场仍然坚持直接管理商业运作,但这种选择已经不多见了。大多数商业活动运作高度成功的机场,像迪拜机场、希思罗机场和法兰克福机场,更喜欢采用给独立企业授予受控特许经营权的方式,因为这些企业在某些领域具有较好的商业经验。爱尔兰机场管理当局的里安达公司(AerRianta),是通过其高度成功的商业分部来运作自己的许多特许经营机构的,而在其他机场,这些商业分部同样也是以一个特许经营机构的身份出现。特许经营者和管理当局之间有合作协议,该协议保证经营活动对消费者具有一定的服务标准,使管理当局可以保持一定的利润水平。在此约定之外,特许经营权所有者可以自由投资,以便获得最大的商业机会和利润。另外还有混合型结构,管理当局与航空公司的商业分部合作,或直接与专业企业合作,同样也取得了成功。

5.3.3 停机坪服务

1. 飞机的引导与移动

飞机在地面期间,不论是经停还是调头(包括飞机卸货、加油、检修、再装货的全部过程),停机坪都是其重要的活动中心。为了避免在停机坪引起不必要的延误,必须对其进行全面的监督管理,以确保停机坪上的这些操作能够充分地协调配合起来。这项工作通常是由停机坪协调员或现场指挥来完成的,其中现场指挥负责监控离港协调。

飞机引导的目的是引导驾驶员在飞机停靠位置附近对飞机进行启、停操纵,精确的飞机定位过程如下:

由停机坪上的信号员发出国际上公认的手语信号(见图5.21),通过手语信号引导驾驶员将飞机停靠到指定地点。当使用机头入坞的方式驾驶飞机到达某建筑物的附近位置时,可以采用自动机位引导系统,如采用应用光学莫尔条纹技术的飞机停靠信息系统(APIS),或采用将传感器线路埋入停机坪跑道之下的泊位引导系统(DGS),用这些系统来引导驾驶员将飞机停靠到精确的位置上后,旅客就可以使用登机桥登机/下机了。引导程序包括放置轮挡、移开轮挡、锁定起落架、盖上发动机灭火罩盖、盖上空速管罩盖、锁定面板、取放机组舷梯和尾部固定等。还可以通过头戴式通话耳机,实现地面人员和驾驶舱之间的通话。也可以利用地面动力设备为飞机提供所需的各类电源。如果飞机在地面上的停靠时间要延长一段时间,引导程序中还应涵盖安排飞机远机位停靠或飞机机库停靠。

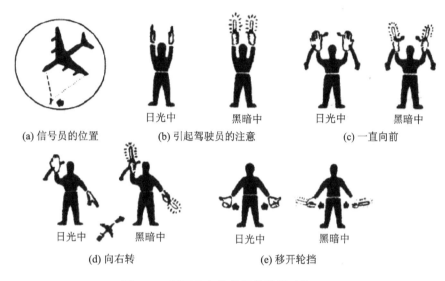

图 5.21 引导飞机的地面信号员手势

停机坪上的安全措施包括提供合适的灭火设备和所需的其他防护设备,在需要的地方提供保安人员,并将飞机在停机坪滞留期间所发现的飞机内外部的全部破损情况通知航空公司。

因为经常需要挪动飞机,所以需要提供适用的牵引设备。不管是要推出停放在机头入坞位置上的飞机,还是想通过更大拉力的牵引以便飞机能够到远机位或维修区域,都会用到牵引车。飞机通常的传统设计是在不损坏结构的前提下,尽可能保证飞机起落架具有足够的强度以承受牵引车带来的牵引力。牵引车必须具备以适当的速度(大约 20 千米/小时)移动飞机、并拖动飞机通过相当远的滑行距离的能力。尽管一般使用的牵引车的速度是 32 千米/小时,但是随着机场变得越来越大和布局上越来越分散,目前已经研制出了高速牵引车,其最高行驶速度可超过 48 千米/小时。通常,如果已经开始牵引操作,那么被牵引的飞机就拥有滑行道优先权,因此,飞机牵引应达到一定的速度以避免由此引起的滑行道上的频繁延误。

2. 飞机维护服务

大部分进港和离港的飞机在停机坪上或多或少都需要一些服务,其中大部分服务是由航空公司驻站工程师负责。当需要完成的工作任务比较繁杂时,许多工作就必须同步进行。

1) 故障处理:飞机机长在技术记录中已经报告的小型故障,和不需要飞机停止飞行的小型故障,在航空公司驻站工程师的监督下进行处理。

2) 加油:有专门负责提供添加油料的工程师,该工程师负责监督飞机添加油料的过程,确保以安全的方式为飞机提供正确数量的无污染油料。油料供应可来自移动油罐车(图5.22),也可来自停机坪液压加油系统(图5.23)。许多机场同时使用了以上两种系统,以保证能从燃油供应商那里得到有竞争力的价格,同时也给停机坪服务带来了最大限度的灵活性。在添加油料的过程中,各种油料及其他设备所需的各种液体也都同时被重新添满了。

图5.22 可移动的停机坪油罐车

图5.23 管线加油车

3) 机轮和轮胎:通过目测对机轮和轮胎进行物理检查,以确定在最近一次的起降周期中没有发生损坏,轮胎是否可以继续使用。

4) 地面动力供应:虽然许多飞机有辅助动力装置(APU),当飞机在地面停靠时,能够为其提供动力,但基于地面环境因素的考虑,某些机场严格限制使用APU。同时,为了减少燃料消耗和降低停机坪噪声,航空公司更多使用的是地面电力供应设备,如图5.24所示,这已成为动力供应的趋势。通常是在驻站工程师的监督下,由车载动力设备提供地面动力。还有一些机场是由中心电站提供动力的,电源通过停机坪电缆或空中桥架内的线缆输送到飞机上。

5) 除冰和清洗:图5.25所示为一辆典型的多用途车辆,它可以向机身和机翼喷洒除冰液,还可以清洗飞机,重点清洗的是驾驶舱窗户、机翼、发动机舱和客舱窗户。这种自驱动的液体罐车有一个平稳的升降平台,可以对普通的和宽机身的飞机实施喷淋等维护工作。某些机场,例如慕尼黑机场和鲁雷机场,在其离港跑道出口附近设计了专用的除冰停机区,飞机滑行穿过巨大的门式除冰台架,就可以除去机身上的冰。而且该设备还可以回收除冰液,并可以循环利用除冰液。

6) 机舱的制冷/供暖:飞机常常需要在停机坪上停留一段时间,在多数气候条件下,可不启动APU。但为了使飞机机舱内能保持一个适宜的温度,需要辅助可以移动的供暖或制冷设备。这类设备的适用性由航空公司驻站工程师负责保证。

7) 其他服务:在停机坪上通过车载的专用泵压设备,从外部对飞机卫生间的储存容器进行处理。与此同时,饮用水和发动机用的纯净水也同时被加满。

8) 机上服务:在对飞机进行外部维护的同时,还要对飞机的内部进行维护,主要任务是清洁和餐食供应。要获得较高程度的舱内清洁,需完成以下几项工作:

① 更换床单、枕头和座椅的头部靠垫;
② 真空吸尘并用香波清洗地毯;
③ 清除烟灰缸并去除全部杂物、废屑;
④ 配备新的座椅靠背罩;
⑤ 清洁、配备新的厨房和卫生用品;
⑥ 清洗所有平滑的地方,包括扶手。

图 5.24 可移动的地面动力源

图 5.25 除冰清洗车

9) 餐食供应:旅客下飞机后,勤务人员应立即清洁和整理飞机厨房区域。厨房清洁干净以后,要重新进行备货,然后进行第二次清洁工作,这次清洁的主要目的是清除备货期间的溅落物。在食物和饮料的处理程序中,从餐食来源到送至旅客手中的全过程,都必须全部符合国际认可的卫生标准。如果在航班途经的航站餐食供应达不到质量或卫生标准,飞机上供应的餐食则要从航空公司的主要基地带过来。

3. 停机坪布局

在商用运输飞机的设计阶段,对停机坪地面服务考虑得相当多。现代飞机非常巨大、复杂而且昂贵。因此,停机坪服务程序也同样复杂,并且耗费时间。如果停机坪各项服务工作不能有效地、同步地进行,则可能导致飞机在停机坪上的周转时间过长,而且,飞机在此期间还不能产生收益。低效的停机坪服务还会导致飞机和勤务人员的利用率低下,以及航空公司生产效率的全面低下。对公务机和通用飞机而言,虽然其大小不及波音 747 这种大型客机,但是必要的设备还是要布局到位,以保证操作的正确性和高效率。可以看出,在飞机停留地面的短暂时间里,飞机舱门与服务位置点的合理安排,使在飞机转场服务过程中的各种服务得以同步实施。现场指挥员应确保在飞机落地期间,有适宜的设备和充足的员工可为其服务。

必须特别注意停机坪服务设备与飞机和其他停机坪服务设备之间的兼容性。飞机的门槛高度必须与旅客和货物装载系统协调一致。对于货运,额外还有方向兼容的要求,必须保证传送设备在飞机侧和航站楼侧都能进行货物装载和卸载操作。而传送机的这些装载设备与飞机的操作方向必须是兼容的。但由于许多传送机只能在一个方向上装载和卸载,所以就必须调整接收设备(如飞机)的方位,使其能够适应这一特定的传送方向。

多数移动设备都要求经常维护。除了通常的磨损问题之外,因较小的碰撞和使用错误而引起的停机坪移动设备的损坏正在不断上升,而固定设备发生使用错误的概率则较移动设备小。完善的停机坪服务需要有一个完整的服务程序和步骤,在该程序中对停机坪设备设计了预防性维护措施,而且,在设备故障不可避免的情况下,要配备适当的备用设施。

停机坪区域的安全同样是一个需要持续关注的问题。旅客与货运航站区的停机坪处于强噪声条件之下,是很多重型移动设备频繁活动的区域。所以通过声音对操作人员进行的安全提示经常是无效的,例如车辆靠近或车辆倒车时发出的声音,很可能因为他们戴着耳朵保护装置而听不见。因此为了防止发生严重事故,操作人员要经过非常严格的训练,并严格按照指定的安全规程(IATA,1995)操作。

5.3.4 机场技术服务

1. 技术服务的范围

机场技术服务指的是在航空运输机场建立起来的各种运行服务。机场技术服务在管制、导航和通信、情报方面与飞机的飞行安全密切相关。所有航空大国都关心这些事项是否清楚。这些服务构成了国际《民用航空公约》(《芝加哥公约》)技术附件的四个主题。

机场技术服务包括以下内容：
① 空中交通服务；
② 航空电信(包括导航系统)；
③ 气象；
④ 航行情报服务。

一个通用航空飞行场地可能仅需要这些服务中的一部分完成它的特殊类型的飞行(例如飞行训练、公务飞行和私人飞行)。

除了以上四种服务之外，所有机场和通用航空飞行场地还要提供应急救援服务，以便在飞机发生飞行事故的情况下，提供消防和救援的能力。

2. 空中交通管制

(1) 空中交通管制的功能

空中交通管制(ATC)的主要目的，是防止空中飞行的飞机之间相撞，以及飞机同机场上固定的和移动的障碍物相撞。此外，空中交通管制还与提高空中交通流量的效率有关。

在大多数国家，空中交通服务的核心经营管理部门属于政府和半政府性质的机构。它通常是一个民间组织，但是在某些国家可能是军队机构。作为民间组织来说，例如美国立法部门1958年制定的联邦航空条例第三章第307条，规定民航总局具有"使用空域、航空导航设施及空中交通规则"的权力。民航总局也是向航空人员(指的是驾驶员执照、飞行工程师及其他专业资格执照的持有者，包括空中交通管制员、飞行签派员等的一个综合术语)，包括向空中交通管制员发放执照的中央机构。但是民航总局对航空运输行业的经济条例不承担责任。

因此，在大多数机场，空中交通管制及有关部门将直接由中央政府官员管理，而不是作为机场的一个部门由机场来管理。此时，只有一点例外，那就是空中交通管制员由机场当局雇用，但是由政府机构颁发执照。

除了机场之外，空中交通服务的大部分工作是通过区域管制中心对航路空域实施管制。区域管制中心在美国称为空中航路交通管制中心(ARTCC)，在欧洲称为空中交通管制中心(ATCC)。虽然大多数管制员由政府雇用，但是在世界上有些地区，这种管制服务承包给了专门的组织(例如国际航空有限公司 IAL 在中东部一些地方是一家活跃的公司)。在所有情况下，政府保持最终的政策调控，以符合空域上空国家主权的中心概念。

(2) 空域的种类

由于空中交通密度的变化及天气条件的限制约束,空中交通管制部门在一些区域将比另一些区域采取更加严格的管制。这样,空域就有许多不同的种类。例如,那些邻近繁忙机场的空域被指定为高强度管制标准。同时,仅有不繁忙的交通的其他区域可能根本没有任何绝对管制,这些就是非管制空域。

空域的基本地理划分依据的是国家边界线。国家边界线上可能有一个或多个区域,称为飞行情报区。欧洲的飞行情报区如图 5.26 所示。

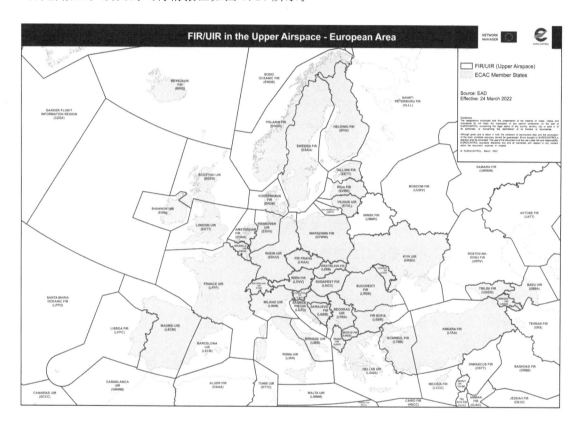

图 5.26 欧洲飞行情报区

为了达到空中交通管理的目的,美国陆地的空域通过飞行咨询区(图 5.27)划分。美国共有 20 个这样的区域。每个飞行咨询区都由空中航路交通管制中心(ARTCC)负责。邻近国际空域的区域是:

东部和南部:
——纽约海上飞行情报区;
——迈阿密海上飞行情报区;
——休斯敦海上飞行情报区。

西部:
——奥克兰海上飞行情报区;

——安克雷其海上飞行情报区；

——火努鲁鲁（夏威夷檀香山）海上飞行情报区。

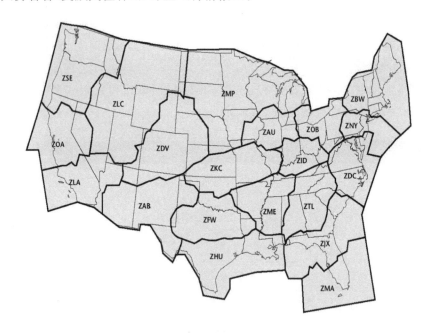

图 5.27　美国陆地飞行咨询区

飞行情报区内的那些不受控制的部分区域有时指开放飞行情报区。因为在这些区域飞行的飞机没有管制限制——即不提供空中交通管制 ATC 间隔。但是，通常在一个通过航行情报服务部门提供的通报频率上，可以提供其他的空中交通管制服务。可能通过地面的无线电台在特定时间广播或者根据驾驶员的要求提供其需求。飞行情报也可以由机场及进近管制等管制部门提供。

空域的基本操作单元是管制地带和管制区域。其区别是，管制地带由地面开始到给定的高度，而管制区域是从地球表面包括航线的某一特定界限向上延伸。管制空域由国际民航组织 1990 的附件 2 定义为：一个"被划定空间的空域，该空间由空中交通管制服务按照同空域分类相一致的原则，提供仪表飞行规则飞行及目视飞行规则飞行"。

为了适应仪表飞行规则和目视飞行规则在各种不同类型空域运行的需要，空域的国际分类方法是将空域划分为不同的等级：A、B、C、D、E、F、G 类。

空域分类的目的是在世界范围内充分明确空域等级类型，以便确切了解与仪表飞行规则及目视飞行规则有关的空中交通管制条件，并确保在空域的特殊等级下何种空中交通服务是可行的。每个国家可以根据实际情况设置空域类型。例如英国没有设置 C 类，美国没有设置 F 类。但是，A 类仅适用于仪表飞行规则的飞行。

在美国 A 类区域通常位于平均海平面 18 000 英尺以上，包括被授权 IFR 飞行的飞行高度层 FL600。在美国的 2 类机场（美国定义）被设置成 C 类空域，包括少量繁忙的当地机场，像劳德代尔堡好莱坞国际机场、斯普林国际机场（FAA1994）。

管制空域建立在邻近的各种繁忙机场，通常由地面区域及两个或更多的高度层组成。在一个典型例子中，围绕着一个表面区域，可能拥有从 7 000 英尺到 8 000 英尺再到 10 000 英尺逐级升高的若干高度层。图 5.28 说明了与此有关的克利夫兰霍普金斯机场的这种效果。该图描绘出了涉及管制空域的底端到顶端几百英尺的范围。在美国,这样的空域包括主要的民用机场,像波士顿的洛根国际机场、芝加哥奥黑尔国际机场、洛杉矶国际机场、迈阿密国际机场等。需要注意的是,以上这些空域都属于 B 类空域。

图 5.28 克利夫兰霍普金斯机场的 B 类空域

表 5.8 给出了美国空域划分的详细情况。

表 5.8 美国的空域分类

空域特性	A 类	B 类	C 类	D 类	E 类	G 类
进入许可	ATC 许可	ATC 许可	双向无线电通信优先	双向无线电通信优先	无	无
最低驾驶员资格	仪表等级	私人或学员证书视不同区域而定	学员证书	学员证书	学员证书	学员证书
双向无线电通信	是	是	是	是	不需要	不需要
特殊的仪表飞行规则许可	无	是	是	是	是	空

续表 5.8

空域特性	A 类	B 类	C 类	D 类	E 类	G 类
目视飞行规则最低能见度	空	3 法定英里	3 法定英里	3 法定英里	3 法定英里	1 法定英里
目视飞行规则最小距云层距离	空	无云	500 英尺以下，1 000 英尺以上，2 000 英尺，水平地	500 英尺以下，1 000 英尺以上，2 000 英尺，水平地	500 英尺以下，1 000 英尺以上，2 000 英尺，水平地	离开云
目视飞行规则飞机间隔	空	所有	仪表飞行规则	跑道操作	无	无
空中交通咨询	是	是	是	工作量许可	工作量许可	工作量许可
构成空域对应物	绝对管制区 PCA	终端管制区 TCA	机场雷达服务区 ARSA	机场交通区域和管制地带	普通管制空域	非管制空域

(3) 飞行规则

依据不同情况有三种飞行规则。

① 一般飞行规则：

由该名词可知，这个规则指的是在一般情况下飞行时所制定的飞行规则，它是作为保护地面人员和财产、避免飞机相撞、优先通行规则及飞机助航灯光的通行规则。每个国家在不同的规定性文件中都有详细的说明。例如在美国，一般飞行规则在联邦航空条例的第 91 部分；在英国可以在空中导航的秩序及规则中找到。

② 目视飞行规则：

除了遵守航空的基本规则之外，每次飞行都必须依目视飞行规则或者仪表飞行规则进行。在目视飞行规则情况下，飞行的实施基于在地形和其他飞机之间能相互看见。这样，驾驶员确定能进行目视飞行的最低天气条件就是很必要的，该天气条件叫做目视飞行气象条件。任何低于该气象条件的均被定义为仪表飞行气象条件。美国将其定义为"目视飞行规则条件"和"仪表飞行规则条件"。目视飞行的天气标准提供给驾驶员充分的机会，可及时发现其他飞机或障碍物以便避免相撞。因为这个原因，对低速低空飞行的飞机的限制少于那些高速飞行的飞机，同时在低密度交通的空域（非管制空域）的一些区域可以考虑进行限制规定。

国际民航组织为各种空域制定目视飞行规则气象条件的最低标准。各国除进行一些微小调整以适应本国情况外，基本上采用了这些标准。美国规定的气象条件（见表 5.9）同国际民航组织规定的气象条件非常相似。在英国，其采用的目视飞行规则气象条件的最低标准（见表 5.10）同国际民航组织规定的气象条件也非常相似。

表 5.9 美国基本目视飞行规则最低天气标准

空 域	飞行能见度	距云层的距离
A 类	不适用	不适用
B 类	3 海里	离开云
C 类	3 海里	低于 500 英尺 高于 1 000 英尺 水平 2 000 英尺

续表 5.9

空域		飞行能见度	距云层的距离
D 类		3 海里	低于 500 英尺 高于 1 000 英尺 水平 2 000 英尺
E 类	低于平均海平面 10 000 英尺	3 海里	低于 500 英尺 高于 1000 英尺 水平 2000 英尺
E 类	高于(含)平均海平面 10 000 英尺	5 海里	低于 1 000 英尺 高于 1 000 英尺 水平 1 海里
G 类	1 200 英尺或高于地表面少许(不考虑平均海平面高度)	白天,除 91.155(b)部分提供的之外	1 海里	离开云
G 类	1 200 英尺或高于地表面少许(不考虑平均海平面高度)	夜晚,除 91.155(b)部分提供的之外	3 海里	低于 500 英尺 高于 1 000 英尺 水平 2 000 英尺
G 类	高于地表面 1 200 英尺但是低于平均海平面 10 000 英尺	白天	1 海里	低于 500 英尺 高于 1 000 英尺 水平 2 000 英尺
G 类	高于地表面 1 200 英尺但是低于平均海平面 10 000 英尺	夜晚	3 海里	低于 500 英尺 高于 1 000 英尺 水平 2 000 英尺
G 类	高于地表面 1 200 英尺并且高于(含)平均海平面 10 000 英尺		5 海里	低于 1 000 英尺 高于 1 000 英尺 水平 1 海里

表 5.10 英国目视飞行规则最低天气标准

空域	飞行能见度	距云层的距离
B 类	8 000 米(含)FL100 以上	离开云
B 类	5 000 米(含)FL100 以上	离开云
C、D、E 类	8 000 米(含)FL100 以上	水平 1 500 米 垂直 200 英尺
C、D、E 类	5 000 米(含)FL100 以上	离开云
C、D、E 类	在空速为 140 海里小时(含)以下时,平均海平面 3 000 英尺(含)以下;5 000 米	离开云 及看到地面
F、G 类	8 000 米(含)FL100 以上	水平 1 500 米 垂直 1 000 英尺
F、G 类	5 000 米(含)FL100 以上	水平 1 500 米 垂直 1 000 英尺
F、G 类	平均海平面 3 000 英尺(含)以下;5 000 米	离开云 及看到地面
F、G 类	在空速为 140 海里小时(含)以下时,1 500 米(含)MSLFL13 000 以下	离开云 及看到地面

③ 仪表飞行规则

当飞行条件低于上述的目视飞行规则或目视飞行气象条件的限制时,飞行必须在仪表飞行规则 IFR 下实施。在仪表飞行规则下飞行,即要求空中交通管制必须通过所谓的空中交通管制飞行计划预先通报飞行的详细细节。此后,飞行必须遵守计划或服从空中交通管制发布的任何指令。

为了做到这些,仪表飞行规则要求驾驶员在指定的无线电频率保持连续的收听。如果需要,驾驶员要向空中交通管制报告飞机的位置。在美国,当遇到无法预料的气象条件时,还需要来自驾驶员那里的天气报告。规则还规定,除了着陆与起飞之外,必须按仪表飞行规则飞行。如果在距离飞机 5 英里(8 千米)范围内有障碍物时,飞行高度必须高于最高障碍物 1 000 英尺(300 米)。无论在哪个国家,飞机必须装备适合其飞行种类(如仪表飞行)的设备,同时驾驶员应具有该类飞行的资格。

在管制空域外,如果按照仪表飞行规则进行飞行,将达不到空中交通管制分配的一个指定的高度层。为了对此类飞行及目视飞行规则飞行提供一些安全保证措施,有一些由驾驶员自己掌握垂直间隔的简单的表格作为基本的飞行规则系统。在这个系统下,飞行的高度依赖于驾驶员遵循的磁航线角(地面实际航线)。这个系统保证了垂直间隔。该垂直间隔通过增加高度/飞行高度层而增大,结果使一架位于上层空域的飞机的间隔增大到 2 000 英尺(600 米)[在"半圆"系统(图 5.29)中的间隔为 4 000 英尺(1 200 米)]。美国供仪表飞行规则飞行使用的四分之一圆飞行高度层如图 5.30 所示。

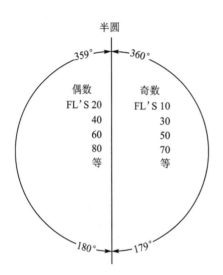

图 5.29　美国供仪表飞行规则飞行使用的半圆飞行高度层

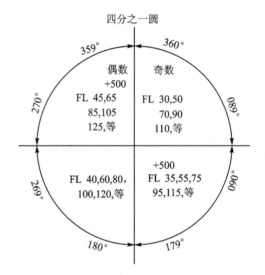

图 5.30　美国供仪表飞行规则飞行使用的四分之一圆飞行高度层

(4) 间隔标准

为了保证安全,空中交通管制用来决定飞机之间所需保持间距而使用的标准叫做间隔标准。这些标准是与垂直平面或水平平面距离有关的特定标准。在垂直平面,IFR 飞机通过飞行于不同高度或高度层被分离开,这样从地面 FL290 间隔为 1 000 英尺(300 米),FL290 以上间隔为 2 000 英尺(600 米)。水平间隔分为三组:横向间隔、纵向间隔和雷达间隔。如果飞机的航迹由于无线电导航设备参数偏移一个较小角度,例如 20 度、30 度或 45 度,或者如果它们从不同的地理位置发来报告,飞机会被横向分开,之后它们将继续拉开更远的距离。

空中交通管制规定飞机之间时间或距离的间隔,用来给那些在相同高度或由相同的机场起飞的飞机提供纵向间隔。当空中交通管制能在雷达上看见多架相关的飞机,而不需要飞机报告它们的位置时,管制员能充分地减小它们的间隔。一个典型的15英里(24千米)标准纵向间隔能减小到3英里(5千米)雷达间隔。广泛使用雷达成为帮助增加空域容量的主要手段。

对于到场着陆飞机,由于尾流的原因,雷达3英里的间隔可能需要增大。这是因为湍流引起飞机尾流的紊乱,特别是那种宽机体飞机,通常指的是"重型"喷气飞机,会对跟在其后的轻型、小型飞机带来很大的危害。

(5) 运行机构

在能够提供绝对空中交通管制之前,特别是在大多数航空运输机场周围繁忙的环境条件下,一定要建立一套综合的通信导航系统,为进离场飞机制订出导航航线图,它能为驾驶员和管制员提供位置及飞行方位的信息。

所使用的短程地面无线电设备包括:无方向信标(NDB)、甚高频全向无线电信标(VOR)、测距仪(DME)和扇形指点标(FM)。用于精密进近着陆的导航设备是仪表着陆系统(ILS)。

目前先进技术的使用可为飞机提供更好的仪表设备,增强了其仪表飞行的能力。这样就需要在地面上通过安装仪表着陆系统以及提供能够在雾天自动着陆的相应设备与之相匹配。根据跑道视距和决断高度两个标准,着陆要求的分类如表 5.11 所列。

表 5.11 仪表着陆系统 ILS 类型

类 型	决断高度	跑道视距(RVR)
Ⅰ	200 英尺(60 米)	国际民航组织 2 500 英尺(800 米) 美国民航总局 1 800 英尺(600 米)
Ⅱ	100 英尺(30 米)	1 200 英尺(400 米)
Ⅲ		
A	0	700 英尺(200 米)
B	0	150 英尺(50 米)
C	0	0

① 跑道视距。跑道视距是指在起降时,飞机驾驶员在跑道中线上特定一点所能看见的跑道或特殊灯光标志的最大距离。

② 决断高度。决断高度是一个特定的高度。如果在持续进近及着陆过程中飞行员不能看到所需的目视参考,则在此高度进近失败后必须开始复飞。所有航空运输机均按照公司最低天气标准投入机场运营。这些标准可以遵照政府的特别指令来制定,比如在美国就是这样。或者标准可以由公司制定然后再交给政府机构,英国民航局就是这样做的。这些标准用能见度、决断高度或者云层高度来表示。

当飞机在最低气象条件下进近着陆时,空中交通管制需要有关所有飞机位置的极其精确的信息。为了达到此目的,空中交通管制首先要依靠一次监视(搜寻)雷达进行初步判定,这种雷达一般可监视离机场 30 英里左右的范围。但是,这种雷达不能提供其他两种重要信息,即雷达波搜寻到的目标飞机和高度。为获得这些信息,需要二次监视雷达(SSR)。对空中交通管制来说,在繁忙终端区及其他类型的管制空域,二次监视雷达变得非常重要以至在这些地区必须强制性提供二次雷达的监视信息。他将代替一次监视雷达作为主要的显示系统,由空中交通管制使用来提供和飞机有关的位置信息。

还有一种情况,当飞机在地面遇到大雾天气时,空中交通管制部门需要"测绘"雷达 SAM1(机场场面活动显示器或者机场场面监视设备)。这种雷达对离场滑行的飞机,特别是雾天的机场也是很有帮助的。

显然,雷达的需要程度将很大程度上取决于机场最主要的天气情况和交通的密度,并且对从普通监视雷达到更复杂的二次监视雷达的需求程度是不同的。

(6) 运营的特点和程序

一个拥有像上面所描述的全部空中交通管制设备的机场,其特点显然与较小的通用航空机场有很大不同。一般相对的小型飞机使用通用航空机场居多,可能包括训练飞行,主要是在目视飞行规则条件下飞行。空中交通管制服务需要调整以适应不同机场的特点。有些机场空中交通管制可能具有全方位的空中交通服务,包括机场管制、进近管制和雷达管制,而另一些机场可能只有机场管制。与机场运营有关的两个最主要的空中交通管制单位,一个是机场管制(塔台),一个是进近管制。

(7) 机场管制

机场管制是空中交通管制中比较常见的部分。从塔台顶部的玻璃窗,管制员能获得机场及其周围环境全景的视野。有这样一种趋势,随着机场的扩大,塔台也将越建越高。随着航站楼及其他地面设施的扩展,严重时,从塔台上将观察不到起降场地、跑道接地点、停机坪、滑行道和停机位。在塔台中装有显示单元的遥控电视摄像机已经帮助解决了这些问题。负责停机位/登机门分配的机场工作人员也面临类似问题,他们需要一个便于观察的位置。于是某些较高的建筑物预先为他们的使用作出了安排。机场管制的基本特性是管制那些仅能从塔台"目视管制室"看到的物体。机场管制是对在飞行区地面上移动的飞机和在机场附近或者在一个特定的起降线路,以及对进入进近终端区起飞着陆的飞机实施管制。因为机场管制控制飞机在机场的移动,它对所有其他的交通实行授权,包括在同一区域内的车辆。因为这个原因,在这些区域使用的车辆通常配备无线电设备同塔台保持密切的话音通信。有些飞行场地因为没有太多的运输飞行及大量的通用航空飞行,可能就没有管制塔台。如果是这样的话,所有车辆可能不需要都装备无线电电台。同时,在操作区内的所有使用者将需要熟悉空中交通管制所使用的国际公认的灯光信号,如表 5.12 中所列。在美国有超过 5 000 个机场为公共开放的机场,很多机场有繁忙的通用航空飞行,不到 700 个机场有空中交通管制塔台,大多数机场没有管制塔台。通过使用不用于空中交通管制的单独波段的无线电电台,驾驶员能为其他的使用者通报出他们的位置和意图。

表 5.12　机场管制灯光信号

颜色和信号类型	地面上	飞行中
绿色稳定	可以起飞	可以着陆
绿色闪动	可以滑行	返回着陆
红色稳定	停止	给其他飞机让路继续盘旋
红色闪动	可以滑行	机场不安全,不能着陆
白色闪动	回到启动点	
红、绿交替	一般的报警信号,用于高度注意	

（8）进近管制

进近管制具有类似的协调问题。进近管制处理按仪表飞行规则飞行进近到机场，以及曾经由机场管制，飞机起飞后立即由机场管制移交离场仪表飞行规则飞行。在美国，进近管制也处理到场和离场的目视飞行规则飞行。进近管制区域的职责范围典型地是距机场20英里（32千米）之内。虽然进近管制员通常与机场管制员在同一建筑物中，但他们通常不在同一房间，而在各自的房间，有时被称为仪表飞行规则管制室。进近管制在几个机场相邻很近时可能负责的范围超过一个机场。如果这是可行的，虽然增加了一些仔细协调的需要，但显而易见可以节省资源。进近管制不仅用来协调机场管制，而且协调了适当的航线或区域管制中心，因为这些区域的职责置于二者之间。

处理易产生冲突的离场爬升飞行和进场下降飞行的基本方法是使用一次雷达和二次雷达。在这一点上，欧洲的惯例是在机场周围繁忙的交通区域，即使目视气象条件允许也实施强制的仪表飞行规则，而不是在同一空域混合使用仪表飞行规则和目视飞行规则飞行。其原因是由驾驶员自己隔着飞机座舱，在云层中判断能见度及距离，这样得到的所需安全视觉临界间隔误差很大。在美国，A类以外的所有空域都允许目视飞行规则飞行，但在某些空域需要特定的机载设备，驾驶员需要相应的执照资格。

在所有的繁忙仪表飞行规则机场，进近管制的首要因素是已经建立的几种类型的仪表程序。但是所有类型具有共同因素，即提供给驾驶员和管制员、到场和离场飞机照此飞行的起落航线。使用下列任意短距离和无线电导航设施，都能实现仪表进近，包括仪表着陆系统、雷达和在某些场合使用的精密进近雷达。

在特别繁忙的机场，程序也同样为出发和到达航路标准化，可分为标准仪表离场（SID）与标准终端到达（STAR）。

SID和STAR的一个明显优势是，通过使用"短句"描述飞行的完整航线和高度结果，他们的使用大大减小了无线电频率的负载。

通常，距基地几千英里远的驾驶员必须遵守以上这些以及许多其他与空中交通管制相关的程序。显然，这些标准和程序都需要国际公认，因为在世界范围内必须使用这样的情报。

3．电　信

对民用航空来说，在世界范围内都需要有适用的航空通信和导航设备装置可提供和维修。而且就这点而论，电信是另一种由国际民航组织通过的、符合国际协议与标准的技术服务。详细的内容可参考国际民航组织公约的附件10航空电信，共两卷。第一卷论述通信设备和系统的标准化，第二卷论述通信程序。国际航空电信服务正式分为固定服务、移动服务、无线电导航服务与广播服务。

虽然一些设施可能是由商业公司提供的，但提供以上的这些国际航空电信服务都是国际民航组织成员国的职责。商业组织和政府机构的不同是政府机构限制商业公司将要接收某些类型的信息，这些信息从本质上会涉及民用航空的安全。

同时,各种不同类型的信息已经根据无线电通信和其他政府通信频道变成国际承认的标准格式,并进行了编码,这样就极大地减小了不同语言上的差异问题。编码本身更有利于计算机技术的应用,利用电传打印机/电报交换机信息,通过几个地面站路径,即可用自动交换机的设备在全世界范围传递各种不同类型的信息,而不需要人的干涉。

(1) 固定服务

固定服务电信可满足快速在"固定点"之间(或通过电缆或通过无线电连接)点到点的地面通信的需要,传递有关安全和规律的、有效的、经济的航空运输和通用航空的信息。世界范围信息服务的基础是航空固定电信网,它实际上只是限于传递下面各种信息的一个专用网。

① 紧急信息和紧急交通;

② 飞行安全;

③ 气象;

④ 航班正常性;

⑤ 航空管理;

⑥ Ⅰ类航行通告等级分布;

⑦ 订座;

⑧ 通用飞机经营机构。

所有航空固定电信网的顺序通过二字代码以下面的顺序表示:SS,DD,FF,GG,JJ 和 KK,LL。例如,将紧急信息排在最前面,用 SS 表示,而"通用飞机经营机构"用 LL 表示,排在最后。对航空固定电信网的信息也有一个规定的形式,在国际民航组织公约附件 10 第二卷有详细的论述。图 5.31 是一个典型的国际航空固定电信网。

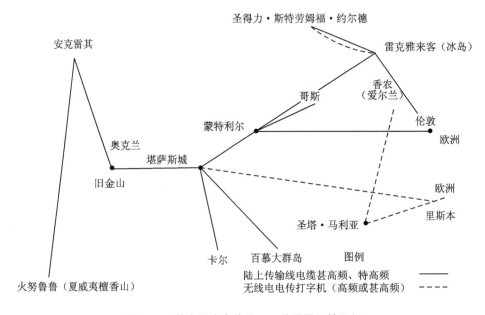

图 5.31　航空固定电信网——美国国际性组织

(2) 移动服务

在电信内容中,尽管提供服务的设施主要是地面上的固定装置,移动一词代表对飞机(或移动车辆)提供的服务。移动服务包括飞机活动的两个重要方面:通信和导航。

地/空或空/地设施的最主要用户是飞机,在一个非常小的范围内,地/空设施也被用于机场内移动的车辆(例如飞机牵引车辆)。移动服务中的大部分通信设施是无线电话通信。移动服务需要提供给飞机以下服务:

① 飞行情报服务;
② 告警服务;
③ 空中交通咨询服务;
④ 空中交通管制服务;
⑤ 区域航路管制服务;
⑥ 进近管制服务;
⑦ 机场管制服务。

根据特殊机场和任何相邻机场的交通容量,为了各种通信的需要,空中交通管制可以使用六个或七个不同的波段。例如,位于加州的旧金山国际机场的以下部门都使用了不同的频率。

① 飞行情报服务;
② 进近管制(海湾地区);
③ 机场(空中)管制;
④ 地面管制;
⑤ 放行许可;
⑥ 直升机。

空中交通管制使用的波段/频率不一定必须在本机场使用。

(3) 无线电导航服务

国际民航组织规定了无线电导航设备的国际公认标准。同时,机场的无线电导航进近和着陆需要精密的进近设备。经过多年的发展,仪表着陆系统已经成为最普遍使用的精密进近设备,它已经发展到能够为驾驶员提供盲降的能力。着陆仪表着陆系统从跑道的接地点向上发射出两条交叉并且倾斜的线径,在水平面上的那条叫航向信标,它提供方位角/跑道的中心线引导。

(4) 广播服务

飞行中的飞机或将要离场的飞机需要大量与空中导航有关的信息。这些关于天气情况、机场和无线电设备的服务方面的信息特别重要。作为普遍的需要,每个国家的通信机构都装备有合适的广播设施,而且国际协议要求公布使用频率和广播次数的详细情况。这些波段与正常管制用的波段是分开的,飞机接收无线电广播不需要任何认可。把飞行情报预先录制好,并在实际中使用录音带的做法越来越普及。

航站自动情报服务系统(ATIS)服务是与机场运营相关的最普通的广播形式。它是一种通过甚高频全向信标附近的话音设施,或者是自身为独立无线电频率的发射机,以预先录制好的录音带形式进行的广播。

4. 气象服务

虽然气象服务在所有国家是一种政府职责,但有时航空公司自己也雇佣气象人员,根据自己特殊的运营计划解译气象数据进行预报。不过航空公司仍将会使用政府机构提供的基本气象情报。另外,私人公司现在也进入了气象服务这个领域,它们使用来自政府的信息,提供适合特殊顾客需要的服务(例如提供飞行计划服务)。通过使用卫星和传真通信,传输距离将不再是主要问题。气象服务的主要作用是观测、报告和通告机场地面和大气层的天气情况。为了做好这些工作,分布在世界范围的气象部门使用各种类型的网络系统,收集情报,交换分析信息,给机场当局、航空公司和机组空勤人员提供相应的天气报告以及预报服务。

(1) 地面天气报告

最常见的气象服务是常规的观测及地面天气报告,每一小时或半小时进行一次。在美国,这些服务被称为地面航空气象报告,有两种主要类型:记录观测内容或按顺序报告(SR),以及特殊报告(RS 或 SP),特殊报告是当天气情况有显著变化时的观测报告。国际民航组织制定了报告相应的类型和它们的首字母缩写:例行航空天气报告(METAR)与特殊航空天气报告(SPECI)。

由于大量数据需要快速传递,所以必须使用各种形式的代码,这样做既缩短了传送时间,又可以不断传送最新的天气情报。由于大量的气象数据需要收集和分析,必须在每个国家建立与国际气象网相连的大范围的通信网络,而且专门用于气象服务。

国际认可的例行航空天气报告(METAR)和特殊航空天气报告(SPECI)包括以下情报:

① 天气报告代码;
② 地面风的风向及速度;
③ 能见度;
④ 跑道视程(RVR);
⑤ 当前天气情况;
⑥ 云量及类型;
⑦ 云幕和能见度良好(CAVOK)(能见度或 CAVOK 必须是现时的温度及露点);
⑧ 按照常压调定的高出海平面高度——高度表场压设置;
⑨ 补充信息;
⑩ 趋势预报。

在天气报告第一栏的代码由以下信息组成:报告种类(例行航空天气报告还是特殊航空天气报告)、地名代码和观测时间。图 5.32 中给出了一个天气报告格式的例子,图 5.33 中给出了例行航空天气报告和特殊航空天气报告的详细的代码解释。

(2) 预 报

大多数官方预报参考资料受到可靠性的附加条件限制,只能把这种预报看作是"概率"较高的报告。即使考虑到各种形式预报的先天缺陷,但近几年航空气象仍然显示出了一种可靠性增长的趋势,这是由于目前的天气预报改进了传递情报的通信设备,这样做大大增强了数据的处理能力和卫星观测的实用性。

建立在世界范围内的气象通信网(固定服务)的各个气象中心相互交换(气象)预报,在终端预报中发布机场的天气预报。通过使用 METAR 和 SPECI,美国采用国际格式,航站天气

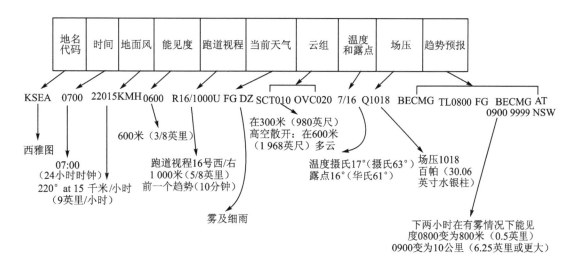

图 5.32 天气报告格式

预报(TAF)作为终端机场预报。很多 METAR 编码组也使用 TAF。TAF 代码的细节如图 5.34 所示。

终端/机场天气预报通常每 24 小时发布 4 次,分别为格林尼治时间 0 点、6 点、12 点和 18 点。有效时期可能至少持续 18 或 24 小时。对于目的地和备降机场,当一个 TAF 被请求发布,即使不是例行公事,有效期也应该满足开始于预计到达时间(ETA)之前 1 小时(如果需要会更早),在 ETA 覆盖一段时间,满足到达最远备降机场再加上两个小时。

如果有必要,应发布任何危险天气现象的警告,预报是由首字母缩写 SIGMET——重要气象情报的形式传送的,以表示其会影响飞机的飞行安全。一个 SIGMET 信息用简短的语言给出简洁的描述,该语言是关于和/或预计发生的特殊航路天气现象的。飞机出发前,为了完成飞行计划,航空公司必须使用大量的气象情报。在所使用的数据中会有各种不同高度的风向和温度的预报。

尽管对机场营运者没有直接适当的预报,但是有一个向航空公司和空勤人员提供航路计划数据的整体范围的预报。这些预报包括地区和航线预报,均包括地面和空中两者的情况,比如场压、温度和风。尽管这些预报普遍使用图表的形式,但是也可以使用表格的格式。航路"重要天气"是很重要的预报,图表可以显示不同的高度层。也有一种可以使用的形式叫雷达概况图的气象图形式,该图能显示结构、位置和降水反射波的移动情况,如图 5.35 所示。一个典型的北大西洋上空低高度层重要天气预报如图 5.36 所示。

重要气象图每 3 小时或 6 小时发布一次,包括天气锋面位置、云层位置和天气总体情况的预报。通过底部和顶部的注释条在图上画出区域范围的轮廓,在数量和种类之前以百英尺表示。

近几年利用卫星照片的气象预报越来越多了,卫星照片对航空天气的分析和预报有极大的帮助。在各种气象情报中会发现更多详细的图像信息。气象情报的可用范围很广泛,而且对飞机的运营工作是很重要的,例如机场管理、空中交通管制、航空公司和通用飞行等工作。

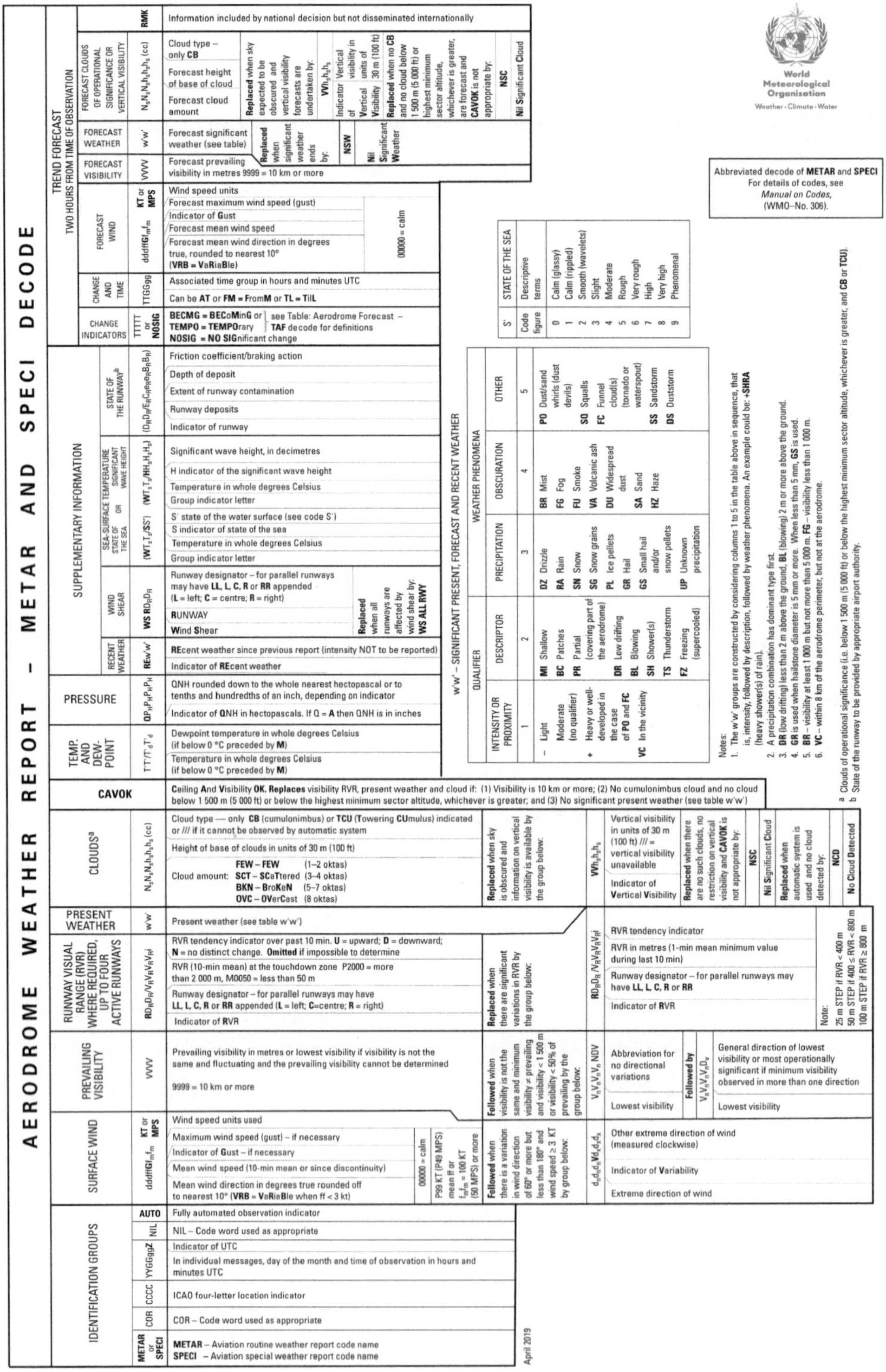

图5.33 METAR/SPECI代码的详细解释

AERODROME FORECAST – TAF DECODE

IDENTIFICATION GROUPS

Code	Meaning
TAF or **TAF AMD** or **TAF COR**	Code names for aerodrome forecast, amended aerodrome forecast and corrected aerodrome forecast, respectively
CCCC	ICAO four-letter location indicator
YYGGgg**Z**	Date and time of issue of forecast in UTC; Indicator of UTC
NIL	Indicator of missing forecast
$Y_1Y_1G_1G_1/Y_2Y_2G_2G_2$	Period of validity, beginning on Y_1Y_1 day of month at G_1G_1 (UTC) and ending on Y_2Y_2 day of month at G_2G_2 (UTC)
CNL	Indicator of cancelled forecast

FORECAST SURFACE WIND

dddff**G**f_mf_m **KT** or **MPS**

- Mean wind direction in degrees true rounded to nearest 10° (**VRB** = **V**a**R**ia**B**le when ff < 3 kt)
- Mean wind speed
- Indicator of **G**ust
- Maximum wind speed (gust)
- Wind speed units used
- 00000 = calm
- P99 KT (P49 MPS) mean f_mf_m = 100 KT (50 MPS) or more

FORECAST PREVAILING VISIBILITY

VVVV — Prevailing visibility in metres; 9999 = 10 km or more

FORECAST SIGNIFICANT WEATHER

w'w' — Forecast significant weather (see table w'w' for **METAR/SPECI** decode)

Replaced when significant weather phenomenon forecast to end by: **NSW** — **N**il **S**ignificant **W**eather

FORECAST CLOUD AMOUNT AND HEIGHT[a]

$N_sN_sN_sh_sh_sh_s$ (cc)

- Cloud amount: **FEW – FEW** (1–2 oktas); **SCT – SC**a**T**tered (3–4 oktas); **BKN – B**ro**K**e**N** (5–7 oktas); **OVC – OV**er**C**ast (8 oktas)
- Height of base of cloud in units of 30 m (100 ft)
- Cloud type — only **CB** (cumulonimbus) is indicated

Replaced when sky is expected to be obscured and information on vertical visibility is available by: **VV**$h_sh_sh_s$ — Indicator of **V**ertical **V**isibility; Vertical visibility in units of 30 m (100 ft)

Replaced when no **CB** and no cloud below 1 500 m (5 000 ft) or below the highest minimum sector altitude, whichever is greater, is forecast and **CAVOK** is not appropriate by: **NSC** — **N**il **S**ignificant **C**loud

CAVOK

Ceiling **A**nd **V**isibility **OK. Replaces** visibility, weather and cloud if:

(1) Visibility is forecast to be 10 km or more

(2) No cumulonimbus cloud and no other cloud forecast below 1 500 m (5 000 ft) or below the highest minimum sector altitude, whichever is greater, and

(3) No significant weather forecast (see Table: Aerodrome Weather Report – **METAR** and **SPECI** decode)

SIGNIFICANT CHANGES IN FORECAST CONDITIONS INDICATED BY:

PROBABILITY	DATE AND TIME	CHANGE	DATE AND TIME
PROBC_2C_2	$YYGG/Y_eY_eG_eG_e$	TTTTT	$YYGG/Y_eY_eG_eG_e$
PROBability; Only 30 or 40 used, indicating 30% or 40%	Beginning day and time (UTC) YYGG and end day and time (UTC) $Y_eY_eG_eG_e$ of forecast period	Type of significant changes: **BECMG – BEC**o**M**in**G**, used where changes are expected to reach or pass through specified values at a regular or irregular rate; **TEMPO – TEMPO**rary fluctuations of less than one hour and in aggregate less than half the period indicated by $YYGG/Y_eY_eG_eG_e$	Beginning day and time (UTC) YYGG and end day and time (UTC) $Y_eY_eG_eG_e$ of forecast period

Probability is used to indicate the probability of occurence of: (a) an alternative element or elements (b) temporary fluctuations

OR

If one set of weather conditions is expected to change more or less completely to a different set of conditions, thus indicating the beginning of another self-contained part of the forecast, by:

TTYYGGgg

This takes the form **FM**YYGGgg where **FM** is the abbreviation for **F**ro**M** and YYGGgg is the time in hours and minutes UTC. All forecast conditions before this group are superseded by conditions indicated after the group.

BY REGIONAL AGREEMENT

FORECAST TEMPERATURE

(**TX**$YYT_FT_F/Y_eY_eG_FG_F$**Z** **TN**$YYT_FT_F/Y_eY_eG_FG_F$**Z**)

- **TX, TN** Indicators of maximum and minimum forecast temperatures, respectively
- YYT_FT_F Date and forecast temperatures at G_FG_F; Temperatures below 0 °C preceded by **M**
- $Y_eY_eG_FG_F$ Date and time UTC to which forecast temperature refers
- **Z** Indicator of UTC

[a] Clouds of operational significance (i.e. below 1 500 m (5 000 ft) or below highest minimum sector altitude, whichever is greater, and **CB** or **TCU**).

Note: Meteorological offices to issue 30-h **TAFs** are determined by regional air navigation agreement.

Abbreviated decode of **TAF**. For details of codes, see *Manual on Codes*, (WMO–No. 306).

World Meteorological Organization — Weather · Climate · Water

April 2019

图5.34 TAF代码的细节

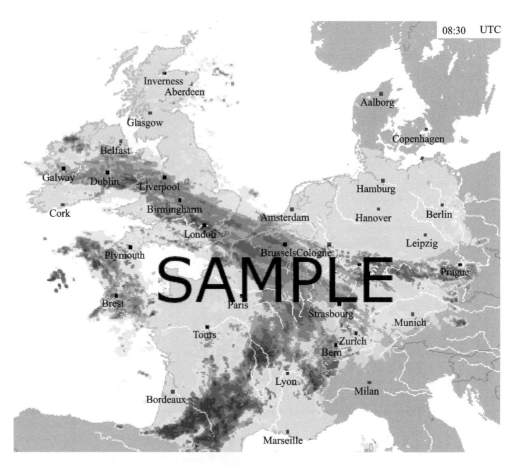

图 5.35 欧洲雷达摘要图——重要的降雨量

图 5.36 重要天气预测图

航空气象服务近年来通过建立两个世界区域预报中心(WAFCs),大幅度地朝着一个真正全球化服务的目标前进。这两个中心位于美国华盛顿郊外的休特兰和英国伦敦的布拉克内尔,由 15 个地方预报中心进行支持。两个世界中心利用最新的技术为全世界范围分析天气,并传送可使用的气象情报。数字技术允许快速直接地将情报传送到使用者的计算机系统中。虽然飞行计划程序中气象情报只是必须输入的信息之一,但是它们还是在各航空公司的飞行计划程序中起到了很大的作用。

通用航空从那些独立的天气/飞行计划公司受益。这些独立的公司通过使用相同的计算机化服务,与那些为机组及主要的运营者所提供的信息一样,具有为驾驶员/机组人员提供情报的能力。还有越来越多通过电话和传真实现许多自动天气情报的传送方式。在美国有一种自动的天气观测系统具有各种传输选择:电话情报简报服务(TIBS)以及驾驶员自动电话天气回答服务(PATWAS)。在美国,通用航空驾驶员也使用个人计算机通过一个由 FAA 提供的叫做 DUAT 的服务——直接用户访问终端也能获得许多天气情报。

5. 航行情报

民用航空是如此复杂,如果不求助于大量航行情报的帮助,实施任何一次飞行,甚至是一次短程通用航空飞行都是不可能的。这些航行情报包括必要的空中交通管制(包括空域限制)、机场布局,这些规定的航空情报服务是在国际认可下负责两方面的职责,即航行资料汇编(AIP)的准备、航行通告(NOTAMs)的来源。

(1) 航行情报通告的来源

每个国家都要通过修正来保证使用的情报资料是最新的航行情报资料汇编,通常以替代页的形式进行更新。特别是对正常程序的紧急修改,可以用电报传送或者发送邮件。美国民航总局由飞行服务部门向全球公布美国的航行情报资料汇编,这样就满足了飞往美国的国际航班(取得执照的航空公司)的需要。但是,对于那些 650 个具有执照的机场以及超过 16 500 个通用航空机场,美国国内也非常需要对运营飞行资料进行修改。资料的修改是通过修改基本的文档文件——飞行人员资料手册(AIM)来实现的。飞行人员资料手册每 6 个月会以补充文件的形式重新发布。美国民航总局和其他政府机构也一起发布航线图、部分机场的美国终端程序图、机场设施指南和一系列有用的咨询通报(ACs)。咨询通报以编号对象系统对应于相应联邦航空条例的对象区域,这样咨询通报 AC150 系列就可以提供到机场。所有航空公告坚持给"参考航行通告的最新情报"配备一个注释。

(2) 紧急飞行情报

航行通告,顾名思义就是提醒机组和飞行人员注意的紧急通知。它们将以最快的速度进行发布。大多数航行通告是已公布的航行资料汇编的情报,因此通常用来传送紧急航行资料汇编修改的方法。如果用电报传送,这样的航行通告为一级航行通告;如果用邮件发送,则是二级航行通告。邮件分发还包括航空情报条例和航行通告管制的分发,这些条例要求优先注意无线电设备、设施等的变化。在美国,一级航行通告是通过 A 服务网分配的。美国国内使用的通告等级与国际推荐的最低等级不同,即进一步把一级航行通告细分为 NOTAM－D 和 NOTAM－L 形式。包含在 NOTAM－D 形式中的情报,对飞行来说是很重要的,并会影响飞行员作出是否飞行的决定。这些情报保存在堪萨斯城通信中心计算机数据库中,并且根据预先决定的通告单自动地分发。NOTAM－L 情报仅用于那些与机场运营相关的地方空中交通设施，认为这些情报不太重要而仅将其保存在档案里。另外，如果需要发布紧急规章性质的信息、飞行限制或仪表进近程序的变化，这些都由华盛顿特区的国家飞行数据中心提供，即由飞行数据中心提供航行通告，再由堪萨斯城通讯中心分发给有电信通路的所有空中交通设施。美国二级航行通告包括三部分：

① 满足 NOTAM-D 标准的情报，很可能被强制保存一段时间（至少 7 日）。这部分情报有时包括 NOTAM-L 情报和特别通告；

② 目前飞行数据中心航行通告的校核单；

③ 来自国际上公布的情报。

美国航行通告系统还包括一个双周给空勤人员发布的通告（NTAP），实际上是二级航行通告。在英国通常使用三种改变 AIP 通告的方法，所有的方法都包括邮件传送、修改页、航行资料汇编（AIPs）和（AIRAC）定期的航行通告。这些通告在执行日期前的 2 至 3 个月发布，提供充足的完成时间以完成打印新的程序和航图。航行资料通告使用一个主题颜色代码——白色、黄色、粉色、紫红色、绿色（例如管理内容用白色，紫红色表示限制空域、危险区域等）。图 5.37 即是一个航行资料通告 AIC 的例子。

（3）情报的可用性

国际上推荐使用航行情报的方法应当为下列工作人员提供方便：

① 飞行操作人员（包括机组人员）；

② 负责飞行前情报的各种服务部门；

③ 负责飞行情报工作的空中交通服务部门。

虽然国际上推荐的办法并不特别要求在机场提供情报/讲解室，以便来发布航行情报，但是许多政府机构和机场当局都提供了这些方便，通常有相应的参考资料，像航行情报资料汇编和显示航图以及信息简报、航行通告等。图 5.38 给出了一个由美国联邦航空管理局（FAA）提供的关于法兰克福机场的典型情报手册。较大的航空公司经常使用从航行情报服务中心获得的情报，结合自己公司的运营情报来发布公司的航行通告。

6. 飞行签派和飞行计划

（1）飞行签派

对于航班管理中与机场航站楼运营相关部分而言，首要的事情就是确保飞机准时离港。机场的许多活动均与此有关，如为航班配餐的同时，为飞机加油、清理客舱。上述这些程序都是在停机坪上完成的，也是机场大部分工作人员所熟悉的工作。但也有一个机场大部分工作人员不太熟悉的程序，该程序涵盖了全部必需的技术计划。没有它，航班就不能准时离港。

与这一项航班离港程序有关的主要工作如下：

① 飞行计划；

② 飞机装载与配平；

③ 飞行前机组通报；

④ 飞行监控。

在美国，这是一个长期设立的程序，由与飞机机长密切合作的飞机调度员来完成。虽然国际航空公司使用飞机调度员，但也有由航班运营官员指定工作人员来执行这一程序的

图 5.37 英国航行资料通告

情况。

对于地处机场的航空公司各部门，要想关注航班的调度，就需要接触机场的运行部门、空中交通服务、气象服务和通信设施，包括电传、电信及无线电。尽管上述后续几种系统不属于

```
Federal Aviation Administration

A1159/22 NOTAMN
Q) EDGG/QMNXX/IV/NBO/A /000/999/5002N00834E005
A) EDDF B) 2203150700 C) 2206102100
E) TRIAL BTN APRON CONTROL AND PARTICIPATING AIRLINES PARKED ON
AIRCRAFT STANDS A11-A69, B20-B22, B24-B26 AND V143-V144. PUSH-BACK
REQUEST WILL BE SENT ELECTRONICALLY TO APRON CONTROL, PUSH-BACK
APPROVALS WILL BE GRANTED BY APRON CONTROL ON ASSIGNED VHF FREQUENCY.
---------------------------------------------------------------
V0121/22 NOTAMN
Q) EDGG/QPICH/I/BO/A/000/999/5001N00834E005
A) EDDF
B) 2203170001
C) 2206162359
E) [US DOD PROCEDURAL NOTAM] INSTRUMENT APPROACH PROCEDURE AMENDMENT ILS OR LOC RWY 07R
ILS OR LOC RWY 07R; CHG S-LOC 07R** CAT ABCD MINIMA TO: 830/1600M 501 (500-1600M). CHG
** ALS INOP NOTE TO: **WHEN ALS INOP, INCREASE VIS TO 2400M, RVR NA.
---------------------------------------------------------------
A2058/22 NOTAMN
Q) EDGG/QMPCS/IV/M /A /000/999/5002N00834E005
A) EDDF B) 2204271319 C) PERM
E) NEW ACFT STANDS INSTALLED.

H2:  50015435N 008345123E
H4:  50015599N 008345005E
H6:  50015805N 008344887E.
---------------------------------------------------------------
A1335/22 NOTAMN
Q) EDGG/QPOCH/I /NBO/A /000/999/5002N00834E005
A) EDDF B) 2204010000 C) 2207012359 EST
E) OCA(H) VALUES RAISED AS FOLLOWS:
LNAV Z RWY 25C: ALL ACFT CAT 900 (540)
LNAV Y RWY 25C: ALL ACFT CAT 900 (540)
LNAV Z RWY 25L: ALL ACFT CAT 930 (570)
LNAV Y RWY 25L: ALL ACFT CAT 930 (570)
LNAV/VNAV Z RWY 25C: A 785 (421), B 795 (431), C 804 (440),
D  814 (450) FT
LNAV/VNAV Z RWY 25L: A 809 (447), B 819 (457), C 829 (467),
D  839 (477) FT
DUE TO SEVERAL CRANES AT CONSTRUCTION SITES NEXT TO TERMINAL 3 AND
IN  GATEWAY GARDENS. MAX ELEV 678 FT. DAY AND NIGHT MARKED.
---------------------------------------------------------------
A1133/22 NOTAMR A6955/21
Q) EDGG/QPOCH/I /NBO/A /000/999/5002N00834E005
A) EDDF B) 2203140415 C) 2206142359 EST
D) DAILY 0500-1900
E) OCA(H) VALUES RAISED AS FOLLOWS:
LOC RWY 07C: ALL ACFT CATEGORIES 830(500)FT
LOC RWY 07R: ALL ACFT CATEGORIES 830(500)FT.
DUE  TO MOBILE CRANE BETWEEN 500052N 0082736E AND 500042N 0082748E.
ELEV  581FT.
---------------------------------------------------------------
U0038/11 NOTAMN
Q) EDGG/QFAXX/IV/NBO/A /000/999/5002N00834E005
A) EDDF B) 1105240716 C) PERM
E) AD EDDF

GEMIL FLIP VAD
 EDDF 1 AND EDDF - PROCEDURE
 PAGES EDDF 1 AND EDDF 2 ARE SUSPENDED.
 FOR NEW PROCEDURE SEE AIP GERMANY VOLUME VFR EDDF.

PDF generated by Federal NOTAM Systems on: 2022-05-29 13:01:09 UTC        Page 1 of 1
```

图 5.38 法兰克福机场 NOTAM 示例

室内系统,但根据上述工作的性质,多数航空公司的办公部门同样要使用各种计算机设施来辅助完成这些工作。

(2) 飞行计划的制订

飞行计划的基本用途是确定单次航班的飞行时间及所需要的燃油量。对于远程航班,还要选择飞行高度、航线、飞机动力设置及速度。另外,还要考虑天气、风向和温度方面的变化。由于存在这些易变因素,所以常常要进行初始评估或飞行前分析。先要对全部可行方案进行测评,从而能够从各种方案中选取出最适用的一种。该评估应包括有关成本对比的内容;可以证明从降低成本的角度出发,使用比较慢的航班更合适。该分析中还包括飞行高度的选择。如果由于交通密度的原因,机场交通管制(ATC)部门必须强制飞机在最后几分钟变换高度,事实也证明采取这样的措施是有效的。一旦确定了要改变的飞行高度,就要选取一个最适合的方案,因此要使用一个飞行计划附表,该表将显示不同航线报告点之间的每一段飞行航路。

对于短途航班,一般没有可以选择的选项,在运输十分繁忙的地区,所有具体目的地行程都由航路结构预先确定了。这种情况下,在欧洲,飞行计划常常被标准化到以下程度:相关的典型航程可以存放在 ATC(机场管制)的常规文档中;在英国,这些内容可以通过"已存储的飞行计划"查到,在航班离港之前,由 ATC 计算机自动打印出来。在航线飞行计划、运营飞行计划或公司飞行计划中,都提供了包括航程中消耗燃油量在内的大量信息。这些详细信息 ATC 就不关心了,有关 ATC 系统检查点的飞行高度和时间,以及检查点的某些安全细节(例如,登机的人数、飞行辅助仪表装置的详细情况以及飞机携带的安全设备)才是被关注的。

(3)飞机的载重与配平

某次飞行所需要的燃油量确定以后,就可以开始计算可运送旅客、邮件和货物(收费载量)的有效重量了。在进行任何实际载荷计算之前,必须考虑到不同运营阶段飞机结构允许的实际极限重量,即设计极限。

(4)起 飞

飞机有一个最大起飞重量(即松刹车时),在此重量以下飞机可以通过已获得的动力将自身提升离开跑道,并能安全地持续上升。该值是由飞机制造者在设计温度、压力、跑道高度、道面设定条件下确立的。飞机制造者在提供该数据的同时,还提供了当上述条件发生变化时所对应的有关飞机性能的详细数据。

(5)飞行中

对于每一架飞机,机翼的韧性都有一个设计极限。在该极限以下,虽然有向上弯曲的载荷强加于机翼上,但机翼根部仍能够承受该载荷并且不会断裂。如果在机翼内(燃油单元室)没有剩余的燃油了,那么此时机翼所受的载荷为最大载荷。所以,这个无油重量就是机身所能承受的极限载荷。

(6)着 陆

飞机还有一个最大着陆重量,该重量取决于飞机起落架吸收震动的能力,在这个重量下飞机能够承受着陆载荷而不致损坏。所以,飞机的三个极限设计重量是:最大起飞重量、最大无油重量、最大着陆重量。下面是以 B747-300 为例的典型数据:

最大起飞重量 88 300 磅(377 850 千克);

最大无油重量 53 5000 磅(242 630 千克);

最大着陆重量 574 000 磅(260 320 千克)。

已完成的飞行计划中应完成两个燃油数据的计算:

"起飞油量":某次飞行飞机携带燃油的总重量。

"航程油量":是本次航程所需的燃油量,即从起飞处到第一次预计着陆的停靠地之间的航程,有时也称作消耗燃油。

为了得到最大允许起飞重量,我们要比较一下三种可能的起飞重量:

① 起飞重量Ⅰ＝最大起飞重量;

② 起飞重量Ⅱ＝无油重量＋起飞油量;

③ 起飞重量Ⅲ＝着陆重量＋航程油量。

这三个数值中最低的是最大允许起飞重量,该值减去营运重量便得到了所谓的运输负载。这些数值与其他数值一起用来计算飞机的重量和配载,同时这些数据也会出现在飞机载重表中,该表符合国际航空运输协会制定的统一格式,下面所述的与营运相关的数据,与起飞油量、飞行使用油量一起,都包含在飞机配载表中:

① 使用空重:该重量包括飞机基本重量、机载设备重量、机组人员及其行李重量、配餐室和供应物资重量以及飞机自身的其他重量,这里不包括飞机燃油重量和有效载荷重量;

② 最大载量:为使用空重与起飞油量之和;

③ 起飞重量:最大载量加上有效载荷;

④ 业载:各种不同类型负载的重量之和,包括旅客、行李、货物、邮件等的重量,以及航空运输集装箱等重量,但不包括使用空重。所有这些重量都会与重量配载明细一起出现在飞机载重表中。

(7) 配载与配平

在保证飞机负载不超过其允许重量限制的情况下,还需要做的就是负载配平,即保证负载的重心不超过规定的极限,这要通过配载表计算来得到,该表或者单独出现,或者出现在负载与配载表中。

(8) 装　载

应当给出有关负载在各隔离舱中配载分布情况的详细信息,并将有关资料交付给装载人员,这些信息通常采用计算机绘制的图表形式,并以装载指令的形式发布。公务航空和通用航空不使用航空运输集装箱的货舱,因此需综合考虑各类因素,包括尺寸因素、舱门开关因素以及机舱地面所能承受的载荷因素等,所有这些都应当体现在装载指令图表中。

所有有关飞机的负载信息和飞机重心位置信息都直接影响着飞行安全,这些文档需要具有相应法律效力的签名,以此反映机组人员是否遵守了各个国家的规章制度。正因为如此,航空公司员工的签名表明了他们对上述内容是负责的。

(9) 飞行前机组通报

该情况说明为机组人员提供了适当的建议和信息,以帮助他们能够安全飞行,这些建议和信息包括飞行计划,详细的负载信息以及航线上、目的地的气象信息,同时也提示在使用导航和着陆系统时存在的不可靠因素,上述信息都包含在航行通告(NOTAM)中。航行通告是各国民用航空权威机构认可的国际系统,通过该系统,各国可以相互通告所有航行设施存在的不可靠因素(例如助航设备和机场的故障)。航空公司的飞行签派人员能够从政府机构获取航行通告信息,必要时可以编辑添加任何与航空公司相关的详细信息。气象信息可以从机场气象部门得到,也可以在飞行中接收其他机组发来的气象信息。

(10) 飞行监控

飞行监控指的是由操作人员监视单个飞机签派和飞行情况的过程程序,基于这样的机制,有时该过程程序也被称为飞行跟踪。考虑到全球范围内航空运输的不同,飞行监控统一采用格林尼治时间标准,有时写作"Z"时间。飞行监控并不是以完全被动的方式工作,实际上任何非预知的气象变化信息、适用性信息或设备信息都会被传送到正在飞行的航班上,按照扩展的航线网络路线划分,飞行监控职责范围被定义在为其划分的某一特定区域内,并且绝大多数大的航线上都配备有一个定位在中心位置的飞行管制中心,该中心拥有大型通信设施,能够为所有飞行中的航班提供最新的相关信息。目前,美国联合航空公司的飞行管制中心坐落在芝加哥,加拿大航空公司的飞行管制中心坐落在多伦多国际机场,英国航空公司的飞行管制中心位于伦敦希思罗国际机场,对于机场运营管理而言,了解这些飞行管制中心的位置、电话号码、电报地址编码以及其履行的飞行监视职责是非常有益的。

5.4 飞机维护、维修、运行(MRO)

5.4.1 MRO 的基本情况

按照国际惯例,民用 MRO 市场分为四类,即机体大修、发动机大修、部件 MRO 和航线维修。下面针对以上四类 MRO 市场进行叙述。

1. 机体大修

机体大修指机体和部件的详细检查,包括防腐项目和复杂的结构检查和飞机大修,机体大修是按照特定时间间隔对飞机机体进行的检查和修理工作,如表 5.13 所列。

机体大修的时间间隔和工作内容由飞机制造厂和国家航空管理当局和飞机营运人共同确定。最后,按照国家法规,确定能够满足安全和运营要求的飞机大修间隔形成航空公司的客户化修理方案,即飞机维修方案中的机体大修内容。

机体大修中的定期检查工作按照固定的飞行小时数进行安排。商用喷气飞机有四种级别的检修,通常以 A、B、C、D 检表示。A 检和 B 检通常归属于航线维修的一部分,C 检和 O 检归属大修工作。商务和通用飞机的定检工作比运输飞机简单得多。

近年来,飞机大修采取了一些变通方式,为最大程度减少飞机停场时间,提高人工效率,航空公司通常将大修的检查内容分散到一系列检查进程中,如将 D 检的工作内容分解到频率更高的 C 检中去。这样,飞机在接下来的若干年中,接受一系列的 C1、C2、C3 和 C4 检,而取消了全 D 检。

表 5.13 机体大修的定期检查工作

市场种类	定检级别	内 容	间隔/飞行小时	返厂周期	维修工时/小时
运输类飞机	C	机体部附件的详细检查;一些接近盖板需要拆除。典型工作如防腐项目	2 500~3 000	72 小时(较小机队的航空公司需要 7 日以上时间)	2 000~4 000
	D	为尽可能恢复飞机的初始状态而进行的复杂结构检查和飞机翻修;客舱内饰和大多数部件都需要拆除	20 000~24 000	30 日	10 000~50 000 (B747)

续表 5.13

市场种类	定检级别	内容	间隔/飞行小时	返厂周期	维修工时
公务与通用飞机	小检修	包括油量、胎压、灯光等系统检查	300~500	一日以内	4~15
	大检修	全面检查和飞机大修	3 000~60 000	5~7 日	2 000~5 000

2. 发动机大修

发动机大修是根据发动机制造商制定的标准,为恢复发动机的设计操作性能而进行的离位修理以及零部件的更换,如表 5.14 所列。发动机大修包括发动机分解、检查、零部件按需修理和更换,重新组装和测试。对于运输类飞机的发动机,发动机大修是根据实际需求来进行的,但不包括更换时寿件(LLP)。时寿件是根据发动机生产商和民航当局所规定的固定时间而更换的零件。对于公务机和通用飞机来说,发动机大修是根据发动机制造厂商的标准,按照特定的维修间隔进行大修。另外,一些公务机和通用飞机还规定了热部件检查(HSI),热部件检查通常用孔探方法来确定发动机内部的磨损情况。

表 5.14 发动机大修的定期检查工作

市场类别	维修级别	主要工作	间隔/飞行小时	典型成本/美元
运输类飞机	大修	分解、检查、零件的修理和更换、组装、试车	4 500~24 000	450 000~5 500 000
公务机与通用飞机	热部件检查	热部件孔探检查	1 000~3 000	25 000~150 000
	大修	分解、检查、零件的修理更换、组装、试车	3 500~7 000	200 000~800 000

3. 部件 MRO

飞机部件、附件的修理和大修以保障飞机各系统最基本的飞行性能为原则,包括对飞机控制和导航、通讯、操纵面控制、客舱空调、电源和刹车等飞机各系统的修理和大修,如表 5.15 所列。

典型的运输飞机上装有十几家制造商生产的成百上千件附件。附件的 MRO 市场极度分化。

表 5.15 附件 MRO 市场分化

市场分类	维修工作	成本比例/%
机轮和刹车	刹车片、机轮、防滑系统、伺服活门大修、修理和更换	17
电子设备	显示系统、通信设备、导航系统、自动驾驶仪大修、修理和更换	15
APU	APU 及其附件的修理和大修	13
燃油系统	发动机燃油控制和机体燃油系统的大修、修理和更换	8
液压系统	液压泵和传送组件的大修、修理和更换	4
飞行控制	主次飞行控制作动筒的大修、修理和更换	8
反推	飞机反推作动筒的大修、修理和更换	5

续表 5.15

市场分类	维修工作	成本比例
起落架	飞机起落架系统的大修、修理和更换	4
电气设备	发电机及其电源分配系统的大修、修理和更换	4
其他	环境控制系统、机上娱乐系统、安全系统、给排水系统、气动系统的大修、修理和更换	22

从表 5.15 可以获知:机轮和刹车系统的维修在飞机部件维修中所占的比例最大,一般占 15%～20%的附件修理成本。其原因归咎于用价格昂贵且重量轻、散热性好的碳复合纤维材料制造的刹车片在飞机多次起落后,容易形成磨损和撕裂。

飞行面板电子组件是附件 MRO 市场的第二大部分。电子系统由以下几个子系统组成,如驾驶舱显示组件、通讯设备、导航设备、自动驾驶仪。一架飞机需要十几个电子控制组件。电子附件占飞机附件维修成本的 15%,对于公务机,这个比例会更高。

附件维修的第三大部分是 APU。APU 是辅助动力装置,为飞机提供电源、发动机启动和客舱制冷等功能。

除上述三大部件外,飞机还有许多重要的维护系统,如除了上述三类主要类别之外,其余的部分还包括燃油系统、飞行控制系统、反推、液压、电气、起落架等。

4. 航线维修

航线维修指保证飞机保持适合飞行的轻度定期检查、排故、缺陷处理和附件更换工作,如表 5.16 所列。维修工程师按需或按照计划诊断并处理飞机缺陷。航线维修包括三类主要活动即过站检查、日(周)检和 A 检。以前的航线维修还包括 B 检,但目前 B 检已经包括在 A 检或周检中了。

表 5.16 航线维修

检查级别	描述	间隔	停场周期	工时
过站检查	即所谓绕机身检查,包括特定的目视检查,回顾检查记录和缺陷,按需进行缺陷处理和排故。对于长航线来说,需要进行双发延程测试	每飞行循环	1～4 小时	每飞行循环 75～350 美元
日检/周检	即所谓过夜检查、例行工作以及按照维修计划进行的缺陷处理,目前越来越多的机上娱乐系统检查和客舱维护工作也纳入航线维修检查中	每 24～36 飞行小时或每 4～8 日	日检:5～10 小时 周检:10～30 小时	150～500 美元/日
A 检	通常在航空公司主基地完成此项工作,按维修计划进行	支线客机:350～450 飞行小时 干线客机:500～700 飞行小时	支线客机:50～100 小时 干线客机:100～250 小时	15～40 美元/飞行小时

5.4.2 MRO 业务的内容

MRO 的主要业务通过飞机维修部和车间维修部这两个核心部门来完成,而技术服务部、航材供应部和维修大纲评估部门作为职能部门,为飞机维修部和车间维修部提供必要的服务工作,协助其完成MRO的主要业务。

图5.39所示为MRO的构架。

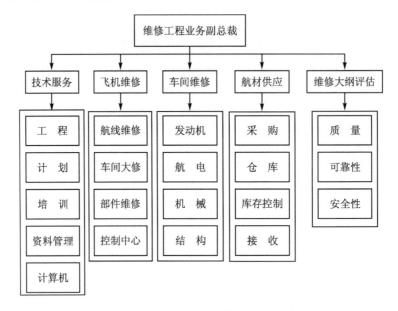

图5.39 MRO的构架

5.4.3 技术服务处的职能工作

技术服务处有很多业务和服务项目,用以支持维修与检查功能。这些业务包括工程技术支持、生产计划与调度、技术培训、技术资料管理、计算机支持。在多数情况下,其主要职责是支持维修,同时还负责制定航空公司的维修大纲,为维修部门提供分析帮助,并负责为航线、机库和车间维修人员提供针对困难问题的排故帮助。

1. 工程技术支持

工程处主要负责维修与工程单位范围内的所有工程职能,包括:制定初始的维修大纲(含任务、维修间隔、进度和计划等);服务通告和服务信函的评估,确认是否涉及本公司的设备;监督贯彻认为有利的那些服务通告和服务信函;监督适航指令的贯彻执行,因为这些更改是规章制定当局的要求;评估由可靠性大纲发现的维修问题和维修检查发现的问题;以及负责制定维修与工程单位的政策和程序。工程部门有一批工程专家,具有高水平的专业技能,这支队伍应涵盖飞机技术领域的任何专业,如动力装置、结构、航空电子、飞机性能以及各系统(液压系统、冷气系统等)。涉及这些专业的各个岗位属于室主任一级,根据需要,每个组有几个工程师,他们都具有各自的专业知识。

工程部门还涉及航空公司厂房设施的筹划(如新机库、维修车间、储藏设施和建筑物等),这些设施都将供维修与工程单位使用。虽然该工程部门通常不做实际上的设计与工程工作,但是,它们将与负责有关项目的工程咨询公司或与承包商携手合作,以便保证厂房设施最终满足使用要求。

(1) 维修大纲的制定

每一个飞机型号有一个由制造工业工作组制定的初始维修大纲,并在制造商提供的文件中予以规定。对于新的营运人和设备来说,这仅仅是一个建议的维修大纲。一旦飞机交付使用,营运人可以对该大纲进行调整,以便适应自己的需要和运营环境。

这种初始大纲是一种通用性大纲,必须从开始就按照各个营运人的情况进行取舍。经过局方批准的维修审查委员会报告和维修计划文件都是制造商提出和制定的。运营商工程部门的职责是:根据诸如时间、空间、人员、机群安排以及整个公司的能力等因素,把这些任务分别纳入可行性计划。

工程部门责无旁贷的职责是:选择要完成的各项任务、把这些任务纳入可行性计划并保证满足任务的各种限制(时间、周期等),对单架飞机各项检查的实际安排则是生产计划与调度部门的职责。

对于这些检查,通过维修完成的各项任务可以安排得相当详细。为了保证任务的正确执行,把有关工卡(即任务卡)分别发给有关的机务人员。许多公司使用飞机制造商制定的工卡,而有些公司则编写自己的工卡,还有其他一些航空公司把二者合二为一。无论采用哪种方法,这些都属于工程部门的责任,即制定工卡并将其纳入有关计划,以及保证其现行有效。

(2) 维修与工程单位的技术政策与程序手册的制定

本文件包含了有关维修与工程单位及其职责的所有必要的信息资料。它表明了该单位的组织结构,规定了关键人员和关键部门的义务和职责,并对航空公司的厂房、设施提供了一系列的位置图和布置图。它还详细说明了工作如何进行、谁来完成,以及如何管理、检查和放行(如果适用的话)。工程部门根据维修与工程单位其他部门提供的信息,负责制定本文件。

(3) 维修大纲更改评估

随着维修大纲的实施,时时会有问题出现。个别的任务可以不予实施,或者说不适于实施。从原始大纲取消的一些任务,可能需要按照追溯重新恢复。在某些情况下,有必要或需要缩短或延长重复性任务之间的间隔,以便改进总体性能或减少系统或部件在使用中的故障。对维修大纲的这种调整是工程人员的工作。可靠性部门的数据采集与工程部门的问题分析都是执行这项职责所必需的。

(4) 飞机或系统构型更改的评估

飞机、发动机和部件制造商经常对其有关的系统提出更改和改进,其目的是改进运营、可靠性或维修工艺。这些更改均按服务通告或服务信函形式颁发。如果更改涉及安全或适航性问题,民航总局则对该更改颁发适航指令。

既然服务通告和服务信函不是民航总局要求的,航空公司就有权选择贯彻还是不贯彻实施该更改。许多航空公司都真心实意地采纳了这些建议,也有一些航空公司对此不予理睬。但是,对于大多数营运人来说,其工程部门将对更改贯彻实施的可行性进行评估。它们将根据减少的维修、改进的性能或乘客的舒适性(或任何这些因素的综合),考虑贯彻实施更改的费用和收益,并根据对费用与效益的分析,作出贯彻实施还是不贯彻实施的决定。

适航指令是强制性的,因此不需要工程部门对更改进行评估。但是,不管是适航指令、服务通告还是服务信函,要完成更改,都会要求工程部门提供维修需要的资料。这种更改是通过工程部门颁发的工程指令来完成的,因为该指令规定了更改实施的细则。

(5) 对机群增加新飞机的评估

工程部门的主要职责之一是对航空运营公司的新设备进行评估。当航空公司的经营人员决定扩大运营业务时,首要问题之一就是"应当购买什么样的飞机/发动机组合?"这一问题的考量,一方面取决于经营者在商务上的考虑,另一方面就是经营者在技术上的考虑。

在做出买哪种飞机的决定之前,工程部门根据维修与工程单位范围内其他各部门提供的信息,必须对上述这些和其他一些问题给予考虑和分析。这种初步分析必须包括各种费用情况,以及培训要求和设施与人员升级的时间框架。对要买哪种飞机和发动机的问题一旦作出决定,工程部门就必须对新型号飞机总体的各个方面作出更详细的估计,并制订实施计划,以便纳入维修计划。这些工作还必须包括有关要采购的飞机数量的数据和交付的时间进度。

(6) 对机群增加旧飞机的评估

如果航空公司打算从另一家航空公司或租赁单位购买或租用旧飞机,除了上述各项目外,还必须考虑其他一些情况。诸如此类的情况有:飞机当前的构型(包括发动机型别)、当前营运人正在使用的维修大纲、检查计划以及更改状态(适航指令和服务通告);这些要求与该航空公司的设备是相同还是类似或不相同;这对培训、维修支持、器材供应、外站业务等会有怎样的影响;如果飞机要租赁,营运人必须满足什么样的更改和构型标准;出租方必须满足什么标准;租赁期结束时,飞机应当是什么样的技术状态。

(7) 新地面支持设备的评估

此外,还要求工程部门评估为支持机群增加的飞机是否需要配备新的设备,包括:工具、试验设备、工作台、电动车和冷气车、加热器、拖曳杆、拖车等。有些现有设备对新飞机型号(买的或租赁的)来说,可能用得上,也可能用不上。在某些情况下,虽然现有的地面设备仍然可以使用,但由于机群的扩大,在数量上显得不够用。在这种情况下,增加采购就是必要的。

(8) 维修与工程单位对新设施的研制

对于航空运营者来说,有时需要制造新的设施或者扩大现有的设施,以便支持新设备、航空公司拓展或现代化。这将包括一些项目工程,例如机库、发动机试验设施、部件车间、各种设备的储存设施以及专用零件仓库。工程部门通常会参与对这些新设施的设计与制造。这些项目将会外包给更适合的公司。但是,工程部门将会按照要求,对设计提出相当重要的建议。机库、工程车间或任何其他设施必须设计得方便于航空公司和维修与工程各部门的使用,因为它们才是最终用户。因此,工程部门将在用户与设计者和制造者之间起到联络的作用,以保证完成的产品是合格的。

(9) 工程指令的颁发

由维修人员根据标准检查形式进行的任何工作按照送管规范中维修一节所示的,由维修与工程副总裁签发的"标准指令"完成。没有包括在这些标准检查中的任何工作,必须按照工程指令的要求完成。

工程指令是由工程部门制定的,在制定时充分考虑了各有关业务中心的意见,以便规定工作范围和工作进度。由于贯彻实施服务通告、服务信函和适航指令而进行的工作,以及由于对可靠性调查或质量报告规定的问题进行评估而引起的所有工作,都必须颁发工程指令。具体项目涉及的各业务中心均会在工程指令上规定清楚,例如维修(航线、机库或车间/按需要)、器材供应(零件、材料、工具)、质量控制(必要时/工作检查)、培训(补习、升级或新课程)等。在取得所有有关单位(培训、器材供应、计划等)对其内容的认可后,工程部门才颁发工程指令。在颁发指令之后,工程部门还要对工作进展情况进行跟踪,并且在所有工作完成之后,将该工程指令了结。

(10) 对疑难问题排故提供帮助

机务人员在航线、机库和车间遇到的日常问题常常是常规的需要明确答复的。有时候,有些问题比较难以捉摸,机务人员不得不使出全部的排故解数来解决这类问题。当单靠机务人员的专业技能对该问题无能为力时,就得从工程部门得到帮助,以便把问题彻底解决。这种帮助可以是对于航线、机库和车间人员的,也可以是对于处理销售方质保索赔和外委维修人员的。应当指出的是,这种工程帮助并非工程部门的主要职责,因而应当只是在迫不得已的时候才用。工程不能代替或取代维修。

(11) 其他工程职责

工程部门还能够向培训、器材供应、技术资料或需要技术帮助的任何其他维修与工程单位的部门提供专业知识帮助。工程人员被认为是本单位的技术专家,并随时向公司内需要帮助的任何人提供技术帮助。

2. 生产计划与调度

生产计划与调度是维修与工程单位中的关键部门之一,是维修单位的心脏。生产计划与调度部门主要负责制定计划,并安排航空公司内的所有飞机的维修活动。其职责主要有三项:预报、计划和调度。

预报业务的主要内容是估计长期的和短期的维修工作负荷。这是根据现有机群、经营计划以及对预报期间有关这些方面的任何已知的改变预计出来的。

计划涉及对临时出现的维修的安排,并包括对诸如低于"A"检项目的检查、日检、每48h检查、过站检查和字母标识的检查("A"检,"B"检,"C"检等)的这类维修的所有有关人力、零件、设施以及时间框架要求的计划和安排。这些计划包括贯彻实施服务通告、服务信函和适航指令,还包括航空公司认为必要的其他一些更改。然而,这种计划在某种程度上是理想化的。在实际进行维修期间,还会发生很多难以预料的事情,从而要求更改计划。

调度职责是允许调整计划,并保持检查按进度完成。有几种调整计划的方法,包括推迟维修、增加完成工作的人员或者把工作向外转包给承包商。通过检查反馈,使生产计划与调度部门调整未来检查的计划。

(1) 预　测

预测工作关系到维修与工程单位将来的工作负荷,必须考虑到日常维修要求,还要考虑到与维修有关的未来运营方面的所有计划的更改。在机群规模和组成方面的任何更改、航线结构上的更改,以及设施、人力和技能要求方面的一些更改,都必须予以跟踪。将来的计划也必须考虑到设备的老化和更换、增加新设备和有计划地贯彻实施适航指令和服务通告等问题。维修与工程单位的业务将随着这些设备和要求的改变而改变。预报功能就保证了维修与工程单位跟上这些更改,并相应地随时调整其工艺和程序。

预测通常有长期预测和短期预测两种,但是也有介于二者之间的中期预测。长期预测可达5~10年。在长期预测中,航空公司要作出的各项计划更改将会影响到维修和工程方面的业务,因为这些更改将会对维修与工程单位内的工作进度、财务预算、培训、人力和设施产生影响。维修与工程单位必须在所有这些领域作出相应调整,因此,必须提前制定计划,以便适应航空公司机群规模的扩大或缩小。这种长期预测在某种意义上讲本质上是通用的,并根据每年的实际情况进行修正。

短期预测一般更详细具体,通常为1~2年的时间。由于注意到实际的人力和预算数据,这些预测包含更明确的计划。各项检查进度和已知的更改均在短期预测计划中确定下来。

更大一些的航空公司也可以有中期预测,时间为2~5年。有了短期、中期和长期的预测,就为维修与工程单位提供了一个能够贯彻执行的持续计划,以便更好地跟上运营环境的变化,随时更改其业务。

（2）计　划

相对而言,预测是长期而全面的,并且是概括性的,而计划则涉及维修与工程单位的日常业务。维修与工程单位的目标是按时向飞行部门交付具有适航性的飞机,以便满足飞行计划。要达到这一目标,必须完成各种维修业务,或者根据具体情况正当地保留某些故障项目。用专业术语讲,就是经过各种正确维修,使飞机具有适航性。这样,航线、机库和车间维修的各项业务就构成了维修与工程单位的生产范畴。所以,生产计划就是按照规定的目标,制定维修业务的安排。

工程部门根据维修审查委员会文件或者运营规范文件制定维修计划,并把工作适当地分为几块,从而表明要完成的各项任务、任务完成的周期以及每项任务的人力要求。对于一个典型的中型航空公司,检查工作进度见表5.17。计划安排必须把工程工作考虑进去,并且对每一项检查和对每一架飞机在必要时增加的任何附加任务,都必须对工程工作作出计划、安排和调整。对于中型航空公司,估计的维修工时均在表5.18中列出。

表5.17　飞机维修检查进度表

飞机型号	波音747-400	波音747-200/300	DC-10-30	A300B4	F50
过站检查	凡是过站飞机,每次停时检查				
日　检	在第一次飞行前或每当飞机停飞4小时以上				
"A"检	每600飞行小时	每500飞行小时或7个星期	分为3个部分:A1,A2,A3,每465飞行小时或者9个星期	分为4个部分:A1,A2,A3,A4,每385飞行小时或11个星期	每650飞行小时或4个月
"B"检	分为两个部分:B1,B2,每1 200飞行小时	分为两个部分:B1,B2,每1 000飞行小时	无	无	每1 300飞行小时或8个月
"C"检	分为两个部分:C1,每5 000飞行小时或18个月	每4 650飞行小时或24个月	分为两个部分:C1,C2,每4 500飞行小时或20个月	分为两个部分:C1,C2,每3 000飞行小时或18个月	分为两个部分:C1,C2,每4 000飞行小时或25个月
"D"检/"重大维修审查"检查	第一次检查在25 000~27 500飞行小时完成,后续检查每25 000飞行小时或6年	第一次检查在25 000飞行小时或6年,后续检查每20 000飞行小时或5年	每20 000飞行小时或4年	每12 000飞行小时或4年	分两个部分:H1,H2,每12 000飞行小时或6年

续表 5.17

| 飞机型号 | 波音 747-400 | 波音 747-200/300 | DC-10-30 | A300B4 | F50 |

注：

制造商提供的某些维修计划文件没有规定"B"检。但是，航空公司可以用自己选择的任何名称或字母来表明他们自己或现有的检查。

上述计划选自拥有 30~40 架飞机机群的一家国际航空公司，为了便于说明问题，部分内容略有变动。

当飞行小时和日历时间均已给出时，进行检查的时间应以先到为准。如果各检查分为几个部分，例如"B1,B2，每 1 000 飞行小时"，B1 将在 1 000 飞行小时上完成，B2 则在 2 000 飞行小时上完成，重复这种方式，以便于每个部分都在 2 000 飞行小时的间隔内完成。

表 5.18 估计维修工时

飞机型号	检查类别	日常	可变日常	非日常	总计
波音 747-400	A	100	—	—	100
	B	300	300	600	1 200
	C	900	810	1 710	3 420
	D(HMV)	4 000	20 000	36 000	60 000
波音 747-200/300	A	300	150	450	900
DC-10-30	A	410	369	467	1 246
	C	1 800	1 260	2 142	5 202
	HMV				65 000
A300B4	A	550	220	539	1 309
	C	1 600	1 120	2 176	4 896
	D(HMV)				
F50	A	71	71	142	284
	B	300	90	234	624
	C	930	465	1 116	2 511
	D(HMV)	2 119	1 060	2 861	6 039

注：

有些检查不是由航空公司完成的，可能是转包出去，或是由于飞机租赁出去而由其拥有人进行检查。有的飞机还相当新，此时还未到"D"检或"重大维修审查"检查的时间。

各个检查要求的时间不同，按照本文讨论，这要取决于诸多因素。

HMV——重大维修审查。

生产计划涉及所有维修业务的安排：日检、每 48 小时检查和过站检查、字母标识的检查，以及由于适航指令、服务通告、服务信函及工程指令引起的改装，它还涉及对这些检查的各个方面的计划和安排，包括工时、零件、器材供应和设施；该项计划工作还包括与飞行业务及地面支持业务的协调。

日检、每 48 小时检查以及过站检查通常都是标准化的，因此，生产计划与调度部门除了安排进度外，需要做的很少，甚至不需要做什么工作。有关的工作计划是工程部门制定的，并且按规定检查的需要发布。航线维修通常负责这些检查，而日常任务则由维修控制中心负责实施。生产计划与调度部门仅仅对这种活动进行监督。短于"A"检周期的附加任务，通常都会加到这些检查项目上，或者由一个单独的维修机组同时进行。偶尔也有这种情况：服务通告和其他改装，如果很简单且需要的时间很少，则可通过工程指令的形式，包含在航线检查内。这种计划与进度安排应当由生产计划与调度部门完成,当然要与维修控制中心及航线维修人员协调,以便于贯彻实施。

所有"A"检和更高级别的检查均须做好计划、安排好进度并由生产计划与调度部门进行协调,而其内容随着检查的不同而变化。这要比每48小时检查和过站检查涉及更多的业务,所以应比实际检查提前开始做好计划。对于"A"检,应在计划检查前1~2个星期开始做好计划。对于"C"检,大约提前4个星期开始计划。在某些情况下,如贯彻实施服务通告或适航指令,考虑到零件的订货周期,要求对那些项目的计划安排更要提前。

(3) 调　度

调度需要根据过去完成工作的经验进行,而且,在很多情况下,调度部门对项目的工作量只能估算。因此,调度应当注意诸如零件、器材、人力和设施是否均已齐备、是否随时需要随时有等因素,在制定计划时留出一定的时间余量。同时,还应当考虑项目在工作流程中的变化。生产计划与调度部门对非日常项目需要的工作量仅仅只能够估算,因此,这不能做到非常准确。通过两个例子可以看出此类问题:

1) 一项日常任务,该任务规定"检查液压线路是否漏油"。如果没有漏,这项检查任务应当花费一个具体的时间,但是,对于该计划员来说,既没有办法确定是否漏油,也没有办法知道所发现的任何渗漏的渗漏程度,所以就没有办法准确地估算出进行这项修漏非日常任务需要的时间。

2) 一项定时维修项目是进行拆卸和安装的日常任务,在正常情况下可需要2小时。在特殊情况下,假定在安装期间有一个螺栓折断了,这就需要增加工作量,以便把断的螺栓取出来。做这一工作的工具在现场可能没有准备,而拆卸该螺栓并重新车螺纹可能会花费相当长的时间。还可能要进行一定检查或调查,找出为什么会发生这个问题(机务人员使用工具不当、零件本身脆弱、定力扳手缺乏校验),这样浪费的时间就相当多,由于工作的所在位置,也可能会造成在同一区域执行另外任务的另一名机务人员延误工作。

然而,利用先前检查的类似任务反馈的信息,对于哪些东西可以预料,计划员能得到一些启发。重要的是,进行工作和控制检查的那些人向计划员提供反馈信息,以便帮助他们在做下次的检查计划时估算得更准确。这常常可在上述计划碰头会期间进行调整。

所有这一切就是现实维修领域的"事务日常化"。那么,对于维修来说,重要的是要跟踪每一项任务花费的时间。尽管机务人员及其工会组织不喜欢这种定时管理理念,但是,对于进度和计划安排的目的来说,知道一项规定的工作要花多少时间、知道在进行该项工作时哪种事情可能会出错以及解决发生的问题所需要的时间,这些都是非常重要的。

(4) 计划反馈

飞机停在地面上是赚不着钱的,因此,不能把时间都花在维修上。正如调度和计划工作中所提到的,对于维修人员和计划人员来说,重要的是知道完成一项任务和全面检查需要花费多少时间,以便能够准确地安排计划,从而使检查能够在一个合理的时间范围内完成。

字母检查的原始计划需要根据所掌握的最可靠的信息制订。然后,该计划经各有关的业务中心审查,用以解决那些比较有把握的问题。当计划开始实施时,需要更改的一些其他因素就出现了。此时,把这些更改反馈给生产计划与调度部门的计划人员,以便在下一次做计划时能把这些因素考虑进去就显得十分重要。

为了调整未来的计划,计划员需要了解的问题如下:

1) 完成每项任务需要的时间；
2) 等待零件和器材所耽误的时间；
3) 非正常情况的停工时间；
4) 对于非日常发现的问题需要增加的时间；
5) 人力可用率的变化；
6) 由于从其他工作（或检查中的其他飞机）上挪用零件而耽误的时间。

这些信息有多种用途。如果知道了实际时间要求，而不是凭着维修计划数据估计或计算时间要求，各任务安排进度就能够更准确。如果由于零件或器材没有按需要时间到位而耽误了时间，那么对于下一次的计划检查，必须把交付时间定得更准。如果下一次检查在人员提供上可能有改变（由于休假等原因），这也可能会影响到任务的完成，因而应当在计划中考虑这些改变的因素。

在航空公司，零件挪用是一个老生常谈的问题。在飞行航线工作的那些人有义务尽快使飞机返回使用。如果飞机返回需要零件，并且该零件库存没有现货，最可能的零件来源就是当前尚未安排飞行的任一架飞机，这就使得停在机库"C"检的那架飞机成为一个主要的来源。按照推测，该零件能够订货并在"C"检完成之前有望到货。但是，对于做"C"检的那些人，这就会意味着同一工作需要做两次，结果所用的时间就比完成该检查需要的时间更长。

尽管零件挪用对计划检查有不良影响，但是，它不仅仅是一个安排计划的问题，实际上它是整个维修与工程单位的一个问题。这个问题应当由维修与工程单位之外的人来解决。然而，在做检查计划的时候，仍然必须把这种影响考虑进去，直到该问题解决为止。

（5）生产计划与调度部门的职责安排

这种计划安排的工作可由一个集中的或分散的生产计划与调度组来完成。在集中的组，所有的职责（预报、计划和调度）在工作实际执行期间，应当通过与各业务中心的联系来完成。在一个部分分散的组织中，预报和计划职责可由生产计划与调度部门完成，而调度功能是由机库或其他业务中心的人员完成的，但是这两部分之间必须有反馈信息和工作上的协调，以便于生产计划与调度部门制定出未来可以使用的计划。

在某些航空公司，生产计划与调度部门的职责全部是分散的。这就是说，所有的计划安排与调度工作都是由每一个业务中心完成的。这种安排容易遇到的问题是：在各业务中心之间可能会缺少或没有协调。因此，全部分散的方法是不可取的。该航空公司的组织结构和规模应当是这样的：计划工作必须由各个业务中心完成，而不是由一个综合小组完成，在维修与工程单位这一级别上还必须有一些协调和调度管理。

3. 技术资料管理

技术资料管理部门负责维修与工程单位使用的所有技术资料。技术资料管理部门保持制造商和设备销售方提供的所有最新文件清单以及公司自己制定的最新文件清单。同时，不管是书面形式的文件还是电子形式的文件，对于每一个业务中心应该收到的文件份数都要有正式的记录。技术资料部门还要负责保证把所有有关的文件和修正单分发到各个业务中心。各业务中心负责保持其文件的现行有效，技术资料部门通常会进行定期检查。技术资料室的责任还包括主技术资料室和各个分站的分室。

技术资料管理部门主要有三项职责：

1) 在航空公司范围内，接收并分发所有外来的资料文件；

2) 印刷并分发航空公司内部各单位制定的资料文件；

3) 按照维修与工程单位的运作需要，对所有这类文件建立并保持一个完整的、随时更新的资料管理系统。

外部文件来源应包括飞机和发动机制造商、安装在飞机上的设备销售方和制造商以及用于维修工作的专用工具和试验设备制造商。这些文件可以包括初始版的维修手册和其他这类文件，以及这类手册的定期或不定期修正版；还应包括服务通告、服务信函或者这些制造商或销售方颁发的维修建议；同时，还应当包括联邦航空条例、适航指令、咨询通告，以及航空公司的规章制定当局颁发的其他正式文件。

航空公司内部文件包括航空公司技术政策和程序手册、可靠性大纲手册以及航空公司自己制定的任何其他维修与检查文件。由维修与工程单位其他部门制定的文件，如工程部门、质保部门等制造的文件，有许多是由主管单位发起的，但是通常可由技术资料管理部门复制并分发。该部门对此类文件有现成的一套处理方法。诸如此类文件可包括：可靠性月报、工程指令、航线或机库维修检查的工作计划、工具与试验设备的校验计划以及其他这类文件。

(1) 资料室

成立技术资料管理部门的主要理由就是保证与航空公司运营有关的所有适用的资料文件能够供用户使用，并保持最新的更改版次。达到此项目的最普遍的方法就是为维修与工程单位建立一个主资料室。如果维修与工程单位具有一定的规模，对于诸多用户来说，仅有一个资料室是很不方便的，并且每个文件的份数也会受到限制。为此，在多数航空公司，除了主资料室外，技术资料管理部门还要拥有按计划分布的一个或更多的卫星资料室，以便尽量减少为提取需要的资料而耽误在路上的时间。维修与工程的主资料室包括与维修、工程和检查活动有关的所有资料文件，而在任何卫星资料室保管的资料文件通常仅限于与具体用途有关的那些文件。每一个资料室，不管是主资料室还是卫星资料室，都必须配备有必要的桌子、椅子、书架、微缩胶卷阅读机，以及打印机、计算机终端和复印机，以满足用户需要，并且还能提供各种形式的文件(书面文件、微缩胶卷文件、电子文件)。

(2) 资料管理

与维修有关的文件分为非控制文件和控制文件。非控制文件仅仅是作为一般资料颁发的，并且不用于适航审定，也不需要控制文件要求的任何跟踪系统，该系统的要求将在后文谈到控制文件时讨论。

控制文件是指用于飞机、发动机和部件的适航审定的那些文件。每一个控制文件都应包括一份有效页清单和文件的修正记录，以表明该修正版次的修正单编号或字母标志和日期。有效页清单也要反映出最新修正单有效页号码。表5.19是一个典型的控制文件清单。

每一个控制文件的正本都必须在维修与工程单位的主资料室存档，不管是书面形式还是微缩胶卷形式。每一份控制文件(包括正本)除了文件号外，还应当加上资料室的控制号码，如"共14份，第6份"。资料管理员对分发的每一份文件都要保持记录，表明文件名称、

表 5.19 控制文件清单

序号	文件类型	备注
1	运营规范	
2	技术政策与程序手册	
3	制造商与销售方手册	
4	当局规章制定文件	
5	有关的适航指令	
6	有关航空器型号数据单	
7	有关航空器补充型号合格证	

文件编号、资料室控制号码、分发至的部门名称以及该部门负责文件的负责人的姓名。

制造商的文件通常都有一个标准的修正周期(例如每3个月,每4个月,每年等),也有一些是按照需要进行修订的。规章制定当局的文件也是一样,有些有固定的修正周期,有些没有固定的修正周期。尽管航空公司可以按照自己的需要对其内部文件规定修正周期,但是常常需要按照其他文件(制造商、民航总局等)的更改对这些内部文件进行修正,因此,局部的修正周期应当与这些其他文件的更改一致。

尽快地处理这些更改应当是 MRO 的责任。技术资料管理部门一旦收到各种修正单(可能是单独页,也可能是整个文件),就应及时负责分发到各有关的业务中心。为此,他们需要确定需多少份数和用什么形式(书面、微缩胶卷还是电子版)分发,以便于保证分发效率,而不至于需要复制或增加订购的份数。这种资料可以书面形式保存在档案卡上或者储存在计算机系统里。

(3) 文件分发

技术资料管理部门对文件和修正单进行包装,并通过最合适的手段(如人工送达、通过公司邮递、用公司飞机发送或用商务信使服务递送等)发送到各级使用单位。这种包装应由技术资料管理部门附上一份信函或其他表格,使用文件号、资料室控制号码和修正单日期将正在发送的资料加以标示,同时还应当表明发送给谁及发送的日期,最后,还应当有一个签字栏,由收到资料的人在上面签字,证明文件已收到。文件接收人还应检查所收到的文件包,看其内容和适用性如何,并将签过字的回执返回到技术资料管理部门。这种收据应当以最方便的方式返回到技术资料管理办公室。

通过以上签收手续可以保证分发的文件从发送到接收均得到了有效的控制。对文件进行实际的更改,并随时保持其更新应当是接收单位的职责。技术资料管理人员、质量控制检查员甚至维修管理人员都可以定期检查,看是否这样做了。可以肯定地说,这是质量保证人员或规章制定当局的审核项目。

4. 技术培训

对于维修与工程单位的职工参加的所有正式培训,技术培训部门负责安排各个课程、教材制定、行政管理、培训记录。此外,培训部门还要负责安排和协调外单位安排的培训,如销售商培训,并且与航线、机库维修人员协调,以便开展在职培训以及补习培训或旧课培训。培训部门必须能够设置新的和专门的培训课程,以便满足公司需要。这些课程要求往往是根据对某些方面的问题的调查而提出的,诸如可靠性、新设备使用或更改,或者机群增加航空器型号等。

MRO 有责任对其所有的员工进行适当培训,这些人员包括飞行机组、客舱乘务组、地勤机组、维修机务人员和技术员、检查员、监督员、经理、计算机操作员以及行政人员。其培训的重要部分通常在人员受雇进入 MRO 之前就应完成,对于飞行机组、客舱乘务组和维修人员来说尤其如此。这会涉及民航总局批准正式的专业培训及颁发民航总局的专业执照。

MRO 按照自己的需要选择了一些经过适当培训和一定经验的人员,再对这些新雇员进行公司的入门培训,即对其进行有关航空公司的具体政策、程序、文件和设备等方面的培训。随着时间的推移,对各种人员还必须提供附加培训,这种培训或者在本航空公司,或者在外单位,如在制造商或销售方的厂房、在另一家航空公司或专业培训学校进行。对每一个雇员接受的培训都必须在其培训记录(或人事档案)上做好记录,并且对有关的培训等级执照必须进行监督和相应的更新。

(1) 组织机构

所有航空公司人员都需要培训,因此,就必须有一个培训机构,以便满足各种培训需要。该机构可以采取不同形式,它可以是一个公司一级的培训单位或者学校,负责对所有航空公司的人员进行培训,也可以是一个独立的单位,负责维修培训、飞行机组培训、客舱乘务组培训,以及必要时对管理和行政人员的培训。

对于上述任何形式的培训安排,很大程度上取决于航空公司的规模、培训的实际要求以及航空公司自己的管理结构和理念。然而,对于中等规模或更大的 MRO 来说,如果有一个独立的培训单位培训效率会更高。对于有充分的人员周转余地的大型 MRO,或者对于在机群规模或组成上正在进行改革的 MRO,将会有相当多的培训业务。有一些 MRO,其维修机组多是由新人和缺乏经验的人员组成。提供所需要的培训,是技术培训部门的职责,这种培训要么使用现有的培训课程,要么重新安排新的或一次性的培训课程,以便适应不同的需要。教员既可以是全职的培训教员,也可以是从其他维修与工程部门(例如工程、维修、质保、质控、安全、计划等部门)抽调的专家。

对于其人员已经过全面培训并富有经验的那些 MRO,以及机群和人员没有重大变化的那些 MRO,对持续培训的需求将非常少,因而可以不需要全职的维修与工程培训部门。然而,对于这类航空公司的维修与工程单位,必须配备一个培训协调员,以便应付有关的培训需要。这种培训需要可能在质量监督、可靠性大纲贯彻实施、雇用新人员或使用新设备的时候产生。

培训协调员的职责是:按照质量保证、质量控制、可靠性或维修管理部门的意见,对机务人员、技术员、监督员和检查员的执照和附加培训要求进行监督,并且按照需要来安排培训。这种培训可由在维修与工程单位工作的 MRO 人员、MRO 的培训部门,或者任何有关的外部单位来完成。

培训协调员可以是维修工段长或是维修与工程单位(维修、质量保证、质量控制、工程等部门)范围内的工程师。在这种情况下,培训协调员是兼职的,他还有自己的本职工作。然而,由于要求质量保证部门保证培训按标准进行,培训协调员在执行其培训职责时必须向质量保证部门汇报工作。

(2) 航空维修培训

对于维修人员来说,有这样几种不同的但经常需要培训的业务:执业培训、MRO 的培训、制造商的培训、质量培训、在职培训、晋级培训、知识更新培训。下面对每一种培训分别进行介绍。

1) 执业培训:该培训通常是在机务人员受雇之前完成的。飞机和发动机维修机务人员和技术员可来自民航总局批准的飞机与发动机学校、设有适当的航空课程的技术/专业学校,或者从部队退役的专业人员。民航总局批准的学校毕业的学生通常都获取了有关专业的执照(飞机、动力装置或航空电子)。其他两种培训机制要求申请人与民航总局协调,安排必要的考试,以便获得需要的执照。有些 MRO 有专门的培训大纲,按照该大纲,从职业学校或其他同等课程学历的人群中招收机务学员,并按飞机机务人员的要求对他们进行培训,培训地点可以在本单位,也可以在外委其他单位,或在规章制定当局批准的专业学校,这些学员都是作为 MRO 的雇员参加培训的。

2) 单位培训:这种培训是由 MRO 本单位组织和实施的,内容包括 MRO 的基本政策、程序和文件,以及在本公司使用的具体航空系统和设备。这些内容可包括具体飞机及其系统的全部课程,或者只涉及 MRO 的设备与该机务人员现已经历的设备之间的差异。所有的培训课程都应涉及有关的安全和人为因素的问题。

3) 制造商或销售方的培训:飞机、发动机和飞机设备制造商经常对其产品或与产品有关的专门业务提供专业化的培训,培训地点既可以在制造商,也可以在 MRO。MRO 的培训部门负责所有培训安排,并监督其活动。

4) 质量培训:质量保证监督员需要在监督程序和技术方面,以及在有关规章条例和 MRO 政策的更新方面进行培训,质量控制检查员也需要进行有关检查技术和工具与设备检验方面的培训。授权进行必检项目的机务人员,在检查技术方面和其负责的有关装置的其他细节方面,必须由 MRO 或外单位进行专门培训。

5) 在职培训(OJT):在职培训涉及了一些专门程序,这些程序课堂教学不能完全包括或有效实施,并且还涉及只能在工作现场用手把手传授经验的方法完成的那些培训。在某些专业方面,在职培训也许是唯一需要的培训。对于经过审定的机务人员来说,在职培训可以专门用于晋级或知识更新培训(见下面讨论),也可以与课堂培训结合进行。手把手地培训通常是由业务中心完成的,但是应当与更新雇员培训记录的培训部门进行协调。

6) 晋级培训:当本单位的飞机或机群使用新的设备或者当新的程序在维修业务中贯彻实施时,就需要晋级培训。也可以举办其他晋级培训班,以便使机务人员提高其执照等级或者工作岗位。

7) 知识更新培训:每当提出某一机务人员或技术员水平退步了并需要审查或重新验证某些技能时,就需要知识更新培训。之所以可能发生这种情况,是因为该机务人员太长时间没有从事关于设备或维修的业务。

后两种培训,晋级培训和知识更新培训,通常都是由本单位举办的,并且是根据需要举行的。

(3) 飞机制造商的培训课程

当 MRO 从飞机制造商(如波音、空中客车等公司)那里购买一架或多架飞机时,作为采购费用的一部分,通常会得到制造商提供的有关该型号飞机的培训教材。培训课程包括飞机、发动机以及安装的航空电子设备。对于 MRO 来说,哪些人参加这些培训,营运人与营运人之间也各不相同,这往往取决于 MRO 的规模和管理。对于小型 MRO,从事飞机系统维修的机务人员或者其工段长将会参加制造商提供的这些培训,实际情况中,这些机务人员和工段长都会参加。在较大规模的 MRO,这些培训教材的某些或全部要交给 MRO 培训部门的维修培训教员。同时,教材也由 MRO 来选择。如果 MRO 的培训教员参加了制造商提供的培训,那么他们回来后就负责编写适合 MRO 的培训课程,并用来对 MRO 的机务人员进行培训。

在有些情况下,新设备仅仅只有部分内容与现有的设备有差异,例如波音 767-300 飞机,销售给已经能够维修波音 767-200 飞机的 MRO,在这种情况下,只需针对两种型号飞机之间的不同之处对 MRO 的人员进行培训就可以了。该 MRO 可能已经有了波音 767-200 的培训课程,维修人员只需要学习波音 767-300 与波音 767-200 之间的不同之处就可以了。同时,可将 MRO 的现有培训课程进行一定的更改,以便包括这些不同之处,从而 MRO 的后续学员便可得到任一机型的培训,或者按照需要两种机型都要培训。

在很多情况下,制造商在其工厂或在 MRO 所在地提供有关具体设备的专门培训课程。各发动机制造商都会提供有关发动机状态监控的培训课程,以便培训 MRO 的人员学会使用监控发动机状态的专门的计算机程序。既然每一家 MRO 只有几个人需要这种培训,那么通常不需要进行现场培训。从不同 MRO 来的机务人员、经理、检查员或者教员,可以在发动机制造商的厂房设施里或其他方便的地方,集中在一个培训班进行培训。

飞机、发动机和设备制造商可以在 MRO 的培训场所提供各种"一次性"的培训项目。这种"一次性"培训项目可以包括以下培训科目:双发飞机延程运营、防腐保护与控制大纲、维修差错检测辅助程序无损探伤与检测技术、航空安全、可靠性大纲以及类似的题目。虽然这些培训课程都是外单位提供的,但是仍然与 MRO 培训办公室有关,因为它们还必须提供培训用的教室和其他必要的帮助,并且必须对参加培训的学员的培训记录给予更新。

(4) MRO 的其他培训课程

由培训单位提供的其他培训通常是一次性实施的培训课程,以便于处理维修与工程业务范围内检测的偏差问题。质量保证监督员或者质量控制检查员可以确定某些程序需要改进或者没有被一个或多个机务人员正确地执行,而且还可以指出,某些机务人员在某些领域工作不得力。对于类似这些情况,有必要举办一些"充电"式(即知识更新)培训班,以便解决此类问题。这些培训可以在课堂、实验室或工作岗位进行。对设有维修与工程培训部门的 MRO,这种培训可以由现有的培训教员,或者由来自维修与工程单位内的有资格的机务人员、经理、工程师或检查员来安排并执行。如果没有设置维修与工程培训机构,培训协调员则必须与其他有关单位协调并安排这类培训;如果设置有维修与工程培训机构,但是没有能力进行这种培训,该培训部门应当安排外单位协助培训。

应当注意,在经过合格审定的机务人员和技术员中进行这种针对缺陷方面的培训,可能会影响其资格审定和 MRO 为其颁发上岗合格证。但是,还应当理解,人无完人。MRO 管理层必须时刻关注任何培训需要,并且在进行和审查完成的所有维修工作时,必须保证使用合格的人员。

在 MRO 还有一些必要的附加的培训要求,培训部门应负责安排、实施这些培训。这些培训包括对质量保证监督员、质量控制检查员、必检项目检查员、无损探伤/无损检查程序、发动机检查(试车、窥镜检查等),以及飞机滑行和拖曳等所需求的专业化培训。培训部门或者自己举办这些培训,或者通过与其他合格的培训单位协调安排这些培训,以满足 MRO 的培训需要。

这里应当指出,对于维修与工程人员培训的任何要求,不管其能否由 MRO 的职员自己完成,负主要责任的都应当是培训协调员、维修与工程培训部门,或 MRO 培训学校。不管 MRO 的组织机构或管理理念如何,维修与工程单位对自己的人员培训必须随时注意控制,并对影响机务人员和 MRO 的合格审定和能力的这类培训,必须保持足够的记录。

5. 计算机支持

计算机服务即对公司的 IT 系统进行构建和支持,排除各个部门在使用上遇到的故障和困难。在航空维修领域,计算机用来处理许多的日常业务,如通信(信函、备忘录、信息和电子邮件等)、存档(飞行、维修和器材供应数据),以及大量的数据处理、图表和书面报告工作。

计算机在 MRO 的应用分为以下三个方面:

(1) 维修任务

维修审查委员会报告列出的所有任务,经过 MRO 工程部筛选,再加上工程部门确定的任何附加任务,均由工程部门输入到计算机系统。字母检查的每一个项目通过项目表明的检查和周期加以识别,包括指定为多项检查的那些任务,即:1A、2A、3A、1C、2C、3C 等。这些数据以后会由生产计划与调度部门从计算机中提取,用于为航线或机库维修进行的各个检查制订工作计划。

在这些检查计划中,对于要完成的具体检查,应包括工卡。举例来说,如果尾号为 318 的波音 757 飞机第 4 个"A"检到期,那么由生产计划与调度部门制定的检查计划应当包括在维修大纲中表明为 1A、2A 和 4A 的那些任务,还包括在该检查期间规定要完成的任何适航指令、服务通告,或其他试验和改装任务。另一架飞机,例如尾号为 319 的波音 757 飞机,可能更新一些,要在前一架 318 飞机离开机库后进行第 3 个"A"检。对于这项检查,生产计划与调度部门会从计算机内选择标识为 1A 和 3A 的那些任务,以便制订检查计划。

生产计划与调度部门要求计算机有这样的功能:能从计算机上摘选这些数据并且制定出所有工作需要的标准工卡。此外,由日常检查或功能试验引起的任何非日常工作,以及由质量控制检查员引起的非日常工作,也需要计算机制定工卡,以便完成该工作计划。

当所有工作已经完成,飞机经质量控制部门检查后放行,必须对全部工作加以总结并录入计算机,以供今后参考。这样,可靠性部门、工程部门、维修部门或任何人,在需要这种数据时,都可以从计算机中提取有关信息。这样利用计算机的信息,有助于将来排故、可靠性报告的数据统计,并为维修周期调整提供依据,或者还有其他许多用途。

生产计划与调度部门还需要定期地扫描计算机的维修任务数据库,以便确定少于"A"检周期的所有未来的任务,从而在其最大的时间或周期限制之前正确地安排计划进度。

(2) 飞机和发动机数据

服役中的每一架飞机都要累计飞行时间和飞行周期。这些数据由飞行运营部门或者航线维修人员录入计算机。此类信息对于诸多部门是有用的,并且也有其他许多方面的用途。维修部门需要这些数据,用以确定维修任务和检查何时到期。器材供应部门需要这些数据,以便知道某些序列号和有时间限制的零件已累计用了多少小时和周期。器材供应部门需要这些数据,还为了了解上述这类零件所处的位置,即安装在哪一架飞机上、在哪一个车间、哪一个货架上、是转到维修还是由维修转来,尽管这些零件可能会从一个地方转到另一个地方,计算机程序还是必须能够把它们的时间和/或周期计算清楚。

(3) 器材供应

计算机最大和最重要的用途之一就是能够对维修与工程工作需要的成千上万的零件进行识别、定位和处理。除了靠零件号和销售方来识别每一个零件外,器材供应部门还需要知道目前有多少零件、它们处于什么地方、是否可修或者还在质保期内、其"正常"的使用频率、什么时候需要重新订货(这涉及零件到货的提前时间),以及在规定的时间可修理的零件现在何处(在飞机、车间、销售方还是仓库)。

计算机系统在航空公司的用途确实多得不胜枚举。各个部门,例如质量保证、质量控制、可靠性和培训等部门,都有各自的需要,并且许多数据都是共享的。一些单位负责向计算机输入数据,其他单位以不同形式对数据加以利用。

5.4.4 飞机维修处的职能工作

1. 航线维修

航线维修指保证飞机保持适合飞行的轻度定期检查、排故、缺陷处理和附件更换工作。维修工程师按需或按照计划诊断并处理飞机缺陷。航线维修包括三类主要活动,即过站检查、日(周)检和 A 检。以前的航线维修还包括 B 检,但目前该类检查已经包括在 A 检或周检中了。

(1) 航线维修机构的组成

根据 MRO 的规模,航线维修机构可以采取不同的结构形式。但是,典型的中等规模的 MRO,一般按照图 5.39 所示的组织机构图设置,有一个维修控制中心,负责协调 MRO 在本部航站和飞机要着陆的各外部航站的所有航线维修业务;有一个停机坪和终端维修主任(工段长一级),负责管理当地和本部基地的维修业务;还有一个负责各外部航站的主任,协调在其他各航站的所有维修业务,不论 MRO 在那些航站是否安排人员。在某些情况下,后一种职责是由维修控制中心承担的,并且外部航站主任将属于该中心领导。

航线维修完成的这种工作是在使用中的飞机上所能完成的任何维修,而不需要把飞机从飞行航线上撤出来,即不需要它们从飞行航班上退出来。航线维修包括日检、每 48h 检查和过站检查的一切工作;包括周期少于"A"检的各种项目,在多数 MRO,还包括各"A"检项目本身。如果一个 MRO 有"B"检项目(在"A"检和"C"检之间的间隔上),这些维修业务通常也由航线维修来完成。

航线维修是在运营飞机上能够完成的所有维修工作,它不需要把飞机从飞行航线上撤出来。为了在飞机有故障的时候能在最短的时间里维修好,保持适当的维修工作压力程度以及为了充分地使用维修设施,一般要求把"A"检和"C"检的维修任务分成方便的、成块的工作包。所有的工作包合在一起构成一个完整的大修过程。这个概念称之为区块维修或渐进式维修(Progressive Maintenance)。

1) 日检:

这种检查有几个常见的名字,如航前检查、航后检查、过夜检查等。这是最低级的例行检查。日检是对飞机粗略地检查,看看是否有明显的损伤和磨损。它检查"总体状态和安全性",查看飞机技术记录本和客舱记录本。例行检查中不需要专门的仪器、工具或设施。

一个最基本的要求是飞机必须一直保持适航状态。通常情况下,每 24~60 飞行小时需要做一次日检。日检包括:

① 目视检查主刹车震动柱弹出显示器;

② 检查液体水平面;

③ 检查总体安全性和飞机地板的清洁;

④ 检查紧急设备是否安装好。

2)"A"检：

这是更高一级的例行检查。它通常在航线的指定维修地点进行包括打开接近盖板检查和保养某个项目。需要一些专门工具、保养以及测试设备。"A"检包括低一级的检查，例如日检。

"A"检项目包括：

① 飞机结构的外部目视检查，外部目视检查检查的是飞机结构是否损伤、变形、腐蚀、缺损；

② 检查机组氧气系统的压力；

③ 检查紧急灯；

④ 润滑前起落架作动筒；

⑤ 检查刹车作动筒的压力；

⑥ 运行襟翼和副翼电组件的自检系统。

3)"B"检：这是一种稍微详细一些的部件和系统的检查，可能需要专门的设备和测试。"B"检不需要深入分解和拆卸部件。对很多飞机来说，"B"检的时间间隔介于"A"检和"C"检之间。目前一般没有 B 检项目。

4)"C"检和"D"检是传统的深度检查，将在后面的章节介绍。

负责航线维修的地勤工作小组，是由该单位的规模所确定的，可以只有一个工作小组完成上述所有项目，或者可以由几个单独的工作小组组成，分别完成某几项任务。例如，可以指定一个工作小组专门负责过站检查，以便处理计划航班的所有养护和所有履历本记录的偏差问题。日检和每 48 小时的检查，通常是在早上或过夜时做的第一件事，可以由该工作小组或者另一指定的工作小组来检查。

在很多 MRO 中，这些短于"A"检间隔的任务都加到了其他任务计划上，例如日检或过夜检查。所有这些工作都是由工程部门规定的，由生产计划与调度部门做好进度安排，并由维修控制中心加以控制管理。

周期短于"A"检的项目，可以在第三班（夜班）时由单独的一个机组处理，或者在周转维修完成之后由过站机组处理（如果时间允许的话）。这种安排往往要求周期短于"A"检的项目提前几天做好进度计划。由于飞机周转方面的更多的工作压力，这些附加任务常常是日复一日地往后推延，直到截止日期。这时，常常必须把飞机从飞行航线上撤出来，停飞足够长的时间，以便在规定的周期内完成这些维修项目。当然，这种安排是不宜推荐的。

（2）航线维修业务的主要内容

在飞行期间，飞机也许有也许没有故障或偏差。当飞机抵达登机门时，就会对其提供一些通常的服务（加油、食品等），还有乘客上下及其行李和货物装卸。如果在飞行中出现故障或偏差，就有两种可能的情况。正常情况下，飞机出现的问题在飞机维修履历本上会记录清楚，并在航班飞机到达后由地面机组解决，维修措施就会如图 5.40 中的中央各栏指明的那样。然而，为了尽量减少飞机在地面上的延误，建议飞行机组通过飞行航务部门和维修控制中心提前向维修人员发出警告。这就使维修人员在飞机到港之前就有时间审查过去的记录和排故问题。这样，就可以采取图 5.40 中的左侧栏示出的措施。在许多情况下，维修机组用现有的解决方案处理飞机出现的问题，尽量减少飞机维修时间和航班延误。应当指出，对飞机偏差（或故障保留）与养护的两种解决方法都必须在飞机返回使用之前完成。

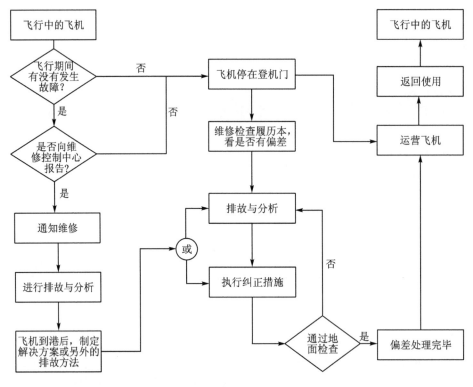

图 5.40 航线维修业务——飞机周转

1）飞机履历本的使用：

在每一架飞机上，飞行机组都有一个履历本，并且记录与每个飞行航段有关的具体信息。这种履历本包括的基本内容有：飞行机组人员的姓名、航班号、航线以及飞行次数（到港和离港），以及总的飞行小时和周期，它还有一栏专门留给机组填写飞行期间遇到的偏差问题。一旦飞机着陆并停靠在登机门，维修人员就应及时处理这些偏差问题，要么把问题解决，要么将问题保留到另外一个时间解决。一旦这种维修措施完成，维修人员就应把有关的信息记录在履历本的相关栏目内，然后放行飞机。

通常在履历本后面有单独一节，用于维修机组填写任何保留的维修项目，以便于飞行机组能够了解飞机当前的状态。按照 MRO 的最低设备清单要求，在履历本上应表明保留维修项目完成修理的日期。

维修控制中心应当在每个飞行日飞行结束时，整理飞机履历本记录。对于不是每天都返回内部基地的飞机，履历本上的记录应当传真到维修控制中心。记录原件应在飞机返回后交到维修控制中心。履历本上的信息应输入维修与工程单位的计算机系统中，这些信息涉及飞机飞行时间和周期；同时，维修记录和所采取的措施应当输入计算机系统。由维修人员录入的 ATA 文件章节号及 MRO 采取的措施代码，应当在输入计算机之前由维修控制中心核对其准确性。输入到计算机的这类信息将供维修与工程、质量保证、质量控制以及可靠性等部门使用和参考。履历本上的信息经过维修控制中心处理之后，应将该履历本放回到原来的飞机上，供次日的飞行航班使用。

一些现代化飞机已经使用（或增装）了电子装置来取代履历本，例如，使用飞机通信寻址与报告系统（ACARS，即美国航空无线电公司的通信与报告系统）自动地向 MRO 的内部航站传送数据。然而,这需要在飞机和地面上增添昂贵的设备。为此,有些 MRO 没有使用电子系统。不过,有了电子系统,机组人员完全有可能在飞机着陆之前通过无线电电台向维修控制中心传送履本上的报告。这样有利于维修人员采取维修措施。

2) 停机坪和终端业务:

不管在哪一个机场,对于过站飞机都应给予注意和关心,这种关心通常集中在一个短暂的时间段上(经常是 30 分钟左右),称为周转时间。在周转期间内,必须完成航班交接、勤务以及维修方面的日常事务。虽然在每次周转时下列各项不一定都需要,但是对于必须要做的有关事项,还是应给予概括说明。

这里介绍一下航班交接:

航班交接的主要目的是:按照需要,有些乘客需要送下飞机,有些乘客则需要送上飞机,其相应的行李和托运的货物,也要从飞机上卸下或装上。这项业务的程序是:先等飞机停在登机门处,在飞机停稳后放好登机梯,然后飞机停在进出港的停机坪上并打开飞机门。这种交接工作涉及维修人员、地勤机组、飞行和客舱乘务组、航空公司的值机人员以及负责地面控制的民航总局的塔台人员。从乘客候机室观看这种活动,会看到一个人和机器协调的有序团队。

现在地面人员正向飞机上装运行李和货物,于是穿梭的装货设备和忙碌的地面工作人员构成了第二次活动高潮,紧接着就是飞机的养护和维修活动。养护业务包括给下一个航班加燃油、饮用水及各种食品和饮料,还需要把前一个航班留下的垃圾和其他废弃物处理掉。

同时,很难把一项活动与另一项活动截然分开,因为它们都是紧密相连的。这时,维修机组已进入飞机,检查履历本,并且有可能的话,还要与飞行机组谈一谈关于设备遇到的问题。维修人员将对这些问题进行检查和排除,并着手进行修理。在某些情况下(如可能的话),把问题警告提前通知维修人员,允许他们在飞机抵港前利用故障隔离手册和飞机维修手册先"在纸上"进行排故,这样,当他们接到飞机时,对问题的解决就可能已胸有成竹。如果维修项目完成了,他们就把完成的维修项目如实地记录在履历本上;如果维修项目无法完成,他们就按照预定的程序对维修项目予以保留,并将该保留项目和采取的措施记录在履历本上,在下一个航班之前将这种状态通知飞行机组。

这些保留的故障项目必须按照最低设备清单的要求和机长的意见处理,因为机长对这种状态的飞机是否可以签派有最终发言权。如果不允许保留故障,维修人员则必须立即实施修理,并且在某些情况下,他们还要承担航班延误或取消的责任。如果航班发生延误或取消,那么维修控制中心必须与飞行航务部门和航空公司的值机人员协调,以便把乘客安排好,必要时把他们的行李也安排好。

在任何飞机周转的时候,航线维修都仅仅是航线业务的一部分。这方面工作的确是极其重要的,并且必须在有限的活动范围和有限的时间范围内完成。但是过站维修不是航线维修部门必须都要完成的。在某些 MRO,其航线维修机组按照承包合同也为航空公司在本航站着陆的飞机执行上述某些或全部职能,因为那些航空公司在该航站没有安排维修人员。这种承包业务是通过维修控制中心协调进行的。

3) 其他航线维修业务:

紧张、繁忙的周转工作结束后,航线维修部门又开始执行其他的任务。其中一项任务就是在所有指定的飞机上进行日检或每 48 小时检查。这些检查通常在每天的第一次飞行之前(过夜或上午)完成。日检和 48 小时检查包括航空公司运营规范规定的维修大纲中列出的那些具体项目。MRO 在必要时可以增加其他一些项目。对双发喷气式飞机的一个典型的 48 小时检查如表 5.20 所列,对同一架飞机的典型的过站检查如表 5.21 所列。从某种程度上讲,这些检查对于客机和货机,以及对于 MRO 的具体设备都是不同的。

表 5.20 典型的 48 小时检查(双发喷气式飞机)

序 号	检查项目	检查结果
1	检查刹车状态	
2	检查联合传动发电机系统和辅助动力装置的滑油量	
3	检查主起落架和前起落架轮胎的磨损情况	
4	检查主起落架和前起落架各组件的状态	
5	检查尾橇缓冲器机械指示器	
6	运转检查备用电源	
7	在防火实验板上试验发动机、辅助动力装置及货仓防火	
8	在实验板上试验逃生滑梯防火	
9	检查起落架刹车系统的连接和磨损情况	
10	运转检查内部应急指示灯	
11	运转检查防火/过热系统	
12	运转检查空中交通防撞系统(如有)	
13	目视检查货舱门密封状态	

表 5.21 典型的过站检查(双发喷气式飞机)

序 号	检查项目	检查结果
1	按需要养护发动机滑油	
2	检查冲压(RAM)空气入口/排放口及座舱压力释放阀的状态和堵塞情况	
3	检查正压安全阀,看是否指示阀已经打开	
4	检查所有可动的飞机操纵面状态,看是否有阻挡和锁定	
5	确保加油站的门关闭	
6	检查前起落架和主起落架的轮胎和轮子有无明显的磨损	
7	检查导航和通信天线的状态	
8	检查静压管、大气温度传感器、皮托管静压传感器以及迎角叶片状态	
9	检查有没机组氧气排放装置	
10	检查燃油和液压油是否泄漏	
11	检查垂直尾翼和方向舵、水平尾翼和稳定舵,看是否有明显损伤、液体渗漏,并检查静电放电器是否有丢失或者损坏	
12	检查下部机翼表面和翼尖,看是否有损伤和燃油泄漏	
13	检查发动机整流罩是否有明显损伤、风门是否关闭以及锁紧栓是否牢固,检查有没有漏油迹象	
14	检查进气整流罩,风扇转子整流罩及风扇转子叶片	

除了日检和 48 小时检查外,在维修大纲中列出的周期短于"A"检周期的那些项目,既可以在周转期间由航线维修人员进行检查,也可以当飞机在地面停留时间相对较长的时候进行检查,例如,在过夜或者航班计划中安排的时间间隔大时进行检查。这种检查耽误的时间也由

生产计划与调度部门用来安排"A"检项目本身的进度。通常情况下,这种检查可由人力充足的机组在过夜时进行,或者在机组人力不足的情况下,将这种检查分为两个阶段进行,即在连续的两个晚上由更小的机组完成(第一个晚上完成飞机的左侧检查,第二个晚上完成飞机的右侧检查)。

在时间和条件允许时,还要求航线维修机组在飞机周转或过夜期间进行特殊检查,甚至对检查的设备进行简单的改装。这些改装或检查可能是制造商建议的、规章当局指定的,或者由航空公司的质量保证/质量控制部门要求的。可能要求它们在单架飞机上检查,或者要求对整个机群进行检查。如果这些检查很简单或花费的时间很短,航线维修机组能力也允许,可以执行这些检查任务。但是,如果检查时间要求长,任务也比较复杂,涉及日检、48 小时检查或过夜,或者如果该任务要求打开检查口盖、分解或拆卸部件或者涉及其他广泛的维修业务,那么这些任务则可以下达到机库或车间进行维修。

4) 航线航站作业:

MRO 除了内部基地外,还有一些航站。对于航站业务,现在常用的有两个术语,某种意义上是可以互换的,一个是航线航站,另一个是外部航站,通常认为这两个术语是同义的。在很大程度上,航线航站的业务是缩小规模的内部基地业务。对于过站飞机来说,各航站有一些相同类型的业务。但是,航线航站仅有有限的人员和技能、有限的零件和器材,以及有限的设施(工作台、机库空间、地面支持设备)以进行维修。

这种安排的结果之一是:航线航站保留的维修项目数量要比内部基地保留的维修项目多。在某些情况下,修理可以在下一站或航线上的其他某航站完成,或者一直保留到飞机到达内部基地。对于这些维修保留项目,必须与维修控制中心进行协调。

当该航站在人力、资源等任何领域受到限制时,MRO 内部基地的维修控制中心必须提供或安排为解决发生的问题所需要的零件、器材和维修人员。对于 MRO 没有永久性业务的外部航站也是这样处理的。维修机组和器材必须从其他 MRO 或用营运人自己的飞机运送到工作现场。另外,飞机可以飞回基地修理或者转场到另外一个适合的修理场地。当然,对于乘客的妥善安排,必须与经营办公室和飞行航务部门协调。对于所有这些情况,维修控制中心负责一切安排和与有关各方的协调。

航线航站的其他业务还包括把飞机的修理和养护工作外委给工作现场的维修人员。如果 MRO 与该航站之前没有合同安排,飞机的维修工作则由维修控制中心处理。然而,在某些航空公司,需要的维修养护工作已授权机长向外转包,但是这也必须与维修控制中心协调。不管问题怎样处理,都应当在 MRO 的技术政策和程序手册中予以规定,所有的活动都应当通过维修控制中心报告,以便在航空公司和 MRO 范围内进行协调,并保证执行。

(3) 维修控制的职责

在维修与工程单位中有两个部门负责控制维修业务,如图 5.41 所示。生产计划安排的工作可由一个集中的或分散的生产计划与调度组来完成。在集中组,所有的职责——预报、计划和调度——在工作实际执行期间,通过与各业务中心的联系可在本单位完成。在一个分散的组织中,预报和计划职责可由生产计划与调度部门完成,而调度功能是由机库或其他业务中心的人员完成的。

生产计划与调度部门需要输入图 5.41 左侧栏内的各类信息。MRO 维修方案规定的任何维修,以及改装、改进的任何附加要求,或者从早期检查保留下的维修项目,都应由生产计划与调度部门进行控制(安排进度)。这种维修针对机库、车间,并在必要时针对飞行航线。生产

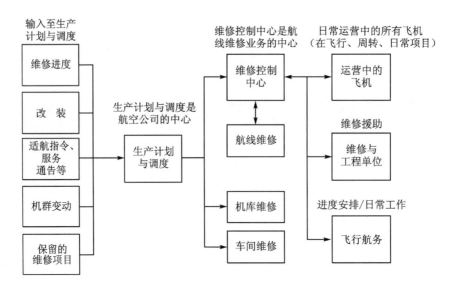

图 5.41 维修控制职能机构图

计划与调度部门通过第二个控制职能部门——维修控制中心,与航线维修相联系。

维修控制中心对于运营中的飞机的所有维修业务,不管是计划的还是非计划的,都要与有关的维修与工程部门及飞行航务部门进行协调。注意图 5.41 中双向箭头的指示,这表明是双向交流。维修控制中心必须处理飞行计划中的所有飞机的问题,不管这些飞机在航路的哪个位置上,而且还必须协调所有的维修业务,不管该业务是由 MRO 还是由第三方完成。维修控制中心还要与之前没有维修协议的单位协调外委维修业务,同时,维修控制中心对于运营中的飞机偏差问题的支持及重新安排维修措施方面,还要与 MRO 的维修与工程的有关部门进行协调,并且对于停飞时间、飞行延误及取消等问题,要及时与飞行航务部门进行协调。

如果运营航线上的一架飞机需要维修,而飞机当时所在的航站没有这种支持条件,维修则可以予以保留,这种保留将由维修控制中心处理,一旦有适当的时间、必要的设施和充足的人力,就应把这项维修任务安排到另一航线航站或内部基地去完成。如果该项维修任务必须推迟到一个大检项目("A"检或高一级的检查),那么,维修控制中心则应与生产计划与调度部门协调该项行动,以便由该部门对该项工作引起的飞机停飞时间作出计划安排,并保证该检查需要的零件、器材等都准备到位。当然,对于这些故障保留,必须符合最低设备清单和构型偏差清单的要求。

维修控制中心是航线维修的心脏。不管 MRO 的规模大小如何,维修控制中心的职能必须予以确立,并保证起到控制作用。其作用可归纳为:

① 保证日检项目在每架飞机每天第一次飞行之前完成;
② 对于所有的过站飞机进行过站或周转维修;
③ 对这些飞机的养护进行协调(诸如食品、水、废弃物、燃油等问题);
④ 在分摊的周转时间内解决维修问题并安排修理进度(如果可能的话),或者保留该维修直到更合适的时间;
⑤ 必要时与器材供应、工程、检查、计划及任何其他维修与工程单位的部门进行协调,以便协助解决维修问题;
⑥ 当计划进度可能受到影响时,与飞行航务部门协调维修或维修保留问题;

⑦ 对飞行期间的所有飞机进行跟踪,以便随时掌握这些飞机的位置、维修要求及状态;

⑧ 必要时与其他 MRO 或第三方承包商协调外部航站的维修问题;

⑨ 收集、整理并呈交 MRO 或当局对运营飞机要求的履历本记录,质量控制记录、机械可靠性和任何其他报告(如发动机空中停车、鸟撞击等)。

维修控制中心的人员有相当多的任务要完成。在完成这些工作时,他们需要有适当设施来协助。

① 在靠近主要飞行航线业务的地方,需要一个位于中央位置的办公房间,以便维修控制中心与所有活动保持密切联系。

② 维修控制中心应当对所有飞机(按飞机型号和尾号)有充分数据统计的显示牌或计算机显示屏,以便表明各飞行航班进度、飞行时间、飞机当前所处的位置以及维修要求(若有的话)。这些显示牌还应显示维修的状态以及下次计划维修检查("A"检、"B"检、"C"检等)的内容。如果这些检查只能在某些基地进行,那么维修控制中心的职责就是与飞行航务和飞行调度部门协调,以便保证当检查周期到了以后,飞机处在适合进行检查的地方。维修控制中心应当对运营飞机发生的一切事情都了如指掌。

③ 维修控制中心必须配备足够的通信联络设施,以便贯彻实施上述各项要求。这就是说,修控制中心要有与任何有关问题当事人进行内部和外部对话的电话,有与飞机通话的无线电台,有与航线及不能用其他通话装置的外场维修小组通话的手提式无线电台(或手机),以及电传打字机、传真机和各设备之间传输数据和表格的计算机终端。

④ 在维修控制中心指定的任务中,有许多任务在其执行时,需要查看有关的维修手册和其他技术文件。因此,对维修控制中心的第四个要求是:在其工作设施范围之内要有一个广泛的技术资料室。既然对于任何维修问题,维修控制中心是第一个被通知到的,所以维修控制中心的人员是第一道防线,是尽快提出问题解决方案的负责人。他们必须与维修与工程单位的其他部门进行协调,以便顺利完成任务。维修控制中心还负责使维修好的飞机返回使用。

⑤ 维修控制中心必须有足够的、合格的人员执行这些任务,并且必须能够对与运营飞机的维修有关的所有问题作出迅速而准确的反应。所有维修控制中心的工作人员应当是持有执照的机务人员。在努力实现维修与工程单位的目标和目的方面,以及在实现 MRO 的目标和目的方面,维修控制中心将起到非常重要的作用。

维修控制中心的一个特殊职责就是支持 MRO 的可靠性方案。维修控制中心负责确认并报告所有航班的延误和取消。由于航线维修及其程序与这些延误有不可分割的关系,因此,在调查和解决这些延误问题的时候,维修控制中心将是一个关键的角色。此外,维修控制中心还负责调查并解决 MRO 专门负责的一项可靠性问题:重复偏差问题。重复偏差通常规定为在 5 日之内发生 3 次以上的那些问题或事件,有些 MRO 规定为 7 日内发生 4 次的事件。这种发生的速率通常在 MRO 的运营规范中加以规定。如果运营规范没有规定,应当在 MRO 的可靠性方案文件中给予明确阐明。

如果有的问题在短期内经常重复发生,那一定是在某个地方出现了差错,这可能是程序问题、机务人员问题、运营条件问题(维修或未维修)、环境条件或劣质零件问题。不管什么原因,维修控制中心都应当立即进行调查,以便确定问题所在,并提出纠正或解决方案。这是必须搞清的问题,而不能等到可靠性数据表明某处有问题,并且必须在问题有任何扩大趋势之前就努力把它解决,因为一个重复性偏差可能并不会在可靠性数据上体现出来。如果问题出现却没有立即得到解决,它就会越来越严重。

（4）维修机组的技能要求

经常有人认为，由于飞机周转维修和养护工作性质简单，所以航线维修单位可以安排一些新手、经验较少的人员。恐怕没有比这种想法更荒唐的了。航线维修要完成的工作涉及广泛的业务范围。车间和机库可以用一些专家完成维修任务，这些专家的工作在本质上只是重复地进行一个或几个项目，而航线维修人员需要了解整个飞机的所有系统及其相互作用。航线机务人员必须应付各种不同的问题，因为每次通知他们要接的航班，常常是不同型号的飞机。

分派在航线维修的地勤机组必须在专业上经过很好的考核。他们应当是经过规章制度当局和航空公司批准的，经过合格审定的机务人员，以便从事飞机、动力装置和飞机各系统的维修工作，并且必须经过认证能验收维修任务及授权对飞机签字放行。航线维修机组允许使用无执照的助手或学员，但是他们必须要在有资格的人员的监督下工作。可以指派专职的质量控制检查员到航线维修机组（对于较大的MRO），或者把航线维修人员任命为指定检查员，以便解决所出现的质量问题。质量检查员也可以是维修控制中心工作人员的一部分，至于采取哪一种类型，取决于运营要求和规模。

航线维修机组需要有广泛的专业基础。各机组必须熟悉航空公司机群范围内的所有机型，还必须熟悉有关的民航总局规章条例，以及与航线维修业务有关的航空公司的政策和程序。虽然这些航线维修机组一般要受维修控制中心的监督和支持，他们除了正常工作外，有时（通常是夜间）还要履行维修控制中心的职责。

一般的维修技能和技术固然是需要的，但是航线维修机组在遇到不能解决的问题时，还必须知道需要什么样的专家来完成一项具体工作。当然，许多这种事情都是由航线维修主任或维修控制中心来处理的。但是，在一些规模较小的MRO，这些事可以集中到一个机组，甚至集中到一两个人来负责。既然航线维修机组负责所发生的任何问题都需要依靠他们来解决，那么他们必须具备必要的技能，以便进行计划和非计划维修、排故、必检项目检查和状态检查（硬着陆、鸟撞击等），以及完成所要求的文件工作。

文件工作包括：履历本的处理（飞行员报告）、工卡处理（"A"检及更低的检查）、工程指令、重复项目（对维修控制中心而言）、转来和转走的保留维修项目（DMIs），以及任何其他报告或可能发生的维修控制中心的行动项目。

航线维修机组的组成、轮班数、每班的时间长短以及人员安排等，取决于下面几个因素：所服务的航空公司规模、航班安排、所飞行的飞机机型（不同的机型往往需要不同的技能），以及要完成的工作类型和工作量。每家MRO必须决定最适合的方法，以满足其自身的需要。

对于航线维修业务还有最后一点必须强调，这就是：如果正在进行的维修工作需要连续两班（或更多）才能完成，在两个班之间交接工作时必须有一个书面程序，以保证工作正确完成。有些MRO为完成这类工作，要求原来的机组持续他们的值班时间直到工作完成，这样就不存在交接班程序问题。然而，也有其他一些MRO愿意把尚未完成的工作（维修、检查和书面工作）交给下一班去做。不管采取哪种方式，工作交接程序和各项检查业务都必须在技术政策与程序手册中规定清楚。

2. 机库维修

（不论MRO有没有维修用的机库）机库维修是指在停止运营的飞机上进行的那些维修活动，它包括对临时从飞行航班撤出来的飞机进行的任何大的修理和改装。机库维修涉及的业务类型有：高于"A"检的计划检查（即"C"检、"D"检、重大维修检查），按照服务通告、适航指令或工程指令对飞机或飞机系统的改装，机队变动，由 MRO、管理当局或其他运营状态要求的特殊检查，飞机喷漆，飞机内饰改造。

为了达到维修目的并尽量减少维修造成的停飞时间，在进行机库检查时，可对上述业务进行不同的组合。这些活动的进度安排是由生产计划与调度部门通过与各有关单位协调完成的。

飞机清洗可以在停机坪外部或指定的停机坪区域进行，但是，飞机喷漆，若可能的话，应在专门的喷漆机库进行。主机库（对于某些 MRO 来说是唯一的机库）通常指定用来进行维修作业。其设施的首要条件是：必须有足够大的空间，有可以关闭的机库门，以便容纳航空公司使用机队中最大的飞机。该机库设计应充分考虑飞机垂直尾翼的高度，还要考虑停放飞机周围的空间，以便摆放完成维修工作需要的工作台和其他工件。有时由于机库高度不够，MRO 在飞机上作业时，机库门不能完全关闭，垂直尾翼伸出在机库外面。对于这种情况，通常有两种选择：要么改造机库，要么再盖一个新机库。

机库建筑本身也要有相当大的空间，以便于安排有关的一些支持车间、大修车间和地面支持设备，以及机库维修工作人员的办公设施。应当提供一个机库作业平台区域作为机库维修检查的控制中心。该平台区域包括工卡管理区域，以便安排工作和签署各项工作任务。该平台区域也是监督与检查人员集中的地点。该平台与机库维修的关系就相当于维修控制中心与航线维修的关系，它是机库维修的业务与控制中心。在机库进行维修需要的零件和器材应当存放在尽量靠近飞机的指定区域，还应设有单独的区域分别保存从飞机上拆卸下来的项目和要安装的项目。所有的项目都应当有适当的识别标签。

拥有混合机队维护要求的 MRO，可以有一个以上的机库，即对每一种型号或规格（双发动机与四发动机，宽机身与窄机身飞机等）的飞机都要有一个单独的机库。在某些情况下，MRO 可以把两架相同的或不同的飞机安排在一个机库中，并在两架飞机上同时进行维修作业。适合多种飞机用途的机库布置平面图应当在 MRO 的技术政策与程序手册中标示清楚。单独的机库作业平台以及单独的维修小组往往适用于这些混合机队的运作。

大型和小型 MRO 可以有与上述机库不同的机库能力和需要，但是其业务在本质上是相同的，即机库必须有工作需要的足够空间，机库维修必须有计划、有进度和有控制，以便保证按时完成指定的工作。典型的机库检查是"C"检，将在本节内容最后予以讨论。

（1）机库维修的组织机构

机库维修单位是经理级的，在飞机维修处处长的领导下开展工作。在一个典型的组织机构中，在机库维修经理的领导下，有三个室主任一级的位置：飞机维修、地面支持设备与设施以及支持车间。

飞机维修主任负责所有的机库维修业务，针对机库中的飞机，控制飞机检查的流程，控制从事检查的各维修小组，还要与下列单位进行业务上的协调：大修与支持车间、器材供应、生产计划与调度、飞行航线维修以及飞行航务部门。

地面支持设备与设施主任负责提供支持机库和航线维修业务所使用的地面支持设备，还负责维修使用的厂房和设施。

支持车间主任负责飞机养护与维修（不包括大修车间的维修）需要的所有支持业务，包括焊接、复合材料、钣金、座椅罩、座椅以及内部装饰等方面的支持。本节下列各小节将讨论支持车间和地面支持设备。

(2) 维修支持车间

该车间不同于其他车间,尽管在这些支持车间的工作人员对其所从事的工作也需要专门的技能和培训,但是他们不像在大修车间的那些人,需要有当局的执照。支持车间的工作,在对飞机进行支持的时候,可以在飞机上完成,或者不在飞机上完成,但是,因为在工作性质上支持车间通常涉及的面很广,所以正常情况下,只有在飞机停止运营的时候工作才能进行。因此,支持车间通常是机库维修职能的一部分。

机库支持车间包括各种业务,诸如重新装饰或修补飞机壁板、表面以及钣金和复合材料制造的整流罩,还有编织物和内饰车间,用于对飞机内部装饰进行修理和重新装饰。飞机座椅,不管是客舱的还是驾驶舱的,都要由座椅车间进行拆卸、安装和修理,座椅车间可以是内饰车间的一部分,或者从内饰车间分离出来,成为一个单独的车间。与机库活动有关的其他车间还有那些从事焊接方面的车间,如气焊、电焊、氩弧焊等。

这些车间完成的工作不是计划维修方案直接规定的部分,也没有在 MRB 文件或 MRO 运营规范中规定为日常或非日常维修,但是,针对上述各种部件时常要求这方面的工作。这方面的工作要么通过非日常工卡,要么通过服务通告、适航指令或工程指令给出要求。这些车间的另外的工作可以来自地面支持设备/设施部门,因为其设备的修理常常需要该车间的有关专门技能。MRO 也可以在这些支持车间承包其他 MRO 或有固定基地的营运人的这类工作。

(3) 地面支持设备

现代化的商用飞机需要相当数量的工具和设备来支持维修和运营业务。除了机务人员和技术员正常维修使用的工具和试验设备外,在地面支持设备的专栏标题下,还有大量的设备系列。在这些系列中,也有飞机维修业务用的专用工具和型架,其中有些专用工具和型架仅仅是为一种飞机型号设计的,其他一些专用工具和型架可用于几种型号的飞机。

地面支持设备定义为支持飞机及其所有机械设备的维修与运营所需要的那些设备。这种地面支持设备包括的设备种类繁多,从简单的千斤顶和工作台,到价值上百万美元的无牵引杆的牵引车。为了便于介绍,本书把地面支持设备分为两类:

1) 从事飞机周转和地面移动作业时,支持运营飞机的养护和搬动需要的设备;

2) 不管是在周转,还是在计划的或非计划的飞机停飞期间,方便维修使用的设备。

第一大类养护和搬运设备,还可以进一步分为机场当局或机场经营人拥有并使用的地面支持设备和MRO自己拥有的地面支持设备两类;第二大类——维修设备,包括可用于飞行航线和机库或两种作业共用的那些设备。这种分类如图 5.42 所示。用于飞机搬运、养护和维修的典型的地面支持设备清单如表 5.22 所列。该表还表明了这类地面支持设备的所有权和使用范围。

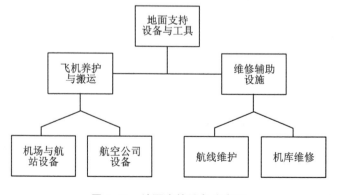

图 5.42 地面支持设备分类图

表 5.22 地面支持设备项目清单

项目名称	机场拥有	MRO拥有	应用	养护与搬运	维修
启动装置	X	L	X	X	
APU托架	X	B		X	
轴套式千斤顶	X	B		X	
行李车	X	L	X		
行李装货机(飞机上)		X	L	X	
蓄电瓶充电设备		X	B		X
登机轮椅		X	L	X	
货物集装箱/搬动货架		X	L	X	
货物拖车	X	L	X		
通信设备		X	B	X	X
除冰设备(电动化和固定式)	X		L	X	
柴油为动力的地面电源装置		X	B	X	X
固定式千斤顶	X	B		X	
液压油加油车和耦合器		X	B		X
液压试验车		X	B		X
盥洗室服务部件		X	B	X	
升降设备:吊车与平台		X	B		X
氯气养护设备		X	B		X
氧气养护设备		X	B		X
乘客登机桥	X			X	
乘客登机梯(动力的和非动力的)	X	X		X	
冷气启动装置,耦合器及附件		X	B	X	X
手提式供水部件		X	B		
电源:28伏直流电或400赫兹中频电		X	B	X	X
收放式作动筒	X	L		X	
加油车	X	L	X		
除雪设备(停机坪与跑道)	X		L	X	
专业化维修工具		X	B		X
工作台与脚手架(多种类型)		X	B	X	
反推力器拖车		X	B		X
无牵引杆式飞机搬运拖车	X	X	L	X	X
牵引杆	X	L		X	
牵引拖车:(汽油、柴油、电动)	X	X	B	X	X
可调式千斤顶	X	B		X	
称重系统	X	L		X	
机轮和轮胎固定夹具		X	B		X
机轮与轮胎拖车		X			X
机轮楔形垫块	X	B	X	X	

注:L——航线;X——机库;B——航线与机库。

为了获得最高的运营可靠性和利润,营运人在机队增添新机型时,必须采购一定的适于其飞机的地面支持设备和工装设备、拖曳和牵引设备、牵引杆以及其他专用工具和夹具，有些只能与具体飞机型号匹配，而其他一些地面支持设备和工装设备可用于更多的机型。每当考虑维修新飞机时，地面支持设备/设施部门在开始时都必须与工程部门携手合作，以便确定哪一些现有设备和工具（如果有的话）能够适用于新的机型，并确定对于具体的新机型还要增购什么型号的设备和工具。这项工作应当在首架飞机交付前至少 9～12 个月完成，以便新飞机到货后，这些工具和设备也已到位。

地面支持设备和工装的选择与下面诸多因素有关：MRO 进行的维修种类和级别；要支持的航线航站的数量（可要求多个单位）；要容纳的停机坪业务量；营运人完成大修工作的程度；对于借用的设备或要完成的承包工作（本 MRO 承包的或者其他 MRO 承包的），应与其他部门协调。

由于这种设备的复杂性和多样性，其业务通常由 MRO 内一个单独的维修机构来处理。对于小型到中型规模的 MRO，地面支持设备由从属于机库维修部门的一个小组来处理（见图 5.42），并且与其他大修和支持车间在同一个机库中。在比较大的航空公司，地面支持设备可在维修与工程单位的领导之下由单独的经理或处长来管理，并且设置在自己的机库中。不管采取何种组织形式，其工作是支持航线和机库维修。

由于地面支持设备的规模大、数量多，它们常常存放在机库外面的停机坪上，靠近营运人设施的一个指定区域。一些较小的设备可以放在机库里。专用工具和夹具可以存放在机库的工具棚里。

在典型的中型 MRO，地面支持设备和设施组还负责所有地面支持设备的一般维修和养护，也负责对维修与工程单位使用的所有厂房和设施的一般维修和养护。

(4) 机库维修作业——典型的 C 检

C 检是范围较广的对系统和部件的可用性以及功能的检查。C 检要求对特殊区域、部件以及系统进行彻底的目视检查。它是一个高级别的深度检查，检查需要更多的工具、测试设备以及特定的技术水平。C 检需要飞机停厂 3 到 5 天。C 检包括比它低的检查，例如 A 检、B 检以及日常检查。

C 检的内容，在 MRO 之间、飞机与飞机之间，甚至对于同一架飞机或同一种型号的飞机，这次检查与另一次检查之间都各不相同。下面讨论的都是典型情况，并且为了方便，分为几个阶段来讨论，实际上，这些阶段是可以重叠甚至融合在一起的。为了便于说明，本书将典型的 C 检分为下面五个阶段：准备、初始工作、进行检查、完成和结束与返回使用。

1) C 检准备：

要开始实际检查，机库维修部门必须做好接收飞机的准备、有关检查的后勤和管理方面的准备。机库要清洁，为飞机腾出空间，所需要的工作台、脚手架和其他设备均应运进机库，以便当时或随后使用。在零件保管区域，把要做的维修工作需要的零件和器材存放好。当然，这种零件保管在整个检修过程中是动态的。零件和器材应根据需要按时发送。

在检查实施与管理的作业平台区域，有一个很大的带有许多口袋的壁架，按照维修方案和要进行的具体检查的要求，所有日常工卡都必须存放在这些口袋中。每一个业务中心（航空电子、液压等）有一排口袋，并且还有两个有标志的隔离区域，用以把完成的工卡与还在执行的工卡分开。各维修小组配备齐全或者在待命状态，等待飞机的到来。

2) 开始阶段的 C 检工作：

第一个任务指令通常是清洗飞机。地面小组用适当的牵引设备,安全地把飞机牵引到清洗区域,对飞机进行彻底清洗。清洗完毕,把飞机牵引到机库,在那里,把飞机停放好并将机轮固定住,此时,C检工作就可以开始了。打开检查口盖板和整流罩,并进行目视检查。此时发现的任何偏差都需要按非日常工卡处理。这些工卡是由质量控制部门制定的,并放在卡架上,以便日后与其他工卡一起完成。下一步,或者与各项检查一道,把工作台和脚手架(按需要)围绕飞机摆放好,以便在检查期间供机务人员使用。各计划任务需要的任何地面动力、冷气或液压车,以及任何专用工具和试验设备也应到位。

3) 进行C检:

按照生产计划与调度部门制订的检查计划,以有效的方式把机务人员分派到各岗位。在任何规定的区域,由一个以上的业务中心完成的工作应按顺序做好进度安排,以避免在工作区域的拥挤堵塞,并尽量减少检查口盖板、盖罩等的打开与关闭次数。在正常工作期间发现的任何非日常项目,应写在非日常工卡上,并进行解决,或者安排之后解决。多数单位都制定了一个大纲评估与审查技术表或其他目视检查辅助表,表明计划的工作进度。该图表在检查期间按照需要进行更新或标注说明,以便适应非日常工作、任何其他延误或者可能遇到的进度调整。申请增加原计划没有的零件和/或器材,或者申请尚未发送到工作现场的零件和器材,将由作业平台的工作人员向器材供应部门提出。器材供应部门应将这些项目发送到零件保管区域,以避免机务人员四处奔波寻找零件。

质量控制检查员将重新检查先前拒收的任何项目并批准使用。检查进度方面的任何延误,尤其是影响飞机返回使用的那些进度,应当由作业平台值班经理与维修控制中心和飞行航务部门协调。如果一切进展顺利,C检就会按时完成,而飞机也会"干净利索"地返出检查(下架),即所要求的任务均已完成,没有任何保留维修项目。

4) 完成并结束C检:

虽然维修工作是C检的关键部分,但是只有在确保所有日常的和非日常的工卡均已完成、结束以及必要时经过检查、盖章并由质量控制部门批准,该项检查才算真正完成。该检查包括所有的拒收工作及其接踵而来的返工和收回措施,负责该项业务的人员应当是从事该检查的资深,质量控制检查员必须审查每项工作,看机务人员是否按要求签字或草签,以表明任务完成并结束,并且对于质量控制检查要求的任何工作,看是否有质量控制部门的盖章(及草签)。此时指出的任何偏差都必须予以纠正,即使是它还要求进一步的工作和检查。当所有的工卡已经完成、结束并验收,质量控制部门就可以批准验收以确定完成,并将飞机下架,准备运营。

5) 返回使用:

一旦质量控制部门对检查验收签字,机库作业平台的经理就应立即通知维修控制中心和飞行航务部门,告知飞机已检查完毕。然后由维修人员负责把飞机从机库牵引到停机坪,再由飞行航务部门负责使飞机返回到运营中的飞行航班。地面小组对飞机做一些必要的养护工作,如加燃油、食品等,而客舱乘务组为乘客登机做一些必要的准备。

6) 其他事项:

检查结束,飞机从机库移走之后,机务人员应对机库和作业平台区域进行清洁。首先整理所有已完成的工卡,并分别将这些工卡送到维修与工程单位的其他有关部门(按照要求,送到生产计划与调度、工程及可靠性部门),以便对重大项目进行分析并做好记录,这会有利于生产计划与调度部门对未来的检查做好计划安排,并允许工程及可靠性部门对照检查发现的问题核实数据资料,以便于对将来问题的调查及对任务或检查周期进行可能的调整。对于仍放在零件保管区域的任何未用过的、不可修理的或报废的项目,应由器材供应部门运走,并按需要处理。如果下一个飞机 C 检工作还会重复这样的整个过程,机库和作业平台区域应打扫干净并摆放整齐,以便于下一个作业用。因为下一个检查也许是对相同型号的飞机完成类似的检查,或者是对不同型号的飞机完成完全不同的检查。对于各项具体的检查,由于 MRO 规模及所保障的机群组成的不同,机库作业也会有所不同,但对于所有检查来说,其过程在本质上是相同的。

7) C 检项目举例:
① 目视检查紧急情况下安全飞行舱逃生路线;
② 检查牵引车连杆控制组件的操作;
③ 目视检查进客门封严;
④ 检查襟翼不对称系统;
⑤ 压力下降检查 APU 燃油导管轴肩;
⑥ 检查发动机进口 TAI 管道裂纹;
⑦ 操作检查 RAT 展开功能等。

5.4.5 车间维修处的职能工作

1. 大修车间的组织机构

对于需要从飞机上卸下来进行维修的那些部件和设备,大修车间管理处处长负责全面的维修管理和实施。这种维修包括的项目可以很全面,从简单的清洗和调整,到必要的全面大修。

车间维修通常都是针对停止使用的项目,也就是说,要维修的设备或装置,由航线或机库维修人员从飞机上卸下来,并换上可以用的设备或装置。对卸下的部件,按照维修状态挂上适当的识别标签,然后送到器材供应部门做如下处理:或者按照标准的维修程序予以报废,或者送到有关车间修理。这类车间有 MRO 的,也有承包商的。在质保期内的装置,可由器材供应部门送到制造商或指定的保修单位修理。修理完成之后,将部件返回到器材供应部门,并且挂上表示可用的识别标签,送到仓库保管,以备将来发放使用。在某些情况下,按照 MRO 的决定及出事时的情况要求,一个部件可由航线或机库维修人员从飞机上拆下来,并直接送到有关车间修理,修理好以后返回到飞机上重新安装。

2. 车间类型

在 MRO 的维修单位,有两种类型的车间维修业务。这两种类型的车间,在职能上以及与其他单位的关系上,从某种意义上讲是不同的。一种类型的车间就是支持车间,包括焊接、钣金、复合材料、飞机内饰等方面的业务。这些车间通常是机库维修部门的一部分,他们所做的工作主要是支持停飞飞机的维修业务。

MRO 的另一种类型的维修车间就是大修车间,其维修业务主要是针对飞机上的专业化设备,例如发动机、航空电子、液压和气动系统、结构件等。这些车间的业务是对在航线或机库维修期间从飞机上拆卸下来的设备或装置进行维修。一个典型的中型MRO的组织机构图(见图5.39)表明了这些车间的概况,但是如有任何变化,则有可能与机队规模、可用的合格人员以及MRO所涉及的车间工作量有关。

(1) 发动机车间

发动机车间是占用空间最大的车间。在车间里除了工作台上对小零件进行作业的区域以及对业务进行管理与实施要求的办公区域外,发动机车间还需要发动机装配区域。在该区域,按照规定型号飞机对发动机的构型要求,把某些部件装配到基本型发动机上,或者装配到飞机上某一具体位置。发动机装配需要一个适当的发动机台,以便于在进行发动机装配时把发动机固定住。不在飞机上完成的发动机装配工作应尽量减少发动机更换需要的时间,从而缩短飞机停飞的时间,这就是人们常说的发动机快速更换。

发动机车间还需要一个发动机试车区域,主要是噪声的缘故,该区域应远离主要厂房设施,以便允许在维修前或维修后,对安装在飞机上的发动机进行地面试车。在发动机试车区域,应当有大的隔音设施,对于拥有固定机队的航空公司,不同型号的发动机可以有单独的发动机车间,但是有些设施可以综合使用。

(2) 航空电子车间

航空电子是指用于航空的各式各样的系统,该系统包括电气系统和电子系统。由于诸多因素,这类航空电子车间可以采取各种各样的结构形式,可以有一个单独的电气车间,专门解决电气系统的部件问题,例如电动机、发电机、配电系统、电源汇流条等。可以有一个单独的蓄电瓶车间,用于对飞机蓄电瓶进行修理、保管和充电。在大型MRO,电子系统可以按照不同专业分为不同车间,这些专业包括无线电、导航系统、计算机、各种类型的控制装置等,但是,对于较小的MRO来说,可以将各专业车间合并为一个单独的航空电子车间。

仪表包括常规的电动机械仪表和电子或驾驶舱显示仪表两种类型,既可以设置为一个综合仪表车间,也可以按每一种类型划分为一个单独车间,不管车间如何划分,各个仪表必须由车间的有适当专业技能的技术员负责。常规仪表可以是襟翼位置指示器、飞机姿态指示器、电子罗盘以及任何其他电流计式的仪表。驾驶舱仪表,更确切地称为"显示"仪表,包括上述仪表的各种阴极射线管类型。在现代的MRO,相同的显示装置有时可用于姿态显示器,也可用于水平位置指示器,该指示器表示一个飞行计划地图,上面有各航路点和其他有关信息。其他显示装置可以使用液晶显示面板。但是,这些电子显示装置与其说是属于仪表车间,不如说是属于电子车间范畴。

(3) 机械车间

机械部件车间既可以按照不同的部件类型划分为不同的单独车间,也可以划归为一个综合车间,这主要取决于MRO的规模和要求。这些车间应包括液压系统和部件、气动系统和部件、氧气系统、飞行控制舵面等。机轮、轮胎和刹车系统车间负责与飞机有关的下列各种业务:对飞机机轮进行修理、装配和分解;对飞机轮胎进行修理、养护和更换;调整和更换飞机刹车装置。还有,这些业务既可以在一个车间进行,也可以在几个车间进行,这主要取决于工作量和机队的复杂程度。

(4) 车间维修工作对外转包

航线和机库维修一样，一个 MRO 的某些或全部的车间维修工作可以对外转包给其他 MRO 或者第三方维修单位。在部分外包的情况下，大修车间管理处处长负责这些外包维修业务的协调，并把它们纳入整个 MRO 的维修计划。如果所有的车间维修业务都是由外部承包商完成的，那么，大修车间管理处在 MRO 就没有存在的必要了。然而，为了保证车间维修工作能够按照 MRO 的进度和维修计划完成，必须在维修工程单位的飞机维修处指定一个人作为车间维修协调员。质量保证部门应制定出这些外部承包商必须遵守的各项标准。

3. 大修车间的作业——D 检

(1) 概 述

飞行航线上的维修工作显得很忙乱，有时要受飞行进度、维修应急情况、恶劣的气候以及令人讨厌的"时限"制约。而机库维修则显得不那么忙乱，它有更多的时间来完成每一项任务，但是仍然有时间限制和其他一些压力。各个项目的养护、修理或大修，通常都是由有关型号设备或系统的专家来处理。一些基本故障诊断已完成，指出某某装置是坏的，必须予以更换。这些完成之后，机务人员把有故障的项目转送到器材供应部门，并从器材供应部门领回一个好的器材，以便安装到飞机上。然后，器材供应部门把收到的组件挂上适当的识别标签，再将其送到有关车间。接着车间机务人员和技术员利用其标准的工作台检查程序确定问题所在，进行一些必要的修理，并进行一定的检查，以便保证该任务已成功完成。一旦维修完成，应填写适当的表格并附在装置上，然后将该可使用的装置送回到器材供应部门，放在仓库保管，以便当需要时再重新发放。

每一个维修车间应当有一个工作区域、一个器材保管区域，以便把可用的、不可用的和报废的装置适当地隔离开。对于维修需要的小零件，在维修车间通常还有一个备件保管区域，是由器材供应部门保管的。同样，这样的区域也必须靠近工作区域，以便尽量减少机务人员"寻找零件"耽误的时间。当然，对于要维修的设备型号，每一个车间都应配备必要的工具、工作台、试验台和试验设备。对于所进行的工作和处理的有害材料，必须随时准备好适当的安全措施，并且这些措施应易于工作人员使用。应当提供适当的办公场所，以保证任务的有效实施和管理。

大修车间一般情况下还是按照标准的轮班制，是否安排夜班和周末加班取决于 MRO 及其工作负荷。车间维修的工作节奏要比航线或机库的慢，但是短的维修周转时间（指在车间的修理时间）仍然是非常重要的。库存的项目数量不仅与机队的故障率有关，而且还与通过维修传递可修项目花费的时间有关。其顺序是这样的：将装置从飞机上拆卸下来；将该装置送到器材供应部门，以便于更换；将装置送到修理部门；把修好的可用装置送仓库保管，以便重新发放使用。

MRO 的维修可靠性方案涉及许多数据采集任务，这些任务贯穿于维修与工程单位的所有业务。这类数据的最重要来源之一就是大修车间。尽管飞行航线和机库报告提供了有关系统和部件的一些信息，但是车间的数据提供了导致飞机故障的有关设备和子系统的内部部件的有用信息和记录。这些数据采集文件通过车间明细报告呈交，该报告表明了所采取的养护、修理和大修措施，还表明了维修工作使用的零件和器材。可靠性部门对涉及的这些部件都予以跟踪,以便确定故障率是否过高,是否应向航空公司或设备制造商报告以引起重视。

(2) D检简介

一旦飞机停厂进入大修车间,维修队伍就会马上开始工作。它们使用工作台和脚手架等来接近飞机上通常情况下接触不到的区域。为了更近地做目视检查,座位、地板、壁面、天花板、厨房、厕所以及其他设备都要打开或者从飞机上拆下来。飞机其实是很容易拆卸的。工作人员按照程序要求检查飞机,标记出金属裂痕和腐蚀的地方。飞机起落架、液压系统以及发动机的所有部分都可能要被更换。D检需要的工程技术人员包括工程师、技术文档工程师、质量控制工程师、电工技师以及机身和动力装置维修技师。他们中的大部分人持有由当局颁发的各类执照。如果再加上客舱设备技师、喷漆工人以及清洁工人,人数每天可能会超过一百人。其他的人员提供必要的设备、零件和后勤的支持。

维修检查员用X射线去照射起落架、飞机大翼以及发动机。例如,把一张X射线影像片放在发动机外面的某个位置。然后,将一根长的金属管放进发动机的轴里面,发动机轴带动发动机转动。最后,将一粒比铅笔上的橡皮擦还小一点的铱192(铱的同位素)放进金属管里面,使X射线影像片曝光。发达的影像片将帮助裂纹和裂缝显示出来,这些裂纹可能需要维修发动机或者更换发动机。

在D检期间,飞机燃油和飞机液压油样本要拿到实验室进行分析。如果在燃油样本中发现微生物的话,那么就需要加抗生素。为了杀死燃油里面的小虫,燃油箱需要经过生物杀灭剂(抗生素的一种)的处理。这些小虫有的是真菌类的,还有一些是细菌,它们通过空气、水和燃油进入到油箱。这种处理是很重要的,因为微生物生长所产生的副产品会腐蚀油箱表面的保护层。燃油箱中的燃油釜也会受到影响,并且会导致飞行员接收到不精确的燃油量读数。

正常磨损、振动和内部封严损坏会导致燃油箱漏油。这就需要维修人员通过机翼底部的一个小开口,进入漏油的油箱,确定油箱漏油的位置,并把渗漏的地方封住。

燃油箱建在飞机的大翼中,一架波音747型飞机的燃油箱是有隔板的曲线通道,这些隔板通过一个个的小孔把它们连接起来。燃油箱的每个地方都是相通的。一架波音747-400型飞机能够装载至少57 000加仑燃油。这么大的燃油容量使它能够做远距离飞行而不需要中停,例如,从美国加利福尼亚的旧金山飞到澳大利亚的悉尼,它们之间的距离大约在7 400英里。

在D检期间,需要检查或更换安全设备,例如救生衣和紧急逃生灯。深度维修检查和更换地毯、窗帘以及坐垫等,同时这也是安装新客舱墙壁、天花板的时候。厨房设备也需要拆卸、清洁和清洗。

(3) D检的程序

飞机的D检需要进行大量的组织和计划工作。D检工作必须有条不紊地进行,必须确保不丢失任何一项检查。飞机的D检分为五个阶段:预检查、检查、维护和修理、功能检查和重新服役阶段。

1) 预检查阶段:

预检查阶段非常重要,需要整理准备检查所需文件、记录、工具和设备。这个阶段通常包括:编写工作单、编辑飞机规范、审查维修记录、研究适航指令、分析制造商提供的服务通告和信函、研究适航警告、制作检测清单以及飞机准备。

预检查阶段从编写工作单开始,它概述了所做维修工作的内容,并需经过批准。维修记录、适航指令、服务通告以及任何其他相关维修信息都要进行分析研究,如果适用的话,都要添加到检查清单中去。飞机清洗完成后,启动发动机,检测发动机性能参数并且为后期检测试车设定基线。在预检测阶段,需要打开检查面板、发动机整流罩。另外,准备好所需的工具、设备以及部件。

2)检查阶段:

检查阶段的主要目的是对飞机和其部件的适航性进行评估。它从符合性检查开始,通过将飞机的实际状态与适航规范相比较来完成。然后通过观察、感受、检查、测量、运行、移动、试验以及其他需要的工作来确定飞机及其部件的状态。

除了检查清单以外,还要确定检查的顺序,并按照这种顺序对飞机进行检查,将在检查阶段发现的缺损及需要做的维修工作记录在缺损清单上。

3)维护和修理阶段:

维护和修理阶段包括为了保持飞机的适航性和批准其重新服役所必需的维修工作。维护包括诸如润滑机轮的轴承和转动部件、更换和清洗油滤、加油、充电和清洗飞机等工作。

修理可能包括对被发现有缺陷或不适航的飞机部件和系统的更换、修理和大修。此外,对需要取得补充型号合格证(STC)的飞机改装,通常在年检或 100 小时检查时进行。需要 STC 的改装被认为是重要更改,因此,必须由拥有维修检验人员执照的 A&P 技术人员签字才能重新服役。

4)功能检查阶段:

当检查完成并且所有需要的维修都已结束,维修技师将对飞机和系统进行功能或运行检查。当进行年检或 100 小时检查时,FAR43.15 要求对飞机发动机进行功能检查。因此,需要进行检验后的试车,来确定功率输出(地面/慢车转速)、发电机、燃油和滑油压力温度等符合制造商规范。发动机功能检查阶段同样要求技术人员检查燃油泄漏、滑油泄漏以及其他检验时可能出现的如盖子打开或者螺母松动等现象。另外,功能检查可被用来确保已安装的系统或后续的缺损修理是符合制造商规范的。当所有维修完成之后,良好的飞机清洗可以清除飞机上的燃油残迹和检查时留下的油脂残迹。记住使用适当的清洗液清洗包括挡风玻璃在内的所有的玻璃窗户,因为使用错误类型的化学物品可能会伤害或毁坏飞机的光洁和窗户。仔细地清洗飞机内部以便去除所有在检查时残留的指纹或油脂。清洁地毯,整理座椅安全带,并清理机舱内部。飞机营运人可能不了解检查的复杂程度,但它们却可以看到油脂污迹,并且可能会有这种感觉,那就是在整理卫生时不够细心的人,可能在检查时也不够认真。

5)重新服役阶段:

当检查阶段结束后,必须在飞机被批准重新服役前完成工作文件。例如对于 100 小时检查,工作单已经编写完成,AD 符合性记录已填写,并且检查项目也已经记录在维修日志中。

编写完成工作单,详细说明检查和维修的所有工作内容。在大多数情况下,工作单编写得很详细,并可作为飞机记录的组成部分。在一架飞机能够合法地飞行前,检查项目必须记录在维修日志中,并且已由适当级别的维修技师签字。检查项目清单和签名意味着已批准飞机可以重新服役了。但是,如果日志没有正确地签署,那么检查就没有完成,飞机就不能被批准重新服役。

5.4.6 航材供应处的职能工作

1. 器材供应部门的组织机构

器材供应部门是 MRO 的维修与工程单位的关键部门之一,由于该部门资金花费量很大,因此受到 MRO 的更高管理层及维修与工程单位一级管理层的高度重视。器材供应支持部门是维修与工程单位不可分割的部分,在图 5.39 所示的典型中等 MRO 组织机构中,器材供应支持部门是器材供应管理处。按照图 5.39 所示,器材供应管理处下设四个部门:库存控制、仓库、采购以及发运与接收。

(1) 库存控制

库存控制部门负责保证在维修与工程单位指定的区域,一切需要的零件和器材都能随时供应。其作用是:通过在仓库保持适当的库存量,并在适当的时候提出重新订货来支持所有的维修业务。它们还根据使用和机队组合方面的改变,负责调整零件和器材的库存量。

(2) 仓 库

仓库管理负责向机务人员发放或与其交换维修需要的零件,还负责按需要把零件送到各维修业务中心,并保证需要专门储存和搬运的零件和器材的妥善管理。仓库还负责把可修理的装置送到适当的维修车间修理。

(3) 采 购

采购部门负责采购维修与工程单位使用的所有零件和器材,涉及诸如材料规范、费用、交付等问题,它们主要与供应商和制造商打交道。实际上,采购部门负责控制器材供应上的主要预算,并在费用支付和预算项目上与财务部门密切合作。

(4) 发运与接收

发运与接收部门负责对运入和运出航空公司的所有零件和器材进行包装和开箱。该部门还具有质量控制职能,以便处理与货物发运或接收有关的可能需要的任何检查。

当然,器材供应部门的机构如何设置,取决于 MRO 的规模、现有的合格人员以及 MRO 的业务管理与实施理念。

2. 器材供应部门的职能

这些职能可以简要地描述为订货、储存、发料、控制以及零件与器材的处理。前四项职责主要涉及零件和器材,而最后一项职责涉及现有的各单位设施之间零件的传送。

(1) 零件订货

零件订货包括初始供应的零件订购,这往往在新的设备和系统成为机队的一部分时实施。零件订货还包括重新订货,这往往在现有库存低到一定数量时实施。初始供应的订货是在开始的时候按照飞机制造商推荐的备件清单确定。该清单是根据制造商的建议和已经使用该设备的那些航空公司机队在类似运营中的广泛经验制定出来的。

根据初始供应的情况和航空公司在该型号设备投入运营后不断取得的经验,在原来保持的库存数量上必然要做一定的调整。现有的部件和日常运营需要的数量是由许多变化因素决定的,并且在各次运营之间也是互不相同的。飞行计划中的各个因素,诸如已飞行的小时和周期数、航段长度、飞行环境以及机队的飞机数量等,都会影响到零件使用率,由此也会影响到支持维修与运营的库存需要的零件数量。进行维修作业的地点也会影响到库存量,这是基于为了有利于维修,在几个航线航站可能会需要额外的零件和器材。

同时,维修质量——维修人员的能力和专业技能——也会影响对备用零件和组件的需要量。器材供应部门必须不断地精心研究库存的使用情况,以便保持最佳的现有库存量。当然,这种库存使用率会影响到零件采购频度,即重新订货的起始点。这就要求必须对所有使用的零件和器材建立使用率和重新订货起点数据。对于可修理项目,修理行动的提前时间(即项目送修、修理以及返回仓库以待重新发放所需要的时间)也会影响到所需要的库存量和重新订货的起始点,因为在该项目的修理周期内,其他飞机的维修作业也会使用现有库存的零件和器材。

最后,对于某些具体项目,订货时某些供应商在数量上给予了一些优惠,即额外多给了一些,对于这些项目可以确定一个更为经济的订货起始点。然而,这样做必须充分考虑到这些额外的采购项目的储存费用。

(2) 零件储存

零件储存是器材供应部门第二个要考虑的职能。所谓零件储存,有两个概念:

① 把每个零件放在便于查找和发放的位置;

② 某些零件按照规定的条件储存。

后一种类型包括对下列材料的适当储存:燃油、润滑剂、漆料、滑油以及其易燃或易变质的材料。氧气瓶以及在氧气系统上使用的工具需要专门的搬运和储存。满足所有这些正确储存要求是器材供应部门的职责。基本的或标准的储存布置是传统的储存架或储存柜系列,并按照一定的坐标系统进行识别标记,确保每一个零件都有一个位置,每个位置都能容易地找到。在这方面,营运人经常选用的是"排-架-柜"定位坐标方格。例如,零件号为 1234－5678－C 的零件可以放在 D－2－14,也就是在 D 排、第 2 层、第 14 号柜。在这里,排数用大写字母"A、B、C……"表示,架子的第几层,从上往下数,用阿拉伯数字"1、2、3……"表示,最后,每一个货柜(在每一层架子上),按从左到右的顺序连续编码,用"1、2、3……"表示。也可以用任何类似的坐标系统。

这种定位系统可以进一步按照飞机型号划分层次。尽管有许多部件、分组件和装置可以用于几个型号的飞机,但是,仍然有很多只适用于一种型号的飞机。拥有混合机队的多数 MRO 对于每一种型号的飞机都有单独的零件仓库,以便允许按照飞机型号单独核算费用情况。如果需要从一个飞机型号的仓库里领取零件用在另一个型号的飞机上,其借用手续必须由器材供应部门的人员通过文件程序处理。这包括表明零件库存及其位置的计算机记录。

对于具体运营,还需要一些额外的储存设施,例如,为了便于维修并尽量减少维修人员寻找零件耽误的时间,在航线航站也要储存一定的零备件,以便于除了正常的周转业务外,还支持其他一些有限的维修业务。航线维修部门应当有一些专用的储存架和储存柜,以便于满足日检、每 48 小时检查、过站检查或 A 检等维修业务对零件和器材的需要。同样,在机库也应设立储存柜和储存架,以便满足 C 检和其他机库业务对零件和器材的需要。

(3) 零件发放

向机务人员发放零件是器材供应部门的另一职能。有些项目,例如螺栓、螺母和其他普通的标准件,最好存放在靠近工作区域的易接近的开口箱内,这样机务人员容易拿到。对应于其他一些项目,例如黑匣子、组件和其他一些大项目,最好有一个统一的发料窗口或其他设施,在这里,由器材供应部门的人员按照需要向机务人员发料,并正确处理零件标签和其他重要文件及计算机业务。

当然,这些零件中有一些是可修理的,因此,常常要求机务人员在这里进行零件交换,即把从飞机上拆卸下的故障零件交来,然后领走可用的零件。这种交换是由器材供应部门的器材控制人员处理的,该控制人员还负责保证在两个组件上的维修标签均由机务人员正确填写,并保证交来的装置送到适当的修理单位修理。对于不可修理的那些项目,器材供应部门负责将其报废。

这种发料窗口应当尽量靠近业务中心,以便尽量减少机务人员寻找零件的时间。在有些MRO,需要的零件可以在工作现场通过计算机终端订到,并由器材供应部门发送到机务人员手中。不管使用什么样的材料发放(或领料)方法,在每一次零件发放或交换的时候,更新计算机"现有零件数量"的信息则是器材供应部门的责任。对于可修理零件,器材供应部门通过计算机系统也必须对零件随时进行跟踪,以便随时掌握零件的位置(在车间、在仓库、在传送中,还是在飞机上)。

器材供应部门提供的另一项有用的服务就是为某些维修作业提供一揽子配套供应。为了拆卸并更换某些项目,除了需要主要装置及其附件,还需要某些标准件。拆下的标准件、O形环、垫片以及类似的零件往往不能再使用。对于某些服务通告或适航指令要求的纠正措施,还需要一些额外的器材,如装夹具、托架、标准件等,用以完成维修任务。器材供应部门能够对所有这些必要的零件制订一个配套供应计划,并将所需的所有零件以一个零件包的形式一起发放给机务人员,这对维修部门来说将会受益匪浅。这些配套供应计划可以在维修人员或工程人员的协助下制定。无独有偶,MRO贯彻服务通告和适航指令要求的改装,所需零件常常由飞机制造商或部件销售商以一揽子配套形式提供。

有些航空公司坚持在飞行航班上以携带随机维修配件的办法支持其航线航站的维修业务。随机维修配件包括的项目是航站周转维修和养护有可能需要的项目,因为在这些航站存在维修机组,但没有这类器材。这类项目可包括飞机轮胎、发动机滑油以及其他常用的普通器件。

随机维修配件的用途是在需要的时候提供这类项目。但是,对于携带多少,加在飞机上的额外重量可能是一种限制因素。随机维修配件中携带的装置应根据该飞机在该航路上以往的经验决定,随机维修配件的项目应当大约每六个月重新修正一次,以避免把不需要的项目装上飞机而把经常需要的项目漏掉。这就是需要器材供应部门监督的原因。除了监督随机维修配件的包装内容外,器材供应部门还必须把使用过的项目换掉,以保证配件的完整性。随机配件项目的责任应当属于维修部门,每当其中一个零件从随机配件项目中取走,应当通知器材供应部门再补上一个。如果随机配件项目中的装置是可以修理的,则必须先对其进行相应的处理,不能使该装置以不可使用的状态返回到随机配件项目中。应当建立一套有关随机维修配件的履历本,以便随时跟踪随机配件项目的内容和使用情况。

有些MRO坚持使用随机维修配件,而有些MRO则不使用,当然,这属于各MRO的选择。不过,MRO经常在双发飞机延程运营(ETOPS)的时候,使用随机维修配件的方法支持维修业务,以避免ETOPS飞行降级到一个更低的延程时间(180分钟降到120分钟),甚至降到非ETOPS飞行。这种降级通常意味着乘客要经历更长的飞行时间,结果产生了转机的麻烦。在这些情况下,随机配件就变得相当重要。

(4) 零件控制

零件控制有各种各样的方法。我们已经讲过各种零件储存位置的识别标记,以及对某些部件需要的跟踪,例如,对可修部件的全部处理过程的跟踪。我们也提到过,需要器材供应部门将零件和器材发送到各维修业务中心,以便尽量减少或消除维修人员寻找零件花费的时间。为此,在器材供应部门适当增加一些人员对维修工作是有很大帮助的。

同时,对那些规定为"有时间限制"的零件,还必须跟踪其飞行小时、飞行周期、日历时间以及所处位置。这些都是有序列编号的零件,要求在规定的周期到期之前从使用的飞机上取下来。这些零件仅仅在使用中积累时间或循环数。因此,必须知道这些零件安装在哪个飞机上,并且其时间/循环数必须对照零件核实清楚。如果部件在时间限制之前拆下来,它就可以按照需要进行修理、修复或彻底大修。如果在上述作业完成之后,该项目放在仓库保管,以备以后重新用在另一架飞机上,那么,一旦它安装到另一架飞机上,其时间或循环数应再次开始累计(在先前的水平上或者从零开始)。器材供应部门将通过计算机系统负责跟踪有时间限制的零件。

这种往返于内部维修单位、设备销售商、外部修理承包商及质量保修单位的零件管理,是器材供应部门的主要职责。但是还有另外一项管理要求,即为了便于航线或机库的维修工作,有时候要从更大的组件上把一些零件拆卸下来(正式授权或没授权),以便使飞机很快返回航线使用。尽管这样加快了维修并尽量减少了对飞行计划的影响,但是对维修以及器材供应的费用和工作都会产生持续的负面影响。

这种零件串用的结果会使被串用的大组件处于不能使用状态或者需要维修。如果器材供应部门批准这种串用,以便加快航线或机库维修,它必须对被串用的组件进行重新订货和随后的修理。如果这种串用没有经过器材供应部门的批准,那么维修部门应对这种串用负责,并负责由此引起的被串用组件的重新订货和随后的维修。

许多 MRO 采用的零件管理办法之一就是"零件隔离"区。该区域用来将从飞机上拆卸下来的零件隔离开,直到能够确定其是否需要修现或者是否返回间仓库重新发放。如果通过更换部件解决故障问题,就说明隔离区的零件(即卸下的零件)需要修理,并由器材供应部门将其送到有关的修理单位。如果通过更换组件没能解决故障问题,就说明隔离的零件是好的,应将其送回仓库保管。然而,这不总是最好的方法。有些 MRO 在将被隔离的零件送回仓库之前先将其送到车间进行彻底检查,以保证其可使用性。

这种隔离手段是整个排故过程的一部分,并且应当由质量保证部门和可靠性部门监督,以确定维修人员的排故技能是否有问题。

(5) 零件与器材的处理

零件与器材的处理有时称为"发运与接收",但是术语的后半部分"接收"的意思表达不确切。用"处理"这一术语,能确切地表达过程的内涵。从零件和器材接收开始,在某些情况下还包括质量控制部门的入厂检验,看是否有下列标志,以确保收到的零件是正确的:零件号、序列号(如果适用的话)、更改状态、可使用性、到期日期(如果有时限要求的话)等,还要检查物理状态,看有没有损伤。这些都是由质量控制部门或质量控制部门从器材供应部门指定某人去完成的。在接收和入厂检验完成之后,各零件分发到适当的地方——仓库、机库、航线、车间等,并且对计算机记录进行相应的更新。

按照日常的业务运作,器材供应部门负责把零件发给机务人员,并且在某些情况下,负责接受交换件。对于这种零件交换,要求器材供应部门在检查机务人员有没有适当挂标签之后,把零件送到有关的车间、销售商或承包商处修理。经过修理的零件返回之后,器材供应部门应检查识别标签是否正确、修正计算机记录并将该零件送到仓库保管。

采用"零件处理"这个术语,还有另一层含义,就是处理质保件的修理,这会涉及相当重要的财务问题,这一点有时候却被 MRO 忽略。事实上,飞机部件是非常昂贵的,因此其维修费用也是相当高的。对于 MRO 来说,充分利用质保索赔条款是非常重要的,这样可以避免一些不必要的费用。

每当一个故障零件送到器材供应部门来换领一个可用件时,器材供应部门的首要责任就是检查送入零件的质保状态。如果该零件仍然在质保期内,就应经过处理,发运到保修单位(或者指定的修理部门)修理。如果该零件已经超过质保期,那么则应送到内部或第三方维修单位修理。

如果零件发运到质量保修单位修理,有时在返回到仓库前要有一个很长的提前时间。在这种情况下,MRO 有两个选择:通常的选择是增加库存量或增加重新订货的起始点,以便克服保修耽误的时间;另一个选择是在某些情况下,有能力进行该项修理的 MRO,可与保修单位签订一个承包协议,以便它们自己进行该项修理,这样,不仅减少了处理这项修理的时间,而且由于这项承包业务还会给 MRO 增加额外的收入。

3. 器材供应部门的其他职能

前面介绍了器材供应部门的五项职能——零件的订购、储存、发放、管理和处理,这是器材供应部门的基本职责,且直接与维修有关。另外,还有两项职责或多或少与日常维修支持业务有一定的关系,即库存调整与预算方面的职责。

（1）库存调整

MRO 有关库存方面的初始规定,与为新飞机和新营运人制定的初始维修方案类似,随着时间的推移,营运人的经验就会表明需要更改这一"起始点"。需要的零件、需要的库存数量以及重新订货起始点,都是由实际维修活动确定的,并且,这些在 MRO 与航空公司之间,以及航空公司内部航线与航线之间都是不同的,同时,还随着季节的不同而不同,随着现有维修质量的不同而变化。在这些变量中,没有任何一项是通过管理可以完全控制的。因此,必须对零件的使用进行持续的监控,并且必要时进行调整。这需要维修部门和器材供应部门的共同努力,并与费用控制和预算业务协调一致。

（2）预算业务

现代化管理方法要求每一个人和每一个经理意识到其掌管部门的费用要求。如果维修与工程单位按照本章开始时所建议的对器材供应实行全面控制,那么他们就必须对发生的所有费用和整个业务的预算负全面责任,这就是器材供应管理部门负责人的主要责任,但是,他还会把一些具体业务的责任委任给负责具体业务的各个经理。当然,在最终分析的时候,公司一级的会计与财务部门会坚持对该业务的监督,并对预算分配作出最终决定。会计与财务部门毕竟也有上司,这个上司就是 MRO 的首席执行官。

确立库存水平的主要问题之一就是各库存项目的费用。有些 MRO 采用过多库存的方法,以防止某一项目在极度需要的时候用完。这种过多库存的结果,也许会减少维修停飞时间及相应的航班延误和取消,但是为此付出的代价是把太多的钱花在了不用的、不需要的器材上,甚至,在某些情况下,有些材料放在货架上白白过期作废。

有些 MRO 建立库存的另一个极端情况是:对零备件的投资很少,这样固然减少了 MRO 开业与运营需要的资金,但是,这样下去,维修停飞时间以及航班延误和取消就会趋于增长,结果影响了飞行计划,引起乘客投诉,甚至降低了维修质量。

鉴于 MRO 企业中的诸多因素,预算和库存水平两者都是动态的,要把它们解决好,需要专业技能和灵活性。

5.4.7 维修大纲评估处的职能工作

维修大纲评估处是监督维修与工程单位工作的一个部门。维修大纲评估单位负责持续分析与监督系统的业务。该单位职责包括质量保证、质量控制、可靠性、安全性等。

① 质量保证部门负责为维修大纲评估处处长贯彻某些管理措施,负责对维修与工程单位的所有部门进行年度监督检查,这些部门包括向 MRO 提供服务或其他支持的 MRO 之外的那些部门。

② 质量控制部门具体着眼于维修措施和维修业务的实际实施,它们还负责对工具和试验设备的专门检验和校验。

③ 可靠性部门的责任是监控飞机系统和部件的故障率、拆卸率等,以便评估整个维修大纲的有效性。如果得知有任何故障,可靠性部门则将问题转到工程部门,以便进行调查,并制定一个适当的解决方案。

④ 监督职能部门就是安全部门。安全部门具体着眼于在维修与工程单位的业务中涉及的人的健康和安全的问题,这就意味着要求该部门制定一套卫生与安全大纲,并监督实施。同时,还要负责处理有关维修与工程单位安全问题所有的报告和索赔。

1. 质量保证

质量保证部门的主要职责是确保维修与工程单位的各个部门的部件遵守适航法规要求,还要遵循公司的政策和程序。质量保证部门制定维修与工程单位的工作标准,并通过每年的年审检查,保证这些标准的贯彻实施。质量保证部门还负责对外部供应商和承包商进行监督、检查,看是否遵守了本公司的规章和当局的条例。

(1) 质量保证要求

对运营的每一种型号的飞机,航空公司均应制定运营规范,其中的一条规定是要制定维修与检查大纲,以便用来保持该飞机处于适航状态。于是,有人把该大纲称为持续适航维修大纲,缩写为 CAMP,并在营运人的运营规范中加以规定。运营规范是经过民航总局批准的,但它还不足以保证这种大纲的有效实施。

质量保证部门的职责是:

① 对质量保证和持续分析与监督系统的业务进行管理;

② 对维修与工程单位的各个部门进行质量保证监督;

③ 保管技术档案;

④ 对于维修与工程单位的各项职责,与规章制定当局保持联络。

(2) 质量监督

为了贯彻民航总局的要求,即持续分析与监督系统,应当对维修与工程单位内的各个部门进行质量监督检查。一般情况下,这种监督检查每年进行一次,但是,对于某些领域可实施其他监督计划时,质量监督检查可能会多一些或者少一些。这种监督检查应当是一种细微的、实事求是的工作,用以查看运营的各个方面,找出任何偏差,对每项偏差采取纠正措施,并在规定的时间范围内加以克服纠正。这就意味着,如果需要的话,监督检查人员或者监督检查组应查看运营的实施与监督的各个方面,还要查看工作执行情况。关于工作执行情况,应检查下列各项内容。

① 工具、试验设备和设施是否够用;
② 指定人员的资格是否符合要求(执照、培训、专业技能,以及技能等级等);
③ 车间和办公室是否整洁有序;
④ 工具、零件、器材和文件的使用和管理是否得当。

下面是对 MRO 进行监督检查的项目清单:

① 与航线、机库及车间维修有关的工艺和程序:履历本,完成的检查,过站检查、日检、48h 维修检查,保留的维修项目的处理,加燃油,质量控制检查,在换班时的工作交接程序以及零件和器材的采购。

② 与器材供应有关的工艺和程序:零件和器材的接收、储存、挂识别标签及处理,包括贵重、时限和易燃项目;对时限零件的跟踪;质保索赔的处理;确立并提供随机维修配件;机库、航线以及外部航站零件的分配。

③ 与工程有关的工艺和程序:制定维修大纲,调查有问题的区域,制定政策和程序,对服务通告、服务信函和适航指令的评估程序。

④ 在使用计算机系统、手册、文件、技术资料室以及安全设备方面,对维修与检查人员的培训课程和程序。

质量监督检查应当由质量监督室主任或其工作人员对维修与工程单位的每一个部门每年进行一次。应当在每一个日历年提前制订这种监督检查计划,表明每项监督检查的大约日期和内容。监督检查不是企图找某人的毛病,其真正的目的是审查当前的运营情况,并保证各项偏差得以纠正。然而,如果需要,也可以进行抽样检查或者突然的监督检查。对于维修与工程单位运作的每一个方面每年进行一次监督检查,以保证符合规章及 MRO 的要求,这是非常重要的。认真进行这些监督检查也是同等重要的。任何偏差都必须得以解决,纠正措施也必须及时贯彻执行。

监督检查应当进行标准化。虽然每次监督检查调查的领域都有所变化,但是仍有某些项目对于许多单位来说是相同的。因此,为每一个被监督检查的单位指出的有关具体领域,应当制成统一的标准表格,用于监督检查。

质量监督室主任还负责对和维修与工程单位有业务关系的所有外部单位进行监督检查。这些外部单位有:零件供应商、零件库、第三方维修单位以及其他承包商。对于已经得到规章制定当局或其所在 MRO 质量保证部门批准的外部单位,这种监督检查不能仅仅是马马虎虎的批准,而是应通过 MRO 进行质量监督检查,必须保证这些承包商进行的工作应当符合该 MRO 及其规章的要求,不管这些要求与承包商的要求如何类似或者如何不同。应当记住,MRO 负责监督对其进行的所有维修活动,不管是谁进行这些维修。

某些其他类型的监督检查,或者每年进行一次,或者按照需要进行。这些类型可以是对某些工艺、程序或职能方面的监督检查,并且可能在维修与工程单位内跨越两个或更多的部门或业务。应当对涉及的每一个部门进行监督检查,了解它们在较大的活动、程序和功能上起的作用,而不是全面检查其组织机构(除非由于发现这样或那样的问题,认为有必要检查)。这些监督检查包括下列项目:

① 停机坪业务:停机坪业务指与机场停机坪和登机门区域内的活动有关的所有维修和支持功能。这些功能应当包括飞机停放、滑行、加燃油、飞机养护、装载与卸载(乘客、货物等),以及周转维修。这类监督检查也许与有关航班延误和取消问题的处理一起进行,或者在一般情况下与候机楼内的业务一起进行。

② 飞机轮胎压力:飞机轮胎压力是指对整个机群范围内飞机轮胎压力的检查与调整方法进行监督检查(如轮胎压力检查技术、氮气的使用方法等)。这类检查包括对所有型号的飞机、可能进行这种检查的所有航站以及涉及的机组。

③ 车间记录:虽然该检查项目通常是对记录保管单位进行的标准监督检查的一部分,但是,可能根据需要,要求在MRO范围内对记录保管程序进行监督检查。例如,由于新的程序、新的计算机技术以及可靠性大纲发现的问题,可能需要这种监督检查。

④ 必检项目:再一次说明,每一次对涉及必检项目的任何单位进行的监督检查,应包括在该标准检查中。但是,必须检查必检项目程序本身,还有必要对完成必检项目的机务人员的授权情况进行审查。

⑤ 适航指令和服务通告的贯彻:所有的适航指令都要求在规定的时间限制范围内贯彻执行,并且经常适用于具体的航空器(通过尾号、型号或短线号等加以区分)。服务通告尽管可以任选,但是如果贯彻实施的话,也必须予以审查,看是否正确贯彻执行。有时候适航指令是针对已颁发的服务通告提出来的。即使MRO拒绝贯彻执行服务通告(无论是什么原因),但是,作为适航指令,也必须予以贯彻执行。这项监督检查应查看工程部门如何处理适航指令和服务通告,并随后颁发工程指令和其他工作指令,同时,在贯彻实施这些改装时,还应检查涉及的有关单位(维修、器材供应、培训等部门)。

⑥ 大修与改装:这方面的监督检查通常是在飞机大的修理或改装的时候进行的,以保证符合各项要求。这些改装通常在同类飞机的机群上进行,但是监督检查通常只进行一次。

⑦ 安全设备:在各业务中心,安全设备是否能随时可用和随时可取,通常是对该业务中心监督检查的一部分,但是,对所有的安全设备有时还需要进行专门的监督检查。这包括对安全部门本身的检查。

⑧ 安全培训:对于安全项目的安排和使用以及正确地采用安全措施方面的培训检查,应当与对业务中心的检查一起进行,但是,再一次指出,对于整个安全大纲的监督检查是非常必要的。

⑨ 事故/事件报告:报告的过程和程序应当在对安全部门进行监督检查的时候涉及,但是可以对整个安全大纲进行必要的检查,包括涉及的其他业务中心。

⑩ 防火:与防火有关的所有系统、设备和各个程序,都可以作为监督检查的项目。

⑪ 有害材料的处理:要正确处理有害材料,需要对与这类材料有接触的人员进行培训,要对整个安全大纲和涉及的几个业务中心进行监督检查。

(3) 技术档案

民航总局要求营运人保持有关运营飞机状态的某些记录,以便保证飞机处于适航状态并符合审定要求。有了这些记录,就可以允许民航总局或其他规章制定当局检查营运人是否按规定做了。该记录应表明飞机的当前状态,并表明该状态可随时修正。同时,如果飞机卖出、被租赁或者返回到出租方,该记录可允许新的营运人了解该飞机的确切状态,诸如有关贯彻实施适航指令、服务通告以及其他改装和大修的情况;同时,该记录还让新的营运人了解该飞机的维修进度,并且知道在交接的时候飞机处在怎样的字母标识检查状态,即还有多长时间才到下一次的"A"检或"C"检,以及哪种多项检查(3A、4C等)可能到期。

营运人必须保持的记录有四类:持续的、日常的、重复的和永久的。

① 持续记录,如表 5.23 所列,是一种动态记录,需要不断地进行更新、修正,以便及时反映在任何一点上 MRO 的运营状态。

② 日常记录,如表 5.24 所列,通常要保持 15 个月的时间,有些日常记录可以转换成永久状态的记录。

表 5.23 持续记录

序 号	检查项目	检查结果
1	一般记录(飞机、发动机、部件和设备)	
2	养护记录中的时间	
3	时间限制	
4	自从上次大修以来的时间	
5	自从上次检查以来的时间	
6	有寿命限制的零件	
7	运营限制	
8	累计小时数和循环数	
9	按服务通告和/或适航指令进行的改装	
10	由制造商或营运人所作的产品改进	
11	贯彻实施适航指令的状态	
12	有关适航指令的清单	
13	贯彻实施的日期和时间	
14	实施方法(适航指令、服务通告和工程指令等)	
15	一般记录(飞机、发动机、部件和设备)	
16	对于周期性重复贯彻实施的适航指令,下一次贯彻实施的时间	
17	飞机记录	
18	当前检查状态	
19	自上次检查以来使用的时间	
20	上次检查期间进行的日常任务	
21	上次检查期间进行的非日常任务	
22	部件记录	
23	大修清单	
24	自上次大修以来的时间	
25	到下次大修的剩余时间	
26	部件记录卡	

续表 5.23

序　号	检查项目	检查结果
27	机群变动(可转换到永久性的)	
28	已完成的检查清单	
29	维修调机检查清单	
30	发动机故障调机检查清单	
31	试飞检查清单	
32	飞机记录	
33	履历本	
34	飞行履历本	
35	维修履历本	
36	座舱履历本	
37	发动机和辅助动力装置(APU)记录	
38	履历本	
39	维修培训记录	

表 5.24　日常记录

序　号	检查项目	检查结果
1	一般记录(飞机、发动机、部件和设备)	
2	机群变动(可转换到永久性的)	
3	已完成的检查清单	
4	维修调机检查清单	
5	发动机故障调机检查清单	
6	试飞检查清单	
7	飞机记录	
8	履历本	
9	飞行履历本	
10	维修履历本	
11	座舱履历本	
12	发动机和辅助动力装置(APU)记录	
13	履历本	
14	维修培训记录	

③ 重复记录,如表 5.25 所列,表明按照规定周期重复进行的各种工作,例如日检、过站检查、字母检查。在正常情况下,字母检查记录应保持到下次检查完成。但是,在这些检查中获取的数据资料可以用来作为检查周期调整的合法理由。在这种情况下,检查计划数据仍然需要存档,或者对每架飞机每次检查的重要项目应加以总结、归纳并存档,以便将来使用,而原始的检查计划文件则可销毁。

表 5.25 重复故障记录

序号	检查项目	检查结果
1	飞机记录	
2	维修/检查(日检、48小时检查、过站检查和字母检查)	
3	完成的日常项目工卡	
4	完成的非日常项目工卡	
5	计划完成记录	
6	维修/检查(4C检、"D"检、所有飞机的结构检查)	
7	完成的日常项目工卡(可转换到永久性的)	
8	完成的非日常项目工卡(可转换到永久性的)	
9	计划完成记录	
10	重量与平衡	
11	发动机和辅助动力装置记录	
12	大修、检查以及受热区域的检查	

④ 永久记录,如表 5.26 所列,是指对飞机、发动机、部件和设备等的构型更改的记录,须永久保存。如果飞机卖出、被租赁或者返回出租方,这些永久记录必须随着飞机一起转到下一个营运人。

表 5.26 永久记录

序号	检查项目	检查结果
1	一般记录(飞机、发动机、部件和设备)	
2	适航指令符合记录	
3	完成的文件(工卡、工程指令等)	
4	服务通告/服务信函符合记录	
5	完成的文件(工卡、工程指令等)	
6	大的修理/改装记录	
7	事故报告	
8	修理授权、草图、工程图样	
9	服务通告、补充型号合格证、改装和工程指令	
10	重量/重心更改报告	
11	试飞报告	
12	民航总局表格(大的修理与改装)	

2. 质量控制

质量控制部门负责对维修机构维修工作进行日常检查,对维修及检查人员进行审定,并对必检项目大纲进行管理。后一项职责涉及对必检项目的识别和对授权检查和验收工作的具体人员的审定。质量控制部门还负责校验各个维修工具和试验设备,并进行或监督无损探伤试验和检查程序。

3. 可靠性

可靠性部门负责本单位可靠性大纲的执行,并保证任何有问题的地方都能够及时有人负责。该职责包括数据采集和分析、对可能有问题的区域加强识别并向工程部门说明,以及出版可靠性月报。

4. 安全性

安全部门人员负责在维修工程单位开展、执行并管理与安全、健康有关的各种活动,并负责处理有关维修与工程单位安全问题所有的报告和索赔。

5.4.8 MRO的设施要求

1. 厂房设施要求

根据CCAR-145部的有关规定,维修单位应当具备符合下列要求的工作环境以及厂房、办公、培训和存储设施:

1)厂房设施应当满足进行维修许可证限定范围内维修工作的需要,并保证维修工作免受各种气象环境因素的影响。厂房设施应当符合下列规定:

① 除航线维修以外,从事机体维修项目的维修单位,其机库应当足以容纳所批准的维修项目。租用机库的,应当提供有效的租赁证明。对于其他维修项目,应当有足够大的车间,以便正常实施维修工作。机库或者车间内应当具备与从事的维修工作相适应的吊挂设备和接近设备。

② 机库和车间能够保证维修工作有效地避免当地一年内可以预期的雨、雪、冰、雹、风及尘土等气象情况的影响。对于某些机体项目的维修工作,机库不是必需的,但应当同样保证维修工作免受各种气象环境因素的影响。

2)维修工作环境应当适合维修工作的需要并符合下列规定:

① 机库和车间应当采取适当的温湿度控制,保证维修工作的质量和维修人员的工作效能。在工作区域内,应当采取有效的防尘措施,航空器及航空器部件表面不得有明显可见的灰尘。

② 机库和车间应当具有满足维修工作要求的水、电和气源。照明应当能保证每项检查及维修工作有效进行。

③ 噪声应当控制在不影响维修人员执行相应维修工作的水平。不能控制噪声的,应当为维修人员提供必要的保护措施。

④ 工作环境应当满足维修任务的要求。因气温、湿度、雨、雪、冰、雹、风、光和灰尘等因素影响而不能进行维修工作的,应当在工作环境恢复正常后开始工作。

⑤ 有静电、辐射、尘埃等特殊工作环境要求和易对维修人员造成人身伤害的维修工作,应当配备符合其要求的控制、保护和急救设施。2米以上的高空作业应当配备相应的保护装置。

3)办公设施应当符合下列规定:

① 能够有效地完成维修工作和实施规范管理。

② 各类管理人员可以在同一办公室工作,但应当具有足够的空间并进行必要的隔离。

③ 具备维修人员可以有效查阅有关资料及填写维修记录的条件。从事航线维修的,还应当为连续执勤的维修人员提供适当的休息场所,休息场所至维修场所的距离不得导致维修人员疲劳。

4) 培训设施应当满足其培训要求。租用培训设施的,应当向民航总局或者民航地区管理局提供有效的租赁证明。

5) 具备存储工具设备、器材、适航性资料及维修记录的相应设施。存储设施应当满足各类存储物品的下列相应存储要求:

① 工具设备的存储应当保证工具设备存储的安全,防止意外损伤,特殊工具的存储应当满足工具制造厂家的要求。

② 器材存储设施应当保证存储器材的安全,可用件与不可用件应当隔离存放。存储环境应当满足清洁、通风及温湿度的要求。特定器材的存储应当满足其制造厂家的要求。

③ 适航性资料的存储设施应当保证能够安全存放所有适航性资料主本。内部分发的适航性资料的存储设施应当保证使用人员容易取用并与参考资料适当隔离。

④ 维修记录的存储设施应当能够防范水、火、丢失、非法修改等不安全因素。

2. 工具设备要求

维修单位应当根据维修许可证限定的维修范围和有关适航性资料确定其维修工作所必需的工具设备,并按下列规定对其进行有效的保管和控制,保证其处于良好可用状态:

1) 维修单位应当具备足够的工具设备,以保证其工具设备失效后能够在短期内恢复相关的维修工作。

2) 维修单位可以使用与有关适航性资料要求或者推荐的工具设备具有同样功能的替代工具设备,但使用前应当向民航总局或者民航地区管理局证实其等效性并获得批准或者认可。

3) 维修单位可以租用或者借用某些使用频率较低或者投资较大的特殊设备,但应当向民航总局或者民航地区管理局提供有效的合同或者协议,并证明有能力控制其可用性。

4) 维修单位应当制作专用工具设备标识及清单,并建立保管制度,避免工具设备的非正常失效和遗失,保证维修工作需要的工具设备处于可用状态。

5) 维修单位应当建立检测工具或者测试设备的校验制度。常规的计量器具应当能追溯至国家有关标准,制造厂家规定的标准高于国家标准或者无国家标准的某些专用设备的校验应当能追溯至制造厂家规定的标准。工具设备的校验应当有详细的记录,并作为维修记录的一部分进行管理;工具设备的校验工作可以外委,但其管理和控制责任不得外委。维修单位应当建立以下管理制度,以防止维修人员使用超校验期的工具设备进行维修工作:

① 待校验期工具设备的回收制度。

② 在工具设备明显的位置粘贴校验标签并明确要求维修人员在使用工具前核实工具设备是否在校验期内的制度。

③ 超校验期的工具设备的隔离制度,或者对无法隔离的工具设备悬挂牢靠的提示标志的制度。

6) 对于维修单位使用的个人工具,其管理也应当符合前述的各项规定。

7) 维修中使用自动测试设备的,应当控制其测试软件的有效性。

3. 维修器材要求

维修单位应当按下列规定具备其维修工作所必需的器材，对其进行有效的保管和控制，保证其合格有效：

1）维修器材应当符合有关适航性资料的规定。通过协议使用其他单位器材的，应当具有有效的正式合同或者协议。

2）维修单位使用的器材应当具有有效的合格证件，并建立入库检验制度，不合格的或者未经批准的器材不得使用。器材的有效合格证件可以采用下列形式：

① 标准件和原材料应当有合格证或者合格证明。

② 非标准件和非原材料的全新器材应当有原制造厂颁发的适航批准标签或者批准放行证书。

③ 使用过的器材，应当具有民航总局或者民航地区管理局按本规定批准的维修单位签发的CCAR-145部附件七规定的《批准放行证书/适航批准标签》。

3）使用非航空器制造厂家批准的供应商提供的器材应当告知相应的航空营运人，并通过航空营运人获得民航总局的批准或者认可。

4）对于航空营运人的维修单位，允许其按照民航总局或者民航地区管理局批准的工作程序生产少量自制件用于其自身维修工作，但仅限于其故障、失效或者缺陷不直接造成《民用航空产品和零件合格审定规定》第五条第（四）项所列任一情况的航空器部件；非航空营运人的维修单位生产上述自制件的，应当在使用前告知相应的航空营运人，并通过航空营运人获得民航总局或者民航地区管理局批准。自制件不得销售。

5）维修单位应当建立在质量系统控制下的器材供应商评估和入库检验制度，以防止不合格的器材在维修工作中使用；对库存的器材应当建立有效的标识、保管和发放制度，以防止器材混放和损坏，保证器材完好，使用正确。

6）对于具有库存寿命的器材，应当建立有效措施防止维修工作中使用超库存寿命的器材。

7）对于化学用品及有防静电要求的器材，应当根据原制造厂家的要求采取有效的安全防护措施。

8）维修单位应当建立不可用器材的隔离制度及报废器材的销毁制度，防止在维修工作中使用不可用的或者报废的器材。

5.4.9 局方对MRO人员资质的要求

根据CCAR-145部的相关规定和相关企业的经验，组建MRO时在人员上一般需要配置管理人员、技术人员和职能人员。图5.43所示即是相关人员及其分类，下文将叙述局方对相关人员的资质要求。

1. 维修管理人员

维修管理人员包括责任经理、生产经理、质量经理。责任经理总揽MRO各项业务工作，生产经理主要负责生产计划、流程制定、监管，质量经理主要负责质量安全、质量体系的建立与运作。

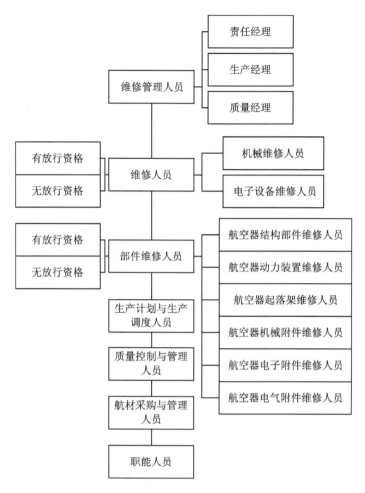

图 5.43　局方对 MRO 人员资质的要求

维修单位应当至少雇佣责任经理、质量经理和生产经理各一名。责任经理应当由维修单位的法定代表人或者由其按照法定程序授权的人员担任；质量经理不能与生产经理兼职；上述人员不能由被吊销维修许可证的维修单位的责任经理、质量经理或生产经理调任或者继续担任。管理人员应当身体健康并适应其所承担的工作，每年度都应当有合法的医疗机构出具的体检证明。

责任经理、质量经理和生产经理应当满足下列资格要求：

① 熟悉民用航空器维修管理法规；

② 具有维修管理工作经验；

③ 国内维修单位的上述人员应当持有《民用航空器维修人员执照管理规则》规定的维修管理人员资格证书；

④ 国外或者地区维修单位的经理人员应具有等同于维修管理人员资格证书的资格。

2．维修人员

一般的 MRO 维修人员主要包括两类，即维修技术人员和维修工程师。维修技术人员是直接从事航空器维修的人员，他们专门从事航空电子系统或者机械系统方面的工作，能应付每一个系统或者装置，理解其如何工作和操作，当出现故障时，懂得如何遵循程序进行排故修理。此外，他们还非常熟悉拆卸、安装和试验方法和程序。

维修工程师的职责是解决机务人员遗留的技术问题，通过查询手册、联系飞机制造商、飞机部件制造商等方式解决疑难技术问题。维修工程师一般与机务人员受到的培训是不同的，他们一般受到了科学与工程的基础培训，归纳与演绎推理技术的培训以及有关统计分析、问题解决和系统工程方面的培训。

民航总局对于直接从事航空器或航空器部件的维修人员，要求经过有关民航法规、国家或行业标准、专业知识、基本技能、工作程序和维修人为因素知识的培训；独立从事维修工作的维修人员应当获得本单位的具体工作项目授权；对于从事无损探伤等工作且国家标准有相关资格要求的人员，还应当同时符合国家标准的要求。对于协助参与从事与航空器或航空器部件维修工作直接有关的质量、工程和生产控制管理的人员，应当持有《民用航空器维修人员执照管理规则》规定的航空器维修人员执照或航空器部件修理人员执照。对于从事与航空器或航空器部件维修工作有关的管理和支援人员，应当经过有关民航法规、国家或行业标准、专业知识、工作程序和维修人为因素知识的培训。

对飞机的放行是维修工程中重要的技术环节，该环节承担着适航责任，适航条款中对放行人员有着特殊的要求，现在结合该要求做简要介绍：

首先，从事放行工作的人员必须持有《民用航空器维修人员执照》。该执照分为两个部分，即基础签署部分和机型签署部分。维修人员先通过基础签署部分，方可申请通过机型签署部分。机型签署部分也分为两类，即所谓Ⅰ类签署和Ⅱ类签署，Ⅱ类签署对于技术人员有着更高的技术要求。在取得《民用航空器维修人员执照》后，维修人员就可以针对特定机型飞行器进行放行了。

此外，从事航线维修、A检或者相当级别（含）以下定期检修和结合检修进行改装工作的放行人员应至少具有Ⅰ类签署；从事运输类和通勤类飞机A检或者相当级别以上定期检修和其他改装工作的放行人员应当具有Ⅱ类签署；国内维修单位的航空器部件的放行人员应当持有按照《民用航空器维修人员执照管理规则》颁发的航空器部件修理人员执照，并且其修理项目部分与所放行的航空器部件应当一致。此外，一般情况下放行人员应当是本维修单位雇佣的人员。

3. 部件维修人员

维修人员所面向的一般是整机或系统，部件修理人员面向的则是系统部件。这些部件包括航空器结构，航空器动力装置，航空器起落架，航空器机械附件，航空器电子附件，航空器电气附件等。部件维修人员一般要求须熟练掌握基本原理和操作方法；能独立进行维修和检查工作，能够分析各种信息和测量数据，必要时会采用正确的修正措施；具有熟练的实际操作技能，维修质量达到规定的合格标准。

与维修人员类似，民航总局对于部件维修人员的放行资格也有严格的要求。要求部件放行人员具有《民用航空器部件修理人员执照》，该执照分为基础部分和项目部分。在取得基础部分后，相关人员可从事项目部分的申请，在取得《民用航空器部件修理人员执照》后则可以进行相应项目的放行。

5.5 飞机的代销和航材的分销

5.5.1 飞机的代销

1. 飞机的进口

一般来说,购买国产飞机或者已经进口的国外飞机并不需要经过民航总局批准,只需要按照相关规定办理登记并申请飞机三证,满足飞行条件就可以飞行。对于从国外直接进口飞机,民航总局在 2017 年决定取消通用航空器引进审批程序。但是,通用航空器引进前,航空器型号设计首先应获得中国民航局的批准。

购买引进飞机一般有以下步骤:

第一步:选择合适的飞机。

① 如果需要试飞,需要如 1 万~5 万元试飞费用/机型;

② 确定意向机型与参考价格;

③ 签署意向(条款基本与合同一致,但客户只需要支付诚意金);如支付 50 万元人民币可退还定金(作为诚意金,唯有在客户最终选定飞机后才变为定金);

④ 公司推荐机位与飞机配置,客户确认(如果客户最终放弃,诚意金立即退还,意向失效);

⑤ 意向书生效,如 50 万元诚意金成为不可退还定金(开始办理飞机进口批文)。

第二步:向民航局或所在地区管理局提交申请材料,申请型号设计批准。飞机进口申请流程如图 5.44 所示。

根据国务院有关文件精神,企业或个人引进通用航空器(包括公务机)需事前审批或备案,并由民航局负责实施。民航局作为行业主管部门,于 2008 年出台《关于引进进口通用航空器管理暂行办法》(民航发〔2008〕116 号);随着国民经济的进一步发展、国家简政放权精神要求以及通用航空市场需要,民航局相继于 2010 年、2012 年修订印发《关于引进进口通用航空器管理暂行办法》(民航发〔2010〕70 号)、《引进通用航空器管理暂行办法》(民航发〔2012〕117 号)。一系列管理办法的颁布,适应了通用航空发展的新形势,对规范引进通用航空器管理、提升通用航空安全水平发挥了积极作用。

近年来,我国通用航空业发展迅速,但因起步较晚,规模仍然较小,基础设施建设也相对滞后。为加快提升通用航空服务保障能力,促进产业转型升级,实现通用航空业持续健康发展,国务院办公厅 2016 年 5 月发布了《关于促进通用航空业发展的指导意见》(以下简称《指导意见》),明确提出"充分发挥企业的市场主体作用,减少行政干预,简化进口通用航空器购置审批(备案)手续"。按照《指导意见》精神,民航局有关部门深入企业开展调研,认真论证研究,决定取消通用航空器引进审批程序。

民航局计划司相关负责人表示,取消通用航空器引进审批(备案)是民航局深入贯彻国务院简政放权精神的体现,也是贯彻《关于促进通用航空业发展的指导意见》的具体落实。民航局坚持"放管服"结合,积极改进通用航空管理模式,研究促进通用航空发展政策,减少事前审批、加大事后监管,力求以改革助力通用航空,推动通用航空持续健康安全发展。

值得注意的是,取消审批(备案)程序并不等于企业或个人能够无限制、不受约束地引进和运营通用航空器。在通用航空器引进前,航空器型号设计首先应获得中国民航局的批准。通用航空器投入运营前也必须通过运行规范审定,缺少运营资质以及人员保障能力、安全状况等不满足要求的企业或个人仍然不具备引进和运营通用航空器的条件。引进方应事前明晰各项责任和义务,避免经济损失。

关于申请资料,《航空器型号合格审定程序》(AP-21-03)和《轻型运动航空器型号设计批准审定程序》(AP-21-37)中的具体规定如下:

① 申请书(CAAC 表 AAC-014);
② 航空器型号的设计特征、三面图和基本数据;
③ 项目的审定计划(对于轻型运动航空器,为项目里程碑计划);
④ 建议的审定基础和符合性方法,包括建议的专用条件;
⑤ 设计保证手册;
⑥ 国外轻型运动航空器项目,需提供申请人所在国不反对中国适航部门开展型号审定的声明。

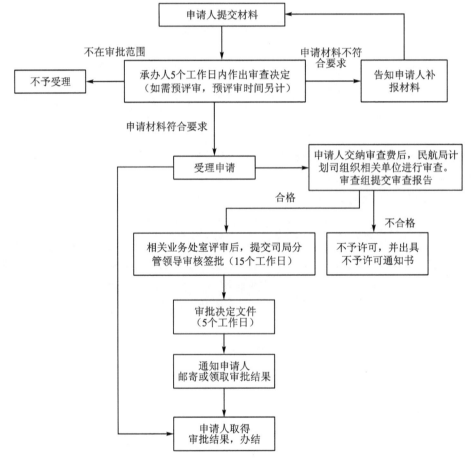

图 5.44 飞机进口申请流程

需要颁发行政许可证件的,自本行政机关作出决定之日起 10 日内,向申请人颁发加盖有效印章的证件。

申请人通过自取的方式取得结果或证件。

第三步：取得民用航空器型号设计批准并签订购机合同。

一般委托专业的进出口公司办理进出口业务，或者与航空器进出口公司签订代理合同。

需要说明的是，虽然民航局规定先申请批文再签购机合同，但因为批文通常与对应的购机合同一起审批，所以二者常常同时进行。

签订购机合同后需进行以下程序：

① 上报喷涂方案，得到喷涂批文。

② 办理国籍登记号，取得民航局的国籍登记号。

③ 等待飞机出场。

④ 飞机出场试飞：

a）需要先办理临时国籍登记；

b）临时电台执照；

c）特许飞行证。

⑤ 飞机交付。进口的飞机一般需要在境外交付，并且在交付时付清全款。小型飞机一般在交付后委托专门机构拆卸后用集装箱海运回国组装。一般有以下步骤：

a）拆机公司拆机；

b）海运公司运送；

c）到达中国；

d）海关商检税、报关和注册，凭飞机交接证明和进口批文即可办理注册；

e）运至国内维修中心；

f）向民航地区管理局提交再组装相关资质文件；

g）得到民航地区管理局试航审定处《关于再组装资质的审查》并取得批文。

⑥ 申请临时适航证、临时电台执照和临时国籍登记证这三证：

a）向民航总局适航司申请临时国籍登记并取得国籍登记证；

b）向地区适航审定处申请临时特许飞行证，局方派检查组检查，航空企业接受检查并取得临时特许飞行证；

c）向地区居委会申请临时电台执照，局方派检查组检查，航空企业接受检查并取得临时电台执照。

临时三证均取得后，再组装验证试飞，交付给客户。飞机试飞，完成交付（首飞后一周内付清全款）。

第四步：申请正式三证。

① 向民航总局适航司申请正式国籍登记证并取得；

② 向民航总局适航审定处申请适航证，接受检查并取得；

③ 向地区居委会申请正式电台执照，接受检查并取得。

三证全部取得，飞机处于适航状态。

第五步：托管。

① 托管在有资质的航空机构进行管理；

② 机务人员取得 CCAR-66 部的基础执照及机型执照；

③ 取得该机型的维修批准文件；

④ 将取得的所有资质等文件上报民航地区管理局适航维修处,并接受其管理,保持飞机的持续适航状态;

⑤ 之后,飞机便可以运营。但是由于国家空中管制的条例,飞机并不能随便起飞降落,飞行前需要提前向当地的民航空管局申报航线。

购机的整个流程所需要的时间在一年半到两年左右。

2. 飞机代销的基本情况

经营通用航空飞机代销的企业要熟悉通用飞机的性能参数、飞机引进的相关政策和规定、飞机投入运营所需的流程以及与飞机购买相关的金融服务。凭借对通用航空飞行需求的深入了解和对世界范围内通用航空资源情况的掌握,经营通用航空飞机代销的企业能够对各类通用航空飞机的购买提供专业的咨询,能协助通用航空公司、企业和个人确定和优化飞机购买方案,并协助办理各类购机手续,包括保险、运输、进口等,从而获取相应的利润。

通常来说,销售飞机制造商的航空产品,主要有以下几种方式:

① 购买一定数量的飞机的产权作为库存并销售飞机。在这种情况下,飞机的代销商与飞机的供货商(可以是制造商,也可以是经销商或者其他飞机销售代理商)是消费者与商家的关系。飞机的代销商具有自主的定价权,也不受飞机交付日期的影响。这种情况一般常见于小型飞机、运动型飞机的销售。这类飞机价格较低,维护和停放成本也比较低。但是,对于公务机等价格较高的飞机而言,这种销售方式显然不适合。对于公务机等较大的飞机而言,库存飞机的成本极高,一旦滞销,飞机的停放和维护成本也极其高昂,企业难以承受。

② 不购买企业的航空产品,而是作为中间人,向客户取得购买飞机的代表权,向飞机制造厂商取得飞机的代理销售权,从中赚取利润差价和佣金。在这个过程中,飞机的产权属于厂家,代销商不需要付出较大的库存成本。代销商需要通过自身的条件和实力(通常是代销商规模、历史、资质等),说服飞机制造商,获取飞机的代理销售权,达成飞机代理销售的协议;同时,还需要通过自己的销售渠道,争取客户的委托购买意向。一般来说,飞机的销售代理商可以代理同一个品牌的多个系列的飞机,也可以代理多个品牌的飞机。其盈利的方式也可以是多样的,可以向客户以服务费、咨询费和劳务费的方式收取引进飞机的代理业务,也可以通过赚取飞机制造商的官方报价与实际价格的差价来获取利润,还可以按照成交金额的一定比例,向客户和飞机制造商同时收取佣金。近年来,飞机代销的盈利方式更为多样。在飞机滞销时,通过已经达成的较多数量的飞机代购意向形成团购,压低飞机制造商的报价;在飞机紧俏时,一些具有较高代理优先级的代理商通过获取飞机制造厂商较早的交付时间,赚取高额的利润。

在进行飞机代销的同时,一般还需提供完善的售后服务,最大限度地满足客户的后续要求。按照客户的时间要求完成飞机引进的工作,从批文的获得到飞机的注册都需要安排专人完成。同时,需要联系技术人员或者通用航空公司,安排专人到飞机制造厂商进行培训,在飞机运达客户指定的港口后或飞机飞抵指定的机场后,机务工程师需要在客户指定的地点对飞机进行复装、调试(小型飞机需要复装,大中型公务机则可以直接飞抵指定机场)及验证飞行,同时要安排并长期确保产品的零配件原厂供应。

3. 飞机代销的流程

飞机代销的流程如图 5.45 所示。

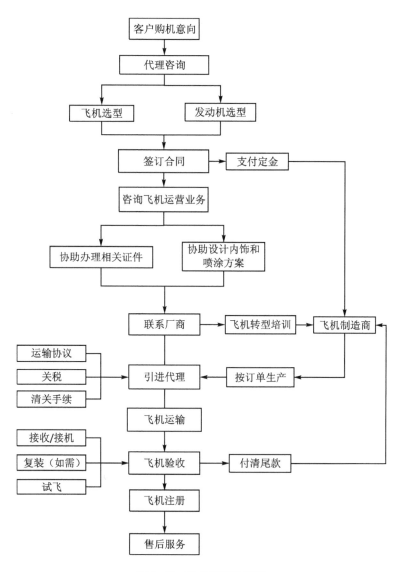

图 5.45　飞机代销的流程

4. 飞机代销的内容

1) 客户与飞机代销商联系,表达购机意向,说明使用需求、资金预算等基本情况。

2) 根据客户的基本情况,提供所代理飞机的基本介绍、照片等更多详细信息,并与客户达成代理咨询的协议,商定飞机代理咨询双方的权责关系、佣金等详细条款。

3) 根据客户的需求以及厂商的实际情况,开展飞机和发动机的选型工作。除此之外,对公务航空的客户而言,选型工作可以从以下角度出发。

① 明确飞行任务需求:

100 个人就有 100 种出行需求。明确自己的实际飞行任务需求,是选择一架理想的公务机的第一步。以下几个问题有助于您清楚地了解自己对公务机的需求:

a) 您可能最常飞往的目的地是哪里?
b) 您飞往这些地方的频率有多高?

c) 通常会有多少人和您一起出行？

d) 您总体的购置与运行预算是多少？

由于空中旅行的要求不尽相同，没有一架飞机能够100%满足用户的全部需求。可以遵循"75%需求原则"，即投资购买可以满足75%飞行需求的飞机。一架适合的公务机的航程应该是可以飞往最常去的目的地而中途不需停留；更远途的飞行可以通过中途停靠加油续航的方式来完成。如果一个客户绝大多数的出行目的地距离驻地航程在3 000公里以内，偶尔才需要飞到更远的目的地，一架远程大型公务机并非最佳之选（即使预算允许），因为其性能并没有得到充分的发挥。此时，一架中型公务机就可以提供相似的舒适度及奢华度，投资成本也将显著降低。

② 考虑机型大小：

有些客户认为飞机越大越好，但是如此投资并非明智之举。美国国家公务航空协会（NBAA）的调查数据表明，全球范围内，超过90%的公务飞行，所搭载的乘客不足5人。公务机机型的选择应与所计划的飞行任务需求保持一致，同样适用"75%需求原则"：如果绝大多数的出行是搭载4～6名乘客，则可以选择购买一架8座的中型公务机；偶尔计划一个大家庭15人在春节假期乘机出游，可以通过包一架大型公务机，或者用这架中型公务机分两次来完成这次特别之旅。

③ 购置及运营成本：

从近程小型飞机到超远程大型飞机，公务机的购置价格相差甚远。例如，一架超中型的豪客4000（Hawker 4000）价格约为2 300万美元，而一架短程的空中国王C90GTx（King Air C90GTx）价格仅为大约400万美元。除了最初的购置成本以外，还需要考虑公务机的日常运营及维护成本。与购置成本相似，近程小型公务机和超远程大型公务机的运营成本也有很大差别。通常，随着飞机尺寸的增大，管理费用、保险费、培训费、着陆费以及机组人员的工资也随之增加。公务机越大，运营成本也呈几何倍数增长。需要综合实际预算和公务飞行需求来考量。

④ 客户服务与技术支持：

在选择公务机时，还有一个需要考虑的重要因素是在中国可以获得哪些客户服务和技术支持。有些公务机厂商已经在中国本土设立了客户服务和技术服务中心，客户再也不必飞往境外进行飞机维修、保养，极大地节省了时间和费用。

以豪客比奇为例：豪客比奇已经指定上海霍克太平洋公务航空服务中心为其首家位于中国大陆的授权服务中心（ASC）。该授权服务中心位于上海虹桥国际机场，为包括中国在内的北亚地区豪客系列飞机的拥有者及运营方提供高效便捷的服务。这意味着中国的豪客飞机客户可获得的支持服务包括飞机维护、售后支持、发动机维护、修理及大修、航空电子设备零件及相关服务、销售配件及设备。此外，豪客比奇也在香港指定了授权服务中心。

除了授权服务中心，亚洲公务机航空管理有限公司（BAA）也是国内主要运营豪客比奇公务机的公司，可为客户提供航线申请、机组人员等专业的公务机管理服务。豪客比奇在北京、上海和香港均设立了销售和技术支持代表处，建立了航材中心，确保中国客户享受完善的售前服务和便捷、高品质的售后支持。

① 机型明确后，需要联系飞机制造厂商，同其进行商务谈判。谈判可以是客户、代销商和厂家进行三方谈判，也可以由代销商全权代表客户与飞机制造厂商谈判，还可以是代销商代表

厂商与客户进行谈判(这取决于代销商的策略和购买机型的实际情况)。商务谈判的结果是确定基本型价格、选装配置、备用航材、交货期、售后服务等各项细节;同时,还要根据客户的具体要求,提供融资租赁、产权共享、境外付款、投资性购机等多种购机方案及方案组合,并且通过国家的规定和政策(税收减免等),尽量降低金融成本。在三方同意的前提下,买卖双方及代理方签订三方购买合同,买方支付购机定金;卖方报价一般为出厂价,包括基本型价格和选装配置价格,公务机买家还应预留下列进口费用:增值税、海关税、进口代理费、运输费(空运或飞行)、保险费等。进口代理将协助客户办理外汇调节、付款、公务机进口等各项手续。

② 飞机代理商按照合同为买家提供飞机引进的代理服务,如飞机引进批文、飞机托管咨询等,并协助客户确定飞机托管公司,有时还需要代表客户与托管公司谈判。

③ 代理商还需监督厂家依照订单生产飞机,并协助买家对飞机进行监造,帮助买家设计个性化的飞机内饰和喷涂方案,以确保飞机制造厂商能够按时按计划交付飞机。

④ 飞机厂商一般会为客户提供飞行员转型培训和机务人员培训。参加完培训的机务和飞行员可参与随后的飞机接收工作。培训的具体时间以工厂实际安排为准。

⑤ 飞机制造完毕,飞行员转型培训和机务人员培训结束之后,客户付清尾款,代理商协助完成飞机的交付工作。大中型的公务机可以由飞机制造厂商的基地直接飞回或者转场飞回,小型飞机则需要运送(空运或海运)之后重新复装。进行试飞验收后,飞机才能够交付。在这期间,飞机的代理商需要负责飞机进口、报关等相关事宜。

⑥ 飞机交付后,协助客户办理飞机三证以及托管等业务,直至飞机能够正常运行。

⑦ 售后服务。确保飞机的维护、零配件的供应的正常运转。

⑧ 如需要,作为飞机引进的代理商,可优先办理二手飞机的处置业务。

5. 飞机代销实例

为了更好地了解情况,可以参考国内某飞机代理公司宣传的代理购机方案的基本流程:

1) 双方沟通,公司推荐飞机。如果需要试飞,需要1~5万元试飞费用(注:此处试飞指的是体验飞行);

2) 确定意向机型与参考价格;

3) 签署意向(条款基本与合同一致,但客户只需要支付诚意金);

4) 支付50万元人民币可退还定金(作为诚意金,唯有在客户最终选定飞机后才变为定金);

5) 公司推荐机位与飞机配置,客户确认(如果客户最终放弃,诚意金立即退还,意向失效);

6) 意向书生效,50万元成为不可退还定金(开始办理飞机进口批文);

7) 获取批文后,签署正式协议;

8) 飞机在制造国(或供应商)交付地交付试飞(在当地交付即需要付清除税金以外的全部款项,产权转移);

9) 飞机运输、报关、再组装(海运一个月左右;空运一周左右;税金付清);

10) 国内交付飞机(飞机将交运到客户所在地组装);

11) 飞机办理临时三证或用美国三证,适航检查试飞;

12) 办理飞机三证(适航检查试飞后一周);

13) 办理非经营性通用航空许可和飞行许可;

14) 飞机试飞,完成交付(首飞后一周内付清全款)。

5.5.2 航材的分销

航材是指除航空器机体以外的所有航空器部件和原材料,是飞机运营人为保证飞机的安全准时运行进行维护、维修时所需预备的飞机零备件,是保障航班正常、安全飞行的重要因素,对其管理是飞机运营人生产循环的基础工作。对飞机运营人而言,四大日常运营成本航油消耗、航路费用、航材成本、人员和其他办公费用中,航路费用所占的比例很小。航材成本是其中占比例很大、管理最为复杂和可压缩空间最大的一项成本。以运输航空的数据为例,航材储备几乎占到了飞机运营人75%的库存资产和25%的流动资产,但其中每年所能用到的航材只占库存的25%左右,库存资金的周转期普遍保持在600天以上。对于规模小、缺乏资金的通用航空企业来说,庞大的航材库存不仅会增加库存成本,而且会造成企业的流动资金被大量占用,妨碍企业的发展,甚至威胁到企业的生存。

1. 航材分销涉及的相关概念

(1) 航材分销商

根据中国民航总局关于"合格的航材"的编号为 AC-121-58 的《咨询通告》,将航材分销商定义为:以自身的名义购买航材,进入库房,再将其转卖或分卖给最终使用人的航材经销商。协助航材的最终使用人购买航材,但由民航总局批准的生产系统、批准或认可的维修单位或民航总局根据双边协议接受的外国航空当局批准的生产系统直接供货至最终使用人的代理人,不视为航材分销商。

(2) 航材供应商

航材供应商指向航空运营人提供民航总局批准或认可的航空器/航空器部件的任何单位和个人。航材供应商应当为经批准或认可的航空器部件制造厂家、维修单位或者航材分销商,任何仅提供信息、运输、财务服务的代表、代理人(包括机构)均不视为航材供应商。

(3) 航材的种类

航材品种繁多,库存数量极其庞大,这也是航材难以实施有效控制的一个重要原因。据统计,单就 B737-300/500 型飞机,其库存航材大概就有 5 000 多种。

① 按照维修性的不同,航材可分为两大类:消耗件和周转件。消耗件是指使用后无法再恢复使用(即一次性使用件),或价廉不值得修理的航材,或者是修理费大于市场价70%的航材。周转件是指当出现故障后经修理能恢复其使用价值的航材,航空维修中的周转件,大多为高价件,其种类虽然不多,但却会占用大量资金。

② 按照对飞机飞行安全的影响来分,即按照所谓的 Essentiality Code 值,航材总共可分为三类:NO GO 类(此件航材故障时,飞机不能放行);GO IF 类(航材故障时,根据情况飞机有时能放行);GO 类(航材故障时不影响飞机放行)。

③ 按照是否存在使用寿命,航材可分为时控件和非时控件。时控件主要指厂家提供了设计使用寿命,装机后使用到规定的时间或规定的循环,必须拆下来进行检修。如大发起动机、轮毂、发电机及氧气瓶等。非时控件则没有寿命要求,视情况进行更换。

(4) 民航总局批准的生产制造系统

指根据 CCAR-21 部批准的生产系统,包括:

① 零部件制造人批准书(PMA)持有人;

② 技术标准规定项目批准书(CTSOA)持有人;

③ 仅依据型号合格证进行生产的型号合格证持有人;

④ 生产许可证(PC)持有人。

(5) 民航总局批准的部件

民航总局批准的部件指根据 CCAR-21 部或 CCAR-145 部,在民航总局批准的生产系统制造的或在民航总局批准的维修单位维修的,并符合民航总局批准或认可的型号设计数据的部件。

(6) 民航总局认可的部件

民航总局认可的部件指下述民航总局认可的装于型号审定产品的零部件:

① 指根据 CCAR-21 部及双边适航协议,装于经型号认可的外国航空产品上的零部件;

② 根据 CCAR-145 部及有关维修合作安排或协议认可的维修单位维修的零部件;

③ 按照航空器及其部件制造厂家指定方式进行的因设计或制造原因导致的索赔修理或执行强制性改装的零部件;

④ 航空器制造厂家确定的标准件(如螺母和螺栓);

⑤ 航空营运人根据民航总局批准的程序制造的用于自身维修目的的零部件;

⑥ 由民航总局授权的人员确定符合批准的型号设计数据的零部件;

⑦ 其他民航总局规定的情况。

(7) 新 件

新件指没有使用时间或循环经历的航空器部件(制造厂型号审定过程中的审定要求经历或台架实验除外)。

(8) 标准件

标准件指其制造符合确定的工业或国家标准或规范的零件,包括其设计、制造和统一标识要求。这些标准或规范必须是公开发布并在航空器或其部件制造厂家的持续适航性资料中明确的。

(9) 原材料

原材料指符合确定的工业或国家标准或规范,用于按照航空器或其部件制造厂家提供的规范进行维修过程中的加工或辅助加工的材料。这些标准或规范必须是公开发布并在航空器或其部件制造厂家的持续适航文件中明确的。

2. 航材市场的现状

据统计,目前全球民航业的航材备件存储约 500 亿美元,其中 230 亿美元为周转件,270 亿美元为维修件,而且每年的库存备件仍以 7%~10% 的速度递增。但是,每年使用的航材备件还不到其中的 1/4。可见,航材备件给航空公司造成了非常大的成本压力。航材备件的成本包括直接的购买价或修理费、运杂费、关税和增值税、保险费、仓储费等。航材的成本,有很大一部分是不可控或者难以控制的,比如航材价格的垄断性、相关税费等。航材价格的不断上涨及海关对航材关税税则的不断细化而导致的高税率,使国内飞机运营人的航材成本压力加重,对国内飞机运营人的竞争力产生了一定影响。

3. 航材的价格

航空器材大部分为高科技密集产品,而且依靠进口,其造价极高,由于其独特的专用性、适航垄断性造成其价格普遍不可比。只有极少数的产品,飞机运营人在购买新飞机时具有一定的可选性。这也是飞机购买中提到的"飞机选型"的内容。除一般选择项目外,飞机选型包括两个主要部分即 BFE 和 SFE 项目。

① BFE 的全称为 Buyer Furnishing Equipment,指的是由买方选择厂家(在许可清单上)并自行购买的装机器材,一般有飞机上的座椅、厨房及插件、娱乐设施、部分电子器材、救生设备等。

② SFE 的全称为 Seller Furnishing Equipment,指的是由买方选择厂家但价格已包括在购机合同里的项目,这部分项目内容视不同机型而不同,一般项目不多。

只要有竞争,飞机运营人就能争取到优惠。这种情况下,飞机运营人往往在 BFE/SFE 谈判中就可能争取到极大的优惠,包括装机器材购买价格的优惠、免费备件、备件(首批器材)一定时期的优惠价、价格涨幅限制、索赔期限延长、剩余器材回购、免费提供未来可能的改装、运费承担等,这部分项目的优惠是巨大的。然而,相对于整架飞机来说,这部分器材只占极少的比例。

飞机上原装的器材绝大部分是飞机运营人无法选择的,更说不上享受价格优惠。尤其是国内早期大量飞机是租赁来的,根本没有参与选型也谈不上部分器材优惠。因此,飞机运营人在飞机营运过程中所需的大量器材的购买价往往是厂家价格表上的价格,有些称为飞机运营人净价格(Airlines Net Price)。虽然每个国家基本都有根据通货膨胀率等而计算价格指数涨幅限制的公式,但几乎所有厂家每年的航材价格仍然都上涨 3‰~5‰,甚至更高。另外,生产厂家有诸多的理由涨价,如某一种器材停止生产、性能改进等,价格一旦上涨便没有了封顶。这是由于航空器材的唯一性、专用性、适航性等限制而造成的价格垄断。

航空器材不同于普通商品,飞机一旦装上某一厂家的某种器材,大部分情况下飞机运营人就只能沿用下去。尤其是租赁的飞机,更不可能更换航空器材的厂家。器材的改装是一笔巨大的费用,且影响较大,一般情况下是不会随意改动的。因此从购机/租机开始,飞机运营人就要面临大量的"无替代品"航材价格垄断造成的巨大成本支出。这一点在国内飞机运营人身上体现得尤为突出。

国外飞机运营人在 PMA 件,即非原生产厂商(OEM,即贴牌生产)器材的应用上有上升趋势,而国内飞机运营人一般不主张或者说不允许使用 PMA 件,尽管其价格比 OEM 件要便宜得多。这是由于国内飞机运营人难以判断这类器材使用的可靠性、适航性等,且缺乏相应的安装文件支持。这种情形使得国内飞机运营人对航材的价格控制显得更被动。这种价格被动垄断的结果,也是国内飞机运营人航材成本相对国外飞机运营人要高的原因之一。正如人们所说,飞机上的一颗螺钉螺帽都可以卖几美元,这就不足为奇了。随着国际经济形势的滑坡,通货膨胀率的上升,航材价格的不断上涨将带给飞机运营人更大的成本压力。

4. 民航总局对于航材分销的相关规定

（1）航材分销的规则

航空运营人欲从航材分销商处购买航材，应当遵守下述规则：

① 对于经过民航总局认可的协会评估并获得其航材分销商证书的分销商，任何航空运营人都可以购买航材。

② 对于建立了航材分销商评估程序并获得批准的航空运营人，可以从经过其评估并列入航材供应商清单的航材分销商处购买航材。

（2）航材分销商评估程序的批准

① 申请航材分销商评估程序批准的航空运营人应当满足如下条件：

a）航空运营人在建立 CCAR-121 部要求的质量管理体系上没有申请偏离或者豁免；

b）航空运营人的质量管理体系经过局方的监察并建立了良好的可信度；

c）在申请前三年内没有发生过非经批准航材装机或者入库的事件；

d）建立了有效的可疑非经批准航材的报告制度。

② 航空运营人建立的航材分销商评估程序应当满足如下要求：

a）航材分销商的评估由质量部门的人员进行，并且评估人员的资格要求和培训能保证其进行有效的评估；

b）建立了航材分销商的评估大纲和标准，并且其中至少包括了本文件附件规定内容的评估；

c）建立了评估记录、发现问题改正监督和批准审核制度，其中航材分销商的批准应当由总工程师或者由其授权质量部门负责人进行；

d）建立了航材分销商变化跟踪及其持续监督制度，保证对航材分销商评估的持续有效性，其中应当包括至少每两年进行再评估的要求；

e）建立了发现航材分销商提供可疑非经批准航材的信息报告和终止使用航材分销商的信息通报制度。

③ 局方对航空运营人的航材分销商评估程序的批准将以批准其包含在维修工程管理手册的形式，或者作为维修工程管理手册的附件单独批准。

④ 当局方认为航空运营人不再满足获得航材分销商评估程序批准的条件或者航空运营人不能有效执行航材分销商评估程序时，可以要求航空运营人修改维修工程管理手册，删除航材分销商评估程序，并且在航材供应商清单中删除所有的航材分销商。

（3）关于航材分销商提供的航材的规定

① 除航空器制造厂家规定的航材供应商以外，航材分销商提供的航材应当来自航空运营人航材供应商清单规定的供应商。

② 除一批航材仅有一个合格证件，需要按规定复制合格证件的情况外，航材分销商提供的航材应当满足民航总局关于航材的表示和文件中所规定的航材合格证件和文件要求。

③ 对于只有一个合格证件的一批航材，航材分销商可以在保存原始合格证件的情况下向航空运营人提供原始合格证件的复印件并加盖航材分销商的盖章。

（4）对航材采购合同的要求

① 航空运营人在采购航材时，必须通过与航材供应商签订合同进行。

② 航材采购合同中应当至少包括所采购航材的件号（或型号）、数量、航材供应商名称、合格证件要求等内容，如采购使用过的航材还须在合同中明确提供适航要求的信息。通过航材供应商的代理人采购航材时，也必须在合同中注明所需提供航材的航材供应商。

③ 航材采购合同应当同航材的合格证件及其他要求文件一同保存。

（5）对航材供应商的文件的要求

① 新件、标准件或原材料的供应商应具备能追溯到民航总局批准或认可的生产系统的证明文件，包括下述有效的适用文件：

a）生产许可证、生产检验系统批准书；

b）零部件制造人批准书、技术标准规定项目批准书；

c）标准件或原材料的指定制造厂家说明；

d）型号合格证或型号认可证持有人授权直接发货的证明。

② 使用过的航空器部件的供应商应具备能追溯到民航总局批准或认可的维修单位的维修许可证件（包括其经批准的维修单位手册、维修能力清单和批准函件）。

（6）航材的适航状况限制

① 航材运输及包装要满足 ATA-300 的要求，并应当参考 CCAR-145 部的要求妥善存储和保护，以保证其适航性；对于偏离存储条件的航材应当参考 AC-121-66 的原则进行适当处理后才能使用或者准备使用。

② 航空运营人在采购航材时还应当满足如下的适航性限制：

a）经过高温、失火、盐水或腐蚀性液体侵害的部件视为不可用件，需民航总局批准或认可的维修单位经过适当的修理和测试确定其可用性后方可采购；

b）制造不合格的部件和有可能造成不明确损伤的事故航空器上拆下的部件视为永久不可用件，不得采购。

5. 航材的管理

（1）航材的特点

航材有自己不同于其他商品的特点，概括如下：

① 先行性：航材是运输生产活动之前的预先投入，是为了解决运输生产过程中，器材供应的前期准备，储以防患，备以待用，具有十分明显的先行性特点。

② 周转性：航材实物形态的周转流程是：采购—入库—领用。其价值形态周转是：储备—消耗—补偿。价值伴随着实物的位移而不断循环周转。

③ 波动性：航材储备量有最高点、最低点和保险点之分，在运输经营中，随着供应、领用和生产消耗的变化，航材的数量时高时低，起伏变化，呈波动状态。

④ 服务性：航材是运输生产中不可缺少的生产要素，其直接作用就是服务于运输生产，随时满足维护和维修的需要，一旦零部件缺乏必要的储备，企业的运输生产就难以正常开展。

⑤ 隐含性：企业放在航材上的资金，对于运营过程有重要的保证作用，但这部分资金不能直接给企业带来资金收益，只能在服务中间接促进经济效益的提高，从资金的收益上看具有很强的隐含性。

(2) 航材管理

航材管理部门的一个重要任务是保持最低的年费用或达到一个可以接受的费用水平。但是较低的费用将会对航材的获取产生不利影响，而航材的获取又会影响飞机的飞行。因而航材管理部门和用户之间需要一个二者都认可的标准。航材管理部门向生产部门维持的保证率是什么？即每一百件航材需求中应有多少能立刻得到满足，可接受的缺货率是多少。进一步而言，航材管理部门的主要任务可分述如下：

① 航材采购：航材采购部门在做了市场调查，比较了质量、价格、供货周期、担保以及供应商的可靠性后，就可向供应商发出订单。在采购航材时，采购部门通常事先从计划部门得到一个包括件号和所需数量的内部申购单，并对所有未交货的订单进行管理，在交货逾期时采取正确的行动，或有时在价格、质量和担保发生纠纷时予以解决。航材计划采购部门是航材管理中决定库存水平的最重要的因素，它们应对航材管理的所有费用水平负完全责任。由于成本意识和所有人的总费用变得越来越重要，采购作用和重心从定期消耗的例行工作转向效率计划，从而更多地考虑关键航材或物流上的重要航材以及决定是自行购买还是建立共同库。

② 航材存储：经质量和数量检验后，航材在库存控制系统中处于入库及入库后的管理环节。航材存储是有一定规则的，库房也有不同的种类。库房的主要目的是按照约定的时间和用户的使用需求来补充库存航材。航材存储依据最佳安全和资金需求进行。

③ 航材计划：如果有航材需求，不管是补充还是首批订货，航材计划人员应向采购部门提出内部申购单。航材计划是库存控制系统的中心环节，计划人员控制着全部库存费用和向生产部门提供服务之间的平衡。航材计划人员具有保证意识，也深刻意识到物流在航材管理过程中的影响作用。

④ 航材清关：航材到达国内基地后，若来自国外，还应清关。在清关后才能拆箱，将航材送至指定仓库。清关工作应事先制定正确的清关程序。清关程序越长，对总订货周期和周转时间产生的影响越大，进而导致库存量大幅上升。清关工作对紧急订货应有特殊处理方法，以避免影响飞机正常飞行。

(3) 航材管理的目的

航材管理的经济效益最直接的表现就是库存周转资金和航材保证水平（航材发付率）。如果一个航材部门的库存资金较少，而航材保证水平较高，那么航材管理的经济效益一般就较好；反之，航材管理的经济效益就较低。但是，判断航材管理经济效益的高低不能简单依据库存资金和航材保证水平的绝对高低。航材保证水平越高，必然增加库存资金的需求。因此，航材保证水平并不是越高越好。

航材管理的目的就是在高保障率与低库存水平之间寻求一个平衡点，使之既能及时提供航材，保证一定的保障率（一般为 90%～92%），同时又要最大限度地降低库存，减少资金占用。

航材保障率（又称航材发付率）是指飞机在因缺件停场前，航材保证次数和航材需求次数之比。即：

$$航材保障率=(航材保证次数/航材需求次数)\times100\%$$

航材保障率又分为正常保障率和非正常保障率,即:

$$航材保障率=正常保障率+非正常保障率$$

正常保障率又称为库房保障率,是指飞机在因缺件停场前从本单位库房可立即得到的航材次数与机务部门在维修工作中提出的航材领用申请次数之比。

非正常保障率是指飞机因缺件停场前不通过本单位库房得到的所需航材次数(如通过紧急订货、外借、租赁、串件等)与机务维修部门在维修工作中提出的航材领用申请次数之比。

保障率是衡量航材保证水平的指标,保证水平越高,飞机可飞行小时数就越多,保障率的高低与库存资金的关系如图5.46所示:

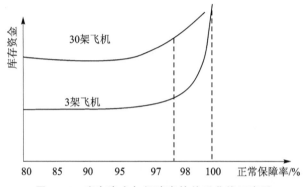

图5.46 库存资金与保障率的关系曲线示意图

由图5.46可知,当正常保障率高于97%~98%时,所需的库存资金会急剧增加,3架飞机机队规模与30架飞机机队规模的库存投入几乎一样。因此,为了保持合理的库存水平,正常保障率不能定得过高,应在90%~92%之间。

(4)航材库存管理的特点

航材库存管理是物资管理中最为复杂的一个领域,也是一个迫切需要解决的问题,但是因为航材作为一种特殊产品,运用一般的库存管理理论方法是很难完全做到的。研究航材库存管理,应注意以下几个方面的特点:

① 航材管理不同于一般的大中型企业的管理,后者所需的原材料、零备件的种类与航材相比要少很多(航材所包含的零备件种类是数以万计的)。

② 对大中型企业来说,一旦发生零备件缺货,只是其生产进度受到影响,带来一些经济损失。而飞机运营人一旦发生航材缺货,就会影响飞行安全,造成航班延误甚至取消,这不仅会对航空公司的声誉造成影响,相应的经济损失也是巨大的。

③ 因为航材存货中约85%的项目在使用当中故障发生的时点是不容易预测的,这类特征是由于飞机故障发生的随机性造成的,即每一次飞行中都有可能发生故障;也有的航材到飞机退役时都不会发生故障。因而这些航材在很大程度上是作为保险储备的。

6. 航材的租用和借用

由于航材的采购和储备需要较大的资金代价,所以即使是规模很大的飞机运营人也难以满足突发情况下的航材需求,而需要通过租用或者借用航材以满足需求。因此,租用或者借用航材也是航材分销商的一项业务。

1) 在满足如下要求的情况下,航空运营人可以向其他航空运营人或航材供应商租用或者借用航材:

① 保证租用和借用的航材是民航总局批准或认可的部件,并具备适航规定的合格证件。

② 租用或者借用的使用过的航空器部件必须具有适航批准标签。

③ 租用或者借用期超过30日,并且租用或者借用航材的供应商不在本公司的航材供应商清单之内时,还必须具有该航材供应商的文件。

④ 租用或者借用的航材在使用前应经过接受检查,确认该航材处于可用状态。

2) 当借用具有使用寿命的航空器部件时,还应同时满足下述要求:

① 其使用时间在本公司规定的寿命范围内。

② 其使用时间在出借人规定的寿命范围内。

3) 在下列条件限定下,航空器运营人可临时借用不具备民航总局批准或认可的航空器部件:

① 航空器运营中出现应急情况时(如在国外造成航班延误或取消),可以借用具有适航批准标签的航空器部件,并在最长不超过10个连续日内拆下。

② 当因执行强制性改装、航空器或航空器部件制造厂家的保修或者索赔修理造成航空器不能正常投入运行时,可以在涉及的航空器部件返回前使用航空器或航空器部件制造厂家提供的周转件。

5.6 飞行执照培训业务

5.6.1 飞行驾驶学校的硬件要求

筹建民用航空驾驶员学校,开展飞行培训业务需要有地面培训中心和运行基地。地面培训中心包括空勤教学楼、空勤宿舍、食堂等。运行基地包括相应的停机设施、飞行训练设施、飞行调度签派设施、飞行指挥设施、飞行讲评设施等。

对于驾驶员学校的统一监督管理由中国民用航空管理局实施,并颁发学校认可证书。民航地区管理局负责所辖地区内设立的驾驶员学校的合格审定,颁发驾驶员学校临时合格证和驾驶员学校合格证,并向民航总局飞行标准司职能部门备案。民航地区管理局及其派出机构负责对所辖地区内设立的驾驶员学校的运行和其他驾驶员学校在其所辖地区内设辅助基地的运行实施持续监督检查。

1. 机场要求

1) 驾驶员学校临时合格证或者驾驶员学校合格证的申请人应当证明其实施飞行训练所使用的每个主要训练机场都具有连续使用权(备注:如果驾驶员学校从初次申请合格证之日或者从申请更新合格证之日起,对设施和机场具有至少6个日历月的所有权和使用权,或者按照书面协议的规定,对设施和机场具有至少 6 个日历月的使用权,则认为该学校对设施和机场具有连续使用权)。

2) 用于飞机和滑翔机训练的每一机场应当具有至少一条跑道或者起飞地带,可以允许进行训练的航空器在下列条件下,以最大审定起飞全重进行正常起飞和着陆:

① 风速不大于 2 米/秒(5 英里/小时)。

② 温度等于飞行地带年最热月份的平均最高气温。

③ 如适用,按照制造厂家推荐的方法使用动力装置、起落架和襟翼。

④ 起飞时无需特别的驾驶技术和方法,就能在起飞过程中从离地平稳地过渡到最佳爬升率速度,并且在起飞飞行航迹中至少有 15 米(50 英尺)的超障余度。

⑤ 每个机场应当具有一个能从跑道两端地平面上看得见的风向指示器。

⑥ 在无塔台管制和无法提供航空咨询服务的机场上应当具有起降方向指示器。

⑦ 具备符合课程等级要求的设施;用于夜间飞行训练的每一个机场应当具备永久性跑道灯光设备,但在用于水上飞机夜间飞行训练的机场或者基地上,经局方批准,也可以使用非永久性灯光设备或者海岸灯光设备。

2. 航空器要求

驾驶员学校临时合格证或者驾驶员学校合格证申请人应当证明用于飞行教学和单飞的每一架航空器符合下列条件:

1) 是在中国登记的民用航空器。

2) 具有标准适航证。但是民航总局根据其所批准的训练课程的性质,可以允许申请人使用不具有标准适航证的航空器。

3) 每架航空器应当按照 CCAR-91 部 D 章的规定进行维修和检查。

4) 用于飞行教学的航空器应当具有至少两个驾驶员座位,并且具有发动机操纵装置和飞行操纵装置。这些操纵装置应当位于从两个驾驶员座位处均能进行方便、正常操作的位置上。

5) 用于按照仪表飞行规则进行航线飞行教学和仪表进近教学的航空器,应当按照适用于仪表飞行规则飞行的要求安装设备和维修。如果用于参考仪表进行操纵和作精确机动飞行教学,航空器可以按照经批准的训练课程中的规定安装设备。

3. 训练装置要求

驾驶员学校临时合格证或者驾驶员学校合格证申请人应当证明其拥有的飞行模拟机、飞行训练器、辅助训练装置和设备符合下列要求:

1) 飞行模拟机。用于经批准训练课程的飞行模拟机应当符合下列要求:

① 其驾驶舱以相同尺寸模拟了特定型别航空器或特定厂家、型号和系列航空器的驾驶舱;

② 具有再现特定航空器的地面和飞行操作所必需的硬件和软件;

③ 具有运动感应系统,且该系统所提供的动感效果至少应当等同于一个三自由度运动系统所提供的动感效果;

④ 具有视景系统,且该视景系统至少能同时为每名驾驶员提供 45°的水平视场和 30°的垂直视场;

⑤ 已由局方鉴定合格并且批准使用。

2) 飞行训练器。用于经批准训练课程的飞行训练器应当符合下列条件:

① 具有开放式或封闭式的驾驶舱,且驾驶舱中的主要仪表、设备面板和控制装置与特定航空器驾驶舱中的尺寸和设置相同,同时还具有用于模拟航空器进行地面和飞行操作所必需的硬件和软件;

② 可以没有运动感应系统和视景系统;

③ 已由局方鉴定合格并且批准使用。

3) 辅助训练装置和设备。经批准的训练课程中列出的每种辅助训练装置和设备,包括视听设备、投影设备、录音设备、模型、图表或者航空器部件,都应当处于精确的状态,并适用于民航地区管理局批准的训练课程。

4. 讲评区要求

1) 驾驶员学校临时合格证或者驾驶员学校合格证申请人应当证明对位于每个主要训练机场的讲评室具有连续使用权,该讲评区域应当符合下列要求:

① 可以容纳正在等待参加飞行训练的所有学生;

② 其布置和设备配置适合于实施飞行讲评;

③ 如果学校具有仪表等级课程或者商用驾驶员执照课程等级,讲评区域内应当有适当的通信设备,可以允许驾驶员与相应的气象服务部门和航行情报部门联系以获取相关信息。但是如果与以上部门位于同一机场并且联络方便,则可以不配备通信设备。

2) 一个讲评区域不得同时被两个或者两个以上驾驶员学校使用。

5. 地面设施要求

驾驶员学校临时合格证或者驾驶员学校合格证申请人的地面训练设施应当符合下列要求:

1) 用于教学的每间教室、训练室和其他空间在取暖、照明和通风等方面符合国家和当地政府关于建筑、卫生等方面的规定。

2) 训练设施的位置应当可以保证受训人员不受其他房间实施的训练和机场内飞行和维修活动的干扰。

5.6.2　飞行驾驶学校的人员配置要求

1) 驾驶员学校的临时合格证或者驾驶员合格证的申请人应当按照下列要求配备人员:

① 配备有充足的人员,包括持有执照的飞行教员、地面教员或者带有轻于空气航空器等级的商用驾驶员执照的持有人,为每个经批准的训练课程指定一名主任教员,该主任教员应当经过审定,有能力完成所指派的职责;

② 如果驾驶员学校使用了签派员、航空器维修和勤务人员,则应当对其进行工作程序和岗位职责训练;

③ 实施地面训练或者飞行训练的教员应当持有地面教员执照、飞行教员执照或者带有轻于空气航空器等级的商用驾驶员执照,并且持有与经批准的训练课程和课程中使用的航空器相适应的等级。

2) 驾驶员学校临时合格证和驾驶员学校合格证的申请人应当为学校每一门经批准的训练课程指定一名主任教员,该主任教员应当符合以下要求:

① 持有现行有效的商用驾驶员执照或者航线运输驾驶员执照。其执照中应当包括与课程中所用航空器的类别、级别和机型相对应的类别、级别等级、适用的型别等级和现行有效的飞行教员等级。如果实施训练课程需要仪表等级,则其执照中还应当带有相应的仪表等级。

② 符合中国民用航空规章《民用航空器驾驶员和地面教员合格审定规则》(以下简称 CCAR-61 部)第 61.61 条机长近期飞行经历要求。

③ 具有下列理论知识:

a) 教学法;

b) 导航设备、机场灯光和目视助航设备、空域、空中交通管制及程序、应急程序、影响飞行安全的因素、人的因素、航空图表等方面的适用部分;

c) CCAR-61 部、CCAR-91 部和本规则中的适用条款;

d) 经批准的相应课程的目的和完成该训练课程的标准。

④ 针对适用于相应课程的飞行程序和动作,通过了教学技能和教学能力方面的教学检查;

⑤ 应当符合下述 a)、b)、c)、d) 和 e) 款的适用要求。

a) 担任私用驾驶员执照或等级训练课程的主任教员应当符合下列要求:

➢ 具有至少 1 000 小时的机长飞行时间;

➢ 作为持有教员等级的飞行教员所获得的飞行教学经历应当符合下列要求之一:

• 从事飞行教学至少 2 年,具有至少 500 小时的飞行教学时间;

• 具有至少 1 000 小时的飞行教学时间。

b) 在仪表等级训练课程或者带有仪表等级权利的等级训练课程中,担任仪表等级训练课程的主任教员应当符合下列要求:

➢ 具有至少 100 小时在实际或者模拟仪表条件下的飞行时间;

➢ 具有至少 1 000 小时的机长飞行时间;

➢ 作为持有教员等级的飞行教员所获得的仪表飞行教学经历应当符合下列要求之一:

• 从事仪表飞行教学至少 2 年,具有至少 250 小时的仪表飞行教学时间;

• 具有至少 400 小时的仪表飞行教学时间。

c) 担任航线运输驾驶员(飞机)整体课程的主任教员应当符合下列要求:

➢ 具有至少 3 000 小时的机长飞行时间;

➢ 作为持有教员等级的飞行教员所获得的飞行教学经历应当符合下列要求之一:

• 从事飞行教学至少 5 年,具有至少 1 500 小时的飞行教学时间,其中仪表飞行教学时间至少 500 小时;

• 具有至少 2 500 小时的飞行教学时间,其中仪表飞行教学时间至少 500 小时。

d) 担任高性能多发飞机训练课程的主任教员应当符合下列要求:

➢ 具有至少 3 000 小时的机长飞行时间；
➢ 具有至少 500 小时的多机组成员飞行经历；
➢ 作为持有教员等级的飞行教员，从事飞行教学至少 1 年，具有至少 500 小时的飞行教学时间，其中仪表飞行教学时间至少 250 小时。

e) 在上述 a)、b)、c)和 d)款规定的训练课程以外的训练课程中，担任主任教员应当符合下列要求：

➢ 具有至少 2 000 小时的机长飞行时间；
➢ 作为持有教员等级的飞行教员所获得的飞行教学经历应当符合下列要求之一：
• 从事飞行教学至少 3 年，具有至少 1 000 小时的飞行教学时间；
• 具有至少 1 500 小时的飞行教学时间。

f) 未按本规则实施的教学时间，最多可计为上述要求飞行教学时间的 50%。

3) 助理主任教员应当符合下列要求：

① 持有现行有效的商用驾驶员执照或者航线运输驾驶员执照。其执照中应当包括与课程中所用航空器的类别、级别和机型相对应的类别、级别等级、适用的型别等级和现行有效的飞行教员等级。如果实施训练课程需要仪表等级，则其执照中还应当带有相应的仪表等级。

② 符合 CCAR-61 部第 61.61 条机长近期飞行经历要求。

③ 具有下列方面的理论知识：
a) 教学法；
b) 导航设备、机场灯光和目视助航设备、空域、空中交通管制及程序、应急程序、影响飞行安全的因素、人的因素、航空图表等方面的适用部分；
c) CCAR-61 部、CCAR-91 部和本规则中的适用条款；
d) 经批准的相应训练课程的目的和完成该训练课程的标准。

④ 针对适用于相应训练课程的飞行程序和动作，通过了教学技能和教学能力方面的教学检查。

⑤ 符合下述 a)、b)、c)、d)和 e)款的适用要求。

a) 担任私用驾驶员执照或等级训练课程的助理主任教员应当符合下列要求：
➢ 具有至少 500 小时的机长飞行时间；
➢ 作为持有教员等级的飞行教员所获得的飞行教学经历应当符合下列要求之一：
• 从事飞行教学至少 1 年，具有至少 250 小时的飞行教学时间；
• 具有至少 500 小时的飞行教学时间。

b) 在仪表等级训练课程或者带有仪表等级权利的等级训练课程中，担任仪表等级训练课程的助理主任教员应当符合下列要求：
➢ 具有至少 50 小时在实际或者模拟仪表条件下的飞行时间；
➢ 具有至少 500 小时的机长飞行时间；
➢ 作为持有教员等级的飞行教员所获得的仪表飞行教学经历应当符合下列要求之一：
• 从事仪表飞行教学至少 1 年，具有至少 125 小时的仪表飞行教学时间；
• 具有至少 200 小时的仪表飞行教学时间。

c) 担任航线运输驾驶员(飞机)整体课程的助理主任教员应当符合下列要求：

➤ 具有至少 1,500 小时的机长飞行时间；

➤ 作为持有教员等级的飞行教员所获得的飞行教学经历应当符合下列要求之一：

- 从事飞行教学至少 2 年 6 个月，具有至少 750 小时的飞行教学时间，其中仪表飞行教学时间至少 250 小时；
- 具有至少 1 250 小时的飞行教学时间，其中仪表飞行教学时间至少 250 小时。

d) 担任高性能多发飞机训练课程的助理主任教员应当符合下列要求：

➤ 具有至少 1 500 小时的机长飞行时间；

➤ 具有至少 250 小时的多机组成员飞行经历；

➤ 作为持有教员等级的飞行教员，从事飞行教学至少 1 年，具有至少 500 小时的飞行教学时间，其中仪表飞行教学时间至少 250 小时。

e) 在上述 a)、b)、c) 和 d) 款规定的训练课程以外的训练课程中，担任助理主任教员应当符合下列要求：

➤ 具有至少 1 000 小时的机长飞行时间；

➤ 作为持有教员等级的飞行教员所获得的飞行教学经历应当符合下述要求之一：

- 从事飞行教学至少 1 年 6 个月，具有至少 500 小时的飞行教学时间；
- 具有至少 750 小时的飞行教学时间。

f) 未按本规则实施的教学时间，最多可计为上述要求飞行教学时间的 50%。

4) 当学校具有至少 50 名正在接受训练的学生时，驾驶员学校临时合格证和驾驶员学校合格证持有人应当指定至少一名检查教员，负责实施学生的阶段检查、课程结束考试和教员熟练检查。该检查教员应当符合以下要求：

① 在飞行训练或者地面训练课程中实施检查和考试的检查教员应当通过主任教员对其进行的考试，考试内容包括：

a) 教学法；

b) 导航设备、机场灯光和目视助航设备、空域、空中交通管制及程序、应急程序、影响飞行安全的因素、人的因素、航空图表等方面的适用部分；

c) CCAR-61 部、CCAR-91 部和本规则中的适用条款；

d) 经批准的相应训练课程的目的和完成该训练课程的标准。

② 在飞行训练课程中实施检查和考试的检查教员，应当符合下列要求：

a) 符合上述①的要求。

b) 持有现行有效的商用驾驶员执照或者航线运输驾驶员执照。其执照中应当包括与课程中所用航空器的类别、级别和机型相对应的类别、级别等级、适用的型别等级和现行有效的飞行教员等级。如果实施训练课程需要仪表等级，则其执照中还应当带有相应的仪表等级。

c) 符合 CCAR-61 部第 61.61 条机长近期飞行经历要求。

d) 针对适用于相应课程的飞行程序和动作，通过了由主任教员或者助理主任教员实施的教学检查。

检查教员除符合上述要求外，还应当由主任教员以书面形式指定其进行学员阶段检查、课程结束考试和教员教学检查。

检查教员与学员有下列情形之一的，不得对该学员实施阶段检查和课程结束考试：

① 检查教员是该学员的主要教员；
② 该学员是检查教员推荐参加阶段检查或课程结束考试的。

5.6.3　飞行培训业务简述

目前，我国飞行员数量严重不足，缺口巨大。但是，我国飞行员培训机构数量较少，质量不高，导致短时间内难以满足快速增长的飞行员需求。与此同时，随着我国经济的发展，航空爱好者和高收入人群的增加，对私人飞行的需求量也快速增长。因此，有不少通用航空企业通过开展飞行执照培训来盈利。这些企业既有经营通用航空、公务航空业务同时兼营飞行执照培训的，也有专门从事飞行制造培训的。

纵观我国飞行执照培训业务，不难发现，我国航空公司飞行员的主要来源是中国民航飞行学院毕业的飞行学员（这些人员上岗时持有大学毕业文凭和职业飞行执照证书）；其次是军队航空退役飞行员；还有一部分是各航空公司自主与国外飞行员培训机构联合训练的飞行员。

从我国的飞行执照培训机构来看，目前培养民航飞行员的各类结构中，除了中国民航飞行学院已有50年的飞行教学经验，并具备全过程完成"从专科到本科到硕士飞行员的培养"的教学和训练的条件外，其他学校的办学条件各有不同。高等院校如北京航空航天大学、南京航空航天大学和中国民航大学等，因客观条件的限制，飞行训练需要借助国外的飞行培训机构的条件来完成。而北京泛美航校、安徽蓝天国际飞行学院等，虽然有自己的飞行训练设施和训练保障系统，但又不具备学历教育资质，只能从事飞行技能培训。亦有少数飞行执照培训机构，诸如山东的南山飞行学院，兼具学历教育资质，同时也可以从事飞行技能培训。

1. 飞行员驾驶执照培训的概念

飞行员驾驶执照共有三类：

1）私用驾驶员执照：持有人可以驾驶私人飞机、飞行俱乐部的飞机从事非营业性的飞行；

2）商用驾驶员执照：持有人可以驾驶通用航空公司的各种飞机，从事各种营业性的专业飞行；

3）运输驾驶员执照：最高级别的飞行员驾驶执照，持有人可以驾驶运输类航空公司的各种大型客机和运输机，从事航班的飞行。

飞行员驾驶执照培训通常是指私用或商用驾驶员执照培训。按照CCAR的解释："是指使用航空器，以掌握飞行驾驶技术，获得飞行驾驶执照为目的而开展的飞行活动。包括以正常教学为目的的任何飞行，教官带飞和学员在教官的指导下单飞，但不包括熟练飞行。"

飞行员驾驶执照培训通过有资质的培训学校组织学员，按照民航总局飞行培训管理的要求，完成各种课程和科目的训练，达到民航总局对飞行员驾驶航空器从事飞行活动的标准要求，通过局方组织的考试，取得不同资质的驾驶执照。

2. 飞行员驾驶执照培训的种类

1）以培训单位的设置和性质分类：

① 取得临时合格证的驾驶员培训学校；

② 取得合格证的驾驶员培训学校；
③ 得到民航总局认可的境外驾驶员培训学校。
2) 以学员取得执照的类别分类：
① 按执照等级分：私用驾驶员培训、商用驾驶员培训；
② 按受教育程度分：学历教育加执照培训、单一执照培训。
3) 以使用的航空器类别分类：
① 使用固定翼航空器培训私用驾驶员和商用驾驶员；
② 使用旋翼航空器培训私用驾驶员和商用驾驶员。

3. 驾驶学校课程等级

民航地区管理局可以按照合格审定的实际情况，批准驾驶学校申请人开设下列一种或者数种课程：

1) 私用驾驶员执照课程；
2) 仪表等级课程；
3) 商用驾驶员执照课程；
4) 基础飞行教员等级课程；
5) 仪表飞行教员等级课程（飞机或直升机仪表教员等级）；
6) 增加航空器类别或者级别等级课程；
7) 驾驶员学校地面课程；
8) 航线运输驾驶员（飞机）整体课程；
9) 高性能多发飞机训练课程。

5.6.4 飞行执照培训的课程和科目

目前，各飞行学校开展的飞行执照业务主要集中在前述执照中的私用驾驶员执照方面，主要课程为私用驾驶员执照培训课程和仪表等级课程。也有少数飞行学校能够培训商业驾驶员执照，主要课程为商用驾驶员执照课程和仪表等级课程。以下为 CCAR-141 部私用驾驶员执照培训课程、仪表等级课程和商用驾驶员执照培训课程的主要内容。

1. 私用驾驶员执照培训课程

1) 适用范围：

本规章针对下列等级，规定了本规则要求的私用驾驶员执照课程的最低课目标准：

① 单发飞机。除航线运输驾驶员（飞机）整体课程的私用驾驶员执照训练阶段外，使用 CCAR-61 部规定的初级飞机实施训练等同于单发飞机。
② 多发飞机。
③ 直升机。
2) 注册要求：

在注册进入私用驾驶员执照课程的飞行训练部分之前，应当持有学生驾驶员执照。

3）航空知识训练：

① 每门经批准的课程应当至少包括下述②款对下列航空器类别和级别等级的航空知识方面规定的地面训练。这些训练的时间至少要求35小时。

② 地面训练应当包括下列航空知识内容：

a）与私用驾驶员执照持有人有关的规章条例、飞行规则；高度表拨正程序、相应的空中交通服务措施和程序。

b）飞机和直升机的一般知识，包括动力装置、系统和仪表的工作原理及其功能，有关类别航空器和动力装置的使用限制，飞行手册或其他相应文件中的有关操作资料，对于直升机传动装置（传动齿轮系，如适用）。

c）飞行性能、计划和装载，包括装载及重量分布对飞行特性的影响；重量和平衡计算，起飞、着陆和其他性能数据的使用与实际运用，适合于按照目视飞行规则私人运行的飞行前准备和航路飞行计划；空中交通服务飞行计划的准备和申报；相应的空中交通服务程序；位置报告程序；高度表拨正程序；交通密集区的运行。

d）人的行为能力，包括威胁和差错管理的原则。

e）气象学，包括初级航空气象学的应用，气象资料的使用和获得气象资料的程序，测高法，危险气象条件。

f）领航，包括空中领航和推测领航技术的实践，航图的使用。

g）操作程序，包括在运行效绩方面运用威胁和差错管理，高度表拨正程序，航空文件（如《航行资料汇编》《航行通告》《航空代码及缩略语》）的使用，适当的预防程序和应急程序（包括为避让危险天气、尾流和其他运行危险所采取的行动），对于直升机还应包括带油门的缓慢垂直下降、地面共振、后行桨叶失速、动力侧滚翻转和其他操作危险、与目视气象条件飞行相关的安全程序。

h）飞行原理。

i）无线电通话，包括适用于目视飞行规则运行的通信程序和用语，如遇通信故障应采取的行动。

4）飞行训练：

① 每门经批准的课程应当至少包括本条和本规章第5条中所规定的飞行训练。飞行训练应当包括本条4)款中列出的、适用相应航空器类别和级别等级的经批准操作的内容。这些训练的时间至少要求35小时；

② 每门经批准的课程中至少应当包括下列飞行训练：

a）单发飞机课程。由持执照的飞行教员按本条4)a)款中的批准操作内容进行20小时的飞行训练，该训练至少包括：

➢ 3小时单发飞机转场飞行训练；

➢ 3小时单发飞机夜间飞行训练，包括：

• 一次总距离超过180千米(100海里)的转场飞行；

• 10次起飞和10次全停着陆，且每次着陆应包含一次起落航线飞行。

➢ 3小时单发飞机仪表飞行训练；

➢ 3小时在单发飞机上为准备实践考试进行的飞行训练，该训练应当在考试前60日内完成。

b) 多发飞机课程。由持执照的飞行教员按本条 4)b)款中的批准操作内容进行 20 小时的飞行训练,该训练至少包括:

- 3 小时多发飞机转场训练;
- 3 小时多发飞机夜间飞行训练,包括:
  - 一次总距离超过 180 千米(100 海里)的转场飞行;
  - 10 次起飞和 10 次全停着陆,且每次着陆应包含一次起落航线飞行。
- 3 小时多发飞机仪表飞行训练;
- 3 小时在多发飞机上为准备实践考试进行的飞行训练,该训练应当在考试前 60 日内完成。

c) 直升机课程。由持执照的飞行教员按本条 4)c)款中的批准操作内容进行 20 小时的飞行训练,该训练至少包括:

- 3 小时直升机转场飞行训练;
- 3 小时直升机夜间飞行训练,包括:
  - 一次总距离超过 90 千米(50 海里)的转场飞行;
  - 10 次起飞和 10 次全停着陆,且每次着陆应包含一次起落航线飞行。
- 3 小时在直升机上为准备实践考试进行的飞行训练,该训练应当在考试前 60 日内完成。

d) 自转旋翼机课程。由持执照的飞行教员按本条 4)d)款中的批准操作内容进行 20 小时的飞行训练,该训练至少包括:

- 3 小时自转旋翼机转场飞行训练;
- 3 小时自转旋翼机夜间飞行训练,包括:
  - 一次总距离超过 90 千米(50 海里)的转场飞行;
  - 在一个机场作 10 次起飞和 10 次全停着陆,且每次着陆应包含一次起落航线飞行。
- 3 小时在自转旋翼机上为准备实践考试进行的飞行训练,该训练应当在考试前 60 日内完成。

e) 初级飞机课程。由持执照的飞行教员按本条 4)e)款中的批准操作内容进行 15 小时的飞行训练,该训练至少包括:

- 3 小时初级飞机转场飞行训练,其中包括一次总距离超过 120 千米(65 海里)的飞行;
- 3 小时在初级飞机上为准备实践考试进行的飞行训练,该训练应当在考试前 60 日内完成。

f) 滑翔机课程。由持执照的飞行教员按本条 4)f)款中的批准操作内容进行 4 小时的飞行训练,该训练至少包括:

- 在持执照的飞行教员陪同下,在滑翔机上完成 5 次批准在该课程中使用的自行起飞或牵引起飞程序,并且应当按照本条 4)f)款中列出的操作内容完成训练;
- 在持执照的飞行教员陪同下,3 次在滑翔机上为准备实践考试进行的飞行训练,该训练应当在考试前 60 日内完成。

g) 轻于空气航空器飞艇课程:由带飞艇等级的商用驾驶员执照持有人按本条 4)g)款中

的批准操作内容进行 20 小时的飞行训练,该训练至少包括:
- ➢ 3 小时飞艇转场飞行训练;
- ➢ 3 小时飞艇夜间飞行训练,包括:
  - 一次总距离超过 50 千米(25 海里)的转场飞行;
  - 在一个机场完成 5 次起飞和 5 次全停着陆,且每次着陆应包含一次起落航线飞行。
- ➢ 3 小时飞艇仪表训练;
- ➢ 3 小时在飞艇上为准备实践考试进行的飞行训练,该训练应当在考试前 60 日内完成。

h) 轻于空气航空器自由气球课程:由带自由气球等级的商用驾驶员执照持有人按本条 4)h)款中的批准操作内容进行 8 小时的飞行训练,其中至少包含 5 次训练飞行。该训练内容包括:
- ➢ 对于在充气气球上进行的训练:
  - 每次 1 小时的 2 次飞行;
  - 1 次在控制下上升到距起飞场地 900 米(3 000 英尺)高度上的飞行;
  - 2 次为准备实践考试进行的飞行训练,该训练应当在考试前 60 日内完成。
- ➢ 对于在热气球上进行的训练:
  - 每次 30 分钟的 2 次飞行;
  - 1 次在控制下上升到距起飞场地 600 米(2 000 英尺)高度上的飞行;
  - 2 次为准备实践考试进行的飞行训练,该训练应当在考试前 60 日内完成。

5) 飞行模拟机和飞行训练器的使用:

① 课程中可以包括在飞行模拟机或飞行训练器上进行的训练,但所用设备应当可以充当课程中所使用的航空器的替代物,符合本款要求,并且此类训练是由持执照的飞行教员实施的。

② 在符合本规章要求的飞行模拟机上进行的训练,其训练时间可以记入经批准课程的总飞行训练时间中,但记入的时间数不得超过经批准课程的总飞行训练时间的 20% 或本条规定的总飞行训练时间的 20%,取最低值。

③ 在符合本规章要求的飞行训练器上进行的训练,其训练时间可以记入到经批准课程的总飞行训练时间中,但记入的时间数不得超过经批准课程的总飞行训练时间的 15% 或本条规定的总飞行训练时间的 15%,取最低值。

④ 在按本条 5)②和 5)③款使用了飞行模拟机和飞行训练器两种设备进行飞行训练时,在两种设备上取得的训练时间可以记入到经批准课程的总飞行训练时间中,但记入的时间数不得超过经批准课程的总飞行训练时间的 20% 或本条规定的总飞行训练时间的 20%,取最低值。但在符合要求的飞行训练器上进行的训练折算的小时数不得超过本条 5)③款中规定的折算限制。

6) 每门批准课程应当包括本款中列出的适合相应航空器类别和级别等级的操作内容的飞行训练:

① 单发飞机课程:

a) 威胁和差错的识别和管理;

b) 飞行前操作,包括重量和平衡计算,起飞前检查和发动机使用;

c) 机场和起落航线的运行，包括在管制机场操作、无线电通信、防撞措施及避免尾流颠簸；

d) 参照外部目视参考的机动飞行；

e) 临界小速度飞行，判断并改出从直线飞行和从转弯中进入的临界失速及失速；

f) 临界大速度飞行，急盘旋下降的识别和改出；

g) 正常及侧风起飞、着陆和复飞；

h) 最大性能（短跑道和越障）起飞，短跑道着陆；

i) 仅参照仪表飞行，包括完成180度水平转弯；

j) 使用地标领航、推测领航和无线电导航设备的转场飞行；

k) 夜间飞行，包括起飞、着陆和目视飞行规则（VFR）航行；

l) 水上飞机的操作（如适用）；

m) 应急操作，包括模拟的航空器系统和设备故障；

n) 按照空中交通管制程序、无线电通信程序和用语飞往管制机场着陆、飞越管制机场和从管制机场起飞。

② 多发飞机课程：

a) 威胁和差错的识别和管理；

b) 飞行前操作，包括重量和平衡计算，起飞前检查和发动机使用；

c) 机场和起落航线的运行，包括在管制机场操作、无线电通信、防撞措施及避免尾流颠簸；

d) 参照外部目视参考的机动飞行；

e) 临界小速度飞行，判断并改出从直线飞行和从转弯中进入的临界失速及失速；

f) 临界大速度飞行，急盘旋下降的识别和改出；

g) 正常及侧风起飞、着陆和复飞；

h) 最大性能（短跑道和越障）起飞，短跑道着陆；

i) 仅参照仪表飞行，包括完成180度水平转弯；

j) 使用地标领航、推测领航和无线电导航设备的转场飞行；

k) 夜间飞行，包括起飞、着陆和目视飞行规则（VFR）航行；

l) 多发飞机操作和水上飞机的操作（如适用）；

m) 应急操作，包括模拟的航空器系统和设备故障；

n) 按照空中交通管制程序、无线电通信程序和用语飞往管制机场着陆、飞越管制机场和从管制机场起飞。

③ 直升机课程：

a) 威胁和差错的识别和管理；

b) 飞行前操作，包括重量和平衡的计算、起飞前检查和发动机使用；

c) 悬停、空中飞移和参照外部目视参考的机动飞行；

d) 机场和起落航线的运行，包括无线电通信、防撞措施和避免尾流颠簸；

e) 从涡环的初始阶段中改出，在发动机转速正常范围内从低旋翼转速改出的技术；

f) 使用地标领航、推测领航和无线电导航设备的转场飞行；

g) 起飞、着陆和复飞,包括正常、有风和倾斜地面的起飞和着陆;

h) 以所需最小动力起飞和着陆,最大性能起飞和着陆,受限制区域内的运行,快速减速;

i) 夜间飞行,包括起飞、着陆和目视飞行规则(VFR)航行;

j) 模拟的应急程序,包括航空器和设备故障,在多发直升机上以一台发动机失去功率进近到悬停或着陆,或者在单发直升机上自转进近并着陆;

k) 按照空中交通管制程序、无线电通信程序和用语飞往管制机场着陆、飞越管制机场和从管制机场起飞。

7) 单飞训练:

每门批准课程应当至少包括下列单飞训练:

① 单发飞机课程。应当在单发飞机上按本规章第 4 条 6)①款中规定的操作内容进行 10 小时单飞训练,该训练至少包括:

a) 5 小时转场单飞时间;

b) 1 次总距离至少 180 千米(100 海里)的转场单飞,在至少 3 个着陆点作全停着陆,其中一个航段的起飞和着陆点之间的直线距离至少为 90 千米(50 海里);或者,一次总距离至少为 270 千米的转场单飞,在至少两个着陆点作全停着陆,其中一个航段的起飞和着陆点之间的直线距离至少为 90 千米(50 海里);

c) 在具有飞行管制塔台的机场上进行 3 次起飞和 3 次全停着陆,且每次着陆应包含 1 次起落航线飞行。

② 多发飞机课程。应当在多发飞机上按本规章第 4 条 6)②款中规定的操作内容进行 10 小时单飞训练,该训练至少包括:

a) 5 小时转场单飞时间;

b) 1 次总距离至少 180 千米(100 海里)的转场飞行,在至少 3 个着陆点作全停着陆,其中一个航段的起飞和着陆点之间的直线距离至少为 90 千米(50 海里);或者,一次总距离至少为 270 千米的转场单飞,在至少两个着陆点作全停着陆,其中一个航段的起飞和着陆点之间的直线距离至少为 90 千米(50 海里);

c) 在具有飞行管制塔台的机场上进行 3 次起飞和 3 次全停着陆,且每次着陆应包含 1 次起落航线飞行。

③ 直升机课程。应当在直升机上按本规章第 4 条 6)③款中规定的操作内容进行 10 小时单飞训练,该训练至少包括:

a) 5 小时转场单飞时间;

b) 1 次总距离至少 180 千米(100 海里)的转场单飞,在至少 2 个着陆点作全停着陆,其中一个航段的起飞和着陆点之间的直线距离至少为 60 千米(33 海里);

c) 在具有飞行管制塔台的机场上进行 3 次起飞和 3 次全停着陆,且每次着陆应包含 1 次起落航线飞行。

8) 阶段检查和课程结束考试:

① 注册于私用驾驶员课程的每位学生应当按照学校经批准的训练课程的要求完成阶段检查和课程结束考试,考试和检查应当包括本规章第 6 条①、②和③款中列出的符合该课程的航空器类别和级别等级的操作内容。

② 在得到允许其操作航空器单飞的签字批准之前,每位学生应当展示令人满意的能力。

2. 仪表等级课程和科目

1) 适用范围:

本规章针对下列等级,规定了本规章要求的仪表等级课程和在执照上增加仪表等级的课程的最低科目标准:

① 飞机仪表等级;

② 直升机仪表等级。

2) 注册条件:

在注册进入仪表等级课程的飞行训练部分之前,应当至少持有附带与所申请的仪表等级相对应的航空器类别和级别等级的私用驾驶员执照。

3) 航空知识训练:

① 每门经批准的课程应当至少包括本条2)款对下列仪表等级的航空知识方面规定的地面训练,这些训练的时间至少要求如下:

a) 对于初始仪表等级课程,30小时;

b) 对于增加仪表等级课程,20小时。

② 地面训练应当包括下列航空知识内容:

a) 中国民用航空规章中有关仪表飞行规则操作方面的内容;

b) 导航设备、机场灯光和目视助航设备、空域、空中交通管制及程序、应急程序、影响飞行安全的因素、人的因素、航空图表等方面的适用部分;

c) 空中交通管制系统和仪表飞行操作程序;

d) 仪表飞行规则领航和使用导航系统的进近;

e) 仪表飞行规则航路和仪表进近程序图的使用;

f) 航空气象报告和预报的获得和使用,以及基于这些信息和个人对天气的观察进行天气趋势预测的要点;

g) 按照仪表飞行规则在仪表气象条件下,安全有效地操作航空器;

h) 危险天气识别和风切变的避让;

i) 航空决断和判断;

j) 机组资源管理,包括机组交流与配合;

k) 仪表等级相关的人员的表现和限制。

4) 飞行训练:

① 每门经批准的课程应当至少包括本条4)款中列出的、适用于相应的航空器类别等级和级别等级的仪表等级训练。这些训练的时间至少要求如下:

a) 对于初始仪表等级,35小时;

b) 对于增加仪表等级,15小时。

② 飞行模拟机或飞行训练器的使用:

a) 课程中可以包括在飞行模拟机或飞行训练器上进行的训练,但所用设备应当可以充当课程中所使用的航空器的替代物,符合本款要求,并且此类训练是由持执照的飞行教员实施的。

b) 在符合本规章要求的飞行模拟机上进行的训练,其训练时间可以记入到经批准课程的总飞行训练时间中,但记入的时间数不得超过经批准课程的总飞行训练时间50%或本条规定的总飞行训练时间的50%,取最低值。

c) 在符合本规章要求的飞行训练器上进行的训练,其训练时间可以记入到经批准课程的总飞行训练时间中,但记入的时间数不得超过经批准课程的总飞行训练时间的40%或本条规定的总飞行训练时间的40%,取最低值。

d) 在按本条②b)和②c)款使用了飞行模拟机和飞行训练器两种设备进行飞行训练时,在两种设备上取得的训练时间可以记入到经批准课程的总飞行训练时间中,但记入的时间数不得超过经批准课程的总飞行训练时间50%或本条规定的总飞行训练时间的50%,取最低值。但在符合要求的飞行训练器上进行的训练折算的小时数不得超过本条②c)款中规定的折算限制。

③ 每门批准课程应当包括下列飞行训练:

a) 飞机仪表等级课程。由带仪表等级的飞行教员执照的持有人按本条4)款中的批准操作内容进行的仪表飞行训练,其中包括一次符合下列要求的转场飞行:

➢ 在批准课程所用的类别和级别的飞机上按仪表飞行规则实施;
➢ 沿航路或空中交通管制指引的航线飞行至少 470 千米(250 海里),其中的一个航段的起飞和着陆机场之间的直线距离至少为 180 千米(100 海里);
➢ 在每个机场完成仪表进近;
➢ 使用导航系统完成三种不同方式的进近(VOR、ADF 和 ILS)。

b) 直升机仪表等级课程。由带仪表等级的飞行教员执照的持有人按本条4)款中的批准操作内容进行的仪表飞行训练,其中包括一次符合下列要求的转场飞行:

➢ 在直升机上按仪表飞行规则实施;
➢ 沿航路或空中交通管制指引的航线飞行至少 180 千米(100 海里),其中的一个航段的起飞和着陆机场之间的直线距离至少为 90 千米(50 海里);
➢ 在每个机场完成仪表进近;
➢ 使用导航系统完成三种不同方式的进近(VOR、ADF 和 ILS)。

④ 每门批准课程应当包括本款中列出的适用于相应仪表等级课程中所用的航空器类别和级别等级的操作内容的飞行训练:

a) 飞行前准备;
b) 飞行前程序;
c) 空中交通管制许可和程序;
d) 参照仪表进行的飞行;
e) 导航系统;
f) 仪表进近程序;
g) 应急操作;
h) 飞行后程序。

⑤ 阶段检查和课程结束考试：注册于仪表等级课程的每位学生应当按照学校经批准的训练课程的要求完成阶段检查和课程结束考试，考试和检查应当包括本规章第 4 条 6)④款中列出的符合该课程的航空器类别和级别等级的操作内容。

3. 商用驾驶员执照课程和科目

1) 适用范围：

本规章针对下列等级，规定了本规章要求的商用驾驶员执照课程的最低科目标准：

① 单发飞机；

② 多发飞机；

③ 直升机；

④ 自转旋翼机；

⑤ 初级飞机；

⑥ 滑翔机；

⑦ 轻于空气航空器飞艇；

⑧ 轻于空气航空器自由气球。

2) 注册条件：

在注册进入商用驾驶员执照课程的飞行训练部分之前，应当至少持有所注册的商用驾驶员执照课程相应航空器类别等级的私用驾驶员执照。

3) 航空知识训练：

① 每门经批准的课程应当至少包括本条②款对下列航空器类别和级别等级的航空知识方面规定的地面训练。这些训练的时间至少要求如下：

a) 对于飞机类别等级，35 小时；

b) 对于轻于空气航空器类别飞艇级别等级，65 小时；

c) 对于旋翼机类别等级，30 小时；

d) 对于滑翔机类别等级，20 小时；

e) 对于轻于空气航空器类别自由气球级别等级，20 小时。

② 地面训练应当包括下列航空知识内容：

a) 中国民用航空规章中有关商用驾驶员权利、限制和飞行运行等方面的内容；

b) 基础空气动力学和飞行原理；

c) 气象，包括危险天气的识别，风切变的识别和避让，航空气象报告和预报的获得和使用；

d) 安全有效地操作航空器；

e) 重量和平衡计算；

f) 性能图表的使用；

g) 超过航空器性能限制的影响和后果；

h) 航图的使用和使用磁罗盘进行地标领航和推测领航；

i) 空中导航设施的使用；

j) 航空决断和判断；

k) 航空器系统的原理和功能；

l) 适用于航空器的机动飞行、程序和应急操作；

m) 夜间和高空操作；

n) 关于空域的规定和空域中的运行程序；

o) 对于轻于空气航空器类别等级，飞行和地面训练程序；

p) 商用驾驶员相关的人员的表现和限制。

4) 飞行训练：

① 每门经批准的课程应当至少包括本条和本规章第 5 条中所提供的飞行训练。飞行训练应当包括本条 4)款中列出的、适用相应航空器类别和级别等级的经批准操作内容。这些训练的时间至少要求如下：

a) 对于飞机类别等级，120 小时；

b) 对于飞艇级别等级，155 小时；

c) 对于旋翼机类别等级，65 小时；

d) 对于初级飞机类别等级，65 小时；

e) 对于滑翔机类别等级，6 小时；

f) 对于自由气球级别等级，10 小时的训练和 8 次训练飞行。

② 每门经批准的课程中至少应当包括下列飞行训练：

a) 单发飞机课程。由授权飞行教员按本条 4)a)款中的批准操作内容进行 55 小时的飞行训练，该训练至少包括：

➤ 5 小时的单发飞机仪表训练；

➤ 10 小时在具有可收放式起落架、襟翼和可操纵变距螺旋桨（或涡轮动力）的单发飞机上的训练；

➤ 一次在单发飞机上至少 2 小时的昼间目视飞行规则转场飞行，距初始起飞点总直线距离至少 180 千米（100 海里）；

➤ 一次在单发飞机上至少 2 小时的夜间目视飞行规则转场飞行，距初始起飞点总直线距离至少 180 千米（100 海里）；

➤ 3 小时在单发飞机上为准备实践考试进行的飞行训练，该训练应当在考试前 60 日内完成；

➤ 5 小时特技飞行训练，至少包括螺旋识别、进入和改出。

b) 多发飞机课程。由授权飞行教员按本条 4)b)款中的批准操作内容进行 55 小时的飞行训练，该训练至少包括：

➤ 5 小时的多发飞机仪表训练；

➤ 10 小时在具有可收放式起落架、襟翼和可操纵变距螺旋桨（或涡轮动力）的多发飞机上的训练；

➤ 一次在多发飞机上至少 2 小时的昼间目视飞行规则转场飞行，距初始起飞点总直线距离至少 180 千米（100 海里）；

- 一次在多发飞机上至少 2 小时的夜间目视飞行规则转场飞行,距初始起飞点总直线距离至少 180 千米(100 海里);
- 3 小时在多发飞机上为准备实践考试进行的飞行训练,该训练应当在考试前 60 日内完成;
- 对于没有单发等级的学员,5 小时特技飞行训练,至少包括螺旋识别、进入和改出。

c) 直升机课程。由持有执照的飞行教员按本条 4)c)款中的批准操作内容进行 30 小时的飞行训练,该训练至少包括:

- 5 小时的仪表训练;
- 一次在直升机上至少 2 小时的昼间目视飞行规则转场飞行,距初始起飞点总直线距离至少 90 千米(50 海里);
- 一次在直升机上至少 2 小时的夜间目视飞行规则转场飞行,距初始起飞点总直线距离至少 90 千米(50 海里);
- 3 小时在直升机上为准备实践考试进行的飞行训练,该训练应当在考试前 60 日内完成。

d) 自转旋翼机课程。由持有执照的飞行教员按本条 4)d)款中的批准操作内容进行 30 小时的飞行训练,该训练至少包括:

- 5 小时的仪表训练;
- 一次在自转旋翼机上至少 2 小时的昼间目视飞行规则转场飞行,距初始起飞点总直线距离至少 90 千米(50 海里);
- 一次在自转旋翼机上至少 2 小时的夜间目视飞行规则转场飞行,距初始起飞点总直线距离至少 90 千米(50 海里);
- 3 小时在自转旋翼机上为准备实践考试进行的飞行训练,该训练应当在考试前 60 日内完成。

e) 初级飞机课程。由持有执照的飞行教员按本条 4)e)款中的批准操作内容进行 20 小时的飞行训练,该训练至少包括:

- 5 小时的初级飞机仪表训练;
- 一次在初级飞机上至少 2 小时的昼间目视飞行规则的转场飞行,距初始起飞点总直线距离至少 120 千米(65 海里);
- 3 小时在初级飞机上为准备实践考试进行的飞行训练,该训练应当在考试前 60 日内完成。

f) 滑翔机课程。由持有执照的飞行教员按本条 4)f)款中的批准操作内容进行 4 小时的飞行训练,该训练至少包括:

- 在滑翔机上完成 5 次由持执照的飞行教员按照该课程中批准的自行起飞或牵引起飞程序以及本条 4)f)款中列出的操作内容要求实施的飞行训练;
- 3 次在滑翔机上由持执照的飞行教员提供为准备实践考试进行的飞行训练,该训练应当在考试前 60 日内完成。

g) 轻于空气航空器飞艇课程。由带飞艇等级的商用驾驶员执照的持有人按本条 4)g)款

中的批准操作内容进行 55 小时的飞行训练,该训练至少包括:
- 3 小时飞艇仪表训练;
- 1 次至少 1 小时在飞艇上实施的昼间目视飞行规则转场飞行,距初始起飞点的直线距离至少 45 千米(25 海里);
- 1 次至少 1 小时在飞艇上实施的夜间目视飞行规则转场飞行,距初始起飞点的直线距离至少 45 千米(25 海里);
- 3 小时在飞艇上为实践考试作准备的飞行训练,该训练应当在考试前 60 日内完成。

h) 轻于空气航空器自由气球课程。由带自由气球等级的商用驾驶员执照持有人按本条 4)h)款中的批准操作内容提供飞行训练,该训练至少包括:
- 对于在充气气球上进行的训练:
  - 2 次飞行,每次 1 小时;
  - 1 次操纵充气气球上升到高于起飞点 1 500 米(5 000 英尺)的飞行;
  - 2 次为实践考试作准备的飞行训练,该训练应当在考试前 60 日内完成。
- 对于在热气球上进行的训练:
  - 2 次飞行,每次 30 分钟;
  - 1 次操纵热气球上升到高于起飞点至少 900 米(3 000 英尺)的飞行;
  - 2 次为准备实践考试进行的飞行训练,该训练应当在考试前 60 日内完成。

③ 飞行模拟机或飞行训练器的使用:

a) 课程中可以包括在飞行模拟机或飞行训练器上进行的训练,但所用设备应当可以充当课程中所使用的航空器的替代物,符合本款要求,并且此类训练是由持执照的飞行教员实施的。

b) 在符合本规章要求的飞行模拟机上进行的训练,其训练时间可以记入到经批准课程的总飞行训练时间中,但记入的时间数不得超过经批准课程的总飞行训练时间的 30% 或本条规定的总飞行训练时间的 30%,取最低值。

c) 在符合本规章要求的飞行训练器上进行的训练,其训练时间可以记入到经批准课程的总飞行训练时间中,但记入的时间数不得超过经批准课程的总飞行训练时间的 20% 或本条规定的总飞行训练时间的 20%,取最低值。

d) 在按本条③b)和③c)款使用了飞行模拟机和飞行训练器两种设备进行飞行训练时,在两种设备上取得的训练时间可以记入到经批准课程的总飞行训练时间中,但记入的时间数不得超过经批准课程的总飞行训练时间的 30% 或本条规定的总飞行训练时间的 30%,取最低值。但在符合要求的飞行训练器上进行的训练折算的小时数不得超过本条③c)款中规定的折算限制。

④ 每门经批准的课程应当包括本款中列出的适合相应航空器类别和级别等级的操作内容的飞行训练。

a) 单发飞机课程:
- 飞行前准备;
- 飞行前程序;

- 机场和水上飞机基地运行；
- 起飞、着陆、复飞；
- 性能机动飞行(大坡度盘旋、急盘旋下降、急上升转弯、懒8字)；
- 领航；
- 小速度飞行、失速和螺旋；
- 应急操作；
- 高空操作；
- 飞行后程序。

b) 多发飞机课程：
- 飞行前准备；
- 飞行前程序；
- 机场和水上飞机基地运行；
- 起飞、着陆、复飞；
- 性能机动飞行(大坡度盘旋、急盘旋下降、急上升转弯、懒8字)；
- 领航；
- 小速度和失速；
- 应急操作；
- 多发操作；
- 高空操作；
- 飞行后程序。

c) 直升机课程：
- 飞行前准备；
- 飞行前程序；
- 飞机场和直升机场运行；
- 悬停机动飞行；
- 起飞、着陆、复飞；
- 性能机动飞行；
- 领航；
- 应急操作；
- 特殊操作；
- 飞行后程序。

d) 自转旋翼机课程：
- 飞行前准备；
- 飞行前程序；
- 机场运行；
- 起飞、着陆、复飞；
- 性能机动飞行；

- ➢ 领航；
- ➢ 小速度飞行；
- ➢ 应急操作；
- ➢ 飞行后程序。

e）初级飞机课程：
- ➢ 飞行前准备；
- ➢ 飞行前程序；
- ➢ 机场和水上飞机基地运行；
- ➢ 起飞、着陆、复飞；
- ➢ 性能机动飞行；
- ➢ 参照地标机动飞行；
- ➢ 领航；
- ➢ 小速度飞行和失速；
- ➢ 应急操作；
- ➢ 飞行后程序。

f）滑翔机课程：
- ➢ 飞行前准备；
- ➢ 飞行前程序；
- ➢ 机场运行；
- ➢ 起飞或牵引、着陆；
- ➢ 性能速度；
- ➢ 滑翔技术；
- ➢ 性能机动飞行；
- ➢ 领航；
- ➢ 小速度和失速；
- ➢ 应急操作；
- ➢ 飞行后程序。

g）轻于空气航空器飞艇课程：
- ➢ 教学原理；
- ➢ 技术内容；
- ➢ 飞行前准备；
- ➢ 飞行前对飞行中将实施的机动飞行的讲解课程；
- ➢ 飞行前程序；
- ➢ 机场运行；
- ➢ 起飞、着陆、复飞；
- ➢ 性能机动飞行；
- ➢ 领航；

- 应急操作；
- 飞行后程序。

h) 轻于空气航空器自由气球课程：
- 教学原理；
- 技术内容；
- 飞行前准备；
- 飞行前对飞行中将实施的机动飞行的讲解课程；
- 飞行前程序；
- 机场运行；
- 起飞和着陆；
- 性能机动飞行；
- 领航；
- 应急操作；
- 飞行后程序。

5) 单飞训练：

每门批准课程应当至少包括下列单飞训练：

① 单发飞机课程。应当在单发飞机上按本规章第 4 条④a)款中规定的操作内容进行 60 小时单飞训练(其中可以包括不超过 50 小时担任机长的飞行训练)，该训练至少包括：

a) 1 次有至少 3 个着陆点的转场单飞，其中一个着陆点距初始起飞点的直线距离至少为 450 千米(250 海里)；

b) 5 小时在有飞行管制塔台的机场实施的夜间目视飞行规则飞行，包括 10 次起飞和 10 次着陆，且每次着陆应包含一次起落航线飞行。

② 多发飞机课程。10 小时在多发飞机上进行的单飞训练(或担任机长的飞行训练)和 50 小时在飞机上进行的单飞训练(或担任机长的飞行训练)。在多发飞机上进行的单飞训练应当包含本规章第 4 条④b)款中规定的操作内容，至少包括：

a) 1 次有至少 3 个着陆点的转场单飞，其中一个着陆点距初始起飞点的直线距离至少为 450 千米(250 海里)；

b) 5 小时在有飞行管制塔台的机场实施的夜间目视飞行规则飞行，包括 10 次起飞和 10 次着陆，且每次着陆包含一次起落航线飞行。

③ 直升机课程。25 小时在直升机上按本规章第 4 条④c)款中规定的操作内容进行的单飞训练(其中可以包括不超过 15 小时担任机长的飞行训练)。该训练至少包括：

a) 1 次有至少 3 个着陆点的转场单飞，其中一个着陆点距初始起飞点的直线距离至少为 90 千米(50 海里)；

b) 5 小时在有飞行管制塔台的机场实施的夜间目视飞行规则飞行，包括 10 次起飞和 10 次着陆，且每次着陆包括一次起落航线飞行。

④ 自转旋翼机课程。20 小时在自转旋翼机上按本规章第 4 条④d)款中规定的操作内容进行的单飞训练(其中可以包括不超过 10 小时担任机长的飞行训练)。该训练至少包括：

a) 1次有至少3个着陆点的转场飞行,其中一个着陆点距初始起飞点的直线距离至少为90千米(50海里);

b) 5小时在有飞行管制塔台的机场实施的夜间目视飞行规则飞行,包括10次起飞和10次着陆,且每次着陆包括一次起落航线飞行。

⑤ 初级飞机课程。20小时在初级飞机上按本规章第4条④e)款中规定的操作内容进行的单飞训练(其中可以包括不超过15小时担任机长的飞行训练)。该训练至少包括1次至少有3个着陆点的转场单飞,其中一个航段的起飞点和着陆点之间的直线距离至少为90千米(50海里)。

⑥ 滑翔机课程。5次在滑翔机上按本规章第4条④f)款中规定的操作内容进行的单飞。

⑦ 轻于空气航空器飞艇课程。20小时在带有飞艇等级的商用驾驶员执照的持有人监视下在飞艇中履行机长职责的飞行训练。该训练应当包含本规章第4条④g)款中规定的操作内容,并至少包括:

a) 1次至少有3个着陆点的转场飞行,其中一个航段的起飞点和着陆点之间的直线距离至少为45千米(25海里);

b) 5小时在有飞行管制塔台的机场实施的夜间目视飞行规则飞行,包括10次起飞和10次着陆,且每次着陆应包含一次起落航线飞行。

⑧ 轻于空气航空器自由气球课程。对于热气球,完成2次单飞;对于自由气球,至少在自由气球上完成2次飞行。在此类飞行中,应当在带有自由气球等级的商用驾驶员执照的持有人监视下履行机长职责。应当包含本规章第4条④h)款中规定的操作内容,并在课程所用类型的气球中进行。

6) 阶段检查和课程结束考试:

① 注册于商用驾驶员课程的每位学员应当根据学校经批准的训练课程,圆满完成阶段检查和课程结束考试,检查和考试由本规章第4条④款中列出的适用于相应航空器类别和级别等级的操作内容组成。

② 每名驾驶员在得到允许其单飞的签字批准之前,应当展示出令人满意的熟练水平。

5.6.5 飞行培训学校的教务工作

1. 考试权

1) 考试权的资格要求:

① 驾驶员学校合格证持有人应当符合下列要求,方可得到考试权的初始批准:

a) 按照民航总局飞行标准职能部门规定的格式和方法提交考试权的申请书;

b) 持有按照要求颁发的驾驶员学校合格证和课程等级;

c) 申请人在申请考试权当月之前,作为驾驶员学校合格证持有人对拟申请考试权的课程等级已连续保持24个日历月以上;

d) 申请考试权的训练课程不得是虽经批准但未符合最低地面和飞行训练时间要求的课程;

e) 在申请考试权之日前的 24 个日历月内,该学校已经符合了下列要求:
- 针对申请考试权的训练课程,训练了 10 名以上学员,并已推荐这些学员参加驾驶员执照、飞行教员执照或地面教员执照或者等级的考试;
- 在驾驶员执照、飞行教员执照或者地面教员执照或者等级的理论考试或者实践考试中,有 90% 以上的学员首次考试合格。这些考试应当由民用航空飞行标准监察员或者该学校雇员之外的考试员实施。

② 驾驶员学校合格证持有人应当符合下列要求,方可保持考试权的持续有效:

a) 按照民航总局规定的格式和方法提交考试权的更新申请;
b) 持有按照 CCAR-141 颁发的驾驶员学校合格证和课程等级;
c) 申请人在申请更新考试权的月份之前,已连续持有该考试权所对应的课程等级达 24 个日历月以上;
d) 申请继续具有考试权的训练课程不得是虽经批准但未符合最低地面和飞行训练时间要求的课程。

2) 权利:

具有考试权的驾驶员学校可以推荐完成该校具有考试权的训练课程的学员向局方申请获取驾驶员执照、飞行教员执照、地面教员执照和相应等级。上述学员无需参加民航地区管理局为颁发执照和等级组织的理论考试和实践考试。

3) 限制和报告:

具有考试权的驾驶员学校只能推荐完成该校具有考试权的训练课程的学员,在不参加民航地区管理局组织的理论考试和实践考试的情况下申请颁发驾驶员执照、飞行教员执照、地面教员执照和相应等级。推荐颁发执照和等级应当符合下列要求:

① 所推荐的学员为该校具有考试权的训练课程的结业学员;

② 所推荐的学员令人满意地完成了该校经批准的训练课程中的所有科目要求;对于从批准的其他学校转入该校的学员,如果符合下列要求,可以认为其完成了该校经批准的训练课程中的所有科目:

a) 在原学校所接受的训练时间可以记入接收学校科目所要求的训练时间,但最多不能超过课程所要求总训练时间的一半;
b) 完成了由接收学校实施的航空知识考试和熟练考试,用以确定可承认的该学员的驾驶员经历和航空知识水平;
c) 接收学校根据本条 b) 款所要求的考试确定的驾驶员经历和航空知识水平应当记录在该学员的训练记录中;
d) 申请确定其驾驶员经历和航空知识水平的学员的驾驶员经历和航空知识应当是从经批准的驾驶员学校的经批准的训练课程中获得的;
e) 接收的学校保存了一份学员在前一个受训学校所接受训练的记录。

③ 具有考试权的驾驶员学校所实施的考试应当得到局方的批准,并且在范围、深度和难度上至少应当与按照 CCAR-61 部进行的相应理论考试和实践考试相当。

④ 在下列情况下,具有考试权的驾驶员学校不得实施理论考试和实践考试:

a) 该学校了解到或者有理由相信考试内容已经泄露；

b) 该学校得到了局方认为有理由相信或者已经知道考试存在泄密情况的通知。

⑤ 具有考试权的驾驶员学校应当保存局方对其所颁发的所有驾驶员、飞行教员和地面教员临时执照的记录，该记录应当包含下列信息：

a) 按照时间顺序记录的下列内容：

➢ 学员姓名；

➢ 该学员所完成的训练课程；

➢ 实施理论考试和实践考试的人员姓名；

➢ 颁发给该学员的临时执照或等级的类型；

➢ 将该学员的执照申请文件递交给局方以获得永久性驾驶员、飞行教员或者地面教员执照的日期。

b) 一份针对每个学员的结业证书、执照申请表、临时执照、被替换的执照（如适用）以及理论和实践考试的成绩的复印件记录；

c) 本条⑤款所要求的记录应当保存5年，并且能在局方要求时提供给局方检查。在驾驶员学校停止考试权时，将这些记录交给局方。

⑥ 在学员通过理论考试和实践考试后，具有考试权的驾驶员学校应当将该学员的有关执照申请文件和训练记录提交给局方，以便局方为其颁发永久性的驾驶员、飞行教员或者地面教员执照。

2. 飞行训练

1) 按照经批准的训练课程提供飞行训练的人员，应当是持有合适等级的飞行教员执照持有人或带轻于空气航空器等级的商用驾驶员执照的持有人，并且应当符合该训练课程中规定的最低资格要求。

2) 学生驾驶员从某一机场首次单飞之前，应当得到在场飞行教员或带轻于空气航空器等级的商用驾驶员执照的持有人的批准。

3) 经指派负责某一训练课程的每个主任教员和助理主任教员，在每12个日历月内应当完成至少1次经批准的由地面训练内容、飞行训练内容组成的训练提纲的训练或经批准的飞行教员更新课程的训练。

4) 在飞行训练课程中担任教员的飞行教员执照持有人或带轻于空气航空器等级的商用驾驶员执照的持有人，应当根据学校的主任教员、助理主任教员或检查教员的安排，令人满意地完成下列项目：

a) 在得到在飞行训练课程中实施教学的批准之前，应当符合下列要求：

➢ 完成了针对该训练课程的复习，并接受了关于该训练课程的目的和标准的介绍；

➢ 在该课程中，该教员提供教学的每一型号航空器上，完成了初始熟练检查。

b) 在完成了本条4)a)款所要求的初始熟练检查后，每12个日历月还应当在训练学员所使用的一种航空器上完成一次熟练检查。

3. 地面训练

1) 除本条 2 款规定外，在地面训练课程中担任教员的人员应当持有附有相应等级的飞行教员执照或地面教员执照，对于轻于空气航空器等级则需要持有商用驾驶员执照。

2) 不符合本规章要求的人员若符合下列条件，则可以在地面训练课程中履行地面训练职责：

① 负责该地面训练课程的主任教员认为其能够胜任该项教学；

② 该教员所进行的教学在主任教员或助理主任教员现场监督下进行；

③ 在接受主任教员、助理主任教员或检查教员对该课程的目的和标准的介绍之前，任何教员均不得在地面训练课程中实施教学。

4. 学员注册

1) 在学员注册参加经批准的训练课程规定的训练后，驾驶员学校临时合格证和驾驶员学校合格证持有人应当向学员提供下列文件和材料：

① 注册证。内容包括学员所注册的训练课程名称和注册日期；

② 学员训练提纲副本；

③ 由学校编写的、包括设施的使用和航空器的操作在内的安全程序与措施副本，主要内容应当包括：

a) 学校要求的带飞和单飞最低天气标准；

b) 航空器在停机坪上的起动和滑行程序；

c) 防火措施和灭火程序；

d) 在机场内和机场外未按计划着陆后的再次放行程序；

e) 航空器的故障填写和批准重新投入使用的确定方式；

f) 航空器未使用时的安全保护；

g) 本场飞行和转场飞行所需燃油量；

h) 空中和地面避免与其他航空器相撞的措施；

i) 最低高度限制和模拟应急着陆规定；

j) 指定练习区域的规定与使用方法。

2) 驾驶员学校临时合格证和驾驶员学校合格证持有人应当按月份建立并保存该校提供的每一训练课程中注册人员的清单。

5. 结业证书

1) 驾驶员学校临时合格证和驾驶员学校合格证持有人应当向完成该校经批准的训练课程的每一学员颁发结业证书。

2) 结业证书应当在学员完成其课程训练时颁发。结业证书至少应当包括下列内容：

① 驾驶员学校名称和合格证编号；

② 接受结业证书的学员姓名和结业证书编号；

③ 训练课程名称；

④ 结业日期；

⑤ 声明该学员已圆满完成经批准的训练课程的每一阶段训练，考试成绩合格；

⑥ 由负责该训练课程的主任教员对结业证书中所列内容的签字证明；

⑦ 声明该学员完成了该训练课程中要求的转场飞行训练。

6. 记　　录

1）驾驶员学校临时合格证和驾驶员学校合格证持有人应当对注册于本校经批准的训练课程的学员建立并保持及时准确的记录。该记录应当包括下列内容：

① 学员入学注册日期；

② 按时间顺序记录的该学员接受训练的科目和飞行操作动作的记录，以及该学员所参加考试的名称和成绩；

③ 结业日期、中止训练的日期或者转校日期。

2）要求在学员飞行经历记录本中保持的记录，不能完全替代本条1）款的记录要求。

3）当学员结业、中止训练或者转校时，该学员的记录应当由负责该课程的主任教员签字证明。

4）驾驶员学校临时合格证和驾驶员学校合格证持有人应当从下列日期开始，保存本条要求的每个学员的记录至少5年：

① 记录中所记录的该课程结业的日期；

② 记录中所记录的中止该课程的日期；

③ 转校日期。

5）驾驶员学校临时合格证和驾驶员学校合格证持有人应当在学员提出要求时向学员提供其训练记录的复印件。

5.6.6　飞行培训业务的流程

根据中国民航总局 CCAR-141 部《民用航空器驾驶员学校合格审定规则》的规定，在中国境内可以申办民用航空器驾驶员学校，通过由民航总局所属单位组织的运行合格审定和经营后即可开展培训飞行。

一般按照下列流程（见图 5.47）进行：

1. 报　　名

报名方式由培训方视情况而定，可以开展电话报名、网络报名等方式。报名前须填写相关报名表，表 5.27 是某培训学校的报名表。

2. 审核、初试

公司统一组织对报名人员的信息进行审查核实，并安排身体初检、相关面试和英语测试等。

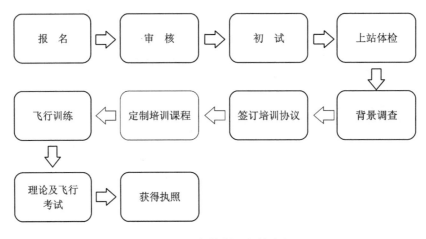

图 5.47 飞行培训业务的流程

3. 体 检

由公司组织审核、面试通过人员参加中国民航总局的体检,并获得体检合格证。

根据《中国民用航空人员医学标准和体检合格证管理规则》相关内容:

1) 体检合格证的使用范围:

① 航空人员执照申请人在申请取得下列执照时,或执照持有人在行使下列执照权利时必须持有 Ⅰ 级体检合格证:

a) 航线运输驾驶员执照;

b) 飞机和旋翼机商用驾驶员执照;

c) 领航员执照和领航学员合格证;

d) 飞行机械员执照和飞行机械学员合格证。

② 航空人员执照申请人在申请取得下列执照时或执照持有人在行使下列执照权利时,必须持有 Ⅱ 级体检合格证或 Ⅰ 级体检合格证:

a) 飞行通信员执照和飞行通信学员合格证;

b) 初级飞机、滑翔机和轻于空气的航空器商用驾驶员执照;

c) 私用驾驶员执照。

③ 以培养航线运输驾驶员或飞机和旋翼机商用驾驶员为目标的学生驾驶员在申请执照时或在行使执照权利时必须持有 Ⅰ 级体检合格证;其他学生驾驶员在申请执照时或在行使执照权利时必须持有 Ⅱ 级体检合格证或 Ⅰ 级体检合格证。

2) 体检合格证的申请与颁发:

① 申请人在申请办理执照前,应当向体检机构提出体检鉴定申请,填写体检表,出示身份证明,提供真实、完整的体检文书及医学资料,如实反映健康状况,不得隐瞒病史、病情。

② 体检机构根据申请人所申请体检合格证的种类,依据相应的医学标准对申请人进行体格检查,并作出符合申请人身体状况的下列之一的体检鉴定结论:

表 5.27　某培训学校报名表

姓名				性别		
籍贯				民族		
出生日期		年　月　日		政治面貌		
身份证号码				高考生源地		
身体自测情况	体重	kg		裸眼视力	左	
	身高	cm			右	
	血压			色觉		
最高学历就读情况	学校			专业		
	学历			学位		
	英语等级			计算机等级		
家庭通信地址					邮编	
本人电子邮箱				本人联系手机		
其他联系方式						

飞行经历（如实填写）	何时起	何时止	在何航校培训	停飞原因

个人简历	起止年月	在何单位（学校）	任何职务

何时何地受过何种奖励	

诚信说明	1. 本人报名前已认真阅读《招生简章》，并符合各项条件； 2. 报名表提交时，提供身份证及毕业证复印件并承诺均符合国家规定且真实有效； 3. 报名已征得家长同意； 4. 个人所填信息均准确、真实，如本人有违背上述任何一款的情况，取消报名资格，愿承担由此而造成的一切后果。 　　　　　　　　　　　　　　　　　　　　　　　　　本人签名：

a) 合格；

b) 暂时不合格；

c) 不合格。

③ 体检机构应在7个工作日内将体检鉴定结论为合格者的体检表报局方审定，同时可以根据CCAR-141部的相关规定签发临时体检合格证。

④ 体检机构应及时将暂时不合格体检鉴定结论通知申请人及其所在单位，同时签署《体检鉴定结论通知书》，并应在7个工作日内将通知书、体检文书及医学资料送交申请人所在单位，没有所在单位的直接送交申请人。

⑤ 体检机构应及时将不合格体检鉴定结论通知申请人及其所在单位，同时签署《体检鉴定结论通知书》，并应在7个工作日内将通知书送交申请人及其所在单位，将体检文书及医学资料报送局方审定。

⑥ 局方在收到申请人的体检文书和医学资料之日起30日内对体检鉴定结论进行审核：

a) 认为体检鉴定结论正确的，对其中体检鉴定结论为合格者签发体检合格证；对其中体检鉴定结论为不合格者在体检表上签署认可意见。

b) 认为体检鉴定结论不正确的，对其中不符合有关规定的退回体检机构，责成其重新体检鉴定；对其中由于体检机构适用医学标准不当，而作出错误体检结论的，局方可直接改变体检鉴定结论，签发或拒绝签发体检合格证，并书面通知申请人、体检机构和申请人所在单位。

c) 局方在审核体检鉴定结论过程中可要求申请人或体检机构提供有关资料或要求申请人进行必要的检查。

对于招收以培养航线运输驾驶员、飞机和旋翼机商用驾驶员为目标的民用航空培训学校，体格检查按照民航总局2006年10月16日发布的MH/T7013—2006《民用航空招收飞行学生体格检查鉴定规范》执行。

对于学习私照的学员，一般要求能正确读、听、说、写汉语，无较浓地方口音和口吃，身体健康，无精神病和癫痫病史，无其他疾病。"私照"学员最低身体标准是符合Ⅱ类标准。

4. 背景调查

体检合格的学员进入背景调查阶段。按照《民用航空背景调查规定》等有关规定组织实施，由本人户籍所在地派出所出具无犯罪记录证明原件。

根据《民用航空背景调查规定》第十三条规定：飞行教员、飞行学生和通用航空飞行员的背景调查由所属单位负责，背景调查材料报当地民航监管办空防处或民航地区管理局公安局审核。中国民用航空飞行学院飞行教员、飞行学生的背景调查由学院公安局负责。其中境外飞行教员、飞行学生的背景调查资料报民航总局公安局审核。

根据《民用航空背景调查规定》第二十二条规定：境内人员的无刑事犯罪记录证明由被调查人户籍所在地或常住地公安机关出具；境外人员的无刑事犯罪记录证明，由被调查人所属国（地区）或常住国（地区）的政府有关部门出具，并经过公证或我驻其使（领）馆或其驻我使(领)馆的领事认证。境外人员的无刑事犯罪记录证明及其公证和安保评价应当有中文翻译件。

根据《民用航空背景调查规定》第二十四条规定:背景调查资料要定期更新以确保个人持续符合要求的标准。具体更新期限由各调查单位根据实际决定,但最长不得超过三年。

5. 签订培训协议

满足以上各项相应要求的学员,即可与培训单位签订《飞行学员培养协议书》。

6. 定制培训课程、飞行训练

学员将进行航空理论学习,考核合格后接受飞行驾驶技术培训,并考取私用驾驶员执照、商用驾驶员执照和仪表等级等执照,留校任教的学员还要考取飞行教员执照。

1) 对学员进行航空理论的培训,并安排统一考试。

2) 为学员申请学生驾驶员执照,如果学员满足下列要求:

① 年满16周岁,但仅申请操作滑翔机或自由气球的为年满14周岁;

② 具备良好的道德品质;

③ 能正确读、听、说、写汉语,无影响双向无线电对话的口音和口吃,申请人因某种原因不能满足部分要求的,应在向局方申请执照时说明,局方应当在其执照上签注必要的运行限制;

④ 持有局方颁发的现行有效的Ⅱ级或者Ⅰ级体检合格证。

在学员满足上述要求后培训方可以去中国民航局飞行标准司通用飞行标准处或者各地区管理局飞行标准处办理学生驾驶员执照。学生驾驶员执照在颁发月份之后24个日历月结束时有效期满。

3) 相应航空器等级的飞行技能训练:培训方安排学员进行相应等级的飞行技能的训练,包括带飞、单飞、飞行讲评等。

7. 理论及飞行考试

进行飞行操作技术训练并参加实践考试,由考核航空知识的口试和演示飞行技能或飞行熟练性的实践考试组成。考试由民航局飞行标准司指定人员主持,并在指定时间和地点进行。

根据 CCAR-61 部规定,理论考试的申请人必须符合下列条件:

1) 出示有授权教员签字的证明,表明其已经完成对所申请执照或者等级要求的地面训练或自学课程;

2) 出示本人的居民身份证、护照或者其他局方认可的合法证件,以及本人已经获得的执照。

理论考试的通过成绩由民航局确定。

根据 CCAR-61 部规定,实践考试的申请人必须符合下列条件:

① 在接受实践考试前24个日历月内已经通过了必需的理论考试,并出示局方给予的理论考试成绩单;

② 已经完成了必需的训练并获得了规定的飞行经历；

③ 持有局方颁发的有效体检合格证；

④ 符合颁发所申请执照或等级的年龄限制；

⑤ 具有授权教员在其飞行经历记录本上的签字，证明该授权教员在申请日期之前60日内，已对申请人进行了准备实践考试的飞行教学，并且认为该申请人有能力通过考试；

⑥ 持有填写完整并有本人签字的申请表；

⑦ 申请人没有在一天内完成申请执照或等级实践考试的全部科目，所剩余的考试科目必须在申请人开始考试之日起的60日内完成，没有在该60日内完成的，申请人必须重新参加全部实践考试，包括重新完成已经完成的科目。

8. 获得执照

如果以上考试获得通过，飞行经历等符合有关规章的要求，最后一步就是培训机构代办申领民航总局颁发的驾驶执照。民用航空器驾驶员执照颁发与管理工作由民航局飞行标准司职能部门统一管理。

对于不同类别的驾驶执照的申请要求，CCAR-61部（《民用航空器驾驶员、飞行教员和地面教员合格审定规则》）分别规定如下：

（1）私用驾驶员执照

符合下列要求的申请人，培训机构可代办申领民航总局颁发的私用驾驶员执照：

① 年满17周岁，但仅申请滑翔机或自由气球等级的为年满16周岁；

② 有良好的道德品质；

③ 能正确读、听、说、写汉语，无影响双向无线电对话的口音和口吃，申请人因某种原因不能满足部分要求的，局方应当在其执照上签注必要的运行限制；

④ 具有初中或者初中以上文化程度；

⑤ 持有局方颁发的现行有效的Ⅱ级或者Ⅰ级体检合格证；

⑥ 完成了CCAR-61部E章规定的相应航空器等级的航空知识训练，并由提供训练或者评审其自学情况的授权教员在其飞行经历记录本上签字，证明该申请人可以参加规定的理论考试；

⑦ 通过了CCAR-61部E章规定的航空知识理论考试；

⑧ 完成了CCAR-61部E章规定的相应航空器等级的飞行技能训练，并由提供训练的授权教员在其飞行经历记录本上签字，证明该申请人可以参加规定的实践考试；

⑨ 在申请实践考试前，满足CCAR-61部E章规定的适用于所申请航空器等级的飞行经历要求；

⑩ 通过了CCAR-61部E章所要求的飞行技能的实践考试；

⑪ 符合CCAR-61部E章相关规则对申请航空器类别和级别等级的相应条款要求。

（2）商用驾驶员执照

符合下列要求的申请人，培训机构可代办申领民航总局颁发的商用驾驶员执照：

① 年满 18 周岁；

② 有良好的道德品质；

③ 能正确读、听、说、写汉语,无影响双向无线电对话的口音和口吃,申请人因某种原因不能满足部分要求的,局方应当在其执照上签注必要的运行限制；

④ 具有高中或者高中以上文化程度；

⑤ 持有局方颁发的现行有效的 Ⅰ 级体检合格证；

⑥ 完成了 CCAR-61 部 F 章规定的相应航空器等级的航空知识训练,并由提供训练或者评审其自学情况的授权教员在其飞行经历记录本上签字,证明该申请人可以参加规定的理论考试；

⑦ 通过了 CCAR-61 部 F 章规定的航空知识理论考试；

⑧ 完成了 CCAR-61 部 F 章规定的相应航空器等级的飞行技能训练,并由提供训练的授权教员在其飞行经历记录本上签字,证明该申请人可以参加规定的实践考试；

⑨ 在申请实践考试前,满足 CCAR-61 部 F 章规定的适用于所申请航空器等级的飞行经历要求；

⑩ 通过了 CCAR-61 部 F 章所要求的飞行技能的实践考试；

⑪ 至少持有按 CCAR-61 部颁发的私用驾驶员执照；

⑫ 符合 CCAR-61 部 F 章相关规则对申请航空器类别和级别等级的相应条款要求。

(3) 航线运输驾驶员执照

符合下列要求的申请人,培训机构可代办申领民航总局颁发的航线运输驾驶员执照：

① 年满 21 周岁；

② 有良好的道德品质；

③ 能正确读、听、说、写汉语,无影响双向无线电对话的口音和口吃,申请人因某种原因不能满足部分要求的,局方应当在其执照上签注必要的运行限制；

④ 具有高中或者高中以上文化程度；

⑤ 持有局方颁发的现行有效的 Ⅰ 级体检合格证；

⑥ 持有按照 CCAR-61 部颁发的商用驾驶员执照和仪表等级；

⑦ 在申请实践考试前,满足 CCAR-61 部 G 章中适用于所申请航空器等级的飞行经历的要求；

⑧ 通过了 CCAR-61 部 G 章规定的航空知识理论考试；

⑨ 通过了 CCAR-61 部 G 章所要求的飞行技能的实践考试；

⑩ 符合 CCAR-61 部 G 章相关规则对申请航空器类别和级别等级的相应条款要求。

图 5.48 是一张民用航空器驾驶员执照和等级申请表。

民用航空器驾驶员执照和等级申请表
Application for Civil Aircraft Pilot License and/or Rating

用墨水笔或打印填写所有项目 Type or Print All Entries in Ink

Ⅰ 基本信息 Basic Information

1 姓名（汉语及全拼）Name	2 国籍 Nationality	3 出生日期 Date of Birth 年Y 月M 日D	4 性别 Sex 男 Male 女 Female	照片 Photo
5 出生地 Place of Birth	6 民族		7 联系电话 Telephone	
8 通信地址 Mailing Address			9 邮政编码 Zip Code	
10 工作单位 Service Organization			11 永久住址 Permanent Residence Address	
12 身份证明名称 Type of Identification Document □身份证 ID □其它 Others _____			13 身份证明编号 Identification Document Number	

14 学习简历 Education

起止年月 Period	校、院、专业及取得的学位 School, College, Major and Degree

15 工作经历 Experience

起止年月 Period	在何地、何部门任何职务 Location, Service Organization and Title

Ⅱ 申请信息 Application Information

16 是否持有或曾经持有过CAAC颁发的驾驶员执照？ Do you hold a CAAC Pilot License? □是 Yes □否 No	17 执照编号 License Number	18 颁发日期 Date of Issue 年Y 月M 日D

19 持有CAAC颁发的有效的体验合格证等级 Which class of the valid CAAC Medical Certificate do you hold? □Ⅰ □Ⅱ	20 体验合格日期 Date of Examination 年Y 月M 日D

21 你能正确读、听、说、写汉语吗？Can you read, hear, speak and write the Chinese language?	是 Yes 否 No

22 是否获得中国民航飞行人员英语合格证？Do you hold a Flight Crew English Certificate of CAAC?		
英语模拟陆空通话考试合格 Simulated English Radio-Telephony Test	□是 Yes □否 No	年Y 月M 日D
飞行专业英语考试合格 English for Flight Crew Test	□是 Yes □否 No	年Y 月M 日D

23 你通过了英语无线电通信实践考试？Have you passed an English Radio-Telephony Practical Test?	□是 Yes □否 No

24a 所申请等级的理论考试通过成绩 _____ Giving the passing grade for the airmen knowledge test, if applicable	24b 有效期 Date of Expiration 年Y 月M 日D

| 25 □初次申请 Initial Application | □增加等级 Additional Rating | □仪表等级 Instrument Rating |
| □私用驾驶员 Private Pilot | □商用驾驶员 Commercial Pilot | □航线运输驾驶员 Airline Transport Pilot |

26a □飞机 Airplane □单发陆地 Single-Engine Land □多发陆地 Multi-Engine Land □单发水上 Single-Engine Sea □多发水上 Multi-Engine Sea	26b □旋翼机 Rotorcraft □直升机 Helicopter □自转旋翼机 Gyroplane	26c □滑翔机 Glider	26d □轻于空气航空器 Lighter-than-Air Aircraft □飞艇 Airship □自由气球 Free Balloon	26e □初级飞机 Primary Airplane □陆地 Land □水上 Sea

27 □若增加航空器型别等级，其代码 _____ 。If adding Aircraft Type Rating, the Type Rating code is _____

FS-CH-61-002R2(05/2005)

图 5.48 民用航空器驾驶员执照和等级申请表

5.7 通用航空企业管理

管理,是人类在一定环境下为了实现某一确定目标对管理对象不断地进行计划、组织、人员配备、领导和控制的活动过程的总和。对于通用航空企业来说,管理的主要内容包括两个部分:一个是机构的管理,具体包括行政机构的管理和作业现场的管理;另一个是项目的管理,具体包括项目的计划制订与管理、项目组织管理、项目人力资源管理、项目控制管理、项目风险管理、市场管理、质量管理等。

5.7.1 机构管理

通用航空机构的管理包括行政机构的管理和作业现场的管理。行政机构的管理是对通用航空企业行政事务的管理工作,包括对通用航空企业的发展计划、机构设置、人员安排、政策转变等方方面面的管理,图 5.49 所示为某通用航空公司的行政组织结构图。

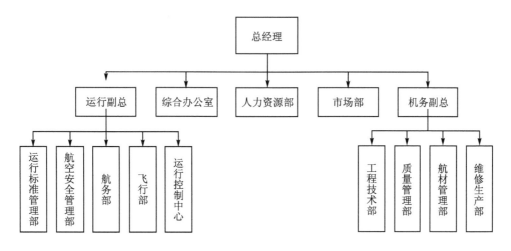

图 5.49　通用航空公司的行政组织结构图

作业现场管理,就是指对通用航空的实际作业区域所从事的通用航空活动进行的管理。通用航空作业现场就是指通用航空的工作人员运用通用航空飞机或者飞机上的设备进行相关业务的实际场所。对于通用航空来说,现场管理是通用航空管理的重点。

5.7.2 项目管理

通用航空的项目管理是通用航空管理的重要内容,涉及通用航空的各个方面,包括项目的计划制订与管理、项目组织管理、项目人力资源管理、项目控制管理、项目风险管理、市场管理、质量管理等。

项目管理过程可按阶段划分为启动、计划、实施、收尾,对于任何一个项目我们都可以依照这样的方法进行阶段的划分,这是项目的共性。而项目的个性就是项目的业务和技术层面。对于具体的企业,项目阶段划分以及项目管理需要由业务流程和技术方法决定。通用航空企业有各种各样的通用航空业务,本章前几节对于通用航空业务开展方面的描述本身就是针对通用航空的项目管理的一部分。

在项目管理过程中,为了进行持续高效的管理,可以利用一些管理工具来辅助管理,如可以展现全部项目投入与收益情况的项目冰道图,展现项目推进情况的项目动态图,以及可以掌握项目任务的计划和任务的执行、了解项目工作进度的甘特图等。通用各种工具可以将各个项目数据转变成图形图表提供给管理层,使得管理层更好地作出决策。图5.50所示为某公司通用航空机场建设项目的甘特图。

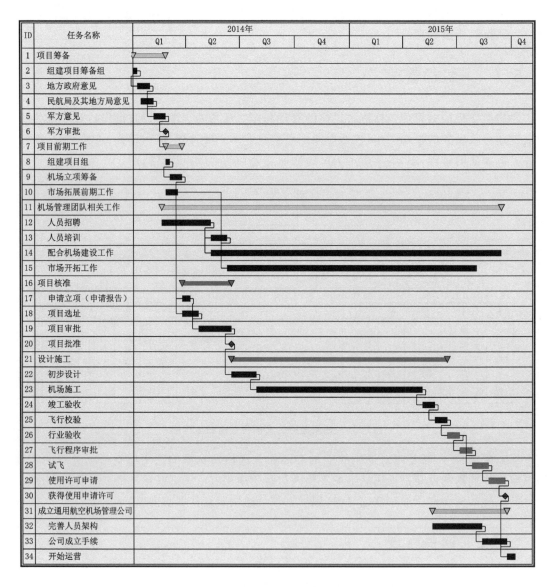

图5.50 某公司通用航空机场建设项目的甘特图

第六章
总结与展望

6.1 通用航空企业筹建与管理流程总结

投资发展通用航空企业须按照如图 6.1 所示的流程进行,这里结合调研内容,梳理各部分的顺序及思路,旨在为整个调研项目提供索引与补充。

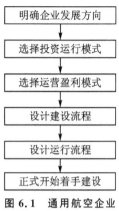

图 6.1 通用航空企业投资与筹建策略

6.1.1 发展方向的选择

通用航空产业链包括生产制造、销售使用两大方面。在销售与使用方面则包括销售、租赁、飞行、维护、地面服务等多方面的内容。各个业务板块之间的运营模式有着很大不同,却又相互紧密关联,进入通用航空领域特别是公务航空领域的企业一般会选择运营某一项业务,再根据情况进行业务拓展。

1. 公务机制造企业

公务机制造企业是公务机产业链中最为上游的企业,其业务主要是进行公务机的研发制造、销售、售后服务等工作。

目前全球市场公务机被湾流、豪客比奇、塞斯纳、达索、庞巴迪、巴西宇航六家公务机企业占据。在公务机中低端市场相关的生产企业较多,但市场份额不大,企业盈利水平较低。国内市场除了中航通飞公司依靠收购西锐公司积累了一定的技术实力且形成了一定的生产力以外,其余的企业大多以生产轻型运动型飞机为主。

公务机的设计制造包含总体、气动、结构、控制等多方面的内容,需要大量的专门性人才;当局对公务机的质量有着较为严格的要求,CCAR-23、FAR-23 的适航审定过程通常需要大量的时间和资金。

总之,公务机的生产制造面临严酷的市场挑战,有着较高的技术门槛和资金、时间的花费,大多数民营资本会选择合资以及生产轻型运动型飞机进入市场。

2. 公务机维修企业

公务机的维修一般分为航线维修以及进厂大修两个方面,航线维修技术门槛较低,一般的航空公司运营商以及通用航空企业有此维修能力;大修厂则需要取得民航总局的资质认可和公务机生产企业的资质认可,且需要大量的专门性人才。

公务机大修厂通常依靠传统 MRO 大修厂设立,AMECO、太古等大修厂都建立了专门的公务机维修团队,依靠其在商用飞机强大的技术积累较为容易地覆盖公务机大修业务。

民营资本进入公务机维修市场通常不会从大修厂着手,而是在取得维修资质后进行航线维修,并与大修厂、生产商建立合作关系转包大修项目,并逐步提高自身的维修能力。

3. 公务机驾驶员培训学校

目前,国内驾驶员的培训模式一方面依靠国内进行理论学习,国外进行飞行训练的模式;

另一方面则是以在国内直接进行理论、飞行训练的模式进行的。

组建驾驶员学校需要场地,也需要相当多的理论、飞行教员。目前一部分的飞行驾驶学校与国外成熟的驾驶学校合作,借助国外成熟的教学体系培训飞行员,并逐步发展自己的教学力量。

4. 通用航空企业

通用航空企业的运行以机场为核心,或自建机场,或租赁机场,涵盖了较多的业务。因此需要大量的资金投入,有着对专业人才的大量需求,包括驾驶员、乘务员、地面服务人员、维修人员、培训教员等。

通用航空企业由于涵盖的领域比较广,在进行政策审批阶段需要通过较多的适航审定,这也对通用航空企业经营者的资金和人才有着极高的要求。

6.1.2 投资运行模式

目前,国内外已有的投资建设模式主要可以分为政企联合型、个体自主型以及企企合资型三种模式。

1. 政企联合

政企联合型投资建设模式指的是政府以培育通用航空产业集群为前提,通过招商引资或者政府出资、合作企业提供技术与管理经验等方式对 FBO 项目进行开发建设。位于珠海航空产业园区的美国西锐 FBO 珠海运营基地就是由珠海政府全额投资主导开发建设的,西安阎良国家航空高技术产业基地、成都国际航空综合功能区的双流公务机 FBO 是当地政府通过招商引资的方式开发建设的。

2. 个体自主

个体自主型投资建设模式是指机场集团、大型航空企业、非相关民间资本、FBO 连锁集团等实力雄厚的企业或者个人独立进行投资建设并实施运营。国外如 Signature Flight Support 公司、国内如金鹿公务深圳 FBO 就是这种开发模式的范例。另外,美国很多小型 FBO 大都是由没有经过正规训练的飞行员、维修师以及飞行爱好者等私人经营的。

3. 企企合资

企企合资型投资建设模式指的是从市场经济的角度出发,以市场需求为导向,在政府提出的规划设计与宏观政策的合理指导下,资源互补、实力雄厚的企业之间通过合作的方式合力投资 FBO 项目,之后双方通过协议的方式共同对 FBO 进行运营管理。由于 FBO 的特殊性,其运营场所大都位于机场附近等交通发达的地方,所以国内外绝大多数 FBO 是与机场机构合作开发建设的。Jet Aviation 公司、Landmark Aviation 公司、北京金鹿公务航空 FBO、上海虹桥国际机场公务机基地等都是以与当地机场合作的方式共同投资建设的。

FBO 的经营管理模式共有四种:管理委托型、特许经营型、自主经营型以及联合经营型。

管理委托型经营管理模式指的是委托方通过支付佣金的方式将 FBO 的日常经营管理业务委托给外部的专业管理公司进行经营管理,通过专业管理公司的先进管理团队、理念以及技术等优势来拓展业务,提高企业的管理效率,增加收益,而且在委托经营管理时间到期时,受托公司需把 FBO 的经营管理权转移给委托人。

特许经营型经营管理模式是指特许人通过签订合同将 FBO 基地的特许经营权让渡给被特许人的一种经营管理模式。特许人可以通过招标的形式让多家企业单位竞争,在特许人特定的要求下,出价最合理的企业单位获得 FBO 的特许经营权,特许人通过收取租金及 FBO 基地专营权费用等方式来获得收益。

自主经营型经营管理模式指的是单个投资所开发建设的 FBO 独立自主地对自己的生产、经营等活动作出决策并展开业务经营的一种经营方式,通过设置总经理、财务部、业务部以及其他相关部门等组织结构,并根据权责利原则对 FBO 实施管理。

联合经营型经营管理模式是合资企业通过互相利用对方的优势共同经营、管理日常业务。

6.1.3 运营与盈利模式

在 FBO 盈利模式上,在目前国内投入运营的四家 FBO 中,飞机停场服务、地面代理服务是其最基本的业务功能,也是最主要的收入来源。其他的收入来源主要包括以下的八种:①燃料加注收入;②飞行器维护及维修服务;③公务机运营服务收入(包括飞机托管、包租机以及销售);④地面运营服务收入;⑤车辆租赁收入;⑥餐饮收入;⑦航站楼服务及附加业务收入;⑧其他收入来源。不同的发展时期也适用不同的盈利模式:

1. 发展初期的运营盈利模式

FBO 的发展需要优良的地理环境、便利的交通运输条件以及丰富的通用航空需求等基本因素的支持。FBO 由于基础设施规模比较大、投资回收周期长以及业务范围广泛等特点,加上运营成本比较高,在设计盈利模式时,应该充分利用自身现有资源、能力的优势(比如区域经济、地理环境、制度等优势),合理规划设计基地的业务组合,满足通用航空市场的基本需求。基地在运营初期提供飞行器停场以及维护与保养等地面保障服务,以此吸引顾客,迅速打开市场;提供机库短长期出租业务,在机库租金方面赢取利润;开展地面代理服务,为过站通用飞机提供飞行航线选择与航路确认、飞行器落地许可申请、燃油加注、顾客以及机组成员的餐饮休息等基础服务,通过在原有费用上加收一定的代理服务费来增加收入。另外,在社会效益方面,由于基础设施的建设需要投入大量的资金、材料、人员等,因而其对于地区经济的发展具有直接的推动作用。

2. 成长期的运营盈利模式

以长远眼光来看,发展初期的盈利来源并不适应 FBO 的持久发展,由于收益来源渠道狭窄、获利能力低下、运营成本居高不下等因素,容易带来经营失败的风险。因此,在成长时期,基地盈利模式的选择应该将重心转移到核心主营业务上面,例如飞机包机、产权共享、飞机托管、通勤管理、租赁、飞机与航空电子设备维修与销售等业务。基地应该选择一两种核心业务作为自己的主营业务进行经营管理,以此作为新的主要利润增长点;引进先进的管理技术、运营经验以及专业的管理人才,不断加强自身资源整合能力,提高基地运营管理效率与服务质量,提升业务盈利水平。

3. 成熟期的运营盈利模式

在运营发展相对比较成熟、基础设施建设以及业务功能比较完善的时候,应该大力挖掘基地深层次的延伸性业务,提供全方位的专业服务,实现基地利润来源的多样化。以顾客增值体验为核心,以 FBO 客户解决方案以及计算机技术为手段,提供丰富的价值增值服务。通过对目标市场、目标客户进行准确、恰当的细分,对不同顾客的不同需求设计个性化的特色服务;与行业内外机构进行合作,提供飞行员培训、驾照考核以及航空摄影、空中广告等商业性质的飞行服务;吸引与 FBO 业务功能相配套的其他行业加入,例如酒店、酒吧、电影院等,扩展基地的利润来源渠道。另外,加强与区域内外行业、产业之间的业务合作,充分利用对方的资源、能力等优势,进而实现合作方的共赢。

6.1.4 筹建过程设计

总的来说,筹办通用航空企业需要进行的行政审批手续有两个层面,通用航空企业筹建过程的流程如图 6.2 所示。通用航空企业审批过程的流程如图 6.3 所示。

第一个层面在于获得通用航空运营企业的运营资格。

第二个层面在于通过运营适航审批,开始正常经营。

第一个层面的审批是宏观性的审批,主要从资金、从业人员、基本硬件设施方面进行审批;第二个层面的审批则是根据企业准备经营的项目,按照项目不同分别进行人员、硬件、手册、运行流程方面的检查与审批。在通过了第一个层面的审批后,企业可以根据所经营的项目选择通过不同的运营审批,开始运营。企业可以选择一次性通过多个项目的运营审定,也可以选择先完成一个项目的运营审批,再在经营若干年后选择通过不同的项目运营审定,开始新的经营项目。

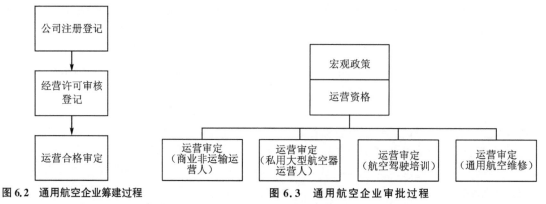

图 6.2 通用航空企业筹建过程　　　图 6.3 通用航空企业审批过程

例如,某公务机运营商获得了运营资格后准备开展托管业务,于是向民航当局申请了托管业务的运营审定,民航当局在适航审定后颁布了运营许可证,准予其运营。在运营了若干年后,该公司准备增加飞行员培训项目,于是在进行准备后又向民航当局申请了飞行学校的运营审定,并通过了审定。此时,该公司就具备了同时运营公务托管飞行和飞行员培训业务的资格。

6.1.5 建设流程设计

建设流程设计的主要内容是围绕运营业务建设相应的硬件设施,包括机场的建设、MRO 建设、驾驶员培训学校的建设,组织相应的技术、管理人员队伍。该部分遵循的思路如图 6.4 所示。

1. 机场选址

机场的选址是通用航空机场建设必须首先考虑的问题,选址的原则和选址的过程在本书

第四章中有相应介绍。

2. 机场建设手续报批

通用航空机场分为大型和小型通用航空机场,小型通用航空机场可以分为一、二、三类。通用航空企业所经营的业务主要是通用航空飞行,因此,依据前述的分类依据,所需要的运营基地机场应该属于一类小型通用航空机场。一类小型通用航空机场需提交民航行业审查的建设阶段至少应包括项目核准(含场址审查)、初步设计、行业验收、飞行程序审批及试飞等。具体的流程在本书的相关章节中有详细的叙述。

3. 机场建设

通用航空机场的构成主要包括跑道、滑行道、停机坪、导航设施、灯光设施、航站设施等。

此外,民航业的建设标准也对上述设备的具体标准有着较为细致的要求,本书的有关章节对于这些细节也有较为详细的介绍。

4. MRO 建设

MRO 是英文 Maintenance,Repair,Overhaul 的缩写,美国联邦航空管理条例 FAR 和中国民用航空管理条例 CCAR-145 部都对 MRO 给予了准确定义和解释。航空维修是为了定期保持飞机适航状态,由经过特别培训的人员、专业设备进行的飞机维护、修理和翻修工作,提供航空维修服务的机构通称为 MRO。

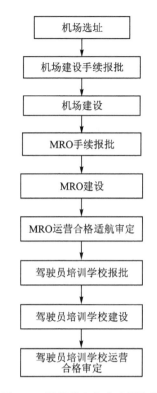

图 6.4　通用航空企业建设流程

MRO 的建设主要遵循 CCAR-145 部条例。

5. 驾驶员培训学校的建设

目前,我国航空公司飞行员的主要来源是中国民航飞行学院毕业的飞行学员,这些人员上岗时持有大学毕业文凭和职业飞行执照证书;其次是退役的军队飞行员;还有一部分是各航空公司自主与国外飞行员培训机构联合训练的飞行员。

我国培养民航飞行员的各类学校中,除了中国民航飞行学院已有 50 年的飞行教学经验,并具备全过程完成"从专科到本科到硕士飞行员的培养"的教学和训练条件外,其他学校的办学条件各有不同。如北京航空航天大学、南京航空航天大学和中国民航大学,因客观条件的限制,其飞行训练需要借助国外的飞行培训机构完成。而北京泛美航校、安徽蓝天国际飞行学院等,虽然有自己的飞行训练设施和训练保障系统,但又不具备学历教育资质,只能从事飞行技能培训。

驾驶员培训学校的建设主要遵循 CCAR-141 部条例。

6.1.6　运营流程设计

在建设完成的基础上,通用航空企业即开始了一系列业务的运营工作。这些业务包括飞机的租赁与购买、飞行服务、地面服务、航空维修业务、飞机及航材进口和代销、飞行执照培训。通用航空企业的这些业务基本是并列运营的。

6.2 我国通用航空现存的问题及发展方向

自 2016 年国务院办公厅印发了《关于促进通用航空业发展的指导意见》以来,通用航空进入了新的发展阶段,"十三五"期间,我国新增通用航空器 940 架,通用航空业务量年均增长 13.7%。截至 2020 年年末,通用航空机场数量达到 339 个,通用航空器 2 844 架,飞行 98.1 万小时,全行业注册无人机共 52.36 万架,全年经营性飞行 159.4 万小时,同比增长 36.4%。

综合来看,我国通用航空业总体规模依然较小,通用航空产业发展蓄势待发。因此,我们必须清醒地认识到,通用航空的发展是一个系统的过程,涉及整个产业链的方方面面,需要长时间的研究和积累。

6.2.1 我国通用航空现存的问题

目前,我国通用航空现存的问题主要表现在以下六个方面。

1. 认知缺乏

国内对通用航空产业的认知尚有不足,这对我国通用航空的发展有一定影响。

2. 外部环境缺失

我国通用航空在发展过程中常受到油料、机场以及空管等多方位的制约,通用航空航行申请批准难度较大,同时,全国各地不同程度存在的机场资源缺乏以及较高的飞行及运营成本、空域管制等都对通用航空的发展有一定影响。

3. 法律法规与标准体系的缺失

目前,我国专门针对通用航空的法律法规和标准体系还不完善,这一点制约了通用航空的运营与发展。

4. 通用航空企业营利能力不足

近几年,通用航空飞机利用率呈持续下降的趋势,并且这个势头在逐渐恶化。2017 年,在机场、运营企业、飞机数量增加的情况下,飞行总量却下降了,每架飞机日均飞行不足 1 个小时,若剔除训练飞行,其他的日均飞行更是不足 0.6 个小时。

5. 产业体系不平衡

作为我国民航的"两翼"的通用航空和运输航空,对国民经济的推动都有着重要意义,但目前二者呈现出较明显的结构失衡。与此同时,2017 年的数据显示,我国通用航空飞行总量中,娱乐、私人飞行活动占比为 1%,商务飞行占比为 11%,相比通用航空发达国家的交通、娱乐、运动、医疗救援等通用航空飞行量有着较大差距。

6. 存在人才外流现象

通用航空涉及的飞行员、空管、维修、管理等各类人才的外流,特别是优秀飞行员外流也制约了通用航空的发展。

因此,我们必须理清发展思路,在进一步促进通用航空发展上下功夫,在发展中进一步规范通用航空管理,通过规范促进通用航空的发展。

6.2.2 我国通用航空的发展方向

通用航空产业是国家经济转型的重要抓手之一,特别是在"大众创业、万众创新"的大背景下,促进通用航空发展恰逢其时。同时,在经济新常态下,发展通用航空产业是适应国家和区域经济发展的需要,是民航强国梦的需要。

1. 发展通用航空经济,抓好顶层设计

自2016年《指导意见》发布以来,据不完全统计,国家发改委、交通运输部、民航局等部门共发布了百余条通用航空相关政策和文件,提出了通用航空发展的路径与规划。其中,民航局2017年以来落实国务院通用航空"放管服"要求,做了大量工作,对汇总的有关通用航空的193个过度监管问题进行了专项督查整改。

探索建立"放管结合,以放为主,分类管理"的监管新机制;安排通用航空法规重构,涉及新制定3部规章、修订19部规章、废止1部规章,构建完整独立的通用航空法规体系。

2. 发展通用航空经济,优化资源配置

目前,发展通用航空经济的战略构想已纳入"十四五"规划中,这就需要在推进落实中把准突破方向,争取在财政、税收、金融等方面给予政策上的有力支持。同时,要积极促成各项政策落实落靠,以政策优势打破产业发展中的壁垒,畅通发展渠道,进而形成产业发展优势。

3. 发展通用航空经济,做好服务产业

通用航空经济能够激发相关服务业的活力,带动相关服务产业发展,形成以通用航空经济为核心的服务业体系。

4. 发展通用航空经济,促进产业升级

自主创新能力是国家竞争力的核心,也是企业生存和发展的关键。企业自主创新能力增加,新技术研发能力提高,是经济增长的主要动力和来源。通用航空产业是高新技术产业。从通用航空产业链结构来看,处在上游的是通用航空器的研发、生产、制造。通用航空器的研发和制造是大量技术、资金、人力资源的集合,必然会带动诸如新材料、电子、通信、能源、精密制造等一系列相关的高新技术产业的发展,带动形成一批专业信息、专业技术、专业人才汇聚的具有国际竞争力的高新技术企业,带动新技术的创新与研发,推动产业结构的进一步升级,促进经济的高速增长。

通用航空的发展除了能够提供大量航空类的就业岗位外,还可以围绕私人娱乐飞行、旅游飞行、公务飞行、航空训练飞行、体验飞行等方面提供大量的服务性工作岗位。通用航空产业的发展,还能带动一批新兴行业的发展,进而创造出更多优质的就业岗位,激发就业潜力与活力,促进经济的健康、持续、有效发展。

5. 发展通用航空经济,健全投融资机制

通用航空发展将带动机场建设、机务维修、空中交通管制系统、民航服务业以及民航教育

培训等新的投资需求,创造出新的战略性主导产业对投资的引领,全面提升我国投资需求的质量和品质;成为新的经济增长点。此外,随着通用航空产业的发展,将会形成新的商业生态,催生新的消费领域,观光旅游、通勤飞行、个人娱乐、培训飞行等的航空消费需求将会日益增长。这些必然要求健全投融资机制。

6.2.3 通用航空产业消费需求旺盛

从通用航空市场消费来看,通用航空业主要分为公共服务类、经济建设类和航空消费类三种。早期,我国通用航空产业的主流是围绕经济建设类的通用航空消费市场,包括农林、物探、航空摄影、石油服务等几个传统应用领域。这些领域受制于国家经济发展状况,市场消费需求不旺盛。随着我国经济社会的持续快速发展和综合国力的提高、通用航空产业的快速发展,加之我国经济进入新常态,我国通用航空消费开始呈现多元化、层次化、大众化的消费特点。从通用航空消费需求来看,通用航空消费已经从传统领域经济建设类的通用航空消费延伸到了公共服务与航空消费两个方面。据不完全统计,2015 年新兴的通用航空消费需求领域的作业小时数较上一年取得了较大的提高,通用航空执照培训飞行小时数、航空医疗飞行小时数、商务及短途运输飞行小时数、空中游览及个人飞行项目类飞行小时数分别达到 521 852 小时、747 小时、35 681 小时、8 192 小时。

通用航空产业消费领域变化的同时,人们也开始注重通用航空消费的品质与内涵,更看重通用消费产品的安全性与可靠性。随着国家层面支持通用航空产业发展、通用航空技术快速发展、人民收入水平的提高、居民消费能力的不断提升,未来,通用航空将产生六大重点消费领域:一是通用航空教育类消费;二是通用航空娱乐类消费;三是通用航空医疗类消费;四是通用航空通勤类运输消费;五是无人机作业类消费;六是围绕上述通用航空消费产生的附加消费。

以通用航空通勤类消费为例,我国西部地区交通不便,成为制约经济发展的瓶颈,通勤类航空具有小航线、小机型、小机场、低门槛、组织灵活的特点,能够带动西部经济相对落后地区与其他经济相对发达地区的交通往来,缩小地区间的差距。因此,通勤类运输消费的市场潜力巨大,进而将产生较大的消费市场。

纵观国际新兴产业发展的历程,随着消费总量上升、消费层次提高、消费结构变化,新兴产业的发展和产业结构必将产生显著变化。国家必定从战略角度对新兴产业结构进行优化,包括附加产业的扶持政策。因此,为了适应我国通用航空产业消费趋势的变化,我国必将会进一步从战略层面扶持通用航空产业,提升通用航空产业的增加值,提高通用航空产业的竞争力,通用航空产业的服务性特点将得到更好的发挥,进而,通用航空产业将不断创新消费内涵和消费模式以满足消费者的需求。

近年来,我国通用航空产业虽然仍然存在很多问题,但已取得了长足发展,且未来发展潜力巨大。我们有理由相信,在各级政府、民航局、企业、院校和相关单位的共同努力下,建立科学适用、衔接紧密、系统性强的通用航空法规体系;加强管放结合,创新管理方式,丰富监管手段,利用信息技术提升监管效能,打造面向通用航空全链条的准入和监管机制;推进通用航空机场、飞行服务站、航空汽油供应等基础设施建设,进一步提升通用航空保障能力;加大对通用航空急需的飞行员、机务维修、市场管理等人员的培养力度,共同推动我国通用航空事业走向稳健、成熟、协调发展的新常态。

附 表

附表1　某企业的通用航空机场项目投资预算表

单位：万元

序号	工程或费用名称	合计	数量	单位	建筑工程费用	安装费用	设备购置费用	其他费用	技术经济指标
一	工程费用	6 714.6							
1	航站楼	1 765	5 000	平方米	1 400		365		3 530
2	机库	478	2 700	平方米	432		46		1 770
3	塔台	19.6	25	平方米	13		6.6		7 840
4	通用航空企业入驻基地	1 000	5 000	平方米	1 000				2 000
5	飞行区	3 374	119 400	平方米	3 374				380
6	辅助用房	78	600	平方米					1 300
二	工程建设其他费用	1916.8							
1	征地费用	1 323						1 323	
2	建设单位管理费	133.8						133.8	
3	前期工作费用(可研和预可研)	25						25	
4	勘察设计费	231						185	
5	工程设计监理费	140						124	
6	招标代理费	23						8	
7	职工培训费	4.5						4.5	
8	办公家具购置费	12						12	
9	试运转费	1.5						1.5	
10	环境影响评估费	5						5	
11	施工图审查费	6						3	
12	施工图预算编制费	6						3	
13	竣工图编制费	6						3	
三	飞行区设备费用	1 442.61							
1	目视助航设备	362.71							
1.1	风向标(屋顶)	13.2	1	套		1.2	12		12
1.2	风向标(地面)	11	1	套		1	10		10
1.3	飞行区识别标志	7.7	1	套		0.7	7		7
1.4	机场灯标	4.6	1	套		0.6	4		4
1.5	进近灯光	16.56	8	个		2.16	14.4		1.8
1.6	瞄准点灯	2.42	6	个		0.32	2.1		0.35
1.7	接地和离地区灯光	64.4	80	个		8.4	56		0.7
1.8	泛光灯	22.43	30	个		2.93	19.5		0.65
1.9	高杆灯	110	4	座		10	100		25
1.10	灯光配套设施	110.4	1	套		50.4	60		60

续附表1

序号	工程或费用名称	合计	数量	单位	建筑工程费用	安装费用	设备购置费用	其他费用	技术经济指标
2	航管工程设备	553.9							
2.1	单边带短波收发机	3.5	1	套			3.5		3.5
2.2	对讲机	8	20	部			8		0.4
2.3	程控交换机	132	1	套		12	120		120
2.4	GPS监控系统	2.2	1	套		0.2	2		2
2.5	NDB导航台	132	1	座		12	120		120
2.6	VHF超短波电台	231	4	座		11	220		55
2.7	单边带电台	12.6	2	座		0.6	12		6
2.8	语音与数据记录仪	12.6	1	套		0.6	12		12
2.9	气象综合信息网	20	1	套			20		20
3	防雷系统	69	1	套		9	60		60
4.1	自动观测系统	55	1	套		5	50		50
4.2	人工观测系统	22	2	套		2	20		20
5	车辆	355							
5.1	电源车	20	1	辆			20		20
5.2	消防车	100	1	辆			100		100
5.3	加油车	160	2	辆			160		80
5.4	工具车	15	1	辆			15		15
5.5	交通车	30	1	辆			30		30
5.6	行政车	30	1	辆			30		30
6	柴油发电机组	25	1	套			25		25
四	合计费用	10 074.01							

附表2 某企业的通用航空机场项目运营成本估算表

单位:万元

序号	项目	1	2	3	4	5	6	7	8	9	10
一	经营成本	267	267	267	267	267	267	267	267	267	267
1	水电费	20	20	20	20	20	20	20	20	20	20
2	工资福利	130	130	130	130	130	130	130	130	130	130
3	维修费用	100	100	100	100	100	100	100	100	100	100
4	管理费用	17	17	17	17	17	17	17	17	17	17
二	折旧及摊销费	593.5	593.5	593.5	593.5	593.5	593.5	593.5	354	354	354
1	建筑物折旧	210	210	210	210	210	210	210	210	210	210
2	设备折旧	144	144	144	144	144	144	144	144	144	144
3	摊销费	239.5	239.5	239.5	239.5	239.5	239.5	239.5	0	0	0

续附表 2

序号	项目	1	2	3	4	5	6	7	8	9	10
三	总成本费用	860.5	860.5	860.5	860.5	860.5	860.5	860.5	621	621	621

序号	项目	11	12	13	14	15	16	17	18	19	20
一	经营成本	267	267	267	267	267	267	267	267	267	267
1	水电费	20	20	20	20	20	20	20	20	20	20
2	工资福利	130	130	130	130	130	130	130	130	130	130
3	维修费用	100	100	100	100	100	100	100	100	100	100
4	管理费用	17	17	17	17	17	17	17	17	17	17
二	折旧及摊销费	210	210	210	210	210	210	210	210	210	210
1	建筑物折旧	210	210	210	210	210	210	210	210	210	210
2	设备折旧	0	0	0	0	0	0	0	0	0	0
3	摊销费	0	0	0	0	0	0	0	0	0	0
三	总成本费用	477	477	477	477	477	477	477	477	477	477

附表 3　某企业的通用航空机场项目营业收入估算表

单位:万元

序号	工程费用名称	单位	数量	收费标准	1	2	3	4	5	6	7	8	9	10—20
一	物业出租	平方米												
1	航站楼	平方米	5000	2(元/天)	365	365	365	365	365	365	365	365	365	365
2	机库	平方米	2700	2(元/天)	197	197	197	197	197	197	197	197	197	197
3	通用航空企业入驻基地	平方米	5000	2(元/天)	365	365	365	365	365	365	365	365	365	365
二	入驻通用航空公司	家												
1	农林作业公司	家	1	60万/年	60	60	60	60	60	60	60	60	60	60
2	飞行培训学校	家	1	60万/年	60	60	60	60	60	60	60	60	60	60
3	航空旅游公司	家	1	60万/年	60	60	60	60	60	60	60	60	60	60
4	飞行救助队	家	1	60万/年	60	60	60	60	60	60	60	60	60	60
5	工业通用航空飞行	家	1	60万/年	60	60	60	60	60	60	60	60	60	60
三	会展及广告	次		1 500万/次	1 500	1 500	1 500	1 500	1 500	1 500	1 500	1 500	1 500	1 500
四	飞行起降服务													
1	起降服务	架次		120元/架次	180	212	251	296	349	360	360	360	360	360
	数量				15 000	17 700	20 886	24 645	29 082	30 000	30 000	30 000	30 000	30 000
2	停场费	架次		100元/天	146	168	193	222	255	294	338	388	447	456
	数量				40	46	53	61	70	80	93	106	122	125
	合计				3 053	3 107	3 171	3 245	3 331	3 381	3 425	3 475	3 534	3 543

附表 4　某企业的通用航空机场项目现金流量估算表

单位：万元

序号	项　目	1	2	3	4	5	6	7	8	9	10	11
1	现金流入	0	3 353	3 107.3	3 170.717	3 244.794	3 331.335	3 381	3 425	3 475	3 534	3 543
1.1	营业收入		3 053	3 107	3 171	3 245	3 331	3 381	3 425	3 475	3 534	3 543
1.2	补贴收入											
1.3	固定资产余值											
1.4	回收流动资金		300									
2	现金流出	10 374	860.5	860.5	860.5	860.5	860.5	860.5	860.5	621	621	621
2.1	建设投资	10 074										
2.2	流动资金	300										
2.3	经营成本		860.5	860.5	860.5	860.5	860.5	860.5	860.5	621	621	621
3	所得税前现金流量	−10 374	2 493	2 247	2 310	2 384	2 471	2 520	2 564	2 854	2 913	2 922
1	现金流入	3 543	3 543	3 543	3 543	3 543	3 543	3 543	3 543	4 214		
1.1	营业收入	3 543	3 543	3 543	3 543	3 543	3 543	3 543	3 543	3 543		
1.2	补贴收入											
1.3	固定资产余值									671		
1.4	回收流动资金											
2	现金流出	477	477	477	477	477	477	477	477	477		
2.1	建设投资											
2.2	流动资金											
2.3	经营成本	477	477	477	477	477	477	477	477	477		
3	所得税前现金流量	3 066	3 066	3 066	3 066	3 066	3 066	3 066	3 066	3 737		

参考文献

[1] 张娜,王静.通用航空发展研究[M].北京:中国铁道出版社,2013.
[2] 谭向东.飞机租赁实务[M].北京:当代中国出版社,2006.
[3] 杨鞞鞞.我国民用机场投资研究[M].北京:中国水利水电出版社,2010.
[4] 宋国强,刘美芬.民航统计[M].北京:中国民航出版社,2003.
[5] 彼得·贝罗巴巴.全球航空业[M].上海:上海交通大学出版社,2010.
[6] 史永胜,王霞,耿建华.通用航空运营与管理[M].北京:航空工业出版社,2007.
[7] 耿建华,王霞,谢钧,等.通用航空概论[M].北京:航空工业出版社,2007.
[8] 高金华,等译.机场运行[M].北京:中国民航出版社,2006.
[9] 胡问鸣,通用飞机[M].北京:航空工业出版社,2008.
[10] 亚历山大·韦尔斯.机场规划与管理[M].赵洪元,译.北京:中国民航出版社,2004.
[11] 中国民用航空局发展计划司.中国民航"十二五"规划研究汇编[M].北京:中国民航出版社,2012.
[12] 中国民用航空总局规划发展司.从统计看民航2013[M].北京:中国民航出版社,2014.
[13] 中国民用航空总局规划发展司.从统计看民航2012[M].北京:中国民航出版社,2013.
[14] 中国民用航空总局规划发展司.从统计看民航2011[M].北京:中国民航出版社,2012.
[15] 中国民用航空总局规划发展司.从统计看民航2010[M].北京:中国民航出版社,2011.
[16] 中国民用航空局发展计划司.中国民航统计年鉴2009[M].北京:中国民用航空局,2010.
[17] 李军.中国民航年谱(1949—2010)[M].北京:中国民航出版社,2012.
[18] 工业和信息化部装备工业司.2011中国民用航空工业统计年鉴[M].北京:中国统计出版社,2011.
[19] 王霞,韩莎莎.通用航空60年回顾与展望[J].中国民用航空,2011(12):12-14.
[20] 张志忠.中国通用航空的现状与发展政策[J].民航经济与技术,1997(5):16-19.
[21] 周宇静,何艳斌.国内通用航空发展现状概览[J].中国民用航空,2011(12):15-17.
[22] 王向玲,孙继湖.国外通用航空发展趋势研究[A].第十三届中国科协年会第22分会场:中国通用航空发展研讨会论文集,2011.
[23] 陈程.通用航空产业发展法律环境研究[D].南京:南京航空航天大学,2010.
[24] 中国民用航空局网站[EB/OL].http://www.caac.gov.cn/.
[25] 中国民用航空局.2012年民航行业发展统计公报[R],2013.
[26] 中国民用航空局.2011年全国运输机场生产统计公报[R],2012.
[27] 中国民用航空局飞行标准司.中国民航驾驶员发展年度报告[R],2012.
[28] GAMA. 2012 GENERAL AVIATION Statistical Databook & Industry Outlook[R], 2012.

[29] 中国民用航空局运输司,中国航空运输协会通用航空委员会.2011中国通用航空发展报告[R],2012.

[30] 国务院,中央军委.中央军委关于深化我国低空空域管理改革的意见[Z],2010.

[31] 国务院,中国民用航空局.中国民用航空发展第十二个五年规划[Z],2011.

[32] 国务院.国务院关于促进民航业发展的若干意见[Z],2012.

[33] 国务院.促进民航业发展重点工作分工方案[Z],2013.

[34] 工业和信息化部.民用航空工业中长期发展规划[Z],2013.

[35] 中国民航华东地区管理局.民航华东地区通用航空经营许可、非经营性通用航空登记管理流程[Z],2012.

[36] 中国民航华东地区管理局.民航华东管理局通航企业筹办工作流程[Z],2012.

[37] 中国民航华东地区管理局.民航华东管理局通航企业行政许可工作流程[Z],2014.

[38] 中国民航华北地区管理局.华北局通用航空行政审批指南[Z],2012.

[39] 中国民用航空局.通用航空经营许可管理规定[Z],2007.

[40] 中国民用航空局.CCAR-43维修和改装一般规则[Z],2006.

[41] 中国民用航空局.CCAR-45民用航空器国籍登记规定[Z],1998.

[42] 中国民用航空局.CCAR-91一般运行和飞行规则[Z],2007.

[43] 中国民用航空局.CCAR-135小型航空器商业运输运营人运行合格审定规则[Z],2006.

[44] 中国民用航空局.CCAR-141民用航空器驾驶员学校合格审定规则[Z],2005.

[45] 中国民用航空局.CCAR-142飞行训练中心合格审定规则[Z],2005.

[46] 中国民用航空局.AC61通用航空飞行人员执照和训练的管理[Z],2006.

[47] 中国民用航空局.CCAR-145民用航空器维修单位合格审定规定[Z],2005.